高等院校汽车类创新型应用人才培养规划教材

工程流体力学

杨建国　张兆营　鞠晓丽　谭建宇　编著

内 容 简 介

工程流体力学是研究流体之间能量相互转换规律的一门学科,是高等院校机械类、材料类、仪器仪表类、航空航天类、建筑工程类、热能动力类和流体动力工程类专业学生必修的技术基础课程。本书共12章,内容包括绪论、流体的物理特性、流体静力学、流体运动学、流体动力学Ⅰ、流体动力学Ⅱ、相似原理与量纲分析、不可压缩流体的内部流动、不可压缩粘性流体的外部流动、可压缩流体的一维流动、流体的测量、计算流体力学简介。

本书可作为能源动力类、机械类专业的本科生教材、教师和研究生的参考书,也可作为各相关专业工程技术人员的参考书。

图书在版编目(CIP)数据

工程流体力学/杨建国,张兆营,鞠晓丽,谭建宇编著. —北京:北京大学出版社,2010.1
(高等院校汽车类创新型应用人才培养规划教材)
ISBN 978-7-301-12365-2

Ⅰ.工… Ⅱ.①杨…②张…③鞠…④谭… Ⅲ.工程力学:流体力学—高等学校—教材 Ⅳ.TB126

中国版本图书馆 CIP 数据核字(2007)第 083150 号

书　　　　名:	工程流体力学
著作责任者:	杨建国　张兆营　鞠晓丽　谭建宇　编著
责任编辑:	童君鑫
标准书号:	ISBN 978-7-301-12365-2/TH·0026
出　版　者:	北京大学出版社
地　　　址:	北京市海淀区成府路 205 号　100871
网　　　址:	http://www.pup.cn　http://www.pup6.com
电　　　话:	邮购部 010-62752015　发行部 010-62750672　编辑部 010-62750667
电子邮箱:	pup_6@163.com
印　刷　者:	北京虎彩文化传播有限公司
发　行　者:	北京大学出版社
经　销　者:	新华书店
	787 毫米×1092 毫米　16 开本　20.25 印张　彩插 2　467 千字
	2010 年 1 月第 1 版　2022 年 3 月第 5 次印刷
定　　　价:	59.00 元

未经许可,不得以任何方式复制或抄袭本书之部分或全部内容。
版权所有,侵权必究　举报电话:010-62752024
电子邮箱:fd@pup.pku.edu.cn

汽车烟气风洞试验

烟气风洞试验　　　　　航天飞机前端的激波　　　　　叶轮机械的流场

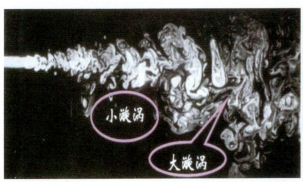 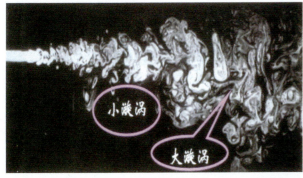

湍流结构图

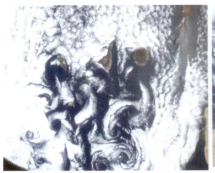  

大气中的漩涡　　　　　　　　火山爆发形成的激波

核爆炸的冲击波

CFB燃烧与气化系统

污水处理装置

发电厂

脱硫试验台

超大型运输船

巡航导弹核潜艇

海底航行器

机载导弹

管段式流量计

美国大峡谷玻璃桥

埃菲尔铁塔和上海电视塔

杨浦大桥

三峡大坝

前　言

　　流体力学的研究对象包括液体和气体两大物质形态，描述流体力学规律的有数学分析、复变函数及张量分析等多种方法，研究流体运动规律和求解流体力学问题的方法包括理论分析、量纲分析、实验研究和数值计算等，因此流体力学的理论非常广泛，尤其和数学理论的关系十分密切。工程流体力学是在阐述流体力学基本理论的基础上，重点阐述和研究流体力学在工程上的应用。工程流体力学广泛应用于动力、水利、机械、化工、石油、土建、冶金、航空、航海、气象、环境等众多领域，是这些领域相关专业的主干技术基础课程。

　　工程流体力学是一门相对古老的学科，国内外有关工程流体力学的书籍不少，也各有特点，但是随着科学技术的进步和社会的发展，工程流体力学也在不断地发展。本书的编写重点针对我国目前动力工程和机械领域对工程流体力学发展的需求，突出表现为以下几个特点。

　　(1) 根据目前越来越多的工程领域广泛借助计算机，采用数值计算的手段来求解流场的现实和前景，本书对微分形式的流体力学方程及其求解有所突出。首先，将微分形式的流体力学方程单独一章编写，即第 6 章；其次，在不可压缩流体有压管流和边界层理论中强调微分方程的求解方法；再次，编写了计算流体力学一章，即第 12 章，在第 12 章中介绍了计算流体力学(CFD)的基本方程(其中补充了微分形式的能量方程)、思想方法和目前流行的大型商业软件。

　　(2) 积分形式的连续性方程、能量方程、动量方程的推导均从输运方程出发，突出控制体的概念和欧拉法在工程流体力学中的地位。

　　(3) 根据编者从事工程流体力学双语教学的经验，从国外优秀的工程流体力学书籍中选取了有关术语和要点的英文表述，穿插于本书的相应之处。读者通过阅读这些英文表述基本可以熟悉工程流体力学的英文术语和要点内容的英文表述形式，一方面增强了对相应内容的理解，另一方面也为阅读工程流体力学的英文文献打下了基础。

　　(4) 书中的插图采用形象化图形，便于读者理解。

　　本书的第 1～5 章、6.1～6.6 节、12.1 节、12.2 节由杨建国编写，第 7 章、8.7 节、第 9～11 章由张兆营编写，6.7～6.9 节、8.1～8.6 节由鞠晓丽编写，12.3～12.7 节由谭建宇编写。全书的英文部分由杨建国编写，各章导入案例、工程实例和插图由张兆营制作，全书由杨建国统稿。

　　限于编者的水平，书中难免有疏漏和不妥之处，恳请读者批评指正。

编　者

2009 年 10 月

目 录

第1章 绪论(Introduction) ………… 1
  1.1 流体力学的研究内容和方法(Scope of Fluid Mechanics) ……… 2
  1.2 流体力学发展简史(Historical Sketch of the Development of Fluid Mechanics) ……… 3
  1.3 流体的连续介质模型(Continuum Assumption of Fluids) ……… 6
  1.4 量纲和单位(Dimensions and Units) ……… 8
  1.5 作用在流体上的力(The Forces acting on the Fluid) ……… 10
    1.5.1 质量力(Mass Force) …… 10
    1.5.2 表面力(Surface Force) … 10
  工程实例 ……… 11
  习题 ……… 12

第2章 流体的物理特性(Properties of Fluids) ……… 13
  2.1 流体的重度(Specific Weight of Fluids) ……… 14
  2.2 流体的压缩性和膨胀性(Compressibility and Expansibility of Fluids) ……… 15
    2.2.1 流体的压缩性(Compressibility of Fluids) ……… 15
    2.2.2 流体的膨胀性(Expansibility of Fluids) ……… 15
    2.2.3 可压缩流体和不可压缩流体(Compressible and Incompressible Fluids) ……… 16
  2.3 流体的粘性(Viscosity of Fluids) … 17
    2.3.1 牛顿内摩擦定律(Newton's Equation of Viscosity) …… 17
    2.3.2 粘度(Viscosity) ……… 18
    2.3.3 牛顿流体和非牛顿流体(Newtonian and Non-Newtonian Fluids) ……… 20
    2.3.4 粘性流体和理想流体(Viscous and Ideal Fluids) ……… 21
  2.4 液体的表面张力(Surface Tension of Fluids) ……… 21
    2.4.1 表面张力(Surface Tension) … 21
    2.4.2 毛细现象(Capillary Phenomena) ……… 23
  工程实例 ……… 24
  习题 ……… 25

第3章 流体静力学(Fluid Statics) …… 27
  3.1 流体的静压强(Pressure in a Fluid at Rest) ……… 28
  3.2 流体平衡微分方程(Basic Equation for Pressure Field) ……… 30
    3.2.1 流体的平衡微分方程式(Fluid Equilibrium Equation) ……… 30
    3.2.2 压强微分方程(Pressure Differential Equation) …… 31
    3.2.3 等压面(Equipressure Surface) ……… 32
  3.3 压强的基准(Reference of Pressure) ……… 33
  3.4 静止流体中的压强分布(Pressure Variation in a Fluid at Rest) …… 33
    3.4.1 流体静力学基本方程式(Fundamental Equation of a Fluid at Rest) ……… 33
    3.4.2 流体静力学基本方程式的物理意义和几何意义(Physical Interpretation and Geometric Interpretation of the Fundamental Equation) ……… 34

3.4.3 重力场中的压强分布
(Pressure Variation in the Gravity Field) ……… 35
3.4.4 静压强分布图(Pressure Distribution Diagram) …… 37
3.4.5 可压缩流体中的压强分布
(Pressure Variation in the Compressible Fluid at Rest) …… 37

3.5 流体静压强的测量
(Measurement of Pressure) ……… 39
3.5.1 气压计(Barometer) ……… 39
3.5.2 测压管(Piezometer Tube) … 40
3.5.3 U 形管测压计(U-tube Manometer) ……… 40
3.5.4 差压计(Differential U-tube Manometer) ……… 40
3.5.5 微压计(Inclined-tube Manometer) ……… 41

3.6 流体的相对平衡(Relative Equilibrium) ……… 42
3.6.1 等加速水平直线运动
(Linear Motion with Invariable Acceleration) …… 43
3.6.2 等角速转动(Rigid-body Rotation) ……… 44

3.7 静止流体对壁面的作用力
(Hydrostatic Force) ……… 47
3.7.1 静止流体作用在平面上的总压力(Hydrostatic Force on a Plane Surface) …… 47
3.7.2 静止流体作用在曲面上的总压力(Hydrostatic Force on a Curved Surface) …… 51
3.7.3 作用在液体中物体上的总压力(Buoyant Force) … 54

工程实例 ……… 55
习题 ……… 56

第4章 流体运动学
(Fluid Kinematics) ……… 61

4.1 描述流场的拉格朗日法和欧拉法
(Lagrangian and Eulerian Flow Descriptions) ……… 62

4.1.1 拉格朗日法(Lagrangian Flow Description) ……… 62
4.1.2 欧拉法(Eulerian Method) … 63
4.1.3 随体导数(The Material Derivative) ……… 63

4.2 速度场和加速度场(Velocity Field and Acceleration Field) …… 64
4.2.1 速度场(Velocity Field) … 65
4.2.2 加速度场(Acceleration Field) ……… 65

4.3 关于流场的一些基本概念(Some Concepts for Flow Description) … 66
4.3.1 一维、二维和三维流动
(One-, Two-and Three-Dimensional Flows) ……… 66
4.3.2 稳定流动和非稳定流动
(Steady and Unsteady Flows) ……… 67
4.3.3 均匀流动和非均匀流动
(Uniform and Nonuniform Flows) ……… 67
4.3.4 流场的几何描述(Geometric Description of a Fluid Field) … 67

4.4 层流和湍流(Laminar and Turbulent Flow) ……… 72
4.4.1 雷诺实验(Reynolds' Experiment) ……… 72
4.4.2 雷诺数(Reynolds Number) ……… 73

4.5 流体微团的运动分析(Fluid Element Kinematics) ……… 74
4.5.1 平动和线变形(Translation and Linear Deformation) … 75
4.5.2 角变形运动(Angular Motion and Deformation) ……… 76
4.5.3 旋转运动(Rotation) …… 77

4.6 流体的无旋流动和旋涡流动(Irrotational Flow and Rotational Flow) ……… 78
4.6.1 无旋流动(Irrotational Flow) ……… 78
4.6.2 旋涡流动(Rotational Flow) ……… 79

工程实例 …………………… 81
　　习题 ……………………………… 82

第5章　流体动力学Ⅰ(Fluid Dynamics Ⅰ) ……………… 85

5.1　控制体和系统(Control Volume and System) …………… 87
5.2　雷诺输运定理(The Reynolds Transport Theorem) ……… 88
5.3　连续性方程(The Continuity Equation) …………………… 91
　5.3.1　连续性方程的推导(Derivation of the Continuity Equation) … 91
　5.3.2　连续性方程的特殊形式(The Application of the Continuity Equation) …………… 91
　5.3.3　运动但不变形控制体(Moving, Non-deforming Control Volume) ………… 94
5.4　动量方程(The Momentum Equation) ………………… 95
　5.4.1　惯性系中的动量方程(The Momentum Equation in Inertial Coordinate Systems) …… 95
　5.4.2　非惯性系中的动量方程(The Momentum Equation in Noninertial Coordinate Systems) …………… 96
5.5　角动量方程(The Angular Momentum Equation) …………… 97
　5.5.1　惯性系中的角动量方程(The Angular Momentum Equation in Inertial Coordinate Systems) …………… 97
　5.5.2　非惯性系中的角动量方程(The Angular Momentum Equation in Noninertial Coordinate Systems) …………… 98
5.6　能量方程(The Energy Equation) … 99
　5.6.1　能量方程的推导(Derivation of the Energy Equation) ………… 99
　5.6.2　伯努利方程(Bernoulli Equation) ……………… 101
　5.6.3　总流的能量方程(The Energy Equation for Total Flows of Real Fluids) …………… 102
　工程实例 …………………… 106
　习题 …………………………… 107

第6章　流体动力学Ⅱ(Fluid Dynamics Ⅱ) …………… 113

6.1　连续性方程(Continuity Equation) … 114
6.2　粘性流体的运动微分方程(Differential Form of Equations of Motion) …… 116
　6.2.1　运动方程的推导(Derivation of the Continuity Equation) …… 116
　6.2.2　纳维-斯托克斯方程(Navier-Stokes Equation) ………… 118
6.3　葛罗米柯-斯托克斯方程(Gromeco-Stokes Equation) …… 124
6.4　理想流体流动(Inviscid Flow) … 125
　6.4.1　欧拉运动微分方程(Euler's Equations of Motion) …… 125
　6.4.2　伯努利方程(Bernoulli Equation) ……………… 126
　6.4.3　无旋流动的伯努利方程(Bernoulli Equation for Irrotational Flow) ……… 126
　6.4.4　速度势函数(The Velocity Potential) ……………… 127
6.5　平面势流(Plane Potential Flows) …………………… 128
　6.5.1　流函数(The Stream Function) ………………… 128
　6.5.2　基本平面势流(Some Basic Plane Potential Flows) … 130
6.6　简单势流的叠加(Combination of Simple Potential Flows) ……… 134
　6.6.1　偶极流(Double Flow) … 135
　6.6.2　螺旋流(Spiral Flow) …… 137
6.7　流体对圆柱体的无环量绕流(Zero-circulation Flow around a Circular Cylinder) ………… 138

6.8 流体对圆柱体的有环量绕流
（Flow with a free Vortex around a Circular Cylinder） …………… 143

6.9 流体绕圆球的流动（Flow around a Ball） …………………………… 147

工程实例 ………………………………… 151

习题 …………………………………………… 152

第7章 相似原理与量纲分析（Similitude and Dimensional Analysis） … 155

7.1 相似原理（Similitude） ………… 156

    7.1.1 相似概念（The Concept of Similitude） ………………… 157

    7.1.2 相似条件（The Conditions of Similitude） ………………… 157

7.2 量纲分析（Dimensional Analysis） … 160

    7.2.1 量纲和谐原理（Principle of Dimensional Homogeneity） ……………… 160

    7.2.2 量纲分析的方法（Methods of Dimensional Analysis） …… 161

7.3 模型试验（Modeling） …………… 165

    7.3.1 全面力学相似模型试验（Modeling under Completely Dynamic Similarity） ……… 165

    7.3.2 近似模化法（Approximately Modeling） ………………… 166

    7.3.3 方程分析法（The Method to Derive Dimensional Products from Equations） ……… 168

工程实例 ………………………………… 170

习题 …………………………………………… 170

第8章 不可压缩流体的内部流动（Internal Flow of Incompressible Fluids） … 173

8.1 流体在圆管中的层流流动（Laminar Pipe Flow） ………………… 174

8.2 间隙中的层流流动（The Laminar Flow in a Clearance） ……… 177

    8.2.1 平行平板间隙流动（Flows in the Clearance between two Parallel Plates） ………… 178

    8.2.2 倾斜平板间隙流动（Flows in the Clearance between Tilting Plates） ………………… 180

    8.2.3 圆柱环形间隙流动（Cylindrical Circulation Clearance Flow） ………………… 182

8.3 入口段与充分发展段的管内流动（Entrance Region and fully Developed Flow） ……………… 183

8.4 流体在圆管中的湍流流动（Turbulent Pipe Flow） …………… 184

    8.4.1 基本概念（Basic Concepts） … 185

    8.4.2 湍流流动的速度分布和切应力分布（Distribution of Turbulent Velocity and Shear Stress） ………………… 187

8.5 管流水头损失（Head Losses in Pipe Flow） ………………………… 191

    8.5.1 水头损失的基本概念（Basic Concepts of Head Loss） … 191

    8.5.2 沿程水头损失（Head Loss along the Length） ………… 192

    8.5.3 局部水头损失（Local Head Loss） ………………………… 193

8.6 沿程损失系数和局部损失系数（Loss Factor along the Length and Local Loss Factor） ………………… 194

    8.6.1 沿程损失系数（Loss Factor along the Length） ………… 194

    8.6.2 局部损失系数（Local Loss Factor） ………………………… 197

8.7 孔口和管嘴恒定自由出流（The Steady Free Outflow through Orifice and Nozzle） ………………… 201

    8.7.1 薄壁小孔口恒定自由出流（The Steady free Outflow through Small Orifice located on Thin Wall） ………… 201

    8.7.2 圆柱外伸管嘴恒定自由出流（The Steady free Outflow through Cylinder Outer Nozzle） ………………… 203

工程实例 …………………… 208
习题 ………………………… 209

第9章 不可压缩粘性流体的外部流动(External Flow of Incompressible Viscous Fluids) …… 214

9.1 边界层概念(Concepts of Boundary Layer) ……………………… 215
    9.1.1 基本概念(Basic Concepts) ………… 215
    9.1.2 边界层的基本特征(Characteristics of Boundary Layer) … 217
9.2 边界层微分方程(Differential Equations of Boundary Layer) ……… 219
9.3 边界层动量积分方程(Momentum Integral Equation of Boundary Layer) …… 222
9.4 平板边界层的近似计算(Approximately Calculation of Boundary Layer on a Flat Plate) ……… 224
    9.4.1 层流边界层的近似计算(Approximately Calculation of Laminar Boundary Layer) … 224
    9.4.2 湍流边界层的近似计算(Approximately Calculation of Turbulent Boundary Layer) …… 226
    9.4.3 混合边界层的近似计算(Approximately Calculation of Mixed Boundary Layer) ……… 227
    9.4.4 层流边界层和湍流边界层的特性对比(Characteristics of Laminar Boundary Layer against the Turbulent One) …… 229
9.5 沿曲面的边界层及分离现象(Boundary Layer on a Curved Surface and Its Separation) ……… 230
    9.5.1 绕曲面流动边界层的分离(Separation of Boundary Layer on a Curved Surface) …… 230
    9.5.2 卡门涡街(Karman Vortex Street) ……………… 233
9.6 粘性流体绕小圆球的蠕流流动(Creepage of Viscous Fluid around a Small Ball) ……… 234
    9.6.1 斯托克斯阻力系数(Stokes Drag Coefficient) ……… 234
    9.6.2 颗粒在静止流体中的自由沉降(Sedimentation of Particles in Static Fluid) …… 238
9.7 粘性流体绕流物体的阻力(Drag of Round Flow) ……………… 240
    9.7.1 摩擦阻力和压差阻力(Friction Drag and Pressure Drag) ……… 240
    9.7.2 减少粘性流体绕流物体阻力的措施(Ways to Prevent Drag) ……………… 242
    9.7.3 粘性流体绕流物体的升力(Lift of Round Flow) … 242
工程实例 …………………… 243
习题 ………………………… 243

第10章 可压缩流体的一维流动(One Dimensional Compressible Flow) ………… 245

10.1 音速和马赫数(Speed of Sound and Mach Number) …………… 246
    10.1.1 音速(Speed of Sound) … 246
    10.1.2 马赫数(Mach Number) … 248
    10.1.3 微弱扰动波的传播(Diffusion of Weak Perturbation Wave) ………… 249
10.2 气体一维定常流动的基本方程(Basic Equations of the Steady One-dimensional Flow of Gases) …… 250
    10.2.1 连续性方程(The Continuity Equation) …………… 251
    10.2.2 能量方程(The Energy Equation) ……………… 251
    10.2.3 运动方程(The Motion Equation) ……………… 252
10.3 气体一维定常等熵流动的基本特性(Characteristics of the Steady One-dimensional Isentropic Flow of Ideal Gases) …… 252
    10.3.1 滞止状态(Stagnation State) ……………… 253

10.3.2 临界状态(Critical State) …… 253
10.3.3 极限状态(Limitation State) …… 254
10.4 喷管中的等熵流动(Isentropic Flow in Converging-diverging Duct) …… 255
    10.4.1 气流参数与截面的关系(Effect of Variations in Flow Cross-sectional Area) … 255
    10.4.2 喷管(Converging-diverging Duct) …… 256
10.5 有摩擦等截面管内的绝热流动(Adiabatic Constant Area Duct Flow with Friction) …… 258
10.6 激波及其形成(Shock Waves and Its Formation) …… 262
    10.6.1 马赫波(Mach Wave) … 262
    10.6.2 激波的形成(Formation of Fhock Waves) …… 262
    10.6.3 斜激波、正激波和脱体激波(Oblique, Normal and Detached Shock Wave) … 263
工程实例 …… 264
习题 …… 265

第 11 章 流体的测量(Fluid Measurements) …… 267

11.1 压强的测量(Measurement of Pressure) …… 268
    11.1.1 静压的测量(Measurement of Static Pressure) …… 269
    11.1.2 压强测量仪表(Measuring Instruments of Pressure) …… 270
    11.1.3 动态压强的测量(Measurement of Dynamic Pressure) …… 273
11.2 流速的测量(Measurement of Velocity) …… 275
    11.2.1 总压管(Stagnation Pressure Tube) …… 275
    11.2.2 皮托管(Pitot Tube) … 276
    11.2.3 三孔圆柱形探针(Triporate Cylindrical Probe) …… 277
    11.2.4 热线(膜)风速仪(Hot Wire or Film Anemometer) …… 277
    11.2.5 激光多普勒测速仪(Laser Doppler Velocimeter) …… 279
11.3 流量的测量(Measurement of Flowrate) …… 280
    11.3.1 体积(质量)流量计(Volume or Mass Flow Meter) … 280
    11.3.2 文丘里流量计(Venturi Flow Meter) …… 280
    11.3.3 喷嘴流量计和孔板流量计(Nozzle Flow Meter and Orifice Flow Meter) …… 281
    11.3.4 涡轮式流量计(Turbine Meter) …… 282
    11.3.5 电磁式流量计(Electromagnetic Type Flow Meter) …… 283
    11.3.6 容积式流量计(Volumetric Flowmeter) …… 283
工程实例 …… 284
习题 …… 285

第 12 章 计算流体力学简介(Synopsis of CFD) …… 286

12.1 计算流体力学概述(Overview of CFD) …… 287
    12.1.1 概述(Overview) …… 287
    12.1.2 计算流体力学研究的基本思路与方法(Basic Thought and Methods of CFD) …… 288
12.2 控制方程(Governing Equations) …… 290
    12.2.1 概述(Overview) …… 290
    12.2.2 边界条件(Boundary Conditions) …… 294
    12.2.3 控制方程的数学特性(Mathematical Behavior of Governing Equations) …… 294
    12.2.4 控制方程的离散化(Discretization of Governing Equations) …… 295

12.3 有限差分法（Method of Finite Differences） …………… 296
    12.3.1 有限差分法的概念（Aspects of Finite Differences） … 296
    12.3.2 相容性、收敛性和稳定性（Consistency，Stability and Convergence） ………… 298
12.4 模型方程的差分格式（Discretization Schemes of Model Equations） …………… 299
    12.4.1 波动方程（Fluctuation Equations） …………… 299
    12.4.2 热传导方程（Equations of Heat Conduction） …… 300
    12.4.3 无粘性伯格斯方程（Burgers Inviscid Equations） …………… 300
12.5 几种流动的差分计算方法（Difference Calculations of some Flows） …………… 301
    12.5.1 无旋流动的差分计算（Difference Calculation of Irrotational Flow） …… 301
    12.5.2 平板边界层的差分解法（Difference Calculation of Boundary Layer on a Flat Plate） …………… 302
12.6 有限体积法（Finite Volume Method） …………… 302
    12.6.1 有限体积法及其网格简介（FVM and Its Grids） … 302
    12.6.2 求解一维稳态问题的有限体积法（FVM Solution of One-dimensional Steady Flow） …… 303
12.7 常用的 CFD 商用软件简介（Synopsis of Common Used CFD Software） …………… 305
工程实例 ………………………… 308
习题 ……………………………… 309

参考文献（References） ………………… 310

第 1 章
绪论(Introduction)

 本章教学要点

知识要点	能力要求	相关知识
流体力学的研究内容和方法	掌握流体力学的研究内容和方法	流体力学的基本任务；流体力学研究的对象；流体力学研究的方法
流体力学发展简史	了解流体力学的重大历史事件和研究流体力学的重要历史人物及其相关的重大理论	流体力学的中国史和西方史
流体的连续介质模型	掌握流体质点和连续介质模型的概念	流体的定义；流体质点的定义；流体的分类；连续介质模型的定义；连续介质模型的意义
量纲和单位	理解量纲与单位的定义；掌握国际单位制的基本单位；掌握量纲与单位的关系	量纲与单位的定义；基本量纲与导出量纲；基本单位与导出单位；流体力学的常用单位
作用在流体上的力	掌握作用在流体上的力的分类和表达形式；掌握单位质量力的定义	质量力；表面力

工程流体力学

导入案例

汽车发明于19世纪末，当时人们认为汽车的阻力主要来自前部对空气的撞击，因此早期的汽车后部是陡峭的，称为箱型车，阻力系数 C_D 很大，约为 0.8。

实际上，汽车阻力主要来自后部形成的尾流，称为形状阻力。

1.1 流体力学的研究内容和方法(Scope of Fluid Mechanics)

流体力学是以流体为研究对象的力学，是研究流体平衡和运动规律的一门科学，是力学的一个重要分支。流体包括液体和气体。

> Fluid mechanics is concerned with the behavior of liquids and gases at rest and in motion.

流体力学的应用领域非常广泛，它是用来解释大气流动、河水流动、龙卷风等自然现象的科学，也是用来解决众多工程问题的科学。许多有趣的问题可以用比较简单的流体力学的原理来阐释，比如下面的情况。

(1) 为什么将飞机的外表面做成光滑的流线型，而将高尔夫球的外表面做成粗糙的表面？

(2) 汽车阻力来自前部还是尾部？

(3) 在没有空气产生反推力的外层空间，火箭是怎样产生推力的？

(4) 如何根据从模型风机上获得的数据信息来制造实际飞机？

(5) 通过改善汽车的空气动力学设计，消耗每升汽油的行使里程能够增加到多少？

流体力学的基本任务是建立描述流体运动的基本方程，确定流体经各种通道及绕流不同物体时速度、压强的分布规律，探求能量转换及各种损失的计算方法，并解决流体与限制其流动的固体壁之间的相互作用问题。

流体力学按其研究内容侧重方面的不同，分为理论流体力学(通称为流体力学)和应用流体力学(通称为工程流体力学)。前者主要采用严密的数学推理方法，力求准确性和严密性。后者则侧重于解决工程实际中出现的问题，而不去追求数学上的严密性。当然，由于流体运动的复杂性，在一定程度上，两种方法都必须借助于实验研究，得出经验或半经验的公式。

在实际工程的许多领域里，流体力学一直起着十分重要的作用。无论是水利工程、动力工程、航空工程，还是化学工程、机械工程等都在日益广泛地应用着流体力学。就某种意义而言，也正是在流体力学的研究工作不断取得成就的前提下，才促进了这些工程领域的大力发展。

流体力学的研究对象包括液体和气体，它们统称为流体。流体力学研究的是流体中大量分子的宏观平均运动规律，而不是其具体的分子运动。

工程流体力学主要讲述流体力学的基本概念、基本理论及其在工程实际中的应用。本教材是动力类各专业的教学用书，其研究内容以不可压缩流体的流动为主，对可压缩流体，只对其基本理论作必要的阐述。

由于在各种热力动力设备中主要采用水、汽、空气、油、烟气等流体作为工作介质，因此，只有掌握了流体的基本运动规律，才能真正地了解这些设备的性能和运行规律，才能正确地从事这些设备的设计和运行。所以，工程流体力学是动力类各专业的主要专业基础课程之一。

流体力学作为一门技术科学，研究方法也遵循"实践—理论—实践"的基本规律。其研究过程可大致分为以下步骤：①对自然界和生产实践中出现的流体力学现象进行观察，从中抽出共性问题进行研究；②对自然现象和实践问题进行研究、认识，从中找出主要因素，忽略次要因素，建立抽象的数学模型；③对数学模型进行理论分析和实验研究，总结并验证基本规律，形成理论；④以得到的基本理论去指导和预言实践，并在实践中检验、修正理论使其完善。

1.2 流体力学发展简史(Historical Sketch of the Development of Fluid Mechanics)

人类为了生存，自远古以来一直持续不断地与自然界进行着不懈的斗争。流体力学同其他自然科学一样，是在长期的生产实践和科学研究中逐渐被人们认识和总结，发展成为自然科学的一个重要分支。正如奥地利物理学家汉斯·蒂林格在《从牛顿到薛定谔的理论物理学之路》一书中写道："每一门科学都是用世世代代的研究者无数努力的代价建立起来的大厦。"古今中外许许多多从事流体力学问题的研究者，如同卓越的建筑师，用自己的聪明才智和辛勤劳动的汗水筑成了完整的流体力学"大厦"。人们最早对于有关流体知识的认识是从治水、灌溉、航行等方面开始的。

1. 流体力学在中国

我国人民对流动的认识可以追溯到四千多年前的大禹治水。大禹治水的记载说明我国古代已有大规模的治河工程。在秦代，公元前256年—公元前210年间便修建了都江堰、郑国渠、灵渠3大水利工程，说明我们的祖先当时对明槽水流和堰流流动规律的认识已经达到了相当高的水平。西汉武帝时期，为引洛水灌溉农田，他们在黄土高原上修建了龙首渠，创造性地采用了井渠法，即用竖井沟通长十余里的穿山隧洞，有效地防止了黄土的塌方。北宋(960—1126)时期，在运河上修建的真州船闸与14世纪末荷兰的同类船闸相比，约早了三百多年。明朝的水利家潘季顺(1521—1595)提出了"筑堤防溢,建坝减水,以堤束水,以水攻沙"和"借清刷黄"的治黄原则,并著有《两河管见》、《两河经略》和《河防一揽》。

在古代,以水为动力的简单机械也有了长足的发展,例如用水轮提水,或通过简单的机械传动去碾米、磨面等。东汉杜诗任南阳太守时(公元37年)曾创造水排(水力鼓风机),即利用水力,通过传动机械,使皮制鼓风囊连续开合,将空气送入冶金炉,较西欧约早了一千一百年。

清朝雍正年间,何梦瑶在《算迪》一书中提出流量等于过水断面面积乘以断面平均流速的计算方法。

必须指出的是,从14世纪欧洲文艺复兴时期开始,西方涌现出了一大批学者,他们对流体力学理论的形成作出了重要贡献,但是我国在科学技术方面已经逐渐落后了。

进入20世纪,我国出现了几位重要的科学家,他们对流体力学的发展作出了贡献。钱学森(1911—2009)在火箭、导弹、航天器等领域为中国火箭导弹和航天事业的创建与发展作出了杰出的贡献。周培源(1902—1993)在流体力学中的湍流理论方面取得了出色的成果。吴仲华在1952年发表的《在轴流式、径流式和混流式亚声速和超声速叶轮机械中的三元流普遍理论》和在1975年发表的《使用非正交曲线坐标的叶轮机械三元流动的基本方程及其解法》两篇论文中所建立的叶轮机械三元流理论,至今仍是国内外许多优良叶轮机械设计计算的主要依据。

2. 流体力学的西方发展史

在西方最早从事流体力学现象研究的学者是希腊哲学家阿基米得(Archimedes,公元前287年—公元前212)。他在公元前250年写成的《论浮体》一书中提出了流体静力学的基本定律,这是人类历史上最早的水力学著作。正是从这时起,流体流动才开始发展成为一门独立的学科。

在以后的一段较长的历史时期中,没有记载关于流体力学发展的有关资料。

直到15世纪末,著名的物理学家和艺术家列奥纳德·达·芬奇(Leonardo Da Vinci,l452—1519)在米兰附近设计和建造了世界上第一个小型水渠。同时,他还比较系统地研究了沉浮问题、孔口出流、物体运动阻力、流体在管路和水渠中的流动等问题,从而为水利工程和流体力学问题的研究开辟了一个新的时代。

达·芬奇时代以后,流体力学得到了飞速的发展。斯蒂文(S. Stevin, 1548—1620)在其《流体静力学基础》中对固体排水的阿基米得原理给出了一个自然的解释,是自阿基米得以后流体力学方面的第一篇系统的著述。1612年伽利略(G. Galileo, 1564—1642)在他的论文中建立了沉浮的基本理论。1643年托里拆利(E. Torricelli, 1608—1647)论证了孔口出流的基本规律。1650年帕斯卡(B. Pascal, 1623—1662)建立了流体中压力传递的基本定律。整个流体静力学部分就是由斯蒂芬、伽利略和帕斯卡等人在这段时期建立的。

英国伟大的数学家、物理学家、天文学家和自然哲学家牛顿(I. Newton, 1642—1727)于1686年建立了牛顿内摩擦定律。瑞士科学家、数学家伯努利(D. Bernoulli, 1700—1782)在1738年出版的名著《流体动力学》中,建立了流体位势能、压强势能和动能之间的能量转换关系——伯努利方程。瑞士数学家欧拉(L. Euler, 1707—1783)于1755年发表了《流体运动的一般原理》,他提出了流体的连续介质模型,建立了连续性微分方程和理想流体的运动微分方程，给出了不可压缩理想流体运动的一般解析方法，提出了研究流体运动的两种不同方法及速度势的概念，并论证了速度势应当满足的运动条件和方程，他被称为经典流体力学的奠基人。1744年法国著名的物理学家、数学家和天文学家达朗伯(J. le R. D'Alembert，1717—1783)提出了达朗伯疑题(又称达朗伯佯谬，D'Alembert paradox)，即在理想流体中运动的物体既没有升力也没有阻力，他从反面说明了理想流体假定的局限性。基本在同一时期，法国数学家、物理学家拉格朗日(J. L. Lagrange，1736—1813)提出了新的流体动力学微分方程，使流体动力学的解析方法有了进一步发展，他严格地论证了速度势的存在，并提出了流函数的概念，为应用复变函数去解析流体定常的和非定常的平面无旋运动开辟了道路。这些学者的突出贡献为流体动力学的建立准备了先决条件。

从16世纪到18世纪这段时期，有关流体力学方面的理论大都是对自然现象和实验的总结。某些理论与实际之间还存在着很大的差异，甚至完全相反。如达朗伯(D'Alembert)提出，当物体在理想流体中运动时，没有对运动的阻力。而实验证明，这个结论是不正确的。由于理论分析和实验研究两种方法的侧重不同，从这个时期起在流体流动问题的研究中开始分成了两个体系：一个是以严密的数学推论为主，从理论上处理问题，称为"理论流体力学"或"流体力学"；另一个是以液体流动实践及实验研究为主，侧重于解决工程实际问题，称为"水力学"。与此同时，还派生出另一门重要的学科——"空气动力学"。

1821年法国科学家纳维(C. L. M. H. Navier，1785—1836)首先提出了不可压缩粘性流体的运动微分方程组。该方程在1845年由英国数学家、物理学家斯托克斯(G. G. Stokes，1819—1903)严格地导出，并把流体质点的运动分解为平动、转动、均匀膨胀或压缩及由剪切所引起的变形运动。后来引用时，人们便统称该方程为纳维-斯托克斯方程。纳维-斯托克斯方程奠定了粘性流体动力学的基础。

从19世纪开始，实验研究在流体力学发展中的作用得到了显现，并取得了许多成果。弗劳德(W. Froude，1810—1879)通过对船舶阻力和摇摆的研究，提出了船模试验的相似准则数——弗劳德数，建立了现代船模试验技术的基础。雷诺(O. Reynolds，1842—1912)在1883年用实验证实了粘性流体的两种流动状态——层流和湍流的客观存在，找到了实验研究粘性流体流动规律的相似准则数——雷诺数，以及判别层流和紊流的临界雷诺数，为流动阻力的研究奠定了基础。英国学者瑞利(L. J. W. Reyleigh，1842—1919)在相似原理的基础上，提出了实验研究的量纲分析法中的一种方法——瑞利法。另外在19世纪，对流动阻力的研究也取得了显著的进展，亥姆霍兹(H. von Helmholtz，1821—1894)和基尔霍夫(G. R. Kirchhoff，1824—1887)通过对旋涡运动和分离流动的大量理论分析和实验研究，取得了表征旋涡基本性质的旋涡定理、带射流的物体绕流阻力等学术成就。

进入20世纪，对流动阻力的深入研究使空气动力学的理论日益完善，并促进了航空和航天科技的发展。1902年库塔(M. W. Kutta，1867—1944)提出了绕流物体上的升力理论。1906年以后茹科夫斯基(ZhuKouskg，1847—1921)发表了《论依附涡流》等论文，找到了翼型升力和绕翼型的环流之间的关系，建立了二维升力理论的数学基础，他的研究成果对空气动力学的理论和实验研究都有重要贡献，也为近代高效能飞机设计奠定了基础。1904年德国物理学家普朗特(L. Prandtl，1875—1953)建立了边界层理论，解释了阻力产生的机制，此后他又针对航空技术和其他工程技术中出现的紊流边界层，提出混合长度理论，并于1918—1919年间，论述了大展弦比的有限翼展机翼理论，由于这些理论成果的重要贡献，普朗特被称为现代流体力学之父。

20世纪对流动阻力的深入研究，还催生了一系列流动阻力的计算理论，并促进了流体机械、动力机械等领域理论的发展。卡门（T. von Karman, 1881—1963）在1911—1912年连续发表的论文中，提出了分析带旋涡尾流及其所产生的阻力的理论，人们称这种尾涡的排列为卡门涡街。他在1930年的论文中还提出了计算湍流粗糙管阻力系数的理论公式。布拉休斯（H. Blasius）在1913年发表的论文中，提出了计算湍流光滑管阻力系数的经验公式。尼古拉兹（J. Nikuradze）在1933年发表的论文中，公布了他对砂粒粗糙管内水流阻力系数的实测结果——尼古拉兹曲线，据此他还给湍流光滑管和湍流粗糙管的理论公式选定了应有的系数。科勒布茹克（C. F. Colebrook）在1939年发表的论文中，提出了把紊流光滑管区和湍流粗糙管区联系在一起的过渡区阻力系数计算公式。莫迪（L. F. Moody）在1944年发表的论文中，给出了他绘制的实用管道的当量糙粒阻力系数图——莫迪图。至此，有压管流的水力计算已渐趋成熟。另外，伯金汉（E. Buckingham）在1914年发表的《在物理的相似系统中量纲方程应用的说明》论文中，提出了著名的π定理，进一步完善了量纲分析法。

从19世纪到20世纪，由于生产力的迅速增长和工业生产的蓬勃发展，大大地加速了流体力学和水力学的发展。许多新兴的工业领域要求人们提供的不仅是水，还有其他多种流体流动的研究结果。研究手段不仅包括理论研究，也包括实验研究，其发展趋势是多方面的结合。在这种结合的过程中，量纲分析和相似原理起着重要的作用。在这一阶段中取得重要成就的典型代表有：①纳维-斯托克斯方程，奠定了粘性流体动力学的基础；②雷诺根据实验得出的重要结果指出了流动在客观上存在的两种状态——层流和湍流，找出了判别流态的重要参数——雷诺数，从而为流动的阻力与损失研究奠定了基础；③瑞利的量纲分析和雷诺的相似理论解决了流体力学中大量的关键性问题，为理论分析和实验研究开辟了渠道；④在解决流体力学问题中，佛鲁德、雷诺等人建立了一系列的数学模型，为相似理论在流体力学中的应用开辟了更为广泛的途径；⑤普朗特引进了边界层的概念，建立了理想流体和实际流体研究之间的联系；⑥普朗特、茹可夫斯基等研究了机翼和绕流理论，奠定了现代空气动力学的基础。

从20世纪中叶以后的科学技术发展来看，各工业部门的种类日趋复杂，技术问题更趋向于专门化。因此，流体力学必将分离出一系列的独立学科。目前已逐步形成的有电磁流体力学，两相流体力学，流变流体力学，高、超声速气体动力学和稀薄气体动力学等。

现代流体动力学的发展趋向于更为宽广的范围。尤其是数值计算和计算机技术的引入，使以前因过于繁杂的计算而影响进一步探讨的流体力学问题逐步得以解决，并形成了流体力学的一个新分支——计算流体力学，使流体力学成为医学、气象学、宇宙航行、海洋学以及各种工程技术的重要组成部分。

1.3 流体的连续介质模型(Continuum Assumption of Fluids)

流体是指易于流动的物体。就其力学行为来讲，流体可以承受很大的压力，但几乎不能承受拉力。对于流体而言，在极小的剪力作用下都将产生无休止的变形，即流动，直到剪力消失为止。而固体则既能承受压力又能承受拉力和剪力。固体在外力作用下会产生变形，但在一定范围内，变形将随外力的消失而消失。由此可以看出，固体有一定的形状，而流体却没有，它取决于盛装流体容器的形状。

流体分为液体和气体。液体和气体的主要区别之一就是流动性的大小。由于气体比液体具有更大的流动性，故它总是充满所存在的空间，而液体与气体接触时存在自由表面，只占据容器体积的一部分。这种区别的本质在于二者分子的间距相差悬殊，气体分子的间距大到使彼此间的牵制力显得很小，不足以造成相互间的约束。而液体分子间的距离较小，彼此的作用力大，使得流体的分子只能在一定的小范围内作无规则运动，不能像气体分子那样，作足以充满空间的自由运动。

液体和气体另一个主要区别在于可压缩性。气体在外力作用下，表现出很大的可压缩性，而液体却不然。例如：水在压强由一个大气压增加到100个大气压时，其体积仅减少了原体积的0.5%，而完全气体的体积在等温过程中同绝对压强成反比关系变化。可见二者的可压缩性相差甚远。因此，在研究低速气体（马赫数小于0.3）流动规律时，将气体看作与液体一样的不可压缩流体处理，但在研究气体的高速流动时，必须考虑气体的压缩性。

从微观角度来看，流体和其他物体一样，也是由大量分子组成的。这些分子总是不停地、杂乱无章地运动着，分子之间存在着间隙。因此，流体实际上并非是连续地充满空间。如果从分子运动入手来研究流体流动的规律，显然将十分困难，甚至难以进行。而流体力学是研究在外力（如重力、压力、摩擦力等）作用下流体平衡和运动的规律，所研究的是大量分子的统计平均行为，研究由大量分子组成的流体的宏观运动。

因此，在流体力学的研究中，将实际的由分子组成的流体用一种假想的流体模型来代替。这个假想的流体模型是以**流体质点**(fluid particle)为基元的连续介质。所谓的流体质点是包含众多流体分子的流体微团，从微观上看，流体质点足够大，它包含了大量的流体分子，是无穷大的；从宏观上看，它足够小，和整个流动空间相比，它是无穷小的。由流体质点组成的彼此间无任何间隙的流体连续充满它所占据的空间，这就是1753年由欧拉首先建立的"**连续介质模型**(continuum assumption)"。这样，就不再去研究流体分子的运动，而是研究模型化了的连续流体介质。

研究对象的转变，使人们可以将描述流体流动的一系列参数，如压强、速度、加速度、密度等在绝大多数情况下看成是连续分布的。从而可以把它们看作是坐标和时间的连续可微函数，这就使得在流体力学的研究中可以使用微分方程等强有力的数学工具。那么，引进这种假设是否合理呢？答案是肯定的。实际上，流体力学所涉及的实际工程尺寸要比分子间距大得无法比拟（通常情况下，$1mm^3$ 的空气约有 2.7×10^{16} 个分子）。

> Continuum assumption is an assumption that the fluid characteristics vary continuously throughout the region of interest.

整个流体力学研究的飞速发展与引入连续介质模型是密切相关的，而从所建立的流体力学基本理论与实际工程应用结果来看，引入连续介质模型是完全合理的，也是完全必要的。但是，也要指出，使用连续介质模型也有一定的范围。在某些特殊流动的研究中，它并不适用。当所研究的工程实际尺寸与分子的自由行程为相同或相近的数量级时，就不能应用连续介质作为其研究模型了。例如，火箭在空气稀薄的高空中飞行的计算，极近壁（例如离壁面约 1×10^{-5} mm）处流动的计算等，就必须从微观着手进行研究。

1.4 量纲和单位(Dimensions and Units)

在流体力学中，需要描述和研究大量的流体或流动的特性，比如流体的密度、粘性、流动的速度、加速度等，因此必须规定定性和定量地描述流体或流动特性的量纲系统和单位制。**量纲**(dimensions)是流体或流动特性的定性表示，比如长度、质量、时间、速度等，**单位**(units)则是某类特性的定量表示，即某类特性的大小，比如长度的大小、时间的长短、速度的快慢等。

量纲也称为因次，分为**基本量纲**(basic dimensions)和**导出量纲**(derived dimensions)。量纲用大写的英文字母表示。在流体力学中，常用的基本量纲有长度、时间和质量，分别用 L、T 和 M 来表示。导出量纲是由基本量纲导出的量纲，比如速度，用 LT^{-1} 表示；力，用 MLT^{-2} 表示；压强，用 $ML^{-1}T^{-2}$ 表示；密度，用 ML^{-3} 表示；等等。

> ➢ Fluid characteristics can be described qualitatively in terms of certain basic quantities such as length, time, and mass.

同样的长度用不同的单位来表示，其大小在数值上是不同的，比如 1m 的长度与 3 尺的长度相等，类似地，质量、时间等其他物理量的大小用不同的单位来表示，数值也不相同，这是由于人类社会在其发展进程中形成了不同的单位制。英美等西方国家历史上习惯采用英制，即英尺—磅—秒制，我国过去习惯上采用工程单位制，即尺—公斤—秒制。为了国际交流方便，1960 年第 11 届国际计量大会通过了国际单位制(SI 单位制)来作为全世界统一的单位制。国际单位制是一种比较完善、科学、实用的单位制，目前已被世界上绝大多数国家宣布采用，我国目前的科技文献、图书基本都采用国际单位制，所以本书采用国际单位制。

在国际单位制中，规定了 7 个**基本单位**(basic units)，分别是长度、质量、时间、电流、热力学温度、物质的量和发光强度，它们的单位名称和符号见表 1-1。其他物理量的单位可以通过基本单位推导得出，称为**导出单位**(derived units)。流体力学中常用的基本单位和导出单位见表 1-2。

表 1-1 国际单位制的基本单位

量的名称	单位名称	单位符号
长度	米	m
质量	千克	kg
时间	秒	s
电流	安［培］	A

(续)

量的名称	单位名称	单位符号
热力学温度	开[尔文]	K
物质的量	摩[尔]	mol
发光强度	坎[德拉]	cd

表 1-2 流体力学的常用单位

量	符号	类别	单位名称	国际单位制		量纲
				中文代号	国际代号	
长度	l	基本单位	米	米	m	L
质量	m		千克	千克	kg	M
时间	t		秒	秒	s	T
热力学温度	T		开[尔文]	开	K	Θ
角度	θ	导出单位	弧度	弧度	rad	
力	F		牛[顿]	牛	N	MLT^{-2}
压强	p		帕[斯卡]	帕	Pa	$ML^{-1}T^{-2}$
切应力	τ		帕[斯卡]	帕	Pa	$ML^{-1}T^{-2}$
表面张力系数	σ		牛[顿]每米	牛/米	N/m	MT^{-2}
力矩	M		牛[顿]米	牛·米	N·m	ML^2T^{-2}
动量	p		千克米每秒	千克·米/秒	kg·m/s	ML^2T^{-3}
动力粘度	μ		帕[斯卡]秒	帕·秒	Pa·s	$ML^{-1}T^{-2}$
运动粘度	ν		平方米每秒	米²/秒	m²/s	M^2T^{-1}
密度	ρ		千克每立方米	千克/米³	kg/m³	ML^{-3}
功(能)	W		焦[耳]	焦	J	ML^2T^{-2}
功率	P		瓦[特]	瓦	W	ML^2T^{-3}
面积	A		平方米	米²	m²	M^2
体积	V		立方米	米³	m³	M^3
速度	u		米每秒	米/秒	m/s	LT^{-1}
角速度	ω		弧度每秒	弧度/秒	rad/s	T^{-1}
加速度	a		米每二次方秒	米/秒²	m/s²	LT^{-2}
流量	Q		立方米每秒	米³/秒	m³/s	L^3T^{-1}

> The quantitative description of fluid characteristics requires both a number and a standard by which various quantities can be compared.

每一种量纲对应着不同的单位，比如长度、速度、力等在不同的单位制中具有不同的单位，但是对应同一个量纲的不同单位具有相同的性质，比如不同单位制中的长度单位都具有长度的性质，都表示物体的长度。

1.5 作用在流体上的力(The Forces acting on the Fluid)

任何物体的平衡和运动都是受力作用的结果。因此在研究流体的力学规律之前，必须首先分析作用在流体上的力的种类和性质。

作用在流体上的力通常分为两大类。

1.5.1 质量力(Mass Force)

处于某种力场中的流体，所有质点均受与质量成正比的力，这个力称为质量力(mass or body force)。如重力就是在力学中常见的质量力，它是由重力场所施加的。当所研究的流体作加速运动时，根据达朗伯原理虚加于流体质点上的惯性力，和作匀速旋转运动的流体所受到的离心力均属于质量力。为研究方便起见，前者常称为外质量力，后者称为惯性力。

在流体力学中，常采用单位质量力作为分析质量力的基础。单位质量力是指单位质量的流体所受的质量力。显然，单位质量力的数值即为流体质点的加速度值，如入 a，$\omega^2 r$。设单位质量力 $\vec{f}$ 在直角坐标系中三个坐标轴 x、y、z 方向的分量分别为 f_x、f_y、f_z，则 $\vec{f}$ 的表达式为

$$\vec{f} = f_x \vec{i} + f_y \vec{j} + f_z \vec{k} \tag{1-1}$$

其中 f_x、f_y、f_z 就是加速度在三个轴向的分量。如在流体中取体积 ΔV，所含质量为 Δm，在重力场中(取直角坐标系的 z 轴垂直于水平面)单位质量力的分量为

$$f_x = 0$$
$$f_y = 0$$
$$f_z = \frac{-\Delta mg}{\Delta m} = -g$$

式中：负号表示所取坐标轴 z 的方向与重力加速度方向相反。

由此可以看出，由流体受力状态很容易确定单位质量力的分量，因此质量力或单位质量力通常是已知的。采用这种分量形式为流体力学的研究提供了许多方便。

1.5.2 表面力(Surface Force)

表面力(surface force)是指作用在所研究流体外表面上与表面积大小成正比的力。

在流体力学的研究中，常常自流体内取出一个分离体作为研究对象。这时表面力指的是周围流体作用于分离体表面上的力。对于整个流体，这种表面力属于内力，彼此抵消。

由于表面力与作用面积成正比，因此我们将单位面积上的表面力称为应力(stress)，为使所研究的问题清楚起见常将应力分为切向应力(shearing force)和法向应力(normal stress)。切应力 τ 是流体相对运动时因粘性内摩擦而产生的，因此，静止流体中不存在切向应力，即

这时流体作用面积上只有法向应力作用；又因流体几乎不能承受拉力，只能承受压力，所以静止流体中的法向应力只能沿着流体表面的内法线方向，称为压力(stress)，其单位面积上的压力，即法向应力，称为压强(pressure)。

在所取分离体表面上，取包围某点 A 的面积 ΔA，如图 1.1 所示；作用于 ΔA 的总表面力为 ΔF 其法向分量为 ΔF_n，切向分 ΔF_τ。当 ΔA 向 A 点收缩趋近于零时，得 Δ 点的应力、压强和切应力为

$$\sigma_A = \lim_{\Delta A \to 0} \frac{\Delta F}{\Delta A}$$

$$p_A = \lim_{\Delta A \to 0} \frac{\Delta F_n}{\Delta A}$$

$$\tau_A = \lim_{\Delta A \to 0} \frac{\Delta F_\tau}{\Delta A}$$

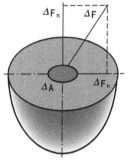

图 1.1　表面力

表面张力也是表面力的一种，它是作用在流体自由表面的沿作用面法线方向的拉力。

工程实例

单位和太空航行的灾难

美国宇航局于 1998 年 12 月 11 日在卡纳维拉尔角将一颗火星气候探测器发射升空，目的是探测火星的地理和气候。探测器原定于 1999 年 9 月 23 日进入轨道而绕火星运转。但从地面上观测当探测器飞到火星的另一侧之前 5 分钟时，主发动机开始燃烧而未能使探测器飞出火星的另一侧，地面控制人员也无法接收到它的任何信号，虽经多次努力也未成功。美国宇航局最后在对探测器飞临火星前 6~8 个小时传回的数据进行分析后发现，这颗探测器之所以被烧毁，是因为它距离火星的高度太低，大约只有 60km，而安全要求的最低高度至少应该是 85km。

导致这次事故的原因是洛克希德公司提供的主发动机点燃后的加速度的单位是英制而不是公制，而且宇航局帕萨迪纳喷气实验室又未发现这一点，结果将该公司提供的英制数据输入到采用公制数据的电脑系统里，最终使探测器被烧毁。

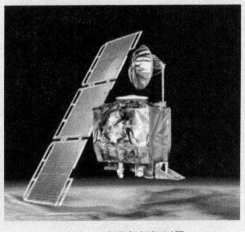

图 1.2　火星气候探测器

习 题

1.1 什么是流体质点?

1.2 什么是流体的连续介质模型?

1.3 量纲和单位有什么区别?

第 2 章
流体的物理特性
(Properties of Fluids)

本章教学要点

知识要点	能力要求	相关知识
流体的重度和比体积	掌握流体重度和比体积的概念及其计算	密度；比重；混合气体的密度
流体的压缩性和膨胀性	理解体积压缩系数和体积膨胀系数的定义；掌握不可压缩流体的概念	流体的压缩性；流体的膨胀性；可压缩流体和不可压缩流体
流体的粘性	理解牛顿内摩擦定律和壁面不滑移条件；掌握粘度、牛顿流体和理想流体的概念	牛顿内摩擦定律；流动产生的原因；完全气体
液体的表面张力	理解表面张力的定义及其相关现象	毛细现象及毛细压强

导入案例

流体的特性包括密度、粘性和表面张力。如下图所示，射流在这些流体性质的共同作用下分解为液滴，在表面张力的作用下分离的液滴收缩成球形。

2.1 流体的重度(Specific Weight of Fluids)

在物理学中，人们已经熟悉了物质的密度的概念，即单位体积物质的质量。密度 ρ 的倒数定义为**比体积**(specific volume)，用符号 v 表示，即

$$v = \frac{1}{\rho} \qquad (2-1)$$

比体积是单位质量流体的体积，在 SI 单位制中的单位是 m^3/kg。

> Specific volume of a fluid is defined as its volume per unit mass.

在流体力学中，流体的密度 ρ 和重力加速度 g 经常成对出现，因此将流体的密度 ρ 和重力加速度 g 的乘积定义为**重度**(specific weight)，用符号 γ 表示，即

$$\gamma = \rho g \qquad (2-2)$$

重度是单位流体的重量，在 SI 单位制中的单位是 N/m^3。

在物理学中，人们还熟悉比重的概念，原物质的**比重**(specific gravity)现改称相对密度，用符号 S 表示。液体的比重定义为液体的密度 ρ_l 与 4℃ 水的密度 ρ_w 的比值，即

$$S = \frac{\rho_l}{\rho_w} \qquad (2-3)$$

比重是一个没有单位的量。

由于液体的密度随温度的变化而变化，所以液体的比重是指在某个温度下的比重。

气体的比重定义为气体的密度和氢气或空气在某一特定温度或压强下的密度的比值。但是由于没有一个统一的标准，所以必须指明是某一状态的比重。

> Specific weight is weight per unit volume; Specific gravity is the ratio of liquid to the density of water at a certain temperature.

在自然界中经常遇到混合气体，比如锅炉的烟气，其中含有氧气、氮气、二氧化硫、二氧化碳、水蒸气等气体。混合气体的密度可按各组分气体所占的体积百分数来计算，即

$$\rho = \rho_1 \alpha_1 + \rho_2 \alpha_2 + \cdots + \rho_n \alpha_n \tag{2-4}$$

式中：ρ_i 为混合气体各组分气体的密度；α_i 为混合气体各组分气体所占的体积百分数（$i=1, 2, \cdots, n$）。

2.2 流体的压缩性和膨胀性
(Compressibility and Expansibility of Fluids)

2.2.1 流体的压缩性(Compressibility of Fluids)

一个关于流体特性的重要问题是在一定的温度下，流体的体积如何随着压强的变化而变化？定量描述流体压缩性的物理量为流体的**体积压缩系数** β_p (coefficient of volume compressibility)。体积压缩系数定义为在一定的温度下，单位压强增量所引起的流体体积的变化率，即

$$\beta_p = -\frac{dV/V}{dp}, \quad 1/\text{Pa} \tag{2-5}$$

式中：V 为流体的体积；p 为流体的压强。

由于压强增加时流体的体积减小，dV 和 dp 异号，为了使体积压缩系数 β_p 为正值，故在式(2-5)等号右边引入负号。很明显，体积压缩系数 β_p 越大，流体的压缩性越强，越容易被压缩；反之，体积压缩系数 β_p 越小，流体的压缩性越差，越不容易被压缩。水在0℃时的体积压缩系数 β_p 与压强的关系见表2-1。可以看出，水的体积压缩系数很小。

表2-1　0℃水的体积压缩系数与压强的关系

p/MPa	0.49	0.98	1.96	3.92	7.85
$\beta_p/(10^{-9}/\text{Pa})$	0.539	0.537	0.531	0.523	0.515

体积压缩系数的倒数称为**体积模量**(bulk modulus)，即

$$E_v = \frac{1}{\beta_p}, \quad \text{Pa} \tag{2-6}$$

工程上常用体积模量来衡量流体压缩性的大小。显然，体积模量越大，流体的压缩性越小；反之亦然。体积模量的单位与压强的单位相同。

2.2.2 流体的膨胀性(Expansibility of Fluids)

当压强不变时，流体的体积随温度的升高而增大的性质称为流体的**膨胀性**(expansibility of fluids)。流体的膨胀性的大小用**体积膨胀系数** β_T(coefficient of volume expansibility)来表示。其定义是当压强不变时,单位温升所引起的流体体积的变化率,即

$$\beta_T = -\frac{dV/V}{dT}, \quad 1/K \quad \text{或} \quad 1/℃ \tag{2-7}$$

实验表明,液体的体积膨胀系数很小,例如,在常温下,温度每升高1℃,水的体积膨胀系数仅为 1.5×10^{-4}。在一个标准大气压下,水的体积膨胀系数与温度的关系见表2-2。

表2-2 在一个标准大气压下水的体积膨胀系数与温度的关系

$T/℃$	1~10	10~20	45~50	60~70	90~100
$\beta_T/(10^{-4}/℃)$	0.14	1.50	4.22	5.56	7.19

将气体的状态方程代入式(2-7),在压强不变情况下,可求得

$$\beta_T = \frac{dV/V}{dT} = \frac{1}{V}\frac{d}{dT}\left(\frac{mRT}{p}\right) = \frac{mR}{Vp} = \frac{1}{T}, \quad 1/K \text{ 或 } 1/℃ \tag{2-8}$$

式(2-8)说明气体的体积膨胀系数与温度成反比。这实际上就是盖·吕萨克(Gay-Lussac)定律:一定质量的气体,在等压过程中,温度每升高1K,体积膨胀为它在0℃时体积的1/273。

2.2.3 可压缩流体和不可压缩流体(Compressible and Incompressible Fluids)

实际上,自然界中的所有流体都是可压缩的,不管是气体还是液体,但是有些情况下如果忽略了流体的压缩性会对问题的解决提供便利,而且不影响问题求解的精度,那么在求解此类流体问题时就可以不考虑这一影响因素而使问题简化。因此,人们引入了不可压缩流体这样一个理想化的概念。所谓**不可压缩流体**(incompressible fluids)就是受压体积不缩小,受热体积不膨胀,即密度为常数的流体。反之,密度不为常数的流体称为**可压缩流体**(compressible fluids)。

液体的压缩性很小,当压强和温度变化时,液体的密度只发生微小的变化,因此通常认为液体是不可压缩流体。

气体的压缩性很大。根据热力学的知识知道,当温度不变时,完全气体(与后面的理想气体概念不同)的体积与压强成反比,即压强增加一倍,体积缩小一半;当压强不变时,温度升高1℃,体积比0℃时膨胀1/273。所以通常把气体看成是可压缩流体。

> ➢ Liquids are usually considered to be incompressible, whereas gases are usually considered to be compressible.

在工程实际中,要不要考虑流体的压缩性,要视具体情况而定。例如,在研究水击现象和水下爆炸时,水的压强变化很大,而且变化剧烈,这时水的密度变化就不能忽略,而要把水当作可压缩流体来处理。在气流速度较低,压强变化较小的场合,可以把气体看成是不可压缩流体,比如通风机中的空气,气流速度一般不超过50m/s,压强变化也不大,通常忽略空气的压缩性。

2.3 流体的粘性(Viscosity of Fluids)

流体和固体的重要区别就是流体能够流动,而固体则不能。不同的流体,流动性(fluidity)差别也很大,比如水容易流动,而油的流动性就不如水。那么流动性不同的原因是什么呢?如何定量衡量流体的流动性大小呢?本节来解决这个问题。

2.3.1 牛顿内摩擦定律(Newton's Equation of Viscosity)

首先来分析一个实验,原理图如图 2.1 所示。两个面积很大的平行平板间充满某种流体,使下面的平板不动,上面的平板以恒速 U 向右运动。观察平板间流体的运动发现,紧贴上平板的流体以同样的速度 U 向右运动,紧贴下平板的流体则静止不动,两板之间的流体沿着垂直速度 u 的方向自下向上逐渐增加。

是什么原因产生了这样的流动呢?是由于摩擦。紧贴上平板的流体分子与平板分子相互作用产生的摩擦力试图阻碍平板的运动,在流体内部,下层流体与上层流体分子间的相互作用产生的摩擦力试图阻碍上层流体的运动,而流动则是由上层流体与下层流体分子间的相互作用产生的对下层流体的拖动力引起的。不同的流体,这种分子间作用力的程度不同,因此就产生了流动性的差异。

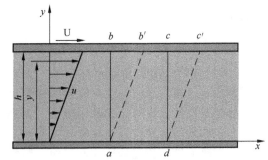

图 2.1 流体粘性实验原理图

> Fluid motion can cause shearing stresses.

紧贴固体壁面的流体速度与固体壁面的速度相同是流体力学中的一个重要的边界条件,称为不滑移条件(no-slip condition),在求解流体运动微分方程的数值解时起着重要的作用。

> Real fluid, even though they may be moving, always "stick" to the solid boundaries that contain them.

牛顿(Issac Newton,1642—1727)通过研究发现,流动的流体层间的内摩擦应力与速度之间存在如下的定量关系

$$\tau = \mu \frac{\mathrm{d}u}{\mathrm{d}y} \tag{2-9}$$

式中:τ 为流动流体内部的内摩擦应力,Pa;$\frac{\mathrm{d}u}{\mathrm{d}y}$ 为垂直于流动方向上的速度梯度,$1/s$;μ 为流体的**动力粘度**(dynamic viscosity)或称为流体的**动力粘性系数**(coefficient of viscosity),Pa·s。

式(2-9)称为**牛顿内摩擦定律**(Newton's equation of viscosity/Newton's viscosity law)。牛顿内摩擦定律的物理意义是:作用在流体内部的剪切应力与速度梯度成正比,其比例系数是表征流体粘性大小的动力粘度,动力粘度是表征流体粘性大小的物性参数。

> Dynamic viscosity is the fluid property that relates shearing stress and fluid motion.

当速度梯度 $du/dy=0$ 时，内摩擦应力 $\tau=0$，即不存在内摩擦力。流体的内摩擦定律和两固体间的摩擦定律大不相同，前者摩擦力与速度关系很大，与压强关系甚微；而后者则正好相反。

2.3.2 粘度(Viscosity)

将式(2-9)改写成

$$\mu=\frac{\tau}{du/dy} \quad (2-10)$$

由式(2-10)可知，μ 表示当速度梯度为 1 时，单位面积上摩擦力的大小。μ 越大，流体的粘性越强。

在工程计算中还经常采用**运动粘度**(kinematic viscosity)，运动粘度定义为动力粘度与密度的比值，即

$$\nu=\frac{\mu}{\rho} \quad (2-11)$$

式中：ν 为流体的运动粘度，m^2/s。

很显然，流体的运动粘度与流体的种类有关，不同的流体其运动粘度也不同。除此之外，流体的运动粘度还与压强和温度有关。在通常环境条件下，压强对粘度的影响较小，可以认为流体的运动粘度只与种类和温度有关。但是在高压下，压强对运动粘度的影响不能忽略，运动粘度随压强的增加而增加。例如，水在 10^{10} Pa 下的运动粘度是在 10^5 Pa 下运动粘度的 2 倍。

温度对运动粘度的影响很大。液体的运动粘度随温度的上升而减小，气体的运动粘度则随温度的上升而增大，原因是构成它们粘性的主要因素不同。液体分子间的吸引力是构成液体运动粘性的主要因素，当温度升高时，液体分子间的距离增大，分子间的吸引力减小，所以引起粘性下降；而对于气体，分子间的距离较大，分子间的吸引力微不足道，构成气体粘性的主要因素是气体运动时分子间的动量交换，温度越高，运动越剧烈，动量交换越频繁，所以粘性就越大。

> Viscosity is very sensitive to temperature.

水的动力粘度与温度之间的关系可用下面的经验公式来近似计算

$$\mu=\frac{\mu_0}{1+0.0337t+0.000221t^2}, \quad Pa\cdot s \quad (2-12)$$

式中：μ_0 为水在 0℃时的动力粘度；t 为水温。

气体的动力粘度与温度之间的关系可用下面的经验公式来近似计算

$$\mu=\mu_0\frac{273+K}{T+K}\left(\frac{T}{273}\right)^{\frac{3}{2}}, \quad Pa\cdot s \quad (2-13)$$

式中：μ_0 为气体在 0℃时的动力粘度；T 为气体的热力学温度；K 是根据气体的种类而定的系数。式(2-13)只适用于气体的压强不太高，可以忽略压强影响的场合。

水和空气的粘度见表 2-3。气体在标准大气压下 0℃时的动力粘度 μ_0 和系数 K 见表 2-4。常见气体在标准大气压下 20℃时的物理参数见表 2-5。常见液体的物理参数见表 2-6。

表 2-3　水和空气的粘度

温度/℃	水		空气	
	$\mu/(10^{-3}\,\text{Pa}\cdot\text{s})$	$\nu/(10^{-6}\,\text{m}^2/\text{s})$	$\mu/(10^{-3}\,\text{Pa}\cdot\text{s})$	$\nu/(10^{-6}\,\text{m}^2/\text{s})$
0	1.792	1.792	0.0171	13.7
10	1.308	1.308	0.0178	14.4
20	1.005	1.007	0.0183	15.7
30	0.801	0.804	0.0187	16.6
40	0.656	0.661	0.0192	17.6
50	0.549	0.556	0.0196	18.6
60	0.469	0.477	0.0201	19.6
70	0.406	0.415	0.0204	20.6
80	0.357	0.367	0.0210	21.7
90	0.317	0.328	0.0216	22.9
100	0.284	0.296	0.0218	23.6

表 2-4　气体在标准大气压下 0℃时的动力粘度 μ_0 和系数 K

气体名称	$\mu_0/(10^{-6}\,\text{Pa}\cdot\text{s})$	K
空气	17.10	111
水蒸气	8.93	961
氧气	19.20	125
氮气	16.60	104
氢气	8.40	71
一氧化碳	16.80	100
二氧化碳	13.80	254
二氧化硫	11.60	306

表 2-5　常见气体在标准大气压下 20℃时的物理参数

气体名称	分子量	密度 ρ /(kg/m³)	粘度 μ /(10^{-5} Pa·s)	气体常数 R /(J/kg·K)	比定压热容 C_p/(J/kg·K)	比定容热容 C_V/(J/kg·K)	绝热系数 $k=\dfrac{C_p}{C_V}$
空气	29.0	1.205	1.80	287	1003	716	1.40
二氧化碳	44.0	1.84	1.48	188	858	670	1.28
一氧化碳	28.0	1.16	1.82	297	1040	743	1.40
氦气	4.0	0.166	1.97	2077	5220	6143	1.66
氢气	2.02	0.083	0.90	4102	14450	10330	1.40
甲烷	16.0	0.668	1.34	520	2250	1730	1.30
氮气	28.0	1.16	1.76	297	1040	743	1.40
氧气	32.0	1.33	2.00	260	909	649	1.40
水蒸气	18.0	0.747	1.01	462	1862	1400	1.33

表2-6 标准大气压下常见液体的物理参数

液体名称	温度/℃	密度 ρ/(kg/m³)	相对密度/S	粘度 μ/(10^{-4}Pa·s)	表面张力系数 σ/(N/m)	蒸发压强 P_v/kPa
苯	20	895	0.90	6.5	0.029	10.0
四氯化碳	20	1588	1.59	9.7	0.026	21.1
原油	20	856	0.86	72	0.03	
汽油	20	678	0.68	2.9		55
甘油	20	1258	1.26	14900	0.063	0.000014
氢	−257	72	0.072	0.21	0.003	21.4
煤油	20	808	0.81	19.2	0.025	3.20
氧	−195	1206	1.21	2.8	0.015	21.4
水银	20	13550	13.56	15.6	0.51	0.00017
水	20	998	1.00	10.1	0.073	2.34

混合气体的动力粘度可以用下式近似计算

$$\mu = \frac{\sum_{i=1}^{n} \alpha_i M_i^{\frac{1}{2}} \mu_i}{\sum_{i=1}^{n} \alpha_i M_i^{\frac{1}{2}}} \tag{2-14}$$

式中：α_i 为混合气体中 i 组分气体所占的体积百分比；M_i 为混合气体中 i 组分气体的分子量；μ_i 为混合气体中 i 组分气体的动力粘度 ($i=1, 2, \cdots, n$)。

2.3.3 牛顿流体和非牛顿流体(Newtonian and Non-Newtonian Fluids)

实验表明，水、许多润滑油以及低碳氢化合物和大多数气体都能很好地遵循牛顿内摩擦定律。通常把遵循牛顿内摩擦定律的流体称为**牛顿流体**(Newtonian fluids)，不遵循牛顿内摩擦定律的流体称为**非牛顿流体**(non-Newtonian fluids)。

对于牛顿流体，当温度保持不变时，流体的粘度不变，即流体的内摩擦力与速度梯度呈线性关系，在 $\tau - du/dy$ 图上是一条过原点、斜率为粘度 μ 的直线，如图2.2所示。对于非牛顿流体内摩擦力与速度梯度呈线性关系并不是简单的直线关系，例如，像凝胶、牙膏之类的塑性流体，它们有一个保持不产生剪切变形的初始剪切应力 τ_0，克服 τ_0 之后内摩擦力与速度梯度才呈线性关系，如图2.2所示。

$$\tau = \tau_0 + \mu \frac{du}{dy} \tag{2-15}$$

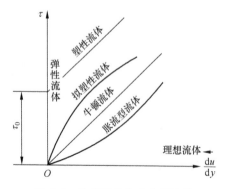

图2.2 牛顿流体和非牛顿流体

像油漆、纸浆液、高分子溶液等拟塑性流体，

内摩擦力与速度梯度成如下关系

$$\tau = K\left(\frac{\mathrm{d}u}{\mathrm{d}y}\right)^n \qquad (2-16)$$

式中：$n<1$；K 为比例常数。

在 $\tau - \mathrm{d}u/\mathrm{d}y$ 图上 τ 和 $\mathrm{d}u/\mathrm{d}y$ 的关系曲线的斜率随 $\mathrm{d}u/\mathrm{d}y$ 的增大而减小。而对于乳化液、油墨等胀流型流体也遵循式(2-16)的规律，但是 $n>1$，在 $\tau - \mathrm{d}u/\mathrm{d}y$ 图上 τ 和 $\mathrm{d}u/\mathrm{d}y$ 的关系曲线的斜率随 $\mathrm{d}u/\mathrm{d}y$ 的增大而增大。

非牛顿流体在化工、轻工、食品等工业领域经常遇到，是**流变学**(rheology)的研究对象，本书只讨论牛顿流体。

2.3.4 粘性流体和理想流体(Viscous and Ideal Fluids)

自然界中的流体都是有粘性的，因此实际流体都是**粘性流体**(viscous or real fluids)。但是正由于粘性的存在，给流体运动的数学描述和求解带来了很大的困难。因此，在有些情况下，可以先忽略流体的粘性，对流动运动进行数学描述和求解，使问题得到简化，得到定性的规律性的结果，然后再考虑粘性的影响，利用实验等手段通过引入系数等形式对结果加以修正。另外，在一些速度梯度很小的场合，不考虑粘性对结果精度的影响，比如飞机飞行过程中，离机翼较远一些空气中，空气的粘性对飞行的影响很小，因此可以只在紧贴机翼的一薄层内考虑粘性，在其余的流场空间中忽略空气的粘性，这正是普朗特提出的解决绕流问题的基本方法，有关这方面的详细内容见后续章节中的边界层理论。

没有粘性或粘度为零的流体称为**理想流体**(ideal fluids or inviscid fluids)。理想流体只是一个理想化的概念。理想流体是流体力学中的一个重要的概念，以后会经常用到。专门以理想流体为研究对象的流体力学称为理想流体力学。

这里需要特别强调的是，在热力学中的理想气体的概念和流体力学中的理想气体的概念完全不同，因此为了区别，在流体力学中称热力学中的"理想气体"为完全气体(perfect gases)。

2.4 液体的表面张力(Surface Tension of Fluids)

2.4.1 表面张力(Surface Tension)

在日常生活中，可以经常看到收缩成球状的液滴，比如树叶上的水珠，平滑固体片面上滚动的水银珠等。为什么处于自由状态的液滴要收缩成球状呢？答案是液滴与大气的接触面，即**自由表面**(free surface)内存在**表面张力**(surface tension)的缘故。表面张力的方向与自由表面的切平面平行，这个从下面的实验中可以得到证实。把一根棉线拴在铁丝环上，如图2.3所示。把铁丝环浸没在肥皂水里然后拿出，会发现铁丝环上出现一层肥皂薄膜，如图2.3(a)所示。如果用针刺破棉线左侧的薄膜，则棉线被其右侧的薄膜拉向右侧而弯曲，如图2.3(b)所示；反之，如果用针刺破棉线右侧的薄膜，则棉线被其左侧的薄膜拉向左侧而弯曲，如图2.3(c)所示。很显然，这种引起薄膜收缩的力就是沿薄膜平面的表面张力。

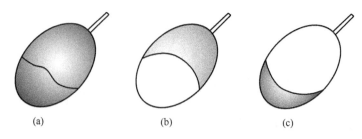

图 2.3 表面张力示意图

表面张力是如何产生的呢？下面来分析其机理。液体的分子间是有吸引力的，其作用半径 r 约为 $10^{-10} \sim 10^{-8}$ m。如果液体内的分子与自由表面的距离大于或等于半径 r，如图 2.4 中 A 和 B 所示，则周围液体分子对该分子的吸引力互相平衡。但是对于像 C 和 D 这样的液体分子，在半径为 r 的球内液面上是稀少的大气分子，这些大气分子对 C 和 D 的吸引力与液面液体分子对 C 和 D 的吸引力不相平衡，产生一个自液面指向液体内部的合力，对于分子 D 来说，这种合力达到最大。在这种合力的作用下，液面上的液体分子被紧紧地拉向液体内部，则必然在液面内的分子间形成拉力，这种拉力称为液体的表面张力。

定义单位长度的表面张力为**表面张力系数**(coefficient of surface tension)，用符号 σ 表示，其单位为 N/m。

由于表面张力的作用，在自然界中自由状态的液滴均收缩成球状，处于稳定的平衡状态。如果将液滴切开，取出一部分（半球台）分离体，如图 2.5 所示，在球台切面的周线上必存在连续均匀、与球面相切且背离球台的表面张力。

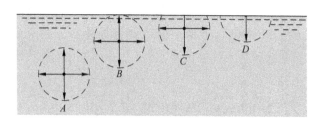

图 2.4 表面张力形成机理

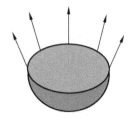

图 2.5 表面张力的方向

所有液体的表面张力系数都随着温度的上升而减小。常见液体的表面张力系数见表 2-7。

表 2-7 常见液体的表面张力系数(20℃，与空气接触)

液体名称	表面张力系数 σ /(N/m)	液体名称	表面张力系数 σ /(N/m)
酒精	0.0223	原油	0.0233～0.0379
苯	0.0289	水	0.0731
四氯化碳	0.0267	水银，在空气中	0.5137
煤油	0.0233～0.0321	水银，在水中	0.3926
润滑油	0.0350～0.0379	水银，在真空中	0.4857

液体的表面张力在大多数工程实际中被忽略，因为多数情况下，惯性力、重力、粘性力等起着主要的作用，而表面张力的影响很小。但是在有些流体力学问题中，表面张力的作用是不能忽略的，比如土壤和其他多孔物质中流体的运动、薄膜的流动、液滴和气泡的形成、液体的雾化、汽液两相的传热和传质等。表面张力涉及液-气、液-液和液-气-固之间的交界面，是非常复杂的现象，对于表面张力现象的更详细的讨论超出了本书的内容，有兴趣的读者可参阅其他相关文献。

> ➤ Surface tension effects play a role in many fluid mechanics problems associated with liquid-gas, liquid-liquid, or liquid-gas-solid interfaces.

2.4.2 毛细现象(Capillary Phenomena)

一个与表面张力有关的自然现象称为**毛细现象**(capillary phenomena)。如图 2.6 所示，将**毛细管**(capillary tube)插入水 [图 2.6(a)] 和水银中 [图 2.6(b)]，分别产生了管内液面的上升和降低，这种现象称为毛细现象。能发生毛细现象的细管称为毛细管。

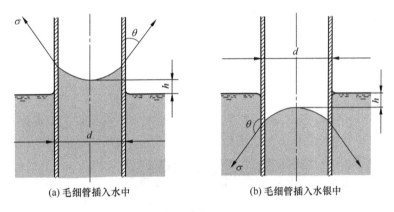

(a) 毛细管插入水中　　(b) 毛细管插入水银中

图 2.6 毛细现象

为什么会产生毛细现象呢？其起因是分子间的作用力。液体的分子间具有吸引力，称为**内聚力**(cohesion)，液体分子和固体分子间也存在吸引力，称为**附着力**(adhesion)。对于图 2.6(a) 的情形，内聚力小于附着力，所以水润湿细管的壁面向上伸展，使液面向上弯曲，并且液面在表面张力的作用下被向上拉高 h；对于图 2.6(b) 的情形，附着力小于内聚力，所以水银沿壁面向下伸展，使液面向下弯曲，并且液面在表面张力的作用下被向下拉低 h。

> ➤ Capillary action in small tubes, which involves a liquid-gas-solid interface, is caused by surface tension.

液面为曲面时的表面张力势必造成曲面两侧的压差。由于液体曲面与固体壁面接触处的表面张力有一个指向凹面的合力，要平衡这个合力，凹面的压力必须大于凸面的压力，从而产生压差，这种表面张力引起的附加压强称为**毛细压强**(capillary pressure)。如果管子很细，则管内的液面可以近似看成一个球面，设球面的半径为 R，则弯曲液面两侧的压差为

$$\Delta p = \frac{2\sigma}{R} \qquad (2-17)$$

对于肥皂泡，由于存在两个凹面，所以泡内压强与泡外压强的差值为 $\Delta p = \dfrac{4\sigma}{R}$。

毛细管中液面上升或下降的高度显然与表面张力有关。以图2.6(a)为例，假设流体的密度为ρ，毛细管径为d，液体与管子壁面的接触角为θ，当表面张力与上升液柱的重量相等时，液柱高度便稳定下来，达到力的平衡，这时

$$\pi d\sigma\cos\theta = \rho g \frac{\pi d^2}{4}h$$

$$h = \frac{4\sigma\cos\theta}{\rho g d} \tag{2-18}$$

式(2-18)也可以作为细管内液面降低时的高度，只不过此时$\theta > \pi/2$，$\cos\theta$为负值，所以h也是负值，表示液面是下降的，如图2.6(b)所示。

通常对于水，当玻璃管径大于20mm，对于水银，当玻璃管径大于12mm时，毛细现象的影响可以忽略不计。

毛细现象在日常生活和工农业生产中都起着重要的作用。例如，煤油灯芯上升，地下的水分沿着土壤中的毛细孔道上升到地面蒸发等。在多数工程实际问题中，由于固体的边界足够大，毛细现象的影响可以忽略不计，但是当用很细的管子作测压计时，则必须考虑毛细现象的影响，否则会产生较大的测量误差。

工程实例

粘 性 实 验

图2.7所示为库仑实验。流体内摩擦的概念最早由牛顿提出，由库仑用实验得到证实。如图中曲线所示，在粘性力的作用下，圆盘的转速逐渐减小直到停止。

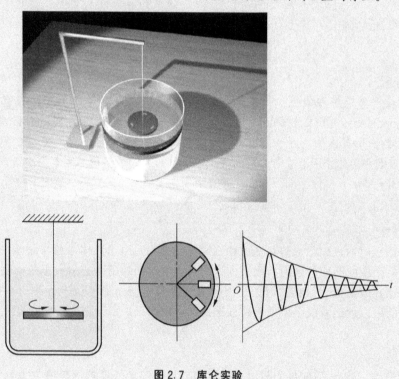

图2.7　库仑实验

非牛顿流体

维持人类生命的基本流体除了空气和水外,还有血液。血液是一种独特的流体,它由悬浮于血浆中的、盘型的、直径约为 $8\mu m$ 的红色血细胞组成。由于血液是一种悬浮液,所以它是非牛顿流体。毛细血管流动如图 2.8 所示。

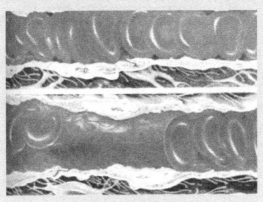

图 2.8 毛细血管流动

2.1 若气体的比体积是 $0.75m^3/kg$,试求它的密度。

2.2 当压强增量为 $50000N/m^2$ 时,某种液体的密度增长 0.02%,试求该液体的体积模量。

2.3 已知某厂 1 号炉水平烟道中烟气组分的百分数为 $a_{CO_2}=13.5\%$,$a_{SO_2}=0.3\%$,$a_{O_2}=5.2\%$,$a_{N_2}=76\%$,$a_{H_2O}=5\%$,试求烟气的密度。

2.4 把绝对压强 $p_1=101325Pa$,温度 $t_1=20℃$ 的水密封在体积 $V=1m^3$ 的高压容器中进行水压试验。欲使容器中水的绝对压强达到 $p_2=8106000Pa$,试问需高压泵向容器中注入多少体积的水?假设高压容器是不变形刚体,水受压后温度不变。已知 $8106000Pa$,$20℃$ 的水 $E_V=2.17\times10^9 N/m^2$。

2.5 流量为 $50m^3/h$,温度为 $70℃$ 的水流入热水锅炉中,经加热后水温升到 $90℃$,而水的体胀系数 $\beta_T=0.000641/℃$,问每小时从锅炉中流出多少立方米的水?

2.6 设空气在 $0℃$ 时的运动粘度 $\nu_0=13.2\times10^{-6}m^2/s$,密度 $\rho_0=1.29kg/m^3$,试求在 $150℃$ 时空气的动力粘度。

2.7 某液体的动力粘度 $\mu=0.005Pa\cdot s$,相对密度为 0.85,求它的运动粘度。

2.8 一块可运动平板与另一块不动平板同时浸在某种流体中,它们之间的距离为 $0.5mm$。若可动板以 $0.25m/s$ 的速度移动,为了维持这个速度,需要单位面积上的作用力为 $2N/m^2$,求这两块平板间流体的粘度。

2.9 某流体的动力粘性系数 $\mu=5\times10^{-2}Pa\cdot s$,流体在管内的流动速度分布如图 2.9 所示,速度的表达式为 $u=100-C(5-y)^2$,试问切向应力 τ 为多少?最大切向应力 τ_{max} 为多少?发生在何处?

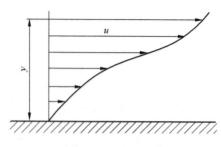

图 2.9 题 2.9 示意图

2.10 内径为 10mm 的开口玻璃管插入温度为 20℃ 的水中,已知水与玻璃的接触角 $\theta=10°$,试求水在管中上升的高度。

第 3 章

流体静力学（Fluid Statics）

 本章教学要点

知识要点	能力要求	相关知识
流体的静压强及其特性	掌握流体静压强的概念；理解并掌握流体静压强的特性	压强的概念；刚体静力学；作用在流体上的力
流体平衡微分方程	理解并掌握流体平衡微分方程的推导和其物理意义；掌握压强微分方程式和等压面方程	刚体静力学；场论；等压面
压强的基准	理解压强的基准；掌握不同基准下压强之间的换算关系	两个参考基准：绝对真空和大气压；绝对压强、相对压强和真空度及其之间的关系；标准大气压
静止流体中的压强分布	掌握流体静力学基本方程式及其物理意义；掌握重力场中压强分布的推导、公式及其计算	重度；位置水头、压强水头和总静水头；位置势能、压强势能和总势能；静压强分布图
流体的相对平衡	掌握流体相对平衡的概念；掌握推导相对平衡流体中压强分布规律、等压面的方法	绝对平衡和相对平衡；压强微分方程式和等压面方程
平衡流体对平面和曲面的作用力	掌握平衡流体对平面作用力的计算，压力体的确定	重力场中压强分布；压力体和压力中心；形心和惯性矩

导入案例

下图是一幅通过卫星看到的飓风图片。尽管飓风的运动和变形很大,但是飓风铅垂方向的压力变化是根据静压的求解方法来估计的,在随后的学习中我们会知道,静压是通过压力跟深度的关系确定的。

国际空间站上观察到的飓风"丽莉"

在本章要分析一大类重要的有关流体的问题:流体相对于地球处于静止状态或者流体作为整体在运动,称这一大类问题为流体静力学问题,称流体的此种状态为静止或者**平衡**(equilibrium)。若流体相对于地球静止,则称其为绝对静止或**绝对平衡**(absolute equilibrium);若流体作为整体在运动,则称其为相对静止或**相对平衡**(relative equilibrium)。本书在以下的章节里使用平衡这一术语。绝对平衡和相对平衡的共性在于两种状态下流体质点之间均没有相对运动(relative motion)。换句话说,在流体力学里称流体质点之间没有相对运动的状态为平衡。由于处于平衡状态的流体质点之间没有相对运动,所以在流体静力学里,粘性是表现不出来的。

描述或解决力学问题,参考系(坐标系,coordinate system)是重要的工具,选取的坐标系不同,描述运动状态的力学方程在形式上会存在差异,而且针对不同的问题,解决的复杂程度也会存在差异。在推导流体力学方程之前,这里首先引进两个概念:惯性系和非惯性系。把相对地球静止而不随研究对象运动的坐标系称为**惯性系**(inertial frame),随研究对象作变速运动的坐标系称为**非惯性系**(Non-inertial frame)。

本章主要分析处于平衡状态的流体中的压强分布(pressure distribution)和处于平衡状态的流体对固体接触面的作用力。

3.1 流体的静压强(Pressure in a Fluid at Rest)

流体的静压强是指处于平衡状态下流体的压强。压强的定义是单位面积 A 上所承受的力 F,即

$$p = \frac{dF}{dA} \quad (Pa, N/m^2)$$

流体的静压强具有两个重要特性。

特性一：流体静压强的方向总是垂直指向作用面，即沿着作用面的内法线方向。

> The direction of pressure at a point in a fluid at rest is the same of the direction of the inward normal to the surface.

这一特性可直接由流体的性质来说明。由第一章中可知，对于牛顿流体，在任何微小剪切力的作用下，都将产生连续的变形，所以流体在保持平衡状态下就不可能有剪切力存在。此外，流体的内聚力很小，几乎不能承受拉力。因此可以得出结论：流体静压强的方向只能沿着作用面的内法线方向。

特性二：平衡流体内部任意点上的静压强的大小与作用方位无关。

> The pressure at a point in a fluid at rest is independent of direction.

为证明这一特性，在平衡的流体中取出直角边长各为 dx、dy、dz 的微小四面体 $ABCO$，如图 3.1 所示。由于微元体可以取得足够小，可以认为作用在同一微元平面上的压强是相等的。设 p_x、p_y、p_z 和 p_n 分别表示在 $\triangle OAC$、$\triangle OAB$、$\triangle OBC$ 和 $\triangle ABC$ 上的静压强，$\triangle ABC$ 的面积为 dA，P_n 与 x、y、z 轴的夹角分别为 α、β、γ，则作用在各面上的表面力分别为 $(p_x dydz)/2$、$(p_y dxdz)/2$、$(p_z dxdy)/2$ 和 $p_n dA$。除了这些表面力之外，微元体还受到质量力的作用。设流体的密度为 ρ，由于微元体的体积为 $(dxdydz)/6$，所以在重力场中质量力为 $\rho g (dxdydz)/6$。显然，与其他 4 个面上的表面力比较，质量力为高阶无穷小量，可以忽略不计。

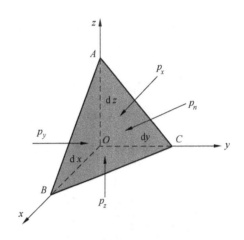

图 3.1 流体静压强特性

由于微元体处于平衡状态，所以各坐标轴方向的合外力等于零，即

$$p_x \frac{1}{2} dydz - p_n dA\cos\alpha = 0$$

$$p_y \frac{1}{2} dxdz - p_n dA\cos\beta = 0$$

$$p_z \frac{1}{2} dxdy - p_n dA\cos\gamma = 0$$

因为

$$dA\cos\alpha = \frac{1}{2} dydz$$

$$dA\cos\beta = \frac{1}{2} dxdz$$

$$dA\cos\gamma = \frac{1}{2} dxdy$$

所以

$$p_x - p_n = 0, \quad p_x = p_n$$
$$p_y - p_n = 0, \quad p_y = p_n$$
$$p_z - p_n = 0, \quad p_z = p_n$$

故

$$p_x = p_y = p_z = p_n$$

这就是说静止的流体中任一点的流体静压强与其作用面在空间的方位无关。但是空间不同点上的静压强则可以不同，在 3.3 节会看到，实际上重力场中的静压强随着深度的增加而增大。

3.2 流体平衡微分方程 (Basic Equation for Pressure Field)

在流体力学的研究中常常采用"微元体"作为研究对象来分析流体的受力情况，就是从流体中取出一个特定形状的微元流体，如微元四面体（如 3.1 节所述）、微元平行六面体等，分析这个微元体的受力、平衡或运动，根据力学基本方程得出适用于流体的基本规律（通常是偏微分方程组）后再应用到整个流体中去。

3.2.1 流体的平衡微分方程式 (Fluid Equilibrium Equation)

为了推导出平衡状态下流体的规律，不失一般性，从平衡的流体中取出一个微元平行六面体作为研究对象，建立坐标系进行受力分析，如图 3.2 所示。

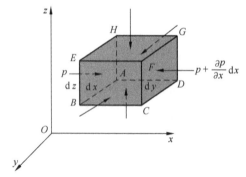

图 3.2 流体平衡微分方程式推导示意图

如图 3.2 所示，设 A 点的压强和密度分别为 p 和 ρ，由于平行六面体是微元的，所以包含 A 点的平面 $ABCD$、$ABEH$ 和 $ADGH$ 上的压强均可认为为 p。作用在微元体上的力包括质量力和表面力两部分，下面分别来分析。

将单位质量力 $\vec{f}$ 分别分解到 x 轴、y 轴和 z 轴上，分量分别用 f_x、f_y 和 f_z 来表示，即

$$\vec{f} = f_x \vec{i} + f_y \vec{j} + f_z \vec{k}$$

则 x 轴、y 轴和 z 轴方向上的质量力分别为 $f_x \rho dxdydz$、$f_y \rho dxdydz$ 和 $f_z \rho dxdydz$。

对于表面力，由于流体处于平衡状态，粘性表现不出来，所以作用在微元平行六面体的 6 个表面上的力只有压力。下面以 x 轴方向为例，来分析压力，y 轴和 z 轴方向的分析类似。通过分析不难得出，右侧面 $CDGF$ 上的压强为 $\left(p + \dfrac{\partial p}{\partial x}dx\right)$，列 x 轴方向力的平衡方程，有

$$f_x \rho dxdydz + \left[pdydz - \left(p + \frac{\partial p}{\partial x}dx\right)\right]dydz = 0$$

将此式化简，得

$$f_x - \frac{1}{\rho}\frac{\partial p}{\partial x} = 0 \qquad (3-1a)$$

同理

$$f_y - \frac{1}{\rho}\frac{\partial p}{\partial y} = 0 \qquad (3-1b)$$

$$f_z - \frac{1}{\rho}\frac{\partial p}{\partial z} = 0 \qquad (3-1c)$$

写成矢量形式

$$\vec{f} - \frac{1}{\rho}\nabla p = 0 \qquad (3-2)$$

式中：∇ 微分算子，$\nabla = \frac{\partial(\ )}{\partial x}\vec{i} + \frac{\partial(\ )}{\partial y}\vec{j} + \frac{\partial(\ )}{\partial z}\vec{k}$；$\nabla p$ 压强的梯度。

式(3-1)和式(3-2)就是流体的平衡微分方程，由欧拉（Euler）于1755提出，故也称为**欧拉平衡微分方程**(euler equilibrium equation)。它表示在平衡的流体中，质量力和表面力相平衡。对于某种具有一定密度的流体，只要知道了单位质量力在各坐标轴上的分量，就可以利用欧拉平衡微分方程求出压强的分布规律。

> ➤ The resultant surface force acting on a small fluid element depends only on the pressure gradient if the fluid is at rest.

3.2.2 压强微分方程(Pressure Differential Equation)

欧拉平衡微分方程表征了流体处于平衡状态下的规律，但是直接利用欧拉平衡微分方程来求解压强分布规律不太方便，因此将式(3-1)作以下变形处理：将式(3-1a)、式(3-1b)和式(3-1c)等号两边分别乘以 $\mathrm{d}x$、$\mathrm{d}y$ 和 $\mathrm{d}z$ 然后相加，得到

$$f_x\mathrm{d}x + f_y\mathrm{d}y + f_z\mathrm{d}z = \frac{1}{\rho}\left(\frac{\partial p}{\partial x}\mathrm{d}x + \frac{\partial p}{\partial y}\mathrm{d}y + \frac{\partial p}{\partial z}\mathrm{d}z\right)$$

因为 $p = f(x, y, z)$，上式等号右边括号中为压强 p 的全微分，即

$$\mathrm{d}p = \left(\frac{\partial p}{\partial x}\mathrm{d}x + \frac{\partial p}{\partial y}\mathrm{d}y + \frac{\partial p}{\partial z}\mathrm{d}z\right)$$

所以

$$\mathrm{d}p = \rho(f_x\mathrm{d}x + f_y\mathrm{d}y + f_z\mathrm{d}z) \qquad (3-3)$$

式(3-3)称为**压强微分方程**(pressure differential equation)，也称压差公式。压强微分方程是流体静力学求解压强分布规律的一般公式，不管是绝对平衡还是相对平衡都适用。

流场中任一位移微分可表示为

$$\mathrm{d}\vec{s} = \mathrm{d}x\vec{i} + \mathrm{d}y\vec{j} + \mathrm{d}z\vec{k}$$

所以

$$\mathrm{d}p = (\vec{f} \cdot \mathrm{d}\vec{s})\rho$$

式中："·"表示点积。力与位移的点积表示力所做的功，因此在平衡的流体中，压强的

增量等于单位体积力所做的功。

如果流体是不可压缩的，即 $\rho=$ 常数，因式(3-3)等号左边是压强的全微分，所以等号右边也应该是某个函数的全微分。假定用 $-\pi(x,y,z)$ 表示这个函数，则

$$\mathrm{d}p=\rho\mathrm{d}(-\pi)=\rho\left(-\frac{\partial\pi}{\partial x}\mathrm{d}x-\frac{\partial\pi}{\partial y}\mathrm{d}y-\frac{\partial\pi}{\partial z}\mathrm{d}z\right)$$

与式(3-3)比较可知

$$\begin{cases} f_x=-\dfrac{\partial\pi}{\partial x} \\ f_y=-\dfrac{\partial\pi}{\partial y} \\ f_z=-\dfrac{\partial\pi}{\partial z} \end{cases}$$

因此

$$\mathrm{d}(-\pi)=f_x\mathrm{d}x+f_y\mathrm{d}y+f_z\mathrm{d}z \tag{3-4}$$

函数 $-\pi(x,y,z)$ 的物理含义是：它反映了单位质量流体的位能（或势能）。原因是 $f_x\mathrm{d}x+f_y\mathrm{d}y+f_z\mathrm{d}z=\vec{f}\cdot\mathrm{d}\vec{s}$ 是单位质量力所做的功，即势能的增量。因此，函数 $-\pi(x,y,z)$ 称为**力的势函数**(potential function)。在重力场中，单位质量力的3个分量分别是

$$f_x=0, \quad f_y=0, \quad f_z=-g$$

于是

$$\mathrm{d}\pi=-(f_x\mathrm{d}x+f_y\mathrm{d}y+f_z\mathrm{d}z)=g\mathrm{d}z$$

积分后得重力场中平衡流体的势函数为

$$\pi=gz$$

质量为 m 的物体，在基准面以上高度为 z 时其重力势能即为 mgz，所以在重力场中势函数 π 的物理意义就是单位质量流体的重力势能。

3.2.3 等压面(Equipressure Surface)

流体中压强相等的各点组成的面称为**等压面**(equipressure surface)。根据等压面的定义，等压面上 $\mathrm{d}p=0$，代入压强微分方程式(3-3)，得到

$$f_x\mathrm{d}x+f_y\mathrm{d}y+f_z\mathrm{d}z=0 \tag{3-5}$$

称式(3-4)为等压面方程。

等压面具有以下4个重要特性。

特性一：等压面也是等势面。

将等压面方程式(3-5)代入式(3-4)中，很容易得到在等压面上

$$\mathrm{d}\pi=0, \quad \pi=\text{常数}$$

即在等压面上势函数的增量为零，等压面也是等势面。取不同的常数，可得到一簇平行的等压面和等势面。

特性二：在平衡的流体中，质量力与等压面垂直。

在等压面上 $\mathrm{d}p=\vec{f}\cdot\mathrm{d}\vec{s}=0$，这就是说，质量力 $\vec{f}$ 与等压面上的任意微小位移 $\mathrm{d}\vec{s}$ 垂直，因此质量力垂直于等压面。根据等压面的这条特性，可以根据质量力来判断等压面的形状，比如对于只有重力作用的平衡流体中，因为质量力是铅垂向下的，所以等压面必然

为一簇水平面。

特性三：**自由表面**(free surface)为等压面。

特性四：在平衡的流体中，两种互不掺混的流体的分界面为等压面。

3.3 压强的基准(Reference of Pressure)

在工程应用中，压强的大小有两种参考基准：一种参考基准是绝对真空；另一种参考基准是大气压强。以绝对真空作为参考零值的压强大小称为**绝对压强**(absolute pressure)，以大气压强作为参考零值的压强大小称为**相对压强**(relative pressure)**或表压强**(gage pressure)。当绝对压强小于大气压强时，两者差的绝对值称为**真空度**(vacuum)。如果用 p_{abs} 表示绝对压强，用 p_g 表示相对压强，用 p_{atm} 表示大气压强，用 p_v 表示真空度，则它们之间的关系如式(3-6)所示

$$\begin{cases} p_g = p_{abs} - p_{atm} & 当 p_{abs} > p_{atm} \\ p_v = p_{atm} - p_{abs} & 当 p_{abs} < p_{atm} \end{cases} \quad (3-6)$$

4 者之间的关系还可以用图示的形式表示，如图 3.3 所示。

在实际应用中，经常会用到标准大气压的概念。标准大气压是地球周围大气平均状态的理想化表示，其物理参数见表 3-1。

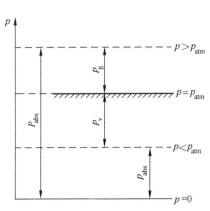

图 3.3 绝对压强、相对压强、大气压强和真空度

表 3-1 标准大气压物理参数(海平面)

特　性	SI 单位	特　性	SI 单位
温度(T)	288.15K(15℃)	重度(γ)	12.014N/m³
压强(p)	101.33kPa(绝对压强)	动力粘度(μ)	1.789×10^{-5} N·s/m²
密度(ρ)	1.225kg/m³		

> Pressure is designated as either absolute pressure or gage pressure.

标准大气压在工程上有广泛的应用，例如飞机、导弹、航天器的设计等。

3.4 静止流体中的压强分布(Pressure Variation in a Fluid at Rest)

3.4.1 流体静力学基本方程式(Fundamental Equation of a Fluid at Rest)

在实际应用中一种最常见的是作用在流体上的质量力只有重力的情况。本小节来推导这种只有重力作用下处于绝对平衡状态的流体中的压强分布规律。处于绝对平衡状

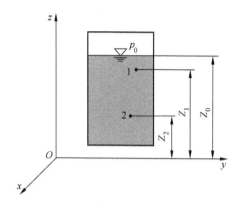

图 3.4 处于绝对平衡状态的流体中的压强分布

态的容器如图 3.4 所示，建立如图所示的直角坐标系。

由于质量力中只有重力，因此单位质量力 $\vec{f}$ 在 x 轴、y 轴和 z 轴上的分力 f_x、f_y 和 f_z 分别为

$$f_x = f_y = 0, \quad f_z = -g$$

代入压强微分方程式(3-3)，得

$$dp = -\rho g dz \tag{3-7}$$

或

$$\frac{dp}{dz} = -\rho g = -\gamma$$

此式说明：处于绝对平衡状态的流体在铅垂方向上任一点处的压强梯度取决于该点处流体的重度。需要注意的是重度可以是变化的。

> For liquids or gases at rest the pressure gradient in the vertical direction at any point in a fluid depends only on the specific weight of the fluid at that point.

如果流体不可压缩，即 $\rho = $ 常数，对式(3-7)两边积分可得

$$\frac{p}{\rho g} + z = 常数 \tag{3-8a}$$

或

$$\frac{p_1}{\rho g} + z_1 = \frac{p_2}{\rho g} + z_2 \tag{3-8b}$$

式(3-7)称为**流体静力学基本方程式**(fundamental equation of a fluid at rest)。其中下标 1 和 2 为流场中的任意两点。

3.4.2 流体静力学基本方程式的物理意义和几何意义(Physical Interpretation and Geometric Interpretation of the Fundamental Equation)

分析流体静力学基本方程(3-8)，容易发现，方程式的两边 4 项均具有长度的单位，其中 z_1 和 z_2 分别表示流场中 1 和 2 两点的位置高度(以 xOy 面为基准面)，在流体力学中称其为**位置水头**(elevation head)；$\frac{p_1}{\rho g}$ 和 $\frac{p_2}{\rho g}$ 也具有长度的单位，称其为 1 和 2 两点的**压强水头**(pressure head)；$\frac{p}{\rho g} + z$ 是任一点的位置水头和压强水头之和，称其为**总静水头**(static head or piezometric head)。各水头用图示的形式形象地表示在图 3.5 中，其中各点位置水头的连线称为位置水头线，总静水头线为一条水平线，称其为**静水头线 HGL**(Hydraulic Grade Line)。流体静力学基本方程式表明：在处于绝对平衡状态的流场中，任意两点的总静水头相等。

> Piezometric head at any point in the same fluid at rest is equal.

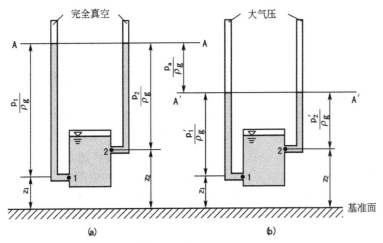

图 3.5 水头示意图

由于 $z=\dfrac{mgz}{mg}$，所以从能量的意义上看，z 就是单位重量流体所具有的重力势能，称其为**位置势能**(elevation energy)，因此 z_1 和 z_2 又分别表示流场中 1 和 2 两点的位置势能；以此类推，$\dfrac{p_1}{\rho g}$ 和 $\dfrac{p_2}{\rho g}$ 在能量意义上也应该是一种势能，称其为 1 和 2 两点的**压强势能**(pressure energy)；$\dfrac{p}{\rho g}+z$ 称为**总势能**(total potential energy)。因此，从能量的意义上来看，流体静力学基本方程式表明：在处于绝对平衡状态的流场中，任意两点的总势能相等。流体静力学的基本方程式是物理学中的能量守恒与转化定律在流体静力学中的具体应用。

以上流体静力学基本方程式的物理意义和几何意义总结见表 3-2。

表 3-2 流体静力学基本方程式的物理意义和几何意义

项　目	物理意义	几何意义	单　位
z	位置势能	位置水头	m
$\dfrac{p}{\rho g}$	压强势能	压强水头	m
$\dfrac{p}{\rho g}+z$	总势能	总静水头	m

3.4.3 重力场中的压强分布(Pressure Variation in the Gravity Field)

下面利用边界条件将流体静力学基本方程式(3-8a)中的常数确定出来。在自由表面上，压强等于大气压，设大气压用 p_0 表示，则对应自由表面的边界条件为：$z=z_0$，$p=p_0$。代入到式(3-8a)中，得

$$\frac{p_0}{\rho g}+z_0=常数$$

再代回式(3-8a)中，得

$$p=p_0+\rho g(z_0-z) \tag{3-9a}$$

式中：z 是流场中任意一点铅垂方向的坐标；z_0 是自由表面铅垂方向的坐标，如图 3.4 所

示；两者之差(z_0-z)即为流场中任意一点距自由表面的深度。如果用h表示自由表面的深度，则式(3-9a)等同于

$$p=p_0+\rho gh \qquad (3-9b)$$

式(3-9a)和式(3-9b)表明了处于绝对平衡的流体中压强的分布规律。分析这一分布规律，会得到以下结论。

(1)处于绝对平衡的流体中任意一点的压强与该点距自由表面的深度成正比，深度越大，压强就越大。这就是潜水员的潜水深度有限并且需要潜水服保护的重要原因。

(2)由式(3-8b)可知流体的静压强随流体密度的增加而增加，比如海水中相同深度下的静压强比淡水大许多，这也正是在海水中游泳更省力的原因。

(3)处于平衡状态的流体中，任意一点的静压强中均包含自由表面的压强p_0，这表明自由表面(或者说边界面)上的压强等值地传递到流场中的任意一点，这正是**帕斯卡定律**(pascal law)。

式(3-9a)和式(3-9b)也称为流体静力学基本方程式，只不过此二式不是用来阐述能量意义的，而是用于绝对平衡流场中压强分布的分析与计算的。需要指明的是式(3-8)和式(3-9)只适用于不可压缩流体，不适用于可压缩流体。

【例题3-1】 一封闭的容器中盛有压缩空气和油，如图3.6所示。容器上连接一个以水银为测液的U形管测压计，已知油的比重为0.9，水银的比重为13.6，液柱高$h_1=1$m，$h_2=0.16$m，$h_3=0.25$m，试求容器上方压力表的读数。

解：如图3.6所示，对U形管测压计来说，水平面0-0为等压面，因此有

$$p_{air}+\gamma_{oil}(h_1+h_2)=\gamma_{Hg}h_3$$

整理并代入数据，得

$$\begin{aligned}p_{air}&=\gamma_{Hg}h_3-\gamma_{oil}(h_1+h_2)\\&=13.6\times9.8\times10^3\times0.25-0.9\times9.8\times10^3\times(1+0.16)\\&=2.309\times10^4\text{Pa}\\&=P_{gage}\end{aligned}$$

【例题3-2】 如图3.7所示，一孔口产生一个压降P_A-P_B。此压降大小由一个U形管差

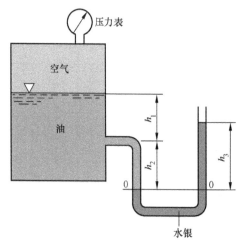

图3.6 例题3-1示意图

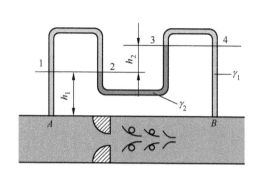

图3.7 例题3-2示意图

压计测量。①如果管道中流动的流体重度为 γ_1，U 形管差压计中测液的重度为 γ_2，各液柱高如图所示，试推导压降的表达式；②如果 $\gamma_1=9.8\text{kN/m}^3$，$\gamma_2=15.6\text{kN/m}^3$，$h_1=1.0\text{m}$，$h_2=0.5\text{m}$，试求压降的大小。

解：(1) 对于 U 形管差压计来说，水平面 1-2 为等压面，所以有

$$p_A - \gamma_1 h_1 = p_3 + \gamma_2 h_2 \qquad (3-9\text{c})$$

对于 U 形管差压计来说，水平面 3-4 也是等压面，所以有

$$p_3 = p_B - \gamma_1(h_1 + h_2) \qquad (3-9\text{d})$$

将式(3-9d)代入式(3-9c)

$$p_A - \gamma_1 h_1 = p_B - \gamma_1(h_1 + h_2) + \gamma_2 h_2$$

整理得

$$p_A - p_B = (\gamma_2 - \gamma_1) h_1$$

(2) 将数据代入上式，得

$$p_A - p_B = (15.6 - 9.8) \times 0.5 = 2.9\text{kPa}$$

3.4.4 静压强分布图(Pressure Distribution Diagram)

处于绝对平衡且质量力只有重力的流体中，压强的分布规律和压强的作用方向可以用图示的形式形象、定性地表示出来，这个图形称为静压强分布图，如图 3.8 所示。绘制压强分布图有以下 3 个要点。

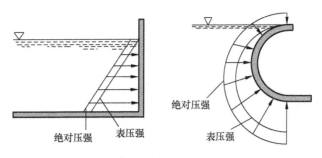

图 3.8 静压强分布图

(1) 静压强的大小用线段的长度表示，线段越长表示静压强越大。由于静压强的大小随深度线性地增加而增加，所以在静压强分布图中应表示出线性增加的直线或曲线。

(2) 用绝对压强和用表压强绘制的静压强分布图，在线段的长度上有区别，用绝对压强绘制的静压强分布图比用表压强绘制的静压强分布图长出一段相当于大气压的线段。

(3) 箭头表示静压强的方向，由静压强的特性可知，箭头应垂直指向作用面。

3.4.5 可压缩流体中的压强分布(Pressure Variation in the Compressible Fluid at Rest)

在工程应用中，除特殊的场合外，液体通常认为是不可压缩的，但气体在许多场合需要看成可压缩流体，即其密度不能近似认为是不变的。比如在地球周围的大气中，空气的密度随着海拔高度的增加而减小。

在大气层中，根据气温是否随海拔高度变化分为对流层和同温层，对流层的海拔高度在 0～11000m 范围内，同温层的海拔高度在 11000～25000m 范围内，下面分别来进行分析。

在大气对流层内，大气的温度是变化的，随海拔高度的增加而线性减少，其温度下降

率 $\beta=101325\text{K/m}$。因此海拔为 z 处的温度 $T=T_a-\beta z$。假定大气为完全气体，将它代入气体状态方程式得

$$\rho=\frac{p}{RT}=\frac{p}{R(T_a-\beta z)}$$

代入式(3-7)中，整理得

$$\frac{\mathrm{d}p}{p}=\frac{g\mathrm{d}z}{R(T_a-\beta z)}$$

设海平面的压强为 p_a，任意海拔高度 z 的压强为 p，从海平面到任意海拔高度 z 对上式求积分，得

$$\int_{p_a}^{p}\frac{\mathrm{d}p}{p}=\int_0^z\frac{g}{R\beta}\frac{\mathrm{d}(T_a-\beta z)}{T_a-\beta z}$$

$$\ln\frac{p}{p_a}=\frac{g}{R\beta}\ln\frac{(T_a-\beta z)}{T_a}$$

得

$$p=p_a\left(1-\frac{\beta z}{T_a}\right)^{\frac{g}{R\beta}} \tag{3-10}$$

将海平面大气参数温度 $T_a=288\text{K}$，压强 $p_a=101325\text{Pa}$，以及 $\beta=0.0065\text{K/m}$，$R=287\text{J/(kg·K)}$，$g=9.81\text{m/s}^2$ 代入式(3-10)，则有

$$p=101325\left(1-\frac{z}{44300}\right)^{5.256}, \quad 0\leqslant z\leqslant 11000, \quad \text{Pa} \tag{3-11}$$

式(3-11)是大气中对流层内气体压强的分布公式。

在大气同温层中，假定大气为完全气体，由于处于等温状态，则有

$$\rho=\frac{p}{RT}$$

将上式和重力作用下单位质量力的各分量即 $f_x=f_y=0$，$f_z=-g$ 代入式(3-7)中，得

$$\mathrm{d}p=-\frac{p}{RT}g\mathrm{d}z$$

即

$$\frac{\mathrm{d}p}{p}RT+g\mathrm{d}z=0$$

积分得

$$gz+RT\ln p=C$$

若取 $z=z_0$ 时 $p=p_0$，则代入上式得积分常数 $C=gz_0+RT\ln p_0$，再将积分常数代入上式，解得

$$z-z_0=\frac{RT}{g}\ln\frac{p_0}{p} \tag{3-12}$$

或

$$p=p_0\exp\left(\frac{g(z_0-z)}{RT}\right) \tag{3-13}$$

将同温层底层参数 $z_0=11000\text{m}$，$p_0=22604\text{Pa}$，$R=287\text{J/(kg·K)}$，$T_c=216.5\text{K}$ 代入式(3-13)，可得

$$p = 22604\exp\left(\frac{11000-z}{6334}\right), \quad 11000 \leqslant z \leqslant 25000, \quad \text{Pa} \qquad (3-14)$$

式(3-14)为同温层中气体压强的分布公式。

3.5 流体静压强的测量(Measurement of Pressure)

压强的测量有两种形式：经典方法，利用简单的玻璃仪器进行测量，靠目测读数；电测法，利用**压力传感器**(pressure transducer)来测量压强，利用计算机存储、显示或分析。本节主要介绍压强测量的经典方法，有关电测法读者可参阅其他关于测试的文献。

前面压强的大小是以帕斯卡(Pa)为单位的，在工程上通常还用液柱高来表示压强的大小，比如一个标准大气压的大小可以表示成 1.013×10^5 Pa，也可以表示成 10.33m 水柱或 760mm 汞柱。以帕斯卡为单位的压强大小与以液柱高来表示的压强大小之间的关系就是静压强的基本方程式。

静压强还有其他的计量单位，它们之间的换算关系见表 3-3。

表 3-3 压强单位及其换算关系表

帕/Pa	工程大气压/(kgf/cm²)	标准大气压/atm	巴/bar	米水柱/mH₂O	毫米汞柱/mmHg	磅/(英寸)²/(bf/in²)
1	0.102×10^{-4}	0.0987×10^{-4}	10^{-5}	1.02×10^{-4}	75.03×10^{-4}	1.45×10^{-4}
9.8×10^{-4}	1	0.968	0.981	10	735.6	14.22
10.13×10^{-4}	1.033	1	1.013	10.33	760	14.69
10.00×10^{-4}	1.02	0.987	1	10.2	750.2	14.50
0.686×10^{-4}	0.07	0.068	0.0686	0.703	51.71	1

依据静力学基本方程式，压强的大小不仅可以用液柱高来表示，而且也可以采用液柱式测压计来测量。

3.5.1 气压计(Barometer)

气压计是最简单的测量大气压强的仪器，一支有刻度、透明的玻璃管和水银**测液**(gage fluid)就组成了气压计。如图 3.9 所示，一个容器中充入水银，再插入一支有刻度、透明的玻璃管，玻璃管中的自由表面抽成真空，由于容器中的水银表面为等压面，则作用在水银表面上的大气压强 p_0 与玻璃管中高出水银表面的水银柱(高为 h，如图 3.9 所示)产生的压强相等，因此可以说当地大气压强为 h 高水银柱，如果用 SI 单位表示，则当地大气绝对压强为 $p_0 = \rho_{\text{Hg}} g h$ Pa。

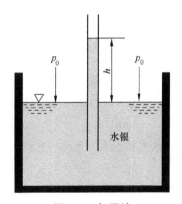

图 3.9 气压计

➢ A barometer is used to measure atmospheric pressure.

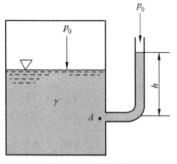

图 3.10 测压管

3.5.2 测压管(Piezometer Tube)

测压管就是一支有刻度、透明的 L 形玻璃管，如图 3.10 所示。使用时将测压管的一端连接到要测试压强的测点附近，测压管的另一端开口通入大气，这样测压管中的液柱高 h 即可以表示被测点的压强。如果被测液体的重度为 γ，则用 SI 单位表示的被测点的表压强 $p = \gamma h \text{Pa}$。

> Manometers use vertical or inclined columns to measure pressure.

> To determine pressure from a manometer, simply use the fact that the pressure in the liquid columns will vary hydrostatically.

3.5.3 U 形管测压计(U-tube Manometer)

如果所要测量的压强数值比较大，测压管的长度就必须很长，但在实际中不方便使用。由静力学基本方程式可知，同样大小的压强，当用液柱高来表示时，测液(gage fluid)的密度越大，则液柱的高度越小，U 形管测压计就是利用这种原理制成的，如图 3.11 所示，此时测液通常采用水银，因为水银的密度较大。

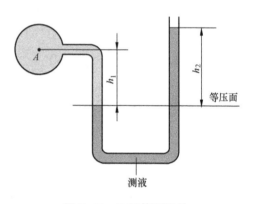

图 3.11 U 形管测压计

通常测液和被测液不是同一种液体，如图 3.11 所示，U 形管的两支管中位于水平面 0-0 的两个液面为等压面，因此被测点 A 处的压强大小

$$p_A = \gamma_2 h_2 - \gamma_1 h_1 \approx \gamma_2 h_2 \quad \text{若} \quad \gamma_2 \gg \gamma_1 \tag{3-15}$$

式中：γ_1 和 γ_2 分别为被测液体和测液的重度；A 处的压强也可以近似地表示为 h_2 测液高。

3.5.4 差压计(Differential U-tube Manometer)

U 形管不但适合测量某一处的压强，而且也可以用来测量压差，如图 3.12 所示。

> U-tube manometers are used to measure the difference in pressure between two points.

如果各参数如图 3.12 所示，则

$$p_A + \gamma_1 h_1 = p_B + \gamma_2 h_2 + \gamma_3 h_3$$

整理得 A、B 两处的压差为

$$p_A - p_B = \gamma_2 h_2 + \gamma_3 h_3 - \gamma_1 h_1$$

如果被测液体的重度 γ_2 和 γ_3 远远小于测液的重度 γ_1，则 A，B 两处的压差近似为

$$p_A - p_B = \gamma_2 h_2 \tag{3-16}$$

因此，A、B 两处的压差也可近似表示为 h_2 测液高。

3.5.5 微压计（Inclined-tube Manometer）

采用上述测压计，如果所要测量的压强数值很小，由于测液高的变化很小，读数将很困难。为了提高测量的灵敏度，可以采用两种方法，根据静力学基本方程式，测液的密度越小，对于同样大小的压强，用液柱高来表示时，液柱的高度越大，因此可以采用密度较小的测液；另一方面可以将测管倾斜来放大读数。微压计就是利用这种原理制成的，如图 3.13 所示，此时测液通常是密度较小的液体，比如酒精。

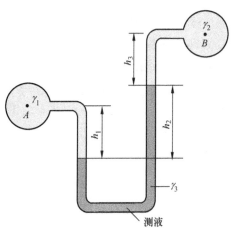

图 3.12 差压计

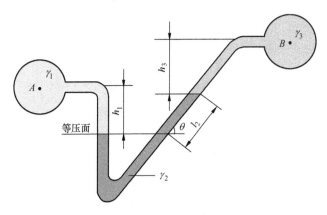

图 3.13 微压计

如图 3.13 所示，现在测量 A、B 两处的压差。在微压计连接到被测点之前，微压计中两侧管中的测液自由表面应该位于同一水平面上，连接到被测点之后，如果 A、B 两处的压强不同，比如 A 处压强较大，则测液自由表面将不会位于同一水平面上，左侧下降，右侧上升。假定稳定后的尺寸如图 3.13 所示，列出 V 形管两侧上的压强，得

$$p_A + \gamma_1 h_1 = p_B + \gamma_2 l_2 \sin\theta + \gamma_3 h_3$$

其中，被测液体的重度为 γ_1 和 γ_3，测液的重度为 γ_2。如果被测液体的重度 γ_1 和 γ_3 远小于测液的重度 γ_2，则 A、B 两处压强差近似为

$$p_A - p_B = \gamma_2 l_2 \sin\theta \tag{3-17}$$

> Inclined-tube manometers can be used to measure small pressure differences accurately.

除了上述测压计之外，工程上测量压强的机械式仪器还有**压力表**（pressure gage）、真空表等，比如自来水管道上的水压表、煤气管道上的气压表、水泵入口的真空表等。这些仪器通常与测点用螺纹连接，从表盘上直接读数，读数为相对压强值，适用于测量很大的压强或真空度，并适用于压强变化比较快的场合。

另一类测试压强的仪器是**压力传感器**(pressure transducer)，它们适用于电测场合，是实现压强测量和控制自动化的现代手段。压力传感器也存在多种类型，都是利用某种物理效应制成的传感器，比如利用压电效应制成的压电传感器。

> A pressure transducer converts pressure into an electrical output.

【例题 3-3】 如图 3.14 所示，用一个复式测压计(双 U 形管)测量 A、B 两点的压差。已知 $h_1=600\text{mm}$，$h_2=250\text{mm}$，$h_3=200\text{mm}$，$h_4=300\text{mm}$，$h_5=500\text{mm}$，$\rho_1=1000\text{kg/m}^3$，$\rho_2=772.7\text{kg/m}^3$，$\rho_3=13.6\times10^3\text{kg/m}^3$。

解： 图中 1-1、2-2、3-3 均为等压面，应用静力学基本方程式，可得以下关系

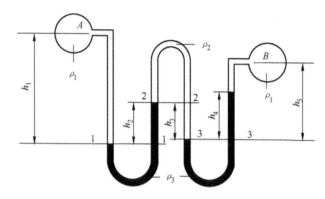

图 3.14 例题 3-3 示意图

$$p_1 = p_A + \rho_1 g h_1$$
$$p_2 = p_1 - \rho_3 g h_2$$
$$p_3 = p_2 + \rho_2 g h_3$$
$$p_4 = p_3 - \rho_3 g h_4$$
$$p_B = p_4 - \rho_1 g (h_5 - h_4)$$

联立求解上述各式，得

$$\begin{aligned}p_A - p_B &= \rho_1 g(h_5-h_4) + \rho_3 g h_4 - \rho_2 g h_3 + \rho_3 g h_2 - \rho_1 g h_1\\&= [9.81\times1000\times(0.5-0.3) + 9.81\times13.6\times10^3\times0.3 - 9.81\times772.7\times0.2\\&\quad + 9.81\times13.6\times10^3\times0.25 - 9.81\times1000\times0.6]\\&= 67876\text{Pa}\end{aligned}$$

3.6 流体的相对平衡(Relative Equilibrium)

在本章的序言里曾说明，流体的平衡状态分为绝对平衡和相对平衡，本章的上述章节介绍了绝对平衡状态下的流体的静压强分布规律，本节来介绍处于相对平衡状态下的流体的静压强分布规律和等压面。

处于相对平衡状态下的流体是作为一个整体在运动(motion as a rigid-body)，流体质点之间没有相对运动，因此流体中没有剪切应力。通常把坐标系固定在流体上随流体一起运动，如果是变速运动则坐标系为非惯性系。

> Even though a fluid may be in motion, if it moves as a rigid body there will be no shearing stresses present.

本节介绍两种变速运动：等加速水平直线运动和等角速转动。

3.6.1 等加速水平直线运动(Linear Motion with Invariable Acceleration)

求解相对平衡状态下的静压强分布规律与等压面与求解绝对平衡状态下的静压强分布规律和等压面一样，就是通过分析得到单位质量力在3个坐标轴上的分量，然后代入压强微分方程式(3-3)和等压面方程式(3-5)求解。

如图 3.15 所示，一个内装有密度为 ρ 的液体的容器在水平面上以等加速度 a 作直线运动，由于液体作为一个整体(as a rigid-body)在运动，所以液体处于相对平衡状态。建立如图 3.14 所示的直角坐标系，取坐标系的原点为自由表面的中心，坐标系与容器之间无相对运动，由于坐标系本身在做等加速度运动，所以为非惯性系。

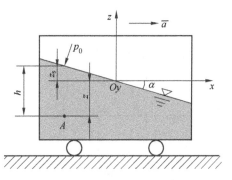

图 3.15　等加速水平直线运动

1. 压强分布

根据图 3.15 所示的坐标系，容易得到单位质量力在 3 个坐标轴上的分量

$$f_x = -a, \quad f_y = 0, \quad f_z = -g$$

代入压强微分方程式(3-3)，得

$$\mathrm{d}p = \rho(-a\mathrm{d}x - g\mathrm{d}z)$$

将等式两侧积分，得

$$p = -\rho(ax + gz) + C' \tag{3-18}$$

在自由表面的原点上 $x=0$, $z=0$, $p=p_0$，将其代入式(3-18)，可得积分常数 $C' = p_0$，再代回式(3-18)，得到

$$p = p_0 - \rho(ax + gz) \tag{3-19}$$

式(3-18)即为作等加速水平直线运动的相对平衡流体的静压强分布规律。静压强不但与 z 坐标有关，而且也与 x 坐标有关。

> The pressure distribution in a fluid mass that is accelerating along a straight path is not hydrostatic.

2. 等压面

将式(3-18)中的单位质量力在3个坐标轴上的分量代入等压面方程式(3-5)，得

$$a\mathrm{d}x + g\mathrm{d}z = 0$$

积分此式得

$$ax + gz = C \tag{3-20}$$

式(3-20)即为作等加速水平直线运动的相对平衡流体的等压面方程。可以看出，等压面是一簇互相平行的倾斜平面(对应不同的 C 值)。等压面与水平面的夹角 α 为

$$\alpha = \arctan \frac{a}{g} \tag{3-21}$$

在自由表面的原点上，$x=0$，$z=0$，将其代入式(3-20)，解得 $C=0$，所以自由表面的方程为

$$ax + gz = 0 \tag{3-22}$$

为了以下叙述方便，用 z_s 表示自由表面上的 z 坐标。

在自由表面的任意一点 (x, z_s) 上，压强 $p=p_0$，将这些关系代入式(3-18)可解得积分常数

$$C' = p_0 + \rho(ax + gz_s)$$

代回式(3-19)整理，有

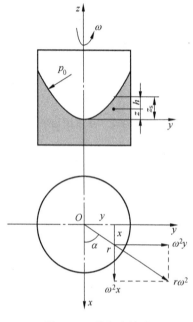

图 3.16 等角速转动

$$p = p_0 + \rho g(z_s - z) \tag{3-23a}$$

式(3-23a)中，$(z_s - z)$ 等于流体中任意一点处位于自由表面下的深度 h，所以

$$p = p_0 + \rho g h \tag{3-23b}$$

这就是说，作等加速水平直线运动的相对平衡流体，其静压强分布规律和绝对平衡一样，与位于自由表面以下的深度成正比。

3.6.2 等角速转动 (Rigid-body Rotation)

以一个绕轴线转动的圆柱形容器为例，如图 3.16 所示。假设此圆桶里盛有某种液体，当容器静止时，容器中的自由表面为一水平面，当容器由静止开始旋转时，自由表面将逐渐形成一个涡，涡的大小随着转速的增加而逐渐增大，当转速稳定后，涡的大小和形状也相继稳定，此时容器中的液体作为一个整体运动，处于相对平衡状态。下面来分析处于这种相对平衡状态下的流体的平衡规律。

> A fluid contained in a tank that is rotating with a constant angular velocity about an axis will rotate as a rigid body.

建立如图 3.16 所示的坐标系，坐标系的原点处于涡的最低点，与容器之间无相对运动，也就是说坐标系以同样的角速度 ω 转动。由物理学的知识可知，此时的坐标系由于本身在作变速运动，因此为非惯性系。

1. 压强分布

在如图 3.15 所示的非惯性系中，需要把离心惯性力当作质量力来看待，因此可以得到

$$f_x = \omega^2 r \cos\alpha = \omega^2 x$$

$$f_x = \omega^2 r \sin\alpha = \omega^2 y \tag{3-24}$$

$$f_z = -g$$

将式(3-24)代入压强微分方程式(3-3),得
$$dp = \rho(\omega^2 x dx + \omega^2 y dy - g dz) \quad (3-25)$$
式(3-25)两边积分,可得
$$p = \rho\left(\frac{\omega^2 x^2}{2} + \frac{\omega^2 y^2}{2} - gz\right) + C' \quad (3-26a)$$
或
$$p = \rho\left(\frac{\omega^2 r^2}{2} - gz\right) + C' \quad (3-26b)$$
根据边界条件,当 $r=0$, $z=0$ 时, $p=p_0$,可求出积分常数 $C'=p_0$,于是得
$$p = p_0 + \rho\left(\frac{\omega^2 r^2}{2} - gz\right) \quad (3-27)$$
式(3-27)即为作等角速转动的相对平衡流体的静压强分布规律。由式(3-27)可知,此时静压强的大小不但和 z 坐标有关,而且和半径也有关。

2. 等压面

将式(3-24)中的单位质量力在3个坐标轴上的分量代入等压面方程式(3-5),得
$$\omega^2 x dx + \omega^2 y dy - g dz = 0 \quad (3-28)$$
式(3-28)两边积分,得
$$\frac{\omega^2 x^2}{2} + \frac{\omega^2 y^2}{2} - gz = C \quad (3-29a)$$
或
$$\frac{\omega^2 r^2}{2} - gz = C \quad (3-29b)$$
式(3-29)为作等角速转动的相对平衡流体的等压面方程。可见,此时等压面是一簇相互平行的旋转抛物面(对应不同的 C 值)。

在自由表面上,当 $r=0$ 时, $z=0$,代入式(3-29a)和式(3-29b),得积分常数 $C=0$,如果记自由表面的 z 坐标为 z_s,则自由表面的方程为
$$\frac{\omega^2 r^2}{2g} = z_s \quad (3-30)$$

> ➤ The free surface in a rotating liquid is cured rather than flat.

下面来推导等角速转动的相对平衡流体中的静压强与深度的关系。根据自由表面上的边界条件:在点 (r, z_s) 处, $p=p_0$,将其代入式(3-26),可求出积分常数 $C' = p_0 + \rho\left(gz_s - \frac{\omega^2 r^2}{2}\right)$,于是得
$$p = p_0 + \rho g(z_s - z) \quad (3-31)$$
式(3-31)中, $(z_s - z)$ 等于自由表面下任意一点的深度 h,因此
$$p = p_0 + \rho g h \quad (3-32)$$
即作等角速转动的相对平衡流体,其静压强分布规律和绝对平衡一样,与位于自由表面以下的深度成正比。

需要说明的是,尽管本小节讨论的两种相对平衡均得到了静压强分布与深度成正比的结论,但并非所有的相对平衡均是如此。

【例题 3-4】 利用如图 3.17 所示的 U 形管式加速度测试器来测定加速度。将 U 形管式加速度测试器固定在作等加速直线运动物体上，测得 U 形管两管内的液面高度差 $h=4\text{cm}$，两管相距 $l=20\text{cm}$，求运动物体的加速度 a。

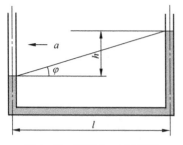

图 3.17 例题 3-4 示意图

解：由于 U 形管作等加速直线运动，所以 U 形管两管内的液面的连线与水平面的夹角 φ 就是等压面与水平面的夹角，由式(3-21)可知

$$\tan\varphi = \frac{a}{g} = \frac{h}{l}$$

所以

$$a = \frac{h}{l}g = \frac{4}{20} \times 9.81\text{m/s}^2 = 1.962\text{m/s}^2$$

【例题 3-5】 如图 3.18 所示，一个装满密度为 ρ 液体的圆柱形容器，在下述条件下作等角速旋转运动，(1)容器的顶盖中心处开口；(2)容器的顶盖边缘处开口。试推导容器内液体的压强表达式。

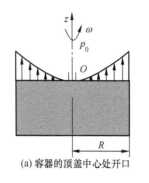 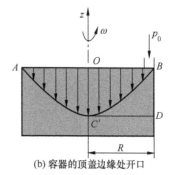

(a) 容器的顶盖中心处开口 (b) 容器的顶盖边缘处开口

图 3.18 例题 3-5 示意图

解：(1) 容器的顶盖中心处开口。

当 $r=0$，$z=0$ 时，$p=p_0$，将此边界条件代入式(3-26b)中，解得积分常数 $C'=p_0$，于是得

$$p = p_0 + \rho\left(\frac{\omega^2 r^2}{2} - gz\right)$$

此式即为容器的顶盖中心处开口的容器作等角速旋转运动时的静压强分布规律。与式(3-27)完全相同。由于受顶盖的限制，不能形成旋转抛物面形的自由表面，只是紧靠顶盖的液面上各点的压强仍按照旋转抛物面分布。离顶盖的中心越近，压强越小，最小压强在中心处，其绝对压强为一个大气压。

(2) 容器的顶盖边缘处开口。

此时的边界条件是：当 $r=R$，$z=0$ 时，$p=p_0$。将此边界条件代入式(3-26b)中，解得积分常数为

$$C' = p_0 - \rho\frac{\omega^2 R^2}{2}$$

于是得

$$p = p_0 - \rho\left[\frac{\omega^2(R^2-r^2)}{2} - gz\right]$$

这就是容器的顶盖边缘处开口的容器作等角速旋转运动时的静压强分布规律。紧靠顶盖的液面上各点的压强仍按照旋转抛物面分布，B 点为大气压，O 点具有最大真空。

3.7 静止流体对壁面的作用力(Hydrostatic Force)

在工程上不但需要知道流体内部压强的分布规律，而且需要计算流体对与其接触的固体壁面的作用力，还需要计算或确定这种作用力的大小、方向（作用线）、作用点。在流体力学领域，习惯上把压强称为压力，为了避免混淆，这里将静压强对壁面的作用力称为总压力，而不是压力。

3.7.1 静止流体作用在平面上的总压力(Hydrostatic Force on a Plane Surface)

计算分析平衡的流体作用在壁面上的力在工程上有重要意义，比如罐车、船舶、堤坝等设备或工程的设计。

较为简单的问题比如确定静止的液体作用在容器底面上的力，如图 3.19 所示。容易得出由于作用在底面上的压强均匀，为 γh，所以作用在容器底面上的力的大小等于压强乘以底面积 A，即 $\gamma h A$，作用点在底面的中心，方向向下。但是如果需要确定容器侧面上的受力，就要复杂一些了，需要积分运算来完成。下面来推导一般情况下静止的流体对固体壁面的作用力。

要特别指出的是，由于作用面的四周均受大气的作用，大气压力产生的作用力彼此平衡，所以在计算作用力的时候就可以忽略大气的作用，而利用表压强来计算。

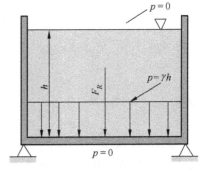

图 3.19 容器底面上的压强

> When determining the resultant force on an area, the effect of atmospheric pressure often cancels.

1. 总压力的大小

一倾斜、任意形状的平壁面淹没在重度为 γ 的液体之下，如图 3.20 所示。建立如图所示的坐标系，为了分析方便，将垂直于纸面的 xOy 平面绕 y 轴旋转 $90°$。

由于压强随深度的增加而增加，所以需要利用积分来计算液体对平壁面的作用力。在位于自由表面下深度为 h 处的平壁面上任取一个微元面积 dA，作用在微元面上的压强为 γh，则作用在微元面上的力为 $\gamma h dA$，于是作用在平壁面上力为

$$F_R = \int_A dF_R = \int_A \gamma h\, dA = \int_A \gamma y \sin\theta\, dA \quad (3-33)$$

如果液体的重度 γ 和平壁面与水平面的夹角 θ 不变，则积分上式得

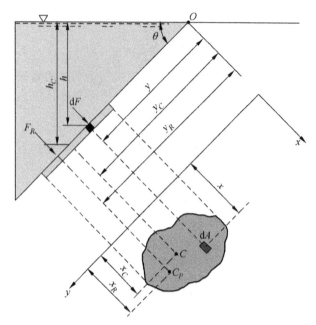

图 3.20 容器底面上的压强

$$F_R = \gamma\sin\theta \int_A y\,\mathrm{d}A \tag{3-34}$$

由数学知识可以知道 $\int_A y\,\mathrm{d}A$ 为面积 A 对 x 轴的面积矩。设平壁面的形心 C 位于自由表面下深度为 h_C 处，其 y 坐标为 y_C，则

$$\int_A y\,\mathrm{d}A = A \cdot y_C$$

代入式(3-34)得

$$F_R = \gamma A y_C \sin\theta = \gamma h_C A \tag{3-35}$$

式(3-35)就是计算静止流体作用在平面上的总压力的公式，由于 γh_C 是平壁面形心处的静压强，所以静止流体作用在平面上总压力的大小等于该平面形心处的静压强与该平面的面积的乘积。

> ➢ The resultant force of a static fluid on a plane surface is du to the hydrostatic pressure distribution on the surface.

2. 总压力的方向和压力中心

根据静压强的性质，静止流体作用在平面上的总压力的方向应该垂直指向该平面。

下面来确定总压力的作用点。总压力的作用线与平面的交点即为总压力的作用点，也称其为**压力中心**（center of pressure）。因为作用在平面上的每个微元面积上的力都是互相平行的，因此每一个微元面积上的力对 x 轴的力矩之和应该等于作用在整个平面上的合力对 x 轴的力矩，设压力中心为 c_p，如图 3.19 所示，其淹深和 y 坐标分别为 h_R 和 y_R，则有

$$F_R \cdot y_R = \int_A y \cdot \mathrm{d}F_R = \int_A y \cdot \gamma y \sin\theta \,\mathrm{d}A = \gamma\sin\theta \int_A y^2 \,\mathrm{d}A$$

根据力学中惯性矩（product of inertia）的定义，$\int_A y^2 \,\mathrm{d}A$ 为平面对 x 轴的惯性矩 I_x，所以

$$F_R \cdot y_R = I_x \gamma \sin\theta \qquad (3-36)$$

将式(3-35)代入式(3-36)，得

$$y_R = \frac{I_x}{y_C A} \qquad (3-37)$$

根据惯性矩移轴定理

$$I_x = I_{Cx} + y_C^2 A$$

代入式(3-37)，整理得

$$y_R = y_C + \frac{I_{Cx}}{y_C A} \qquad (3-38)$$

式中：I_{Cx} 为平面对通过其形心且平行于 x 轴的惯性矩。

分析式(3-38)可知，$y_R > y_C$，就是说压力中心位于形心的下方。这是因为静压强与淹没深度成正比的缘故。

类似地，向 y 轴取力矩，可以得到压力中心的 x 坐标为

$$x_R = x_C + \frac{I_{Cxy}}{y_C A} \qquad (3-39)$$

式中：I_{Cxy} 为平面对通过其形心且平行于 x 轴和 y 轴的惯性矩。

> ➤ The resultant force does not pass through the centroid of the area.

通常在工程上，平面关于通过其形心且平行于 x 轴和 y 轴的两个轴对称，这时 $I_{Cxy} = 0$，因此，当平面关于通过其形心且平行于 x 轴和 y 轴的任一轴对称时，压力中心的 x 坐标与形心的 x 坐标相同。

为了计算方便，现将工程上常见的几种平面几何图形的面积、形心坐标、形心惯性矩的计算公式见表3-4。

表3-4 几种工程上常见的平面几何图形的面积、形心坐标、形心惯性矩

平面图形	图形顶点到形心的距离 y_C	对于通过形心而与对称轴垂直的 C—C 轴的惯性矩 I_C	面积 A
矩形	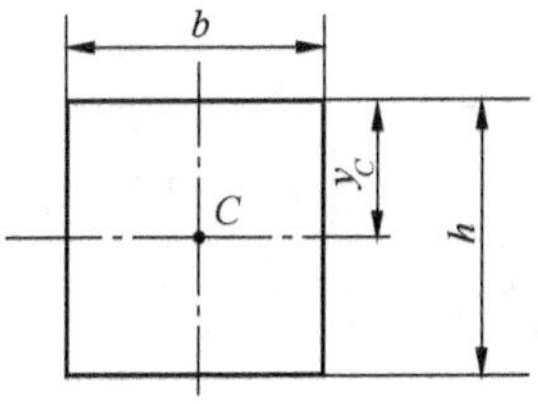 $\dfrac{h}{2}$	$\dfrac{h^3}{12}$	bh
三角形	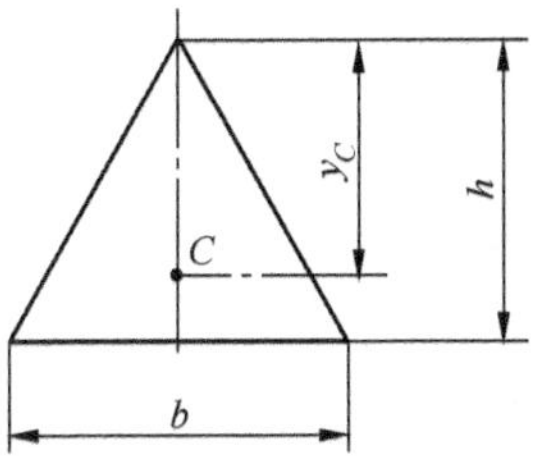 $\dfrac{2h}{3}$	$\dfrac{bh^3}{36}$	$\dfrac{bh}{2}$

（续）

平面图形	图形顶点到形心的距离 y_C	对于通过形心而与对称轴垂直的 C—C 轴的惯性矩 I_C	面积 A
梯形	$\dfrac{h(a+2b)}{3(a+b)}$	$\dfrac{h^2(a^2+4ab+b^2)}{36(a+b)}$	$\dfrac{h(a+b)}{2}$
圆形	R	$\dfrac{\pi R^4}{4}$	πR^2
半圆形	$\dfrac{4R}{3\pi}$	$\dfrac{(9\pi^2-64)R^4}{72\pi}$	$\dfrac{\pi R^2}{2}$
环形	R	$\dfrac{\pi(R^4-r^4)}{4}$	$\pi(R^2-r^2)$

【例题 3-6】 如图 3.21 所示，矩形闸门 AB 的宽度 $b=1\mathrm{m}$，左侧油深 $h_1=1\mathrm{m}$，水的密度 $\rho=1000\mathrm{kg/m^3}$，油的密度 $\rho_1=800\mathrm{kg/m^3}$，水深 $h_2=2\mathrm{m}$，闸门倾角 $\alpha=60°$，求作用在闸门上的液体的总压力及其作用点的位置。

解：设闸门上油水分界点为 E，总压力的作用点为 D，为了便于求作用点的位置，将液体总压力分为 F_{P1}、F_{P2} 和 F_{P3} 这 3 部分，如图 3.21 所示。

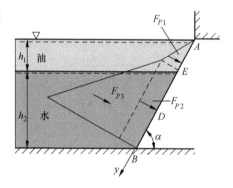

图 3.21 例题 3-6 示意图

$$F_{P1}=\rho_1 g h_{1c}A_1=\rho_1 g \frac{h_1}{2}\frac{h_1}{\sin\alpha}b\approx 4531\mathrm{N}$$

$$F_{P2}=\rho_1 g h_1 A_2=\rho_1 g h_1 \frac{h_2}{\sin\alpha}b\approx 18124\mathrm{N}$$

$$F_{P3}=\rho g h_{2c}A_2=\rho g \frac{h_2}{2}\frac{h_2}{\sin\alpha}b\approx 22655\mathrm{N}$$

液体总压力 F_P 为

$$F_P = F_{P1} + F_{P2} + F_{P3} = 45310\text{N}$$

总压力的作用点可由合力矩原理求得

$$y_D F_P = F_{P1} y_1 + F_{P2} y_2 + F_{P3} y_3$$

上式中

$$y_1 = \frac{2}{3} \frac{h_1}{\sin\alpha} = \frac{4\sqrt{3}}{9}\text{m}$$

$$y_2 = \left(h_1 + \frac{h_2}{2}\right)\frac{1}{\sin\alpha} = \frac{4\sqrt{3}}{3}\text{m}$$

$$y_3 = \frac{h_1}{\sin\alpha} + \frac{2}{3}\frac{h_2}{\sin\alpha} = \frac{14\sqrt{3}}{9}\text{m}$$

所以

$$y_D = \frac{F_{P1} y_1 + F_{P2} y_2 + F_{P3} y_3}{F_P} \approx 2.35\text{m}$$

$$h_D = y_D \sin\alpha \approx 2.04\text{m}$$

3.7.2 静止流体作用在曲面上的总压力(Hydrostatic Force on a Curved Surface)

在工程上经常会遇到与流体的接触面为曲面的情况。此时由作用在曲面上的静压强构成一空间力系，因此求解任一曲面上的总压力比较复杂。然而工程上应用最多的是具有平行母线的二向曲面，比如圆柱面。下面先来讨论二向曲面上总压力的计算问题，然后再推广到一般的三维曲面。

图 3.22 是一个位于液面下的二向曲面。建立如图所示的坐标系，xOy 为水平面，z 轴的正方向向下。容易知道，总压力可以分解到水平向右和铅垂向下两个方向的力。求解的思路是先求出这两个分力，然后再合成求出总压力。

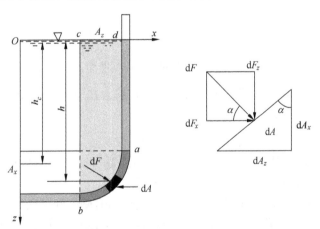

图 3.22 作用在曲面上的总压力

1. 水平方向的总压力

在曲面上任取一微元面积 dA，如图 3.22 所示，假设此微元面积位于液面下 h 深度处。液体作用在微元面 dA 上的总压力为(各方向大气压力的作用互相抵消)

$$dF = pdA = (\rho gh)dA$$

dF 在 x 轴方向的分力为

$$dF_x = dF\cos\alpha = \rho gh\cos\alpha dA$$

由于 $\cos\alpha dA = dA_x$，dA_x 为 dA 在铅垂面 yOz 内的投影，所以

$$dF_x = dF\cos\alpha = \rho gh dA_x$$

曲面上受到的 x 轴方向的总压力为

$$F_x = \int_A dF_x = \int_A \rho gh\, dA_x = \rho g\int_A dA_x$$

式中，$\int_A h\,dA_x = h_c A_x$ 为面积 A 在面 yOz 内的投影面积 A_x 对 y 轴的面积矩。
所以

$$F_x = \rho g h_c A_x \tag{3-40}$$

式中：h_c 为投影面 A_x 形心处的淹没深度。

式(3-40)就是液体作用在曲面上的总压力在 x 轴方向的分力的计算公式。分析可知，水平分力(horizontal force)的计算和分析可以利用 3.7.1 节的方法和结论，只不过是平面为曲面的投影面而已。

由此得出结论：流体作用在二向曲面上的总压力的水平分力等于曲面在铅垂面上投影的形心处的静压强与投影面的面积的乘积，其方向垂直指向投影面，作用点为投影面的压力中心。

2. 压力体

下面来分析总压力在铅垂方向上的分量 dF_z

$$dF_z = dF\sin\alpha = \rho gh\sin\alpha dA$$

曲面上受到的 x 轴方向的总压力为

$$F_z = \int_A dF_z = \int_A \rho gh\sin\alpha dA = \rho g\int_A h\,dA_z$$

式中：$\int_A h\,dA_z = V_p$ 为由 3 个面围成的体积，即由曲面、自由表面和穿过曲面的边界线向自由表面所引的垂线组成的柱面，称此体积为**压力体**(pressurized fluid volume)。因此

$$F_z = \rho g V_p \tag{3-41}$$

式(3-41)就是液体作用在曲面上的总压力在铅垂方向的分力的计算公式。可见总压力在铅垂方向的分力等于压力体的重量，方向向下。

类似地，如果液体作用在如图 3.23 所示的曲面的右侧，则可同样得到式(3-41)的结果，只不过上述 3 个面所围成的体积中没有液体，所以称其为虚构压力体。计算时假想虚构压力体中充满液体，其重量就是总压力在铅垂方向的分力，方向向上。

由此得出结论：流体作用在二向曲面上的总压力的铅垂分力等于压力体的重量，方向向下；或者等于虚构压力体的重量，方向向上。力的作用线穿过压力体或虚构压力体的重心。

压力体和虚构压力体如图 3.23 所示。

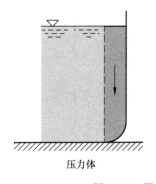
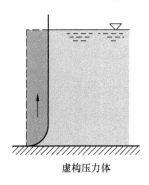

压力体　　　　　　　　　虚构压力体

图 3.23　压力体和虚构压力体

3. 总压力

对于二向曲面，静止的流体作用在曲面上的**总压力**（hydrostatic force）的合力 F 的大小和方向为

$$F=\sqrt{F_x^2+F_z^2}$$
$$\tan\theta=\frac{F_z}{F_x}$$
(3-42)

式中：θ 为总压力的合力 F 与水平面的夹角。

总压力的合力 F 的作用点可按如下方法确定：由于铅垂力的作用线穿过压力体或虚构压力体的重心指向作用面，水平力的作用线穿过投影面 A_x 的压力中心垂直指向投影面 A_x，所以总压力的作用线必通过这两条线的交点且与水平面成 θ 夹角。

以上讨论了作用在二向曲面上的总压力，所得到的总压力在水平方向上的分力和铅垂方向的分力的计算公式可以推广到空间的任意曲面。总压力在水平方向上的两个分力和铅垂方向的分力为

$$\left.\begin{array}{l}F_x=\rho g h_{cx}A_x\\F_y=\rho g h_{cy}A_y\\F_z=\rho g V_p\end{array}\right\}$$
(3-43)

式中：A_x、A_y 为面积 A 在 yOz 平面和 xOz 平面上的投影面积；h_{cx}、h_{cy} 为投影面 A_x 和投影面 A_y 在形心处的淹没深度。

作用在空间任意曲面的总压力为

$$F=\sqrt{F_x^2+F_y^2+F_z^2}$$
(3-44)

【例题 3-7】　一弧形闸门如图 3.24 所示。已知半径 $R=7.5$ m，深度 $h=4.8$ m，圆心角 $\alpha=43°$，旋转轴距水池底面的高度 $H=5.8$ m，闸门的水平投影长度 $CB=a=2.7$ m，闸门的宽度 $b=6.4$ m，试求作用在闸门上的总压力的大小并确定压力中心。

解： 总压力在水平方向上的分力为

$$F_x=\rho g\frac{h}{2}bh=0.5\times9807\times4.8^2\times6.4\text{N}=723050\text{N}$$

由于压力体的体积 $V_p=b\times$（三角形面积 $ABK+$ 弓形面积 AB），所以总压力在铅垂方向上的分力为

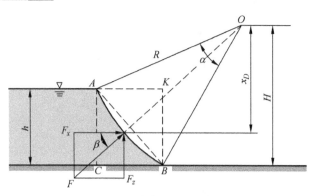

图 3.24 例题 3-7 示意图

$$F_z = \rho g b \left[\frac{1}{2} ah + \frac{1}{2} R^2 \left(\frac{\pi}{180}\alpha - \sin\alpha \right) \right]$$
$$= 9807 \times 6.4 \times \left[\frac{1}{2} \times 2.7 \times 4.8 + \frac{1}{2} \times 7.5^2 \times \left(\frac{3.14}{180} \times 43 - \sin 43° \right) \right] N$$
$$= 526950 N$$

总压力的合力为

$$F = \sqrt{F_x^2 + F_z^2} = \sqrt{703050^2 + 526950^2} \, N = 894694 N$$

由于总压力的作用线一定穿过转轴，所以根据图中的几何关系可以直接得到压力中心的位置，压力中心距转轴的垂直高度为

$$x_D = R\sin\beta = R\frac{F_z}{F} = 7.5 \times \frac{526950}{894694} m = 4.42 m$$

3.7.3 作用在液体中物体上的总压力(Buoyant Force)

液体中物体的位置分为 3 种：当物体的密度大于液体时，物体沉没到液体的底部，此时的物体称为**沉体**；当物体的密度等于液体时，物体将潜入在液体的任何位置，此时的物体称为**潜体**；当物体的密度小于液体时，物体将漂浮在液体的表面，此时的物体称为**浮体**。潜体和浮体如图 3.25 所示。

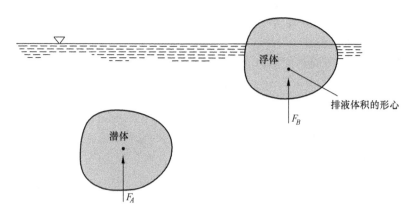

图 3.25 液体中物体的位置

液体作用在潜体和浮体上的作用力(总压力)叫做浮力，浮力的作用点叫做浮心。

> The resultant fluid force acting on a body that is completely submerged or floating in a fluid is called the buoyant force.

对于潜体和浮体，应用压力体的概念，很容易得出以下结论：液体作用在潜体和浮体上的总压力，大小等于物体浸没部分排开同体积液体的重量，方向向上，作用点为压力体的重心。这正是**阿基米得定律**(archimedes' principle)。

> Archimedes' principle states that the buoyant force has a magnitude equal to the weight of the fluid displaced by the body and is directed vertically upward.

 工程实例

长江三峡大坝

水力发电是将水的势能转换为水轮机的机械能，然后水轮机带动发电及发电的过程。水的势能主要来自水坝前后的水位差。由于水位差的存在，使得水坝承受巨大的静水压力。

图 3.26　长江三峡大坝

长颈鹿的脖子

长颈鹿的脖子很长，可以够到 6m 以上的树叶，同时它也可以低下头去喝水。由于存在近 6m 的高度差，它的血液循环就有一个很大的静压效应。

图 3.27　长颈鹿

习 题

3.1 已知大气压 $p_0=0.1\text{MPa}$,求绝对压强 $p=138000\text{Pa}$ 时的相对压强。若绝对压强 $p=58000\text{Pa}$,则真空度是多少?

3.2 图3.28所示的容器中装有3种液体,上层是相对密度 $S_1=0.8$ 的油,中层是 $S_2=1$ 的水,下层是 $S_3=13.6$ 的水银。容器开口向大气,油表面的大气压 $P_0=98100\text{Pa}$。各层液体 $h=1\text{m}$,容器的断面积 $A=1\text{m}^2$。试求容器内 a、b、c 各点的压强为多少?容器底受的总压力为多少?

3.3 如图3.29所示,若比重 $S_1=S_3=0.83$,比重 $S_2=13.6$,$h_1=16\text{cm}$,$h_2=8\text{cm}$,$h_3=12\text{cm}$。求(1)当 $p_B=68950\text{Pa}$ 时,$p_A=?$(2)若 $p_A=137900\text{Pa}$,以及大气压力计的度数为 720mmHg 时,p_B 的相对压强为多少?

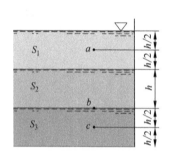

图3.28 习题3.2示意图

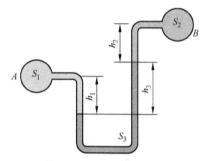

图3.29 习题3.3示意图

3.4 如图3.30所示,在盛有油和水的圆柱形容器盖子上加荷重 $F=5788\text{N}$,已知 $h_1=30\text{cm}$,$h_2=50\text{cm}$,$d=1.4\text{m}$,$\rho_{油}=700.1\text{kg/m}^3$,求U形测压管中水银柱的高度 H。

3.5 如图3.31所示,一开口测压管与一封闭的盛水容器相通,若测压管的水柱高出容器液面 $h=1.8\text{m}$,求容器液面上的压强。

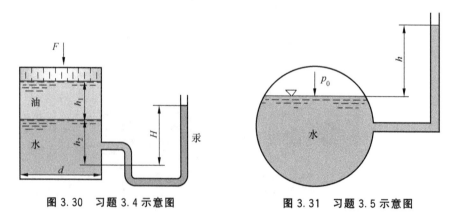

图3.30 习题3.4示意图　　　　图3.31 习题3.5示意图

3.6 封闭水箱如图3.32所示,测压表上的读数为 5000Pa,$h=1.6\text{m}$,$h_1=0.6\text{m}$,设水的相对密度 $S_1=1$,水银测压计中的水银的相对密度 $S_2=13.6$。问水面上的真空度 P_v

和 Δh 各为多少？

3.7 两根盛有水银的 U 形测压管与盛有水的密封容器连接，如图 3.33 所示。若上面测压管的水银液面距自由液面的深度 $h_1=60\text{cm}$，水银柱高 $h_2=25\text{cm}$，下面测压管的水银柱高 $h_3=30\text{cm}$，$\rho_{Hg}=13600\text{kg/m}^3$，试求下面测压管的水银面距自由液面的深度 h_4。

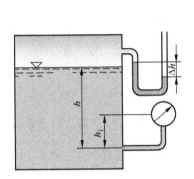

图 3.32　习题 3.6 示意图

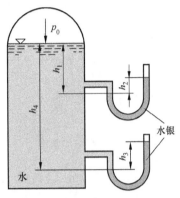

图 3.33　习题 3.7 示意图

3.8 如图 3.34 所示，U 形管压差计的水银面高度差 $h=15\text{cm}$，求充满水的 A，B 两容器内的压强差。

3.9 如图 3.35 所示，试按复式水银测压计的读数算出锅炉中水面上蒸汽的绝对压强 p。已知：$H=3\text{m}$，$h_1=1.4\text{m}$，$h_2=2.5\text{m}$，$h_3=1.2\text{m}$，$h_4=2.3\text{m}$，水银的密度 $\rho_{Hg}=13600\text{kg/m}^3$。

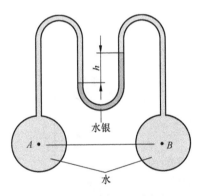

图 3.34　习题 3.8 示意图

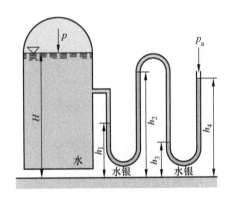

图 3.35　习题 3.9 示意图

3.10 相对密度 $S=0.92$ 的油流过管道如图 3.36 所示。已知 A 点的压强 $p_A=180.2\text{kPa}$，试求 B 点的压强 p_B。如果油不流动 $p_B=$？

3.11 在图 3.37 的 A 容器内是密度 $\rho=1000\text{kg/m}^3$ 的水，水表面以上为空气，测得空气的相对压强为 $p_g=0.025\text{MPa}$。B 容器内是空气，A 与 B 之间连接两个 U 形管测压计，其中 $\rho_1=800\text{kg/m}^3$ 的酒精和 $\rho_2=13600\text{kg/m}^3$ 的水银。测压计上 $h=500\text{mm}$，$h_1=200\text{mm}$，$h_2=250\text{mm}$。试求 B 容器中空气的压强 p_B。

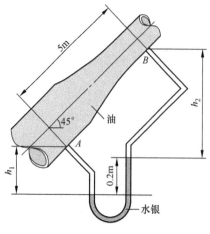

图 3.36 习题 3.10 示意图

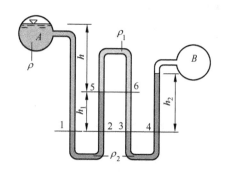

图 3.37 习题 3.11 示意图

3.12 在一直径 $d=300\text{mm}$，高度 $H=500\text{mm}$ 的圆柱形容器中(图 3.38)，注入某液体至高度 $h=300\text{mm}$，使容器绕垂直轴作等角速度旋转。

(1) 试确定使水之自由液面正好达到容器边缘时的转数 n_1；

(2) 求抛物面顶端碰到容器底时的转数 n_2，此时容器停止旋转后，水面高度 h_2 将为多少？

3.13 如图 3.39 所示，油罐车内装着 9.81kg/m^3 的液体，以水平直线速度 $V=36\text{km/h}$ 行驶。油罐车的尺寸为 $D=2\text{m}$，$h=0.3\text{m}$，$l=4\text{m}$。在某一时刻开始减速运动，经 100m 距离后完全停下。若考虑为均匀制动，则作用在侧面 A 上的作用力 F 为多大？

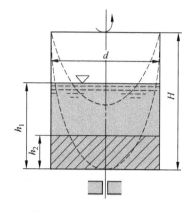

图 3.38 习题 3.12 示意图

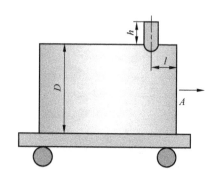

图 3.39 习题 3.13 示意图

3.14 如图 3.40 所示，直线形式的汽车上放置一内装液体的 U 形管，长 $l=500\text{mm}$。试确定当汽车以加速度 $a=0.5\text{m/s}^2$ 行驶时两支管中液面的高度差。

3.15 如图 3.41 所示为一圆柱形容器，直径 $d=1.2\text{m}$，充满水，并绕垂直轴作等角速度旋转。在顶盖上 $r_0=0.43$ 处安装一开口测压管，管中的水位 $h=0.5\text{m}$。问此容器的转速 n 为多少时顶盖所受的静水总压力为零？

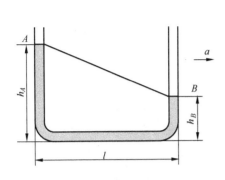

图 3.40 习题 3.14 示意图

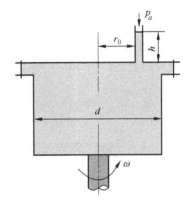

图 3.41 习题 3.15 示意图

3.16 如图 3.42 所示，水达到了闸门顶部，问 y 值多大时闸门会翻到？

3.17 有一倾斜壁与水平夹角 $\alpha=60°$，两边都受有密度 $\rho=1000\text{kg/m}^3$ 液体的作用，倾斜壁上有一三角形闸门，高 $l=300\text{mm}$，底边 $b=200\text{mm}$，如图 3.43 所示。试求三角形闸门上的液体压力 F 和压力中心 y_D。

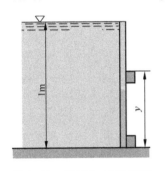

图 3.42 习题 3.16 示意图

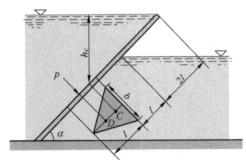

图 3.43 习题 3.17 示意图

3.18 图 3.44 是一半径为 r 的圆形平板，下部正中间挖去半径为 $r/2$ 的圆。圆形平板的上部边缘与水的自由液面相切，垂直放在水中，水的密度为 ρ。试求作用在这块画剖线平板上的压力 F 和压力中心 D 淹深 h_D 的表达式。

3.19 将圆柱弧形闸门吊到图 3.45 所示的位置，恰能挡住一定深度的密度为 ρ 的水。闸门宽度为 B，半径为 R，中心角为 α 弧度，闸门自重为 G。求闸门所受的向下的合力。

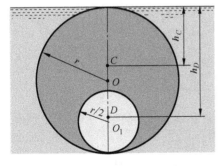

图 3.44 习题 3.18 示意图

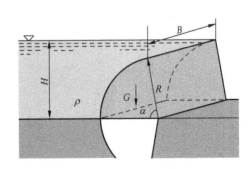

图 3.45 习题 3.19 示意图

3.20 如图 3.46 所示，求斜壁上圆形闸门上的总压力及压力中心。已知闸门直径 $d=0.5\text{m}$，$a=1\text{m}$，$\alpha=60°$。

3.21 如图 3.47 所示，盛有水的容器底部有圆孔口，用空心金属球体封闭，该球体的重力 $W=2.452\text{N}$，半径 $r=4\text{cm}$，孔口直径 $d=5\text{cm}$，水深 $H=20\text{cm}$。试求提起该球体所需之最小力 F。

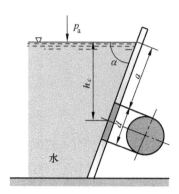

图 3.46　习题 3.20 示意图

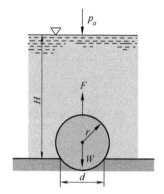

图 3.47　习题 3.21 示意图

第 4 章

流体运动学(Fluid Kinematics)

本章教学要点

知识要点	能力要求	相关知识
拉格朗日法和欧拉法	掌握流场的概念及描述流动的两种方法；理解随体导数	质点力学的基本方法；流场的概念；当地导数、迁移导数和随体导数及其表达式
速度场和加速度场	理解并掌握描述流动的流体参数及其计算公式	场论；当地加速度和迁移加速度及其表达式
描述流场的基本概念	掌握稳定流动、流线、流量、水力半径和当量直径等描述流场的基本概念，以及流量、流线、迹线的表达式及其计算	速度场
层流和湍流	掌握雷诺数的意义及其计算；掌握层流、湍流状态的判别	雷诺实验；雷诺数及其表达式；层流、湍流的判据；水头损失
流体微团的运动分解	理解并掌握海姆霍兹速度分解定理；掌握流体微团的运动形式	刚体的运动形式；流体微团的各种运动形式的数学描述-线变率、角变形率和旋转角速度
有势流动和旋涡流动	理解并掌握有势流动和旋涡流动的基本概念，有势流动和旋涡流动的判别	速度场；流体微团的运动分解；涡线、涡通量、速度环量；平面势流

工程流体力学

导入案例

流体流过钝头物体时，物体前端有一个驻点，驻点处的流速为零。在后面的学习中我们将会了解到，在流动的流体中，驻点处有一个相对较大的压力，同时驻点将流场分为两部分：一部分流经物体上部；另一部分流经物体下部。

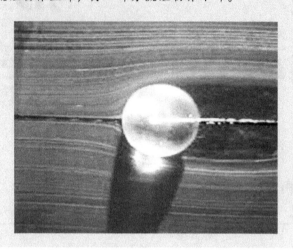

在本章首先要给出描述流体运动的基本方法，然后给出描述流场的基本术语和基本概念，最后对流体的运动进行分解，以便对流体的运动有一个深入的理解。

本章不讨论运动产生的原因，只讨论运动本身。

4.1 描述流场的拉格朗日法和欧拉法
(Lagrangian and Eulerian Flow Descriptions)

在自然界和生产实践中存在着各种各样的流体流动问题，比如江河中的水流、空气绕过建筑物、飞机的机翼的流动、各种工业管道中流体的流动等。一般而言，将充满流体质点的整个流动空间统称为**流场**(fliud field)。如果流场描述的是速度，则称此流场为速度场，如果流场描述的是加速度，则称此流场为加速度场，以此类推。由于流体是由充满流场的无限多个流体质点构成的连续体，所以研究流体的运动就是研究这无限多个流体质点的运动。有两种不同的描述流场运动的方法。

4.1.1 拉格朗日法(Lagrangian Flow Description)

这种方法是由法国科学家拉格朗日(lagrange)提出的，因此称为**拉格朗日法**(lagrangian method)。这种方法与固体力学中质点动力学的研究方法类似，跟随流场中的每一个流体质点来研究其运动，然后将所有质点的运动综合起来就得到了整个流场的运动描述。

在拉格朗日法所描述的流场中，任一流动参数 B 是时间 t 的函数，即

$$B=B(t)$$

因此，流体质点的空间位置为

$$\left.\begin{array}{l} x = x(t) \\ y = y(t) \\ z = z(t) \end{array}\right\} \quad (4-1)$$

流体质点在 x, y, z 3 个坐标方向上的速度分量为

$$\left.\begin{array}{l} u_x = \dfrac{\mathrm{d}x}{\mathrm{d}t} \\[4pt] u_y = \dfrac{\mathrm{d}y}{\mathrm{d}t} \\[4pt] u_z = \dfrac{\mathrm{d}z}{\mathrm{d}t} \end{array}\right\} \quad (4-2)$$

流体质点在 x, y, z 3 个坐标方向上的加速度分量为

$$\left.\begin{array}{l} a_x = \dfrac{\mathrm{d}^2 x}{\mathrm{d}t^2} \\[4pt] a_y = \dfrac{\mathrm{d}^2 y}{\mathrm{d}t^2} \\[4pt] a_z = \dfrac{\mathrm{d}^2 z}{\mathrm{d}t^2} \end{array}\right\} \quad (4-3)$$

在流场中有无限多个流体质点，流体是由这无限多个流体质点组成的连续体，要想跟踪其中的每一个流体质点的运动是非常困难的，因此拉格朗日法描述流场在实际中很少使用，主要用于理论分析。不过随着计算机技术的发展，在计算流体力学中又有将拉格朗日法重新应用的趋势。

4.1.2 欧拉法(Eulerian Method)

在工程实际应用中，通常只是关心流场中某个确定位置的流动参数的变化，比如自来水或煤气管道上某处的流量、压强，内燃机气缸中某个位置的温度等。虽然跟踪某个流体质点很难，但是研究某个确定的位置上的流动参数的变化则要容易得多，欧拉法就是基于这个思想提出的，即通过研究流场中各个不同位置上(在同一位置上不同的时刻被不同的流体质点占据)流动参数的变化来得到整个流场的运动规律。这一方法是由瑞士科学家欧拉提出的，所以称其为**欧拉法**(eulerian method)。欧拉法在流体力学中被广泛采用。

在欧拉法中，任一流动参数 B 不仅是时间 t 的函数，而且是空间坐标 (x, y, z) 的函数，即

$$B = B(x, y, z, t)$$

需要指出的是，欧拉法和拉格朗日法是描述流场的两种不同的方法，对于同一个流场来说，其运动规律只能有一个，因此欧拉法和拉格朗日法所描述的同一个运动规律的两种方法，两种方法必然可以相互转换。

> ➤ Either Lagrangian or Eulerian method can be used to describe flow.

本书后续章节中，如无特殊说明，均采用欧拉法。

4.1.3 随体导数(The Material Derivative)

在欧拉法中，坐标 (x, y, z) 不是独立的，它们都是时间 t 的函数，因此流场中任一流动参数 B 是 (x, y, z, t) 的复合函数，这是由于实质上流动参数是各个确定点上的流体质

点的流动参数，而流体质点的位置坐标是时间 t 的函数。

根据复合函数的求导法则，在流场中对于任一流动参数 $B(x,y,z,t)$，有

$$\frac{\mathrm{D}B}{\mathrm{D}t} = \frac{\partial B}{\partial t} + \frac{\partial B}{\partial x}\frac{\mathrm{d}x}{\mathrm{d}t} + \frac{\partial B}{\partial y}\frac{\mathrm{d}y}{\mathrm{d}t} + \frac{\partial B}{\partial z}\frac{\mathrm{d}z}{\mathrm{d}t}$$

$$= \frac{\partial B}{\partial t} + \frac{\partial B}{\partial x}u_x + \frac{\partial B}{\partial y}u_y + \frac{\partial B}{\partial z}u_z$$

$$= \frac{\partial B}{\partial t} + (\vec{V} \cdot \nabla)B \tag{4-4}$$

$$\nabla = \frac{\partial}{\partial x}\vec{i} + \frac{\partial}{\partial y}\vec{j} + \frac{\partial}{\partial z}\vec{k} \tag{4-5}$$

式(4-4)和式(4-5)中：u_x，u_y 和 u_z 分别为速度 $\vec{V}$ 在 x，y，z 3 个坐标方向上的速度分量；$\vec{i}$，$\vec{j}$ 和 $\vec{k}$ 分别为 x，y，z 3 个坐标方向上的单位矢量；∇ 为微分算子或称为哈密尔顿算子；$\frac{\partial B}{\partial t}$ 表示在某一确定空间点上，流动参数 $B(x,y,z,t)$ 随时间的变化率，因此称其为流动参数 B 的**当地导数**(local derivative)；$(\vec{V} \cdot \nabla)B$ 表示由于空间位置的变化而引起的流动参数 $B(x,y,z,t)$ 的变化率，因此称其为流动参数 B 的**迁移导数**(convective derivative)。

由此可见，在欧拉法中，任一流动参数 $B(x,y,z,t)$ 的导数分为当地导数和迁移导数两部分。由于欧拉法和拉格朗日法描述的是同一个规律，因此式(4-4)中，$\frac{\mathrm{D}B}{\mathrm{D}t}$ 就是对应于拉格朗日法中流动参数 B 的时间变化率 $\frac{\mathrm{d}B}{\mathrm{d}t}$，实际上它是跟随流体质点求得的导数，所以称其为**随体导数**(material derivative/substantial derivative)。

> The material derivative is used to describe time rates of change for a given particle.
> The convective derivative is the result of the spatial variation of the flow.
> The local derivative is the result of the unsteadiness of the flow.

式(4-4)是欧拉法和拉格朗日法描述流场数学表达式的转换桥梁，对于任何描述流动的参数都成立。

4.2 速度场和加速度场(Velocity Field and Acceleration Field)

描述流动的流体的流体参数不仅是时间的函数，而且是空间坐标的函数，因此可以借助场论的知识、利用场的概念来描述流动(field representation of the flow)。如果描述流场中的速度，则称此流场为**速度场**(velocity field)，如果描述流场中的加速度，则称此流场为**加速度场**(acceleration field)。速度和加速度是描述流动的两个重要参数，因此下面来讨论速度场和加速度场。

> Fluid parameters can be described by a field representation.

4.2.1 速度场(Velocity Field)

如图 4.1 所示，设 u_x，u_y 和 u_z 分别为速度 $\vec{V}$ 在 x，y，z 3 个坐标方向上的速度分量，流体质点 A 在 t 时刻和 $t+\Delta t$ 时刻的位置如图所示，则速度 $\vec{V}$ 可表示为

$$\frac{d\vec{r}}{dt} = \vec{V} = V(\vec{r}, t) = u_x(x, y, z, t)\vec{i}$$
$$+ u_y(x, y, z, t)\vec{j} + u_z(x, y, z, t)\vec{k} \quad (4-6)$$

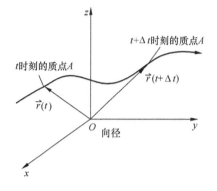

其中，$\vec{r}(t)$ 和 $\vec{r}(t+\Delta t)$ 为流体质点 A 在 t 时刻和 $t+\Delta t$ 时刻的**矢径**(position vector)。

速度为矢量，其大小为

$$V = |\vec{V}| = \sqrt{u_x^2 + u_y^2 + u_z^2} \quad (4-7)$$

将流场中的所有流体质点的速度综合起来，就得到了整个流场的速度场 $\vec{V}(x, y, z, t)$。

图 4.1 以矢径形式表示的流体质点的位置

4.2.2 加速度场(Acceleration Field)

加速度场的分布可以通过对速度场求导得到。

$$\vec{a} = \frac{D\vec{V}}{Dt} = \frac{\partial \vec{V}}{\partial t} + \frac{\partial \vec{V}}{\partial x}\frac{dx}{dt} + \frac{\partial \vec{V}}{\partial y}\frac{dy}{dt} + \frac{\partial \vec{V}}{\partial z}\frac{dz}{dt}$$
$$= \frac{\partial \vec{V}}{\partial t} + \frac{\partial \vec{V}}{\partial x}u_x + \frac{\partial \vec{V}}{\partial y}u_y + \frac{\partial \vec{V}}{\partial z}u_z \quad (4-8)$$
$$= \frac{\partial \vec{V}}{\partial t} + (\vec{V} \cdot \nabla)\vec{V}$$

式中：$\frac{\partial \vec{V}}{\partial t}$ 表示速度 $\vec{V}(x, y, z, t)$ 随时间的变化率，称其为**当地加速度**(local acceleration)；$(\vec{V} \cdot \nabla)\vec{V}$ 表示由于空间位置的变化而引起的速度 $\vec{V}(x, y, z, t)$ 的变化率，称其为**迁移加速度**(convective acceleration)。

将加速度 $\vec{a}$ 向 x、y、z 3 个坐标方向分解，可以得到

$$\left.\begin{array}{l} a_x = \dfrac{\partial u_x}{\partial t} + \dfrac{\partial u_x}{\partial x}u_x + \dfrac{\partial u_x}{\partial y}u_y + \dfrac{\partial u_x}{\partial z}u_z \\ a_y = \dfrac{\partial u_y}{\partial t} + \dfrac{\partial u_y}{\partial x}u_x + \dfrac{\partial u_y}{\partial y}u_y + \dfrac{\partial u_y}{\partial z}u_z \\ a_z = \dfrac{\partial u_z}{\partial t} + \dfrac{\partial u_z}{\partial x}u_x + \dfrac{\partial u_z}{\partial y}u_y + \dfrac{\partial u_z}{\partial z}u_z \end{array}\right\} \quad (4-9)$$

【例题 4-1】 已知速度场 $u_x = 2x$，$u_y = -2y$，$u_z = 0$。试求流体质点的加速度及流场中 (1, 1) 点的加速度。

解： 根据式(4-9)

$$a_x = \frac{\partial u_x}{\partial t} + \frac{\partial u_x}{\partial x}u_x + \frac{\partial u_x}{\partial y}u_y + \frac{\partial u_x}{\partial z}u_z$$

$$=0+(2x)\times 2+(-2y)\times 0+0\times 0$$
$$=4x$$
$$a_y=\frac{\partial u_y}{\partial t}+\frac{\partial u_y}{\partial x}u_x+\frac{\partial u_y}{\partial y}u_y+\frac{\partial u_y}{\partial z}u_z$$
$$=0+(2x)\times 0+(-2y)\times(-2)+0\times 0$$
$$=4y$$
$$a_z=\frac{\partial u_z}{\partial t}+\frac{\partial u_z}{\partial x}u_x+\frac{\partial u_z}{\partial y}u_y+\frac{\partial u_z}{\partial z}u_z$$
$$=0+(2x)\times 0+(-2y)\times 0+0\times 0$$
$$=0$$

故流体质点的加速度为

$$\vec{a}=4x\vec{i}+4y\vec{j}$$

流场中(1,1)点的加速度为

$$\vec{a}=4\vec{i}+4\vec{j}$$

4.3 关于流场的一些基本概念
(Some Concepts for Flow Description)

本节介绍描述流动的一些重要概念。

4.3.1 一维、二维和三维流动(One-, Two-and Three-Dimensional Flows)

在描述流动的欧拉法中,任一流动参数 B 是时间和3个空间坐标(x, y, z, t)4个变量的函数,即 $B=B(x, y, z, t)$,但是在有些情况下,流动参数可能只与4个变量中的部分参数有关,这样就可以根据流动参数与哪些变量有关将流动进行分类。

根据流动参数与哪些空间坐标有关,将流动分为一维、二维和三维流动。如果流动参数与3个空间坐标有关,即 $B=B(x, y, z, t)$,则称其为**三维流动**(three-dimensional flow)。比如大气层中风的流动,三维流动是最一般的流动。如果流动参数与两个空间坐标有关,即 $B=B(x, y, t)$,则称其为**二维流动**(two-dimensional flow)。二维流动是平面流动,比如将流体绕过圆柱的流动假想为绕过无限长圆柱的流动时就是二维流动。如果流动参数只与一个空间坐标有关,即 $B=B(x, t)$,则称其为**一维流动**(one-dimensional flow)。一般的工程应用中通常假定有压管道流动,如自来水管道中的水流,为沿管道轴线的一维流动。

一维、二维和三维流动的速度场可分别表示为

$$\vec{V}=u_x(x, t)\vec{i} \tag{4-10a}$$

$$\vec{V}=u_x(x, y, t)\vec{i}+u_y(x, y, t)\vec{j} \tag{4-10b}$$

$$\vec{V}=u_x(x, y, z, t)\vec{i}+u_y(x, y, z, t)\vec{j}+u_z(x, y, z, t)\vec{k} \tag{4-10c}$$

需要指出的是,在自然界中绝大多数流动都是三维流动。

> Most flow fields are actually three-dimensional.

4.3.2 稳定流动和非稳定流动(Steady and Unsteady Flows)

如果任一流动参数 B 只是空间坐标(x,y,z)的函数而与时间 t 无关，或者说流动参数不随时间变化，即 $B=B(x,y,z)$，则称此种流动为**稳定流动**(steady flow)或**定常流动**。否则流动参数随时间变化的流动，即 $B=B(x,y,z,t)$，称为**非稳定流动**(unsteady flow)或**非定常流动**。非稳定流动可以是一维流动、二维流动，也可以是三维流动。

如果用数学语言来表达，则稳定流动就是满足下式的流动，即

$$\frac{\partial B}{\partial t}=0 \qquad (4-11)$$

非稳定流动就是满足下式的流动，即

$$\frac{\partial B}{\partial t}\neq 0 \qquad (4-12)$$

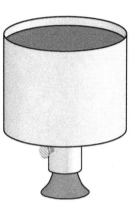

在生活中和工程上，常常遇到稳定流动，比如依靠水泵排水的系统，当水泵的工况稳定后，管道中的流动就是稳定流动；而在启动水泵加速或停机减速的过程中，管道中的流动就是非稳定流动。又如水箱出流，如图 4.2 所示，如果不断地向水箱中补水保持水箱中的自由表面高度不变，则出流为稳定流动；如果不向水箱中补水，而将水箱中的水放空，则出流为非稳定流动。

图 4.2 水箱出流

非稳定流动可能是随机的、周期的或非周期的流动。

> An unsteady flow may be nonperiodic, periodic, or random.

4.3.3 均匀流动和非均匀流动(Uniform and Nonuniform Flows)

如果在给定的时刻，流场中各处速度的大小和方向均相同，则称此种流动为**均匀流动**(uniform flow)。如果流场中不同点处速度的大小或方向有一个不同，则为非均匀流动(nonuniform flow)。

图 4.3 所示为一直管道中的流动，由于管径不变，所以管道中的流动为均匀流动。

把流场中不同点处的速度大小和方向相同的稳定流动称为**稳定均匀流动**(steady uniform flow)，把流场中不同点处的速度方向不同的稳定流动称为**稳定非均匀流动**(steady nonuniform flow)。

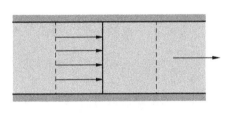

图 4.3 均匀流动

4.3.4 流场的几何描述(Geometric Description of a Fluid Field)

尽管流体的流动是十分复杂的，但是仍然可以定义一些概念来对流场进行形象化的几何描述。本小节介绍流线、色线、迹线等概念。流线通常用于对流场进行理论分析，而迹线和色线通常用于对流场进行实验分析。

1. 流线

所谓**流线**(streamline)就是某一时刻流场中的这样一条曲线，曲线上任一点的切线方

向和该点上的速度方向相同,如图4.4所示。

假设 $\vec{dS}$ 是流线上任一点的切线微元向量,$\vec{V}$ 是该点的速度,则由流线的定义,有

$$\vec{dS} // \vec{V}$$

即

$$\vec{V} \times \vec{dS} = 0$$

由于

$$\vec{V} = u_x\vec{i} + u_y\vec{j} + u_z\vec{k}$$
$$\vec{dS} = dx\vec{i} + dy\vec{j} + dz\vec{k}$$

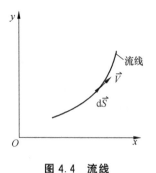

图 4.4 流线

所以

$$\vec{V} \times \vec{dS} = \begin{vmatrix} \vec{i} & \vec{j} & \vec{k} \\ u_x & u_y & u_z \\ dx & dy & dz \end{vmatrix} = 0$$

于是

$$\frac{dx}{u_x} = \frac{dy}{u_y} = \frac{dz}{u_z} = C \tag{4-13}$$

式(4-13)为流线方程。在流线方程中不同的常数 C 对应着不同的流线。

> Streamlines are lines tangent to the velocity field.

流线是欧拉法描述流场的几何手段。

流线具有以下性质。

(1) 除了在**驻点**(stagnation point)和**奇点**(singularity)处,流线只能是光滑的直线或曲线,不能是折线。关于驻点和奇点在以后的章节中介绍。

流线的这条性质是比较容易理解的。因为除了在驻点和奇点之外,在同一点处只能存在一个速度,所以流线就必须是光滑的。

(2) 除了在驻点和奇点处,两条流线不能相交。因为如果两条流线相交,则在交点处就存在两个速度,这是不可能的。

2. 色线

所谓**色线**(streakline)就是一段时间里通过流场中某一点的所有流体质点所组成的一条线,由于在实验时通常在该点滴入色液,所以这条线是一条带颜色的线,故称为色线,也叫流脉线。烟囱冒出的白烟就是一种典型的色线。

当流动为稳定流动时,色线也是流线。

3. 迹线

所谓**迹线**(pathline)就是流场中一个流体质点在一段时间里的运动轨迹。不难理解,迹线的方程应为

$$\left.\begin{aligned} dx &= u_x dt \\ dy &= u_y dt \\ dz &= u_z dt \end{aligned}\right\} \tag{4-14a}$$

或

$$\frac{\mathrm{d}x}{u_x} = \frac{\mathrm{d}y}{u_y} = \frac{\mathrm{d}z}{u_z} = \mathrm{d}t \qquad (4-14\mathrm{b})$$

很显然，迹线是拉格朗日法描述流场的几何手段。

当流动为稳定流动时，迹线也是流线。这就是说对于稳定流动，流线、迹线、色线3者重合。

> For Steady flow, streamlines, streaklines, and pathlines are the same.

4. 流管、流束和总流

如图 4.5 所示，某一时刻在流场中作一条封闭的曲线，通过这条曲线上各点的流线组成的管状表面称为**流管**(stream tube)，流管中的流体称为**流束**(stream filament)。当封闭的曲线为微元曲线时，流管趋于其极限即流线。当封闭的曲线位于管道内壁上时，流管即为管道的内表面，这时的流束就是管道中流体的总和，称其为**总流**(total flow)。

5. 过流断面、流量和平均流速

过流断面(cross Section of Flow)是流场中与流线垂直的横断面，也称**有效断面**。过流断面可能是平面，也可能是曲面，但必须与流线垂直。

流量(flow rate)分为两种：体积流量和质量流量。单位时间内流过有效断面流体的体积称为**体积流量**(volumetric flowrate)；单位时间内流过有效断面流体的质量称为**质量流量**(mass flowrate)。

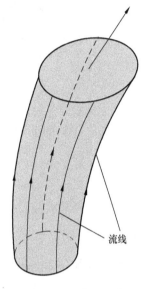

图 4.5 流管和流束

根据体积流量的定义，可以写出体积流量的表达式为

$$Q_v = \int_A u \mathrm{d}A, \mathrm{m}^3/\mathrm{s} \qquad (4-15)$$

式中：u 为过流断面上任一点的速度，m/s；A 为过流断面的面积，m^2；Q_v 为体积流量，m^3/s。

根据质量流量的定义，可以写出质量流量的表达式为

$$Q_m = \int_A \rho u \mathrm{d}A, \mathrm{kg/s} \qquad (4-16)$$

式中：ρ 为流体的密度，$\mathrm{kg/m}^3$；Q_m 为质量流量，kg/s。

一般情况下，过流断面上各点的流速是不相等的，但工程上为了计算的方便，有时需要取过流断面上流速的平均值，这个过流断面上流速的平均值称为**平均流速**(average velocity)。平均流速可以根据如下方法获得，即利用平均流速计算的流量和利用过流断面上各不同流速计算的流量相等。

$$VA = \int_A u \mathrm{d}A$$

于是

$$V = \frac{\int_A u\, dA}{A}, \text{ m/s} \tag{4-17}$$

6. 湿周、水力半径和当量直径

在工程上，经常遇到过流断面不是圆形的管道，比如方形管道，也会遇到流体并不充满圆形管道的情形，为此引进湿周 χ、水力半径 R_h 和当量直径 D_e 的概念，如图 4.6 所示。

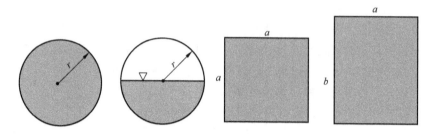

图 4.6 湿周 χ、水力半径 R_h 和当量直径 D_e 的示意图

在过流断面上的流体与固体壁面相接触部分的长度称为**湿周**（wet circum），用符号 χ 表示。过流断面的面积 A 与湿周的比值称为**水力半径**（hydraulic radius），用符号 R_h 表示，即

$$R_h = \frac{A}{\chi} \tag{4-18}$$

水力半径和圆截面的半径是不同的。如果圆形管道内充满流体，则其水力半径为

$$R_h = \frac{\pi r^2}{2\pi r} = \frac{r}{2}$$

当量直径（equivalent diameter）定义为水力半径的 4 倍，即

$$D_e = 4R_h \tag{4-19}$$

当半径为 r 的圆管内充满流体时，当量直径为

$$D_e = 4 \times \frac{r}{2} = 2r = d$$

即此时圆管当量直径与圆管直径相当。

【例题 4-2】 如图 4.7(a)所示，已知二维流动的速度场为

$$\vec{V} = (V_0/l)(x\vec{i} - y\vec{j})$$

式中：V_0 和 l 为常数，试求流线的方程。

解：根据题意

$$u_x = (V_0/l)x$$
$$u_y = -(V_0/l)y$$

代入流线方程(4-13)，得到

$$\frac{dx}{(V_0/l)x} = \frac{dy}{-(V_0/l)y}$$

两边积分，得

$$\ln y = -\ln x + C'$$

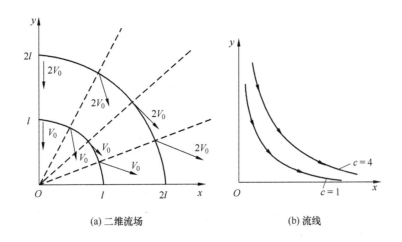

(a) 二维流场　　　　　　　(b) 流线

图 4.7　例题 4-2 示意图

于是，得到流线方程为
$$xy = C$$

可见，流线为双曲线，如图 4.7(b) 所示。

【例题 4-3】　已知一个非稳定二维流场的速度分布如下
$$u_x = x/(t-3), \quad u_y = y+2$$

试求流线方程和迹线方程。

解：1) 流线方程

将已知条件代入流线方程(4-13)，得到
$$\frac{(t-3)\mathrm{d}x}{x} = \frac{\mathrm{d}y}{y+2}$$

两边积分，得
$$(t-3)\ln x = \ln(y+2) + C'$$

将此方程加以整理，得到流线方程
$$x^{t-3} = C(y+2)$$

式中：$C = \ln C'$。

注意：在求流线方程的过程中，时间 t 当作参数来处理。

2) 迹线方程

将已知条件代入流线方程(4-14a)，得到
$$\begin{cases} \mathrm{d}x = \left(\dfrac{x}{t-3}\right)\mathrm{d}t \\ \mathrm{d}y = (y+2)\mathrm{d}t \end{cases}$$

对上述两个方程分别积分，得
$$\begin{cases} \ln x = \ln(t-3) + \ln C_1 \\ \ln(y+2) = t + \ln C_2 \end{cases}$$

于是有

$$\begin{cases} x = C_1(t-3) \\ y = C_2 e^{t-2} \end{cases}$$

整理后得到迹线方程

$$y = C_2 e^{\frac{x}{C_1}+3} - 2$$

注意：在求迹线方程的过程中，时间 t 为积分变量。

4.4 层流和湍流(Laminar and Turbulent Flow)

在自然界中的实际流体都是有粘性的流体，由于粘性的存在，流体在流动过程中就会产生阻力。为了计算这种阻力，前人已经作了大量的研究，其中英国工程师雷诺(Reynolds)在1880年进行了著名的雷诺实验，将流动分为层流和湍流两种形态，解决了工程中的流动阻力计算问题。

4.4.1 雷诺实验(Reynolds' Experiment)

雷诺所设计的实验装置如图4.8所示。水箱中的水可以由图中右端的一个阀门控制，沿着水平放置的透明玻璃管流动，水箱中的水位由于有水流按照图中的箭头方向流动，从而保证了水位高度不变，即保证了水平玻璃管中的流动为稳定流动。

实验开始时，缓慢开启玻璃管出口的阀门，使管内的流量较小，然后再开启颜色水瓶下的阀门，让色液缓慢流入水平玻璃管。此时可以看到管内轴线上有一条清晰、笔直的色线，如图4.9所示。这表明玻璃管中的流动是沿着轴线的分层流动，并且没有径向流动，层间没有流体掺混，这种流动称为**层流**(laminar flow)。

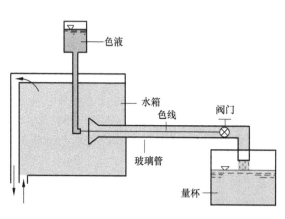

图4.8 雷诺实验装置

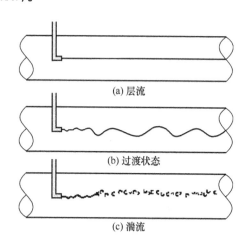

图4.9 层流和湍流流动

将玻璃管出口的阀门逐渐开大，可以发现色线逐渐开始抖动，由直线变成曲线，如图4.9(b)所示。这表明管内的层流受到扰动，逐渐出现径向流动。但是尽管此时色线变成曲线，但是仍处于轴线附近，称此状态为**过渡状态**(transitional flow)。

继续开大玻璃管出口的阀门，使玻璃管中的流量进一步增大，当管中的流速超过某一流速时，色线开始破裂，距玻璃管的入口段一定距离后完全消失，如图 4.9(c)所示。这表明玻璃管中的色液流体质点产生了显著的径向流动，完全扩散到水中。此时玻璃管中的流体已不再作有规律的层状流动，而是作径向和轴向混合的复杂运动，称此种流动状态为**湍流**或**紊流**(turbulent flow)。

> ➤ A flow may be laminar, transitional, or turbulent.

如果将玻璃管出口的阀门由全开向关闭逐渐关到很小，就会发现玻璃管中产生了由无色线到波浪色线再到清晰的直色线的过程，这表明玻璃管中的流动由湍流向过渡状态再向层流变化，只不过由过渡状态到层流状态转变的临界速度比由层流向过渡状态转变时要小。将由层流向过渡状态转变的临界速度称为**上临界速度**(upper critical velocity)，用符号 V_C^* 表示；将由过渡状态向层流转变的临界速度称为**下临界速度**(lower critical velocity)，用符号 V_c 表示。实验发现，上临界速度的大小不稳定，而下临界速度则比较稳定。

由以上层流和湍流的定义，可以写出层流和湍流的速度场如下：

$$\vec{V}=u_x\vec{i} \quad (层流)$$

$$\vec{V}=u_x\vec{i}+u_y\vec{j}+u_z\vec{k} \quad (湍流)$$

4.4.2 雷诺数(Reynolds Number)

雷诺不仅设计了上述实验，将流动分为层流和湍流两类，而且通过大量实验得到了可以用来判断流动是层流还是湍流的雷诺数。

雷诺发现，粘性流体的流动是层流还是湍流不仅和流速 V 有关，而且和流体的密度 ρ、动力粘度 μ、管道的特征尺寸 L(圆管流动时为管径 d)有关。雷诺通过大量实验得到了这些参数组成的一个无量纲的准则数 Re

$$Re=\frac{\rho VL}{\mu} \tag{4-20}$$

来判断流动的状态，这个准则数 Re 被称为雷诺数。

对于圆管，特征尺寸 L 取圆管的内径 d，所以圆管的雷诺数为

$$Re=\frac{\rho Vd}{\mu} \tag{4-21}$$

将上临界速度代入式(4-20)得到的雷诺数称为**上临界雷诺数**(upper critical number)，用符号 Re_c^* 表示；将下临界速度代入式(4-20)得到的雷诺数称为**下临界雷诺数**(lower critical number)，用符号 Re_c 表示。这样

当 $Re<Re_c$，流动为层流；

当 $Re_c<Re<Re_c^*$，流动为过渡状态；

当 $Re>Re_c^*$，流动为湍流。

但是大量的实验结果表明，上临界雷诺数的大小很不稳定，一般与实验环境和初始条件有关。下临界雷诺数则相对稳定。所以一般利用下临界雷诺数 Re_c 来判断流动的状态，即

当 $Re\leqslant Re_c$，流动为层流；

当 $Re>Re_c$，流动为湍流。

对于圆管内的流动，由大量的实验得出：下临界雷诺数的经验值为 2320，也有文献取

下临界雷诺数的经验值为 2000。本书取 2320 作为工程计算之用，即 $Re_c = 2320$。

➤ Flow characteristics are dependent on the value of the Reynolds number.

【例题 4-4】 已知水通过一直径为 0.1m 的圆管以 0.4m/s 的速度流动，水的运动粘度为 $1 \times 10^{-6} \text{m}^2/\text{s}$，试问该流动是层流还是湍流？

解： 将已知的参数代入雷诺数式（4-21）中，得

$$Re = \frac{\rho V d}{\mu} = \frac{V d}{\nu} = \frac{0.4 \times 0.1}{1 \times 10^{-6}} = 40000 > 2320$$

所以，流动为湍流。

4.5 流体微团的运动分析(Fluid Element Kinematics)

从理论力学的知识可以知道，刚体的运动是平动和转动的复合。那么流体的运动是哪些运动的复合呢？可以想象，由于流体在流动过程中要变形，所以流体的运动要复杂得多。

为了说明流体运动的形式，选取一**流体微团**(fluid element)来分析，如图 4.10 所示。在某一瞬时，流场中流体微团内的流体质点为 $M_0(x_0, y_0, z_0)$，该流体质点在 x 方向的速度分量为 u_{x0}，假定在 M_0 邻域内，位于 $M(x_0 + \delta x, y_0 + \delta y, z_0 + \delta z)$ 的流体质点在 x 方向的速度分量为 u_x，该速度分量可在 M 点按泰勒级数展开，略去二阶以上小量，得

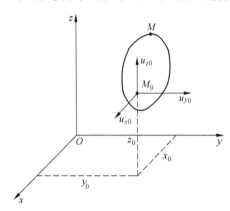

图 4.10 流体微团运动

$$u_x = u_{x0} + \left(\frac{\partial u_x}{\partial x}\right)\delta x + \left(\frac{\partial u_x}{\partial y}\right)\delta y + \left(\frac{\partial u_x}{\partial z}\right)\delta z$$

将上式分别加减 $\frac{1}{2}\left(\frac{\partial u_y}{\partial x}\right)\delta y$ 和 $\frac{1}{2}\left(\frac{\partial u_z}{\partial x}\right)\delta z$，得到

$$u_x = u_{x0} + \left(\frac{\partial u_x}{\partial x}\right)\delta x + \frac{1}{2}\left(\frac{\partial u_x}{\partial y} + \frac{\partial u_y}{\partial x}\right)\delta y + \frac{1}{2}\left(\frac{\partial u_x}{\partial z} + \frac{\partial u_z}{\partial x}\right)\delta z$$

$$- \frac{1}{2}\left(\frac{\partial u_y}{\partial x} - \frac{\partial u_x}{\partial y}\right)\delta y + \frac{1}{2}\left(\frac{\partial u_x}{\partial z} - \frac{\partial u_z}{\partial x}\right)\delta z \quad (4-22a)$$

类似地，可以得到

$$u_y = u_{y0} + \left(\frac{\partial u_y}{\partial y}\right)\delta y + \frac{1}{2}\left(\frac{\partial u_x}{\partial y} + \frac{\partial u_y}{\partial x}\right)\delta x + \frac{1}{2}\left(\frac{\partial u_y}{\partial z} + \frac{\partial u_z}{\partial y}\right)\delta z$$

$$- \frac{1}{2}\left(\frac{\partial u_z}{\partial y} - \frac{\partial u_y}{\partial z}\right)\delta z + \frac{1}{2}\left(\frac{\partial u_y}{\partial x} - \frac{\partial u_x}{\partial y}\right)\delta x \quad (4-22b)$$

$$u_z = u_{z0} + \left(\frac{\partial u_z}{\partial z}\right)\delta z + \frac{1}{2}\left(\frac{\partial u_z}{\partial x} + \frac{\partial u_x}{\partial z}\right)\delta x + \frac{1}{2}\left(\frac{\partial u_y}{\partial z} + \frac{\partial u_z}{\partial y}\right)\delta y$$

$$- \frac{1}{2}\left(\frac{\partial u_x}{\partial z} - \frac{\partial u_z}{\partial x}\right)\delta x + \frac{1}{2}\left(\frac{\partial u_z}{\partial y} - \frac{\partial u_y}{\partial z}\right)\delta y \quad (4-22c)$$

为了简化，引用下列符号

$$\theta_x = \frac{\partial u_x}{\partial x}, \quad \theta_y = \frac{\partial u_y}{\partial y}, \quad \theta_z = \frac{\partial u_z}{\partial z} \tag{4-23}$$

$$\begin{cases} \varepsilon_{xy} = \frac{1}{2}\left(\frac{\partial u_x}{\partial y} + \frac{\partial u_y}{\partial x}\right) \\ \varepsilon_{yz} = \frac{1}{2}\left(\frac{\partial u_y}{\partial z} + \frac{\partial u_z}{\partial y}\right) \\ \varepsilon_{zx} = \frac{1}{2}\left(\frac{\partial u_x}{\partial z} + \frac{\partial u_z}{\partial x}\right) \end{cases} \tag{4-24}$$

$$\begin{cases} \omega_x = \frac{1}{2}\left(\frac{\partial u_z}{\partial y} - \frac{\partial u_y}{\partial z}\right) \\ \omega_y = \frac{1}{2}\left(\frac{\partial u_x}{\partial z} - \frac{\partial u_z}{\partial x}\right) \\ \omega_z = \frac{1}{2}\left(\frac{\partial u_y}{\partial x} - \frac{\partial u_x}{\partial y}\right) \end{cases} \tag{4-25}$$

将式(4-23)、式(4-24)和式(4-25)代入(式4-22)中，得到

$$\left. \begin{array}{l} u_x = u_{x0} + \theta_x \delta x + \varepsilon_{xy} \delta y + \varepsilon_{xz} \delta z - \omega_z \delta y + \omega_y \delta z \\ u_y = u_{y0} + \theta_y \delta y + \varepsilon_{xy} \delta x + \varepsilon_{yz} \delta z - \omega_x \delta z + \omega_z \delta x \\ u_z = u_{z0} + \theta_z \delta z + \varepsilon_{zx} \delta x + \varepsilon_{yz} \delta y - \omega_y \delta x + \omega_x \delta y \end{array} \right\} \tag{4-26}$$

式(4-26)称为**亥姆霍兹(Helmholtz)**速度分解定理。下面来分析 θ、ε 和 ω 的物理意义。

4.5.1 平动和线变形(Translation and Linear Deformation)

分析式(4-26)可以看出，流场中任意一点的速度中都包含了速度 u_{x0}、u_{y0} 和 u_{z0}，这表明在 dt 时间内，流体微团上的每一点都分别在 x、y 和 z 3个方向上移动了 u_{x0}dt、u_{y0}dt 和 u_{z0}dt。很显然这是流体微团作为整体的一种平动，所以式(4-26)中，速度 u_{x0}、u_{y0} 和 u_{z0} 代表了流体微团的平动(Translation)。

为了说明 θ_x、θ_y 和 θ_z 的物理意义，用一个平面方形流体微团来分析，如图 4.11 所示。

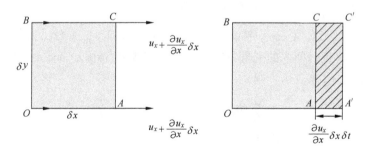

图 4.11 流体微团线变形

在 x 方向，在 δt 时间内，OA 和 BC 边要拉长或缩短 $\frac{\partial u_x}{\partial x} \delta x \delta t$，那么单位时间、$x$ 方向单位长度流体微团的长度变化为

$$\frac{\frac{\partial u_x}{\partial x}\delta x \delta t}{\delta x \delta t} = \frac{\partial u_x}{\partial x} = \theta_x$$

因此，θ_x 表示流体微团在 x 方向的**线变率**(rate of linear deformation)。同样道理，θ_y 表示流体微团在 y 方向的线变率，θ_z 表示流体微团在 z 方向的线变率。换句话说，θ_x、θ_y 和 θ_z 表示了流体微团的线性变形。

> The rate of volume change per unit volume is related to the velocity gradient.

4.5.2 角变形运动(Angular Motion and Deformation)

如图 4.12 所示，设 O 点的速度为 u_x 和 u_y，则 A 和 B 点的速度分别为 $u_y + \frac{\partial u_y}{\partial x}\delta x$ 和 $u_x + \frac{\partial u_x}{\partial y}\delta y$，经过 δt 时间后，A 和 B 点分别运动到 A' 和 B' 点，这样 OA 绕 Oz 轴产生了旋转运动，转动角度为 $\delta\alpha$，由于是微元流体，所以有

$$\delta\alpha \approx \tan(\delta\alpha) = \frac{(\partial u_y/\partial x)\delta x \delta t}{\delta x} = \frac{\partial u_y}{\partial x}\delta t$$

同理 OB 绕 Oz 轴转动的角度为

$$\delta\beta \approx \tan(\delta\beta) = \frac{(\partial u_x/\partial y)\delta y \delta t}{\delta y} = \frac{\partial u_x}{\partial y}\delta t$$

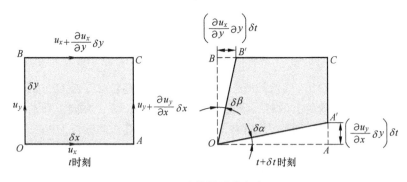

图 4.12 流体微团的角变形

综合考虑，流体微团在 x-y 平面内产生了剪切变形角 $(\delta\alpha + \delta\beta)$，也就是 $\angle AOB$ 变形为 $\angle A'OB'$。定义单位时间内的变形角的一半为**角变形率**(rate of angular deformation)，在 x-y 平面内用符号 ε_{xy} 来表示，则

$$\varepsilon_{xy} = \frac{1}{2}(\delta\alpha + \delta\beta)/\delta t = \frac{1}{2}\left(\frac{\partial u_x}{\partial y} + \frac{\partial u_y}{\partial x}\right)$$

同理，在 x-z 平面内的角变形率为

$$\varepsilon_{xz} = \frac{1}{2}\left(\frac{\partial u_x}{\partial z} + \frac{\partial u_z}{\partial x}\right)$$

在 y-z 平面内的角变形率为

$$\varepsilon_{yz} = \frac{1}{2}\left(\frac{\partial u_y}{\partial z} + \frac{\partial u_z}{\partial y}\right)$$

因此，从物理意义上讲，ε_{xy}、ε_{yz} 和 ε_{zx} 代表了流体微团在 3 个坐标平面内的角变形。

> In fluid mechanics the rate of angular deformation is an important characteristic.

4.5.3 旋转运动(Rotation)

如图 4.12 所示，如果 $\dfrac{\partial u_x}{\partial y}>0$，$\dfrac{\partial u_y}{\partial x}>0$，那么流体微团绕 Oz 的旋转（$\angle AOB$ 的平分线绕 Oz 的旋转）的角速度为

$$\omega_z = \frac{1}{2}\frac{\delta\alpha-\delta\beta}{\delta t}=\frac{1}{2}\left(\frac{\partial u_y}{\partial x}-\frac{\partial u_x}{\partial y}\right)$$

同理可以得出，ω_x 和 ω_y 分别是流体微团绕 Ox 轴和 Oy 轴的旋转角速度。

如果用矢量形式表示流体微团的旋转运动，则可得到

$$\begin{aligned}\vec{\omega} &= \omega_x\vec{i}+\omega_y\vec{j}+\omega_z\vec{k} \\ &= \frac{1}{2}\begin{vmatrix} \vec{i} & \vec{j} & \vec{k} \\ \dfrac{\partial}{\partial x} & \dfrac{\partial}{\partial y} & \dfrac{\partial}{\partial z} \\ u_x & u_y & u_z \end{vmatrix} \\ &= \frac{1}{2}\nabla\times\vec{V} \\ &= \frac{1}{2}\mathrm{curl}\vec{V} \end{aligned} \qquad (4-27)$$

式中：$\mathrm{curl}\vec{V}$ 表示速度 $\vec{V}$ 的**旋度**(curl)。

定义流体微团旋转角速度的 2 倍为**涡量**或**涡旋**(vorticity)，用符号 $\vec{\xi}$ 来表示，即

$$\vec{\xi}=2\vec{\omega}=\nabla\times\vec{V}=\mathrm{curl}\vec{V} \qquad (4-28)$$

> Rotation of fluid particles is related to certain velocity gradients in the flow field.

> Velocity in a flow field is related to fluid particle rotation.

综上所述，在一般情况下，流体微团的运动可以分解为 3 部分：①作为整体的平动；②绕某一点的旋转运动；③变形运动，包括线变形和角变形。这个表述称为流体微团运动的**亥姆霍兹**(Helmholtz)**速度分解定理**，其数学表达式即为式(4-26)，亥姆霍兹速度分解定理可以利用图 4.13 来形象地描述。

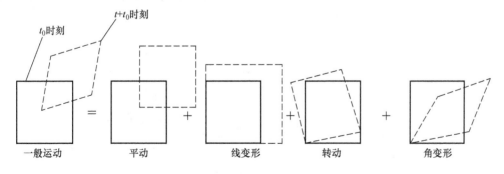

图 4.13　流体微团的运动可以分解

> Fluid element motion consists of translation, linear deformation, rotation, and angular deformation.

4.6 流体的无旋流动和旋涡流动
(Irrotational Flow and Rotational Flow)

按照流场中每一个流体微团是否旋转可以将流动分为两大类：无旋运动和有旋运动。

4.6.1 无旋流动(Irrotational Flow)

所谓无旋运动就是流场中每一个流体微团均不产生旋转的运动，即旋转角速度为零的运动，其数学描述为 $\vec{\omega}=0$ 或 $\nabla \times \vec{V}=0$。

根据式(4-25)，无旋运动应满足

$$\left. \begin{array}{l} \dfrac{\partial u_y}{\partial x}=\dfrac{\partial u_x}{\partial y} \\[6pt] \dfrac{\partial u_x}{\partial z}=\dfrac{\partial u_z}{\partial x} \\[6pt] \dfrac{\partial u_z}{\partial y}=\dfrac{\partial u_y}{\partial z} \end{array} \right\} \qquad (4-29)$$

无旋流动(irrotational Flow)也称为**有势流动**(potential flow)。下面举几个无旋流动的例子。

1. 均匀流动(uniform flow)

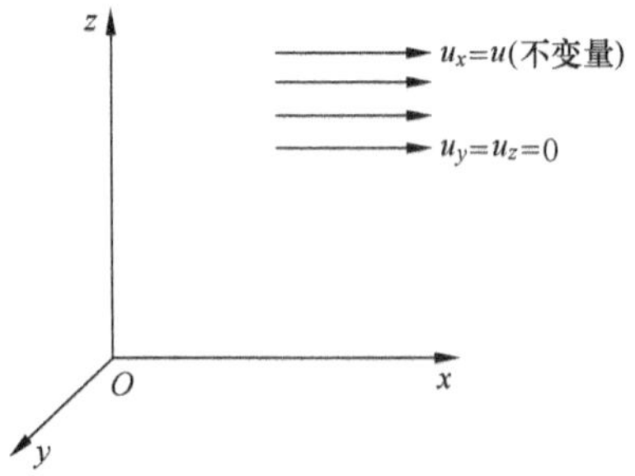

如图 4.14 所示，均匀流动的速度分布为：$u_x = u$，$u_y = u_z = 0$，代入式(4-29)，容易验证式(4-29)得到满足，所以均匀流动是无旋流动。

2. 绕过固体的流动(round flow)

如图 4.15 所示，流体绕过一个卵形固体流动。研究发现，流动可以分为均匀流、边界层和尾流 3 个部分。在边界层和尾流以外的广大区域可以认为是无旋流动。

图 4.14 均匀流动

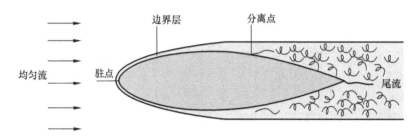

图 4.15 绕流

3. 管道进口段的流动(flow at the entrance)

如图 4.16 所示,流体通过一个流线型入口从一个很大的水箱流入一个圆直管。

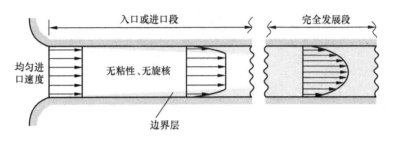

图 4.16 进口段的流动

流体在进入圆管的开始区域,可以认为流体的流动分为边界层和可以忽略粘性的核心区域,这个可以忽略粘性的核心区域沿着流动的方向逐渐消失而形成粘性起主要作用的完全发展区,研究表明,可以忽略粘性的核心区域中的流动是无旋流动。

【例题 4-5】 已知一个二维流动的流场的速度为

$$\vec{V}=4xy\vec{i}+2(x^2-y^2)\vec{j}$$

试问这个流动是否为无旋流动?

解:根据题意

$$u_x=4xy$$
$$u_y=2(x^2-y^2)$$
$$u_z=0$$

代入式(4-25),得

$$\omega_x=0$$
$$\omega_y=0$$
$$\omega_z=\frac{1}{2}(4x-4x)=0$$

即

$$\vec{\omega}=\omega_x\vec{i}+\omega_y\vec{j}+\omega_z\vec{k}=0$$

所以,此流动为无旋流动。

4.6.2 旋涡流动(Rotational Flow)

如果 $\vec{\omega}\neq 0$ 或 $\nabla\times\vec{V}\neq 0$,也就是至少 ω_x、ω_y 和 ω_z 中有一个不为零,则流动就是有旋的,称其为**漩涡流动**(rotational flow),此时的流场称为**蜗旋场**(vorticity field)。

仿照利用流线、流管、流束和流量来描述流场的方法,这里引进涡线、涡管、涡束和涡通量来描述蜗旋场 $\vec{\xi}(x,y,z,t)$(或角速度场 $\vec{\omega}(x,y,z,t)$)。

1. 涡线

涡线(vortex line)是蜗旋场中这样的一条曲线,在某一瞬时,该曲线上每一点的切线方向和该点的蜗旋方向相同,如图 4.17 所示。

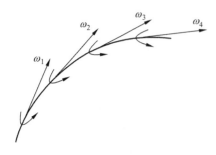

图 4.17 涡线

根据涡线的定义得

$$\vec{\xi} \times d\vec{S} = 0 \quad (4-30)$$

式中：$d\vec{S}$ 为涡线上切线的微元矢量，$d\vec{S} = dx\vec{i} + dy\vec{j} + dz\vec{k}$；$\vec{\xi} = \xi_x\vec{i} + \xi_y\vec{j} + \xi_z\vec{k}$，所以有

$$\frac{dx}{\xi_x} = \frac{dy}{\xi_y} = \frac{dz}{\xi_z} \quad (4-31)$$

式(4-31)即为涡线方程。

2. 涡管和涡束

在某一瞬时，在蜗旋场中任取一条封闭曲线，过曲线上的每一点作涡线，这些涡线所组成的管状曲面称为**涡管**(vortex tube)，如图 4.18 所示。

涡管中的流体称为**涡束**(vortex filament)。

3. 涡通量

涡通量(vortex rate)就是通过涡管的涡旋 $\vec{\xi}$ 的通量。如果垂直于涡线的截面积为 dA，则通过任意有限面积 A 的涡通量 I 为

$$I = \int_A (\vec{\xi} \cdot \vec{n}) dA \quad (4-32)$$

式中：$\vec{n}$ 为截面积的单位法向矢量。

涡通量表示涡束的旋涡强度。

4. 速度环量

流体质点的旋转角速度向量无法直接测量，所以涡通量不能直接计算。但是，涡通量与它周围的速度有关，涡通量越大，对周围流体速度的影响越大。因此这里引出与旋涡周围速度场有关的速度环量的概念，建立速度环量和涡通量的计算关系。这样通过计算涡束周围的速度场来得到涡通量。

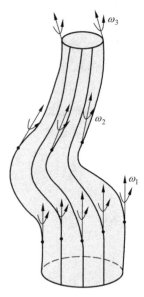

图 4.18 涡管

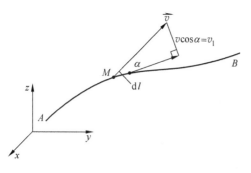

图 4.19 速度环量

假设某一瞬时 t，在流动空间中取任意曲线 AB(图 4.19)，在 AB 曲线上的 M 点处取微元线段 $d\vec{l}$，M 点速度为 $\vec{v}$，$\vec{v}$ 与 $d\vec{l}$ 夹角为 α，则称

$$d\Gamma = \vec{v} \cdot d\vec{l} = vdl\cos\alpha = v_l dl$$

为沿线段 dl 的**速度环量**(velocity circulation)。

于是，沿 AB 曲线的速度环量为

$$\Gamma_{AB} = \int_A^B v\cos\alpha dl$$

沿任意封闭曲线 L 的速度环量为

$$\Gamma_L = \oint_L \vec{v} \cdot d\vec{l} = \oint_L v\cos\alpha dl$$

如果 dx，dy 和 dz 为 $\vec{dl}$ 在坐标轴上的投影，则
$$\vec{v} \cdot \vec{dl} = u_x dx + u_y dy + u_z dz$$

所以

$$\Gamma_{AB} = \int_A^B u_x dx + u_y dy + u_z dz \tag{4-33}$$

$$\Gamma_L = \oint_L u_x dx + u_y dy + u_z dz \tag{4-34}$$

速度环量是标量，规定积分方向取逆时针方向，速度方向与积分路线方向相同（或成锐角）为正，相反为负。

对于非稳定流动，速度环量是个瞬时的概念，应根据同一瞬时曲线上各点的速度来计算，积分时间 t 为参数。

5. 斯托克斯定理

关于速度环量和涡通量有如下**斯托克斯定理**(stokes theorem)：

沿任意封闭曲线 L 的速度环量，等于穿过该曲线所包围的面积的涡通量，即

$$\Gamma_L = I \tag{4-35}$$

显然，如果封闭曲线 L 上所有点的速度与该点切线垂直，那么沿封闭曲线 L 的速度环量为零。

斯托克斯定理将涡通量和速度环量联系起来，给出了通过速度环量求解涡通量的方法。

6. 汤姆逊定理

汤姆逊定理(thomson theorem)表述为：在有势的质量力的作用下，在理想的正压流体中，沿任意封闭曲线的速度环量不随时间而变化，即

$$\frac{d\Gamma}{dt} = 0 \tag{4-36}$$

由汤姆逊定理可以得出，如果理想流体从静止状态（$\Gamma=0$）开始运动，且始终沿有相同的流体质点的封闭曲线流动，则它的速度环量始终为零。根据斯托克斯定理，涡通量由速度环量度量，因此在有势的质量力的作用下，在理想的不可压缩流体中，如果开始时没有旋涡，旋涡就不可能在流动过程中产生；或者相反，即若初始有旋涡，则旋涡将始终保持下去，不会消失。如果流体从静止状态开始运动，由于某种原因产生旋涡，则在该瞬时必然产生一个环量大小相等方向相反的旋涡，并且保持环量为零。实际上，只有存在粘性的实际流体，旋涡才会产生和消失，因此，实际流体不能利用汤姆逊定理。但是在流体的粘性影响较小，时间较短的情况下，汤姆逊定理也可以适用于实际流体。

工程实例

图 4.20 给出了叶轮工作的照片，叶轮周围的亮线是汽蚀后形成的汽泡，汽泡的运动可以反映出流动的状况。由于此时叶轮的转速处于稳定状态，所以流动为稳定流动，此时汽泡的轨迹线就是流线。

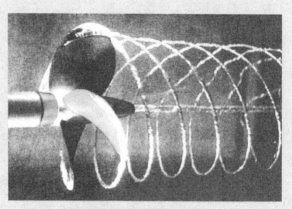

图 4.20 叶轮工作的照片

秦裕琨院士1993年在山东工业大学指导博士生试验工作(图4.21)时采用的方法就是欧拉法。这种方法利用了在固定点上加以感受空气流动的装置来测试空气流场。

图 4.21 秦裕琨院士指导博士生试验

习 题

4.1 已知二维速度场 $\vec{V}=(x^2-y^2+x)\vec{i}-(2xy+y)\vec{j}$,计算在 $x=2$ 和 $y=1$ 处:①加速度 a_x 和 a_y;②速度矢量和加速度矢量的方向。

4.2 已知速度场 $\vec{V}(x,y,z,t)=10x\vec{i}-20xy\vec{j}+100t\vec{k}$,试求在 $x=1$m,$y=2$m,$z=5$m 和 $t=0.1$s 时的质点速度和加速度。

4.3 已知速度场 $u_x=3y^2$,$u_y=2x$,$u_z=0$,计算点(2,1,0)处平行于速度矢量的加速度分量 a_t 和垂直于速度矢量的加速度分量 a_n。

4.4 二维定常速度场为 $u_x=x^2-y^2$,$u_y=-2xy$,试推导流线方程式。

4.5 已知速度场 $u_x=V\cos\theta$,$u_y=V\sin\theta$,$u_z=0$。式中 V 为常数,试求该流动的流线方程式。

4.6 已知平面流动的速度分布规律为
$$\vec{v}=-\frac{\Gamma}{2\pi}\frac{y}{x^2+y^2}\vec{i}+\frac{\Gamma}{2\pi}\frac{x}{x^2+y^2}\vec{j}$$
式中 Γ 为常数。求流线方程并画出若干条流线。

4.7 已知流场的速度分布为
$$\vec{v}=xy^2\vec{i}-\frac{1}{3}y^3\vec{j}+xy\vec{k}$$

(1) 属几维流动?
(2) 求 $(x,y,z)=(1,2,3)$ 点的加速度。

4.8 已知流场的速度分布为 $\vec{V}=xy^2\vec{i}-3y^3\vec{j}+2z^2\vec{k}$,试求:①属几维流动?②求 $(3,1,2)$ 点的加速度。

4.9 已知流场的速度分布为 $\vec{V}=(4x^3+2y+xy)\vec{i}-(3x-y^3+z)\vec{j}$,①属几维流动?②求 $(2,2,3)$ 点的加速度。

4.10 已知流场的速度分布为 $\vec{V}=3y^2\vec{i}-2x\vec{j}+0\vec{k}$,试求:①属几维流动?②求 $(2,1,0)$ 点的加速度。

4.11 已知流场的速度分布为 $\vec{V}=3tx\vec{i}-t^2y\vec{j}+2xz\vec{k}$,试求:①属几维流动?②求 $(1,-1,0)$ 点的加速度。

4.12 水以 3m/s 的平均速度通过直径为 0.15m 的管道,试求:①体积流量;②质量流量。

4.13 空气通过 0.5m×0.5m 的正方形通道,体积流量为 160m³/min,求空气的平均流速。

4.14 有一输油管道,在内径为 20cm 的截面上的流速是 2m/s,求另一内径为 5cm 的截面上的流速以及管道内的质量流量。已知油的相对密度为 0.85。

4.15 在一内径为 5cm 的管道中,流动空气的质量流量为 0.5kg/s,在某一截面上压强为 5×10^5Pa,温度为 100℃。求在该截面上的气流的平均速度。

4.16 流体低速度通过一根很长圆管的流动,管内速度分布是抛物线 $u=u_{max}(1-r^2/R^2)$,其中 R 是管半径,u_{max} 是管中心的最大速度。试求:①通过该管的体积流量和平均速度的通用表达式;②计算 $R=3$cm 和 $u_{max}=8$m/s 时的体积流量;③如果流体密度 $\rho=1000$kg/m³,计算流体的质量流量。

4.17 下列各流场中的流动是有旋流动还是无旋流动?
① $u_x=k$,$u_y=0$;
② $u_x=kx/(x^2+y^2)$,$u_y=ky/(x^2+y^2)$;
③ $u_x=x^2+2xy$,$u_y=y^2+2xy$;
④ $u_y=z+x$,$u_z=x+y$。

4.18 已知流场的速度分布为 $\vec{V}=(3x^2+2xy)\vec{i}+(3x-y^3)\vec{j}+(2y^2)\vec{k}$,试求:
① $(1,2,3,)$ 点的加速度;
② 是否有旋?若有旋,求旋转角速度矢量 ω。

4.19 已知有旋流动的速度场为 $u_x=x+y$，$u_y=y+z$，$u_z=x^2+y^2+z^2$。求其在点 (2，2，2)处角速度的分量。

4.20 已知流场的速度分布为 $\vec{V}=xy^2\vec{i}-\dfrac{1}{3}y^3\vec{j}+xy\vec{k}$，试求：①属几维流动？②求 (1，2，3)点的角速度。

4.21 已知有旋流动的速度场为 $u_x=2y+3z$，$u_y=2z+3x$，$u_z=2x+3y$。试求旋转角速度、角变形速率和涡线方程。

4.22 已知速度场为 $\vec{V}=x^2y\vec{i}-xy^2\vec{j}+5\vec{k}$，求沿圆周 $x^2+y^2=1$ 的速度环量。

4.23 已知速度场为 $\vec{V}=(3x^2+y)\vec{i}-(6xy+y)\vec{j}$，求以直线 $x=\pm 1$、$y=\pm 1$ 所围成的正方形的速度环量。

4.24 已知速度场为 $\vec{V}=3y\vec{i}+2x\vec{j}-6\vec{k}$，求沿椭圆 $4x^2+9y^2=36$ 的速度环量。

第 5 章

流体动力学 I
(Fluid Dynamics I)

本章教学要点

知识要点	能力要求	相关知识
控制体和系统的概念	掌握控制体和系统的概念及应用。	欧拉法描述流场和拉格朗日法描述流场的方法
雷诺输运定理及其物理意义	理解并掌握雷诺输运定理及其各项的物理意义，能够利用此定理推导其它积分形式的流体动力学方程	控制体、流体系统
连续性方程及其推导和应用	理解并掌握连续性方程，并能够利用雷诺输运定理推导连续性方程；掌握连续性方程的物理意义和应用	物质不灭定律；连续性方程的特殊形式；运动但不变形控制体及其应用
动量方程及其应用	理解利用雷诺输运定理推导动量方程的过程；掌握动量方程的物理意义和应用	惯性系和非惯性系；动量定理；利用动量方程求解流体力学问题的步骤
角动量方程及其应用	理解利用雷诺输运定理推导角动量方程的过程；掌握动量方程的物理意义和应用	惯性系和非惯性系；角动量定理；水泵的欧拉方程
能量方程及其应用	理解利用雷诺输运定理推导能量方程的过程；掌握能量方程的物理意义、几何意义和应用。	能量守恒与转化定律；伯努利方程；位置势能、压强势能和动能；位置水头、压强水头和速度水头；缓变流动；动能修正因子；水头损失；内部流动；管嘴和孔口出流；流动参数的测量

工程流体力学

导入案例

下图所示为航天飞机着陆，飞机着陆的制动问题是影响安全的最重要因素。飞机有轮式制动器，然而，飞机着陆时的主要制动力不是来自轮式制动器，而是来自发动机。飞机降落时，通过某种装置使发动机喷出的气体的方向改变近180°，即几乎往正前吹来提供制动阻力。利用动量定理可以得出，当飞机着陆时，流过发动机的气体可以提供很大的阻力——反推力。

流体动力学是来解释流体运动的原因的，即作用在流体上的力与运动要素之间的关系，具体来说就是质点力学中的牛顿第二定律、能量守恒与转化方程在流体力学中的具体表现形式。由于流体在运动过程中会产生变形，因此可以想象描述流体运动（流动）的牛顿第二定律、能量守恒与转化方程比质点力学要复杂得多。实际上在本章和第 6 章中将会看到，流体动力学的基本方程是积分方程或偏微分方程组，而在质点力学中基本方程为代数方程或代数方程组。

建立流体动力学基本方程有两方面的目的，一方面是来揭示流体流动的机理，另一方面是来解决工程实际问题，指导设计、制造、机械仪器设备的性能分析改善、环境预测预报等。对于工程流体力学而言，其主要的目的是指第二个方面。

根据实际工程的需要，许多情况下人们只是关心充满流动空间的总流的总体规律，比如过流断面上的平均压强、平均流速、流量等参数的变化规律，而不关心某一特定空间点上的参数的变化。这种规律足以解决工程和生活上的一大类问题，比如城市给排水的管网系统、水泵和风机在管路上的工作、水枪的射流等。本章将给出积分形式的流体动力学基本方程式，重点阐述总流的运动规律。但是在工程实际中，许多情况下仅仅知道总流的运动规律是不够的，还需要了解整个流场上的压强、速度的分布规律，比如现代涡轮机、内燃机等以流体作为工作介质的机械设备的设计、性能分析等，这就需要建立微分形式的流体动力学方程，联立其他方程组成封闭形式的方程组，研究各种数值的求解方法，编制程序借助计算机来求解，即所谓计算流体力学。有关微分形式的流体动力学方程的内容在第 6 章中叙述。

5.1 控制体和系统(Control Volume and System)

在 4.1 节中已经知道，描述流体运动有两种方法，即拉格朗日法和欧拉法。两种方法的主要区别是研究对象不同，因此将得到同一物理方程的不同数学形式。由拉格朗日法得到的基本方程直接对应质点力学中的基本方程，而欧拉形式的基本方程则由拉格朗日形式的基本方程转化得到(见 5.2 节)。为了描述和得到两种形式的基本方程，本节首先来引出两个概念——控制体和系统。

所谓**控制体**(control volume)就是空间的一个特定的区域。控制体的表面称为**控制面**(control surface)，流体不断穿过控制面流动。所谓**系统**(system)就是空间上某一团特定的流体。

> A control volume is a volume in space, which is a geometric entity and independent of mass, through which fluid can flow.

> A system is a collection of matter of fixed identity, always the same atoms or fluid particles, which may move, flow, and interact with its surroundings.

控制体是欧拉法描述流场的研究对象，系统是拉格朗日法描述流场的研究对象。控制体是某一特定的空间，系统是具有不变质量的流体。控制体和系统之间的关系如图 5.1 所示。

在本章以后的章节里，控制体的概念将更为重要。控制体可以具有固定不变的形状，如图 5.2(a) 所示的喷嘴；也可以改变形状，如图 5.2(b) 所示的气球。可以是不动的，如图 5.2(a) 所示固定在基础上的喷嘴；也可以是移动的，如图 5.2(b) 所示处于上升过程的气球。在本书的后续章节里，如果不特殊说明，控制体总认为是固定不动且不改变形状的。

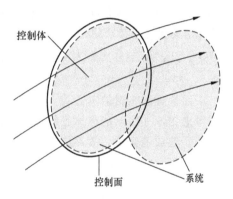

图 5.1 控制体和系统之间的关系

> Both control volume and system concepts can be used to describe fluid flow.

> Differences between control volume and system concepts are subtle but very important.

> Many fluid mechanics problems can be solved by using control volume analysis.

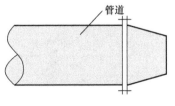
(a) 固定、形状不变的控制体

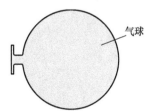
(b) 移动、形状变化的控制体

图 5.2 不同种类的控制体

5.2 雷诺输运定理（The Reynolds Transport Theorem）

为了将质点力学中的基本方程转化为以控制体作为研究对象的基本方程，需要寻求一个转换工具，这个转换工具就是雷诺输运定理。**雷诺输运定理**（the reynolds transport theorem）的内容是：系统的某一物理量的时间变化率等于控制体内该物理量的时间变化率与单位时间内穿过该控制面的该物理量的净通量之和，其数学表达式如下

$$\frac{DB_{sys}}{Dt} = \frac{\partial}{\partial t}\int_{cv} b\rho dv + \int_{cs} b\rho (\vec{V}\cdot\vec{n})dA \qquad (5-1)$$

式中：B 为流体的某一物理参数；b 为单位质量的物理参数；cv 为控制体；cs 为控制面；sys 为系统；$\vec{V}$ 为流体的速度；$\vec{n}$ 为控制面的外法线的单位矢量；ρ 为流体的密度。

式（5-1）称为雷诺输运方程。在式（5-1）中：$\frac{DB_{sys}}{Dt}$ 是流体系统中物理参数 B 的随体导数；$\frac{\partial}{\partial t}\int_{cv} b\rho dv$ 是控制体中物理参数 B 的当地导数；$\int_{cs} b\rho (\vec{V}\cdot\vec{n})dA$ 是通过控制面的流体的物理参数 B 的**净通量**（net flux）。这就是说，流体系统中某一物理参数的时间变化率是控制体中流体对于该物理参数的时间变化率和通过控制面的流体对于该物理参数的净通量之和。

> ➤ The general The Reynolds Transport Theorem involves volume and surface integrals.

下面来推导雷诺输运方程。

考虑图 5.3 所示的流体系统通过控制体的情况。流体系统在 t 时刻位于图 5.3(a)中封闭虚线所围成的区域，故系统在 t 时刻所占据的空间正好与所选择的控制体（如图 5.3(a)

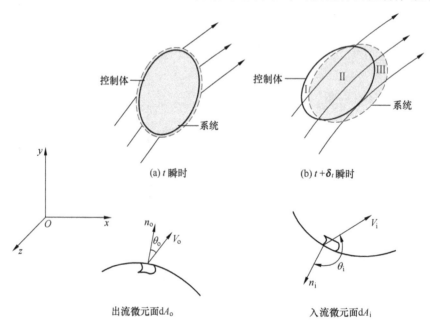

图 5.3 雷诺输运方程推导示意图

中封闭实线所示)重合,所以在 t 时刻系统中的流体正好是控制体中的流体。在 t 时刻后,流体系统离开了原来的位置,在 $t+\Delta t$ 时刻,系统成为图 5.3(b)中封闭虚线所围成的区域,控制体的位置则与 t 时刻的位置相同,没有改变。

> ➤ The moving system flows through the fixed control volume.

假定 B 是系统内流体的某一物理参数,如质量、动量、能量等。用 b 表示单位质量的物理参数 B,即 $b=\mathrm{d}B/\mathrm{d}m$,则系统内物理参数的总量为

$$B = \int b\mathrm{d}m = \int b\rho\mathrm{d}v \tag{5-2}$$

式中:ρ 为流体的密度;v 表示体积;如果 B 是系统的动量 $m\vec{V}$,那么 b 是速度 $\vec{V}$;如果 B 是系统的动能 $(1/2)mV^2$,那么 b 是 $(1/2)V^2$。

现在推导系统内物理参数 B 随时间变化率和控制体内物理参数 B 随时间变化率之间的关系。如图图 5.3(b)所示,把 t 时刻和 $t+\Delta t$ 时刻的系统分成 3 个区域。在 t 时刻系统与控制体的边界重合,系统可分为 Ⅰ 和 Ⅱ 两个区域,在 $t+\Delta t$ 时刻,系统可分为 Ⅱ 和 Ⅲ 两个区域,其中区域 Ⅱ 为 t 时刻和 $t+\Delta t$ 时刻的系统所共有。系统内物理参数 B 随时间变化率可通过求 $\Delta t \to 0$ 时,物理参数 B 的变化与时间 Δt 的比值的极限求得,即

$$\left(\frac{\mathrm{d}B}{\mathrm{d}t}\right)_s = \lim_{\Delta t \to 0} \frac{(B_s)_{t+\Delta t} - (B_s)_t}{\Delta t} \tag{5-3}$$

式中:下标 s(system)表示系统。因为

$$(B_s)_{t+\Delta t} = (B_{\mathrm{Ⅱ}} + B_{\mathrm{Ⅲ}})_{t+\Delta t} = (B_{\mathrm{cv}} - B_{\mathrm{Ⅰ}} + B_{\mathrm{Ⅲ}})_{t+\Delta t}$$

$$(B_s)_t = (B_{\mathrm{cv}})_t$$

式中:下标 cv(control volume)表示控制体。
所以

$$\left(\frac{\mathrm{d}B}{\mathrm{d}t}\right)_s = \lim_{\Delta t \to 0} \frac{(B_{\mathrm{cv}} - B_{\mathrm{Ⅰ}} + B_{\mathrm{Ⅲ}})_{t+\Delta t} - (B_{\mathrm{cv}})_t}{\Delta t} \tag{5-4}$$

将式(5-4)右边展开,分别求极限,得

$$\left(\frac{\mathrm{d}B}{\mathrm{d}t}\right)_s = \lim_{\Delta t \to 0} \frac{(B_{\mathrm{cv}})_{t+\Delta t} - (B_{\mathrm{cv}})_t}{\Delta t} + \lim_{\Delta t \to 0} \frac{(B_{\mathrm{Ⅲ}})_{t+\Delta t}}{\Delta t} - \lim_{\Delta t \to 0} \frac{(B_{\mathrm{Ⅰ}})_{t+\Delta t}}{\Delta t} \tag{5-5}$$

下面分别讨论式(5-5)各项的物理意义。与式(5-3)类似,式(5-5)等号右边第一项就是控制体内物理参数 B 随时间的变化率,即

$$\lim_{\Delta t \to 0} \frac{(B_{\mathrm{cv}})_{t+\Delta t} - (B_{\mathrm{cv}})_t}{\Delta t} = \left(\frac{\mathrm{d}B}{\mathrm{d}t}\right)_{\mathrm{cv}} = \frac{\mathrm{d}}{\mathrm{d}t}\int_{\mathrm{cv}} b\rho \mathrm{d}v \tag{5-6}$$

对固定不变的控制体,其体积不变,且相对于惯性系静止不动,则式(5-6)中相对于时间的全导数可改写为相对于时间的偏导数,即

$$\frac{\mathrm{d}}{\mathrm{d}t}\int_{\mathrm{cv}} b\rho \mathrm{d}V = \frac{\partial}{\partial t}\int_{\mathrm{cv}} b\rho \mathrm{d}v = \int_{\mathrm{cv}} \frac{\partial}{\partial t} b\rho \mathrm{d}v \tag{5-7}$$

式(5-5)等号右边第二项表示 $\Delta t \to 0$ 时,物理参数 B 通过控制面的流出率,而(5-5)等号右边第三项表示物理参数 B 通过控制面的流入率,因此,第二项和第三项之差是 $\Delta t \to 0$ 时,物理参数 B 通过控制面的净流出率 Q。

净流出率 Q 由下列方法求得。如图 5.3 所示，流入控制面的流速为 $\vec{V}_i$，与微元表面 $\mathrm{d}A_i$ 的外法线 $\vec{n}_i$ 间的夹角为 θ_i，流出控制面的流速为 $\vec{V}_o$，与微元表面 $\mathrm{d}A_o$ 的外法线 $\vec{n}_o$ 间的夹角为 θ_o，则 $\mathrm{d}t$ 时间内，通过微元表面 $\mathrm{d}A_i$ 流入控制体的体积流量为 $\mathrm{d}V_i = (V_i \mathrm{d}t)(\mathrm{d}A_i \cos\theta_i) = (\vec{V}_i \cdot \vec{n}_i)\mathrm{d}A_i \mathrm{d}t$，通过微元表面 $\mathrm{d}A_o$ 流出控制体的体积流量为 $\mathrm{d}V_o = (V_o \mathrm{d}t)(\mathrm{d}A_o \cos\theta_o) = (\vec{V}_o \cdot \vec{n}_o)\mathrm{d}A_o \mathrm{d}t$。

由式(5-2)可知，物理参数 B 通过控制面的流出率为 $\int b\rho(\vec{V}_o \cdot \vec{n}_o)\mathrm{d}A_o$，而通过控制面的流入率为 $-\int b\rho(\vec{V}_i \cdot \vec{n}_i)\mathrm{d}A_i$。流入率的表达式中负号是因为流入率总为正值，而 $(\vec{V}_i \cdot \vec{n}_i)$ 为负的缘故。由此可知，物理参数 B 通过控制面的净流出率 Q 为

$$Q = \int b\rho(\vec{V}_o \cdot \vec{n}_o)\mathrm{d}A_o - \left(-\int b\rho(\vec{V}_i \cdot \vec{n}_i)\mathrm{d}A_i\right) = \int_{cs} b\rho(\vec{V} \cdot \vec{n})\mathrm{d}A \quad (5-8)$$

式中下标 cs(control surface)表示控制面，为流出表面和流入表面之和。综合式(5-5)～式(5-8)，即可得到雷诺输运方程(5-1)。

雷诺输运方程(5-1)中，等号左边对应的研究对象为系统，而等号右边对应的研究对象为控制体，所以雷诺输运定理是以系统(相当于质点力学中的质点)为研究对象建立起来的物理方程转化为以控制体为研究对象的物理方程的桥梁，由于流体的流动性和变形性，在流体力学中以控制体为研究对象要方便得多，因此雷诺输运定理具有重要的实际意义，利用它可以比较方便地将以质点为研究对象的物理方程(如物质守恒定律、牛顿第二定律、能量守恒及转换定律即热力学第一定律等)转换为描述流体的物理方程。在本章的后续内容中，会看到积分形式的流体动力学方程都是利用雷诺输运方程得到的。

> ➤ The Reynolds transport theorem provides an analytical tool to translate the laws, such as the conservation of mass, the Newton's law of motion, the law of thermodynamics, etc. of free-body to the forms for description of fluid.

需要指出的是，在以控制体为研究对象时，控制体的选择尤为重要，它通常对流体力学问题解决的难易程度产生重要的影响。另外，要保证所求的量在控制面上，如果可能控制面应与流动的速度垂直，以便 $\vec{V} \cdot \vec{n} = V$。

如图 5.4 所示，管道流动中虚线部分为控制体，P 点为感兴趣的点，图(a)中 P 点位于控制面上，而且流动方向与左侧控制面垂直，但图(b)中 P 点位于控制面的内部，图(c)中流动方向与左侧控制面不垂直，因此图(a)中控制面的选择是最好的。

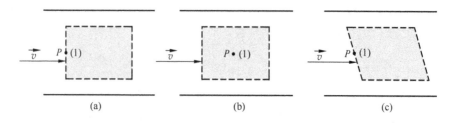

图 5.4 通过管道的不同控制体

5.3 连续性方程(The Continuity Equation)

根据物质不灭定律，对于流体系统来说，其内部的流体介质的质量是不变的，即物质守恒。但是对于控制体来说，不断有流体流进流出，其内部的流体介质的质量是可能变化的。那么如何将系统物质守恒的数学表达式转换为控制体上的数学表达式？雷诺输运方程提供了一条捷径。

> The amount of mass in a system is constant.

5.3.1 连续性方程的推导(Derivation of the Continuity Equation)

若用 M_{sys} 表示流体系统中的流体的质量，则根据物质守恒

$$\frac{DM_{sys}}{Dt}=0$$

在流体系统中

$$M_{sys} = \int_{sys}\rho dv$$

应用雷诺输运方程，此时 $B_{sys}=M_{sys}$，$b=1$，对于固定且不变形的控制体，有

$$\frac{D}{Dt}\int_{sys}\rho dv = \frac{\partial}{\partial t}\int_{cv}\rho dv + \int_{cs}\rho(\vec{V}\cdot\vec{n})dA$$

由于上式等号左边等于零，所以

$$\frac{\partial}{\partial t}\int_{cv}\rho dv + \int_{cs}\rho(\vec{V}\cdot\vec{n})dA = 0 \tag{5-9}$$

式(5-9)即为以控制体为研究对象的物质守恒方程，在流体力学中称其为连续性方程，具体地说式(5-9)为积分形式的连续性方程的一般形式。

式中：$\frac{\partial}{\partial t}\int_{cv}\rho dv$ 为控制体中流体质量的时间变化率(the time rate of change of the mass of the contents of the coincident control volume)；$\int_{cs}\rho(\vec{V}\cdot\vec{n})dA$ 为通过控制面的流量的净通量(the net rate of flow of mass through the control surface)。就是说控制体中流体质量的时间变化率与通过控制面的流量的净通量之和等于零。连续性方程是物质守恒定律在流体力学中的具体应用，因此连续性方程的本质是物质守恒。

> The continuity equation is a statement that mass is conserved.

5.3.2 连续性方程的特殊形式(The Application of the Continuity Equation)

对于稳定流动

$$\frac{\partial}{\partial t}\int_{cv}\rho dv = 0$$

因此，连续性方程简化为

$$\int_{cs} \rho(\vec{V} \cdot \vec{n}) dA = 0 \tag{5-10}$$

这就是说，对于稳定流动流入控制体的流量等于流出控制体的流量，控制体中没有流体质量的变化，即

$$\int_{csi} \rho(\vec{V_i} \cdot \vec{n}) dA = \int_{cso} \rho(\vec{V_o} \cdot \vec{n}) dA \tag{5-11a}$$

或

$$Q_i = Q_o \tag{5-11b}$$

式中：下标 i 表示进口；下标 o 表示出口。

如果流动可进一步简化为一维流动，如图 5.5 所示，取两个过流断面以及两者之间的过道内表面围成的空间作为控制体，则

$$\rho_1 V_1 A_1 = \rho_2 V_2 A_2 \tag{5-12}$$

如果流动为不可压缩的稳定流动，由于流体的密度为常数，所以式(5-10)简化为

$$\int_{cs} (\vec{V} \cdot \vec{n}) dA = 0 \tag{5-13}$$

式(5-12)简化为

$$V_1 A_1 = V_2 A_2 \tag{5-14}$$

需要注意的是，对于一维流动，不管有几个入口和几个出口，式(5-11a)和式(5-11b)均成立。比如一个入口和两个出口的分叉流动，如图 5.6 所示，根据式(5-11b)，有

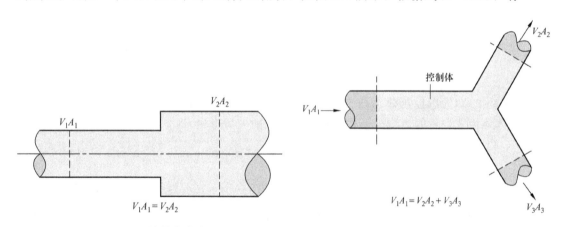

图 5.5　一维管道流动　　　　　图 5.6　多出入口管道

$$Q_1 = Q_2 + Q_3$$

【例题 5-1】　如图 5.7 所示，不可压缩的水在直径为 R 的圆直管道中以稳定层流状态流动。在过流断面 1-1 上速度呈均匀分布，为 U；在过流断面 2-2 上速度以轴线为旋转轴呈抛物面形分布，管道壁面上的速度为零，轴线上的速度最大，为 u_{max}。试确定：①U 和 u_{max} 的关系；②过流断面 2-2 上的平均速度 $\overline{V}_2$ 和 u_{max} 的关系。

解： 取图 5.7 中虚线围成的空间为控制体，根据题意，流动为稳定的不可压缩流，故

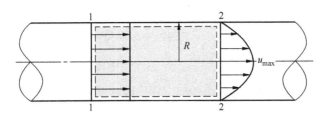

图 5.7 例题 5-1 示意图

$$\int_{cs}(\vec{V} \cdot \vec{n})dA = 0$$

$$\int_{cs1}\rho(\vec{V_1} \cdot \vec{n_1})dA + \int_{cs2}\rho(\vec{V_2} \cdot \vec{n_2})dA = 0$$

对此式进行积分，得

$$-UA_1 + \int_0^R u \cdot 2\pi r dr = 0$$

由于过流断面 2-2 上的速度以轴线为旋转轴呈抛物面形分布，所以

$$u = u_{max}\left[1 - \left(\frac{r}{R}\right)^2\right]$$

代入上式积分，得

$$-UA_1 + 2\pi u_{max}\left(\frac{r^2}{2} - \frac{r^4}{4R^2}\right)\Big|_0^R = 0$$

$$U = \frac{1}{2}u_{max}$$

过流断面 2-2 上的平均速度为

$$\overline{V}_2 = \frac{\int_0^R u \cdot 2\pi r dr}{\pi R^2}$$

$$= \frac{2\pi u_{max}\left(\frac{R^2}{2} - \frac{R^2}{4}\right)}{\pi R^2}$$

$$= \frac{1}{2}u_{max}$$

【**例题 5-2**】 如图 5.8 所示，自一水龙头向一浴缸充水，水龙头的流量稳定在 0.57L/s，浴缸的容积近似为长方形。试计算浴缸中水的深度的时间变化率。

解：对浴缸中的水来说，本问题为非稳定流动。取浴缸中的水所占据的空间为控制体，则控制体是变化的。根据物质质量守恒，单位时间内从水龙头流出的水的质量，应该等于浴缸中水的质量的增量。即设浴缸中水的高度为 h，水的密度为 ρ_{water}，

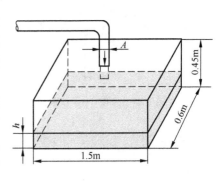

图 5.8 例题 5-2 示意图

水龙头的流量为 Q，水龙头的截面积为 A，则

$$\frac{\partial}{\partial t}\int_{cv}\rho_{water}dv = \rho_{water}Q$$

由于

$$\int_{cv}\rho_{water}dv = \rho_{water}[(0.6\times 1.5)h + (0.45-h)A]$$

所以

$$\frac{\partial}{\partial t}\int_{cv}\rho_{water}dv = \frac{\partial}{\partial t}\{\rho_{water}[(0.6\times 1.5)h + (0.45-h)A]\} = \rho_{water}Q$$

整理得

$$\frac{\partial h}{\partial t} = \frac{Q}{0.9-A}$$

由于 $A \ll 0.9 \text{m}^2$，所以

$$\frac{\partial h}{\partial t} = \frac{Q}{0.9} = \frac{0.57\times 10^{-3}}{0.9}\text{m/s} = 0.63\times 10^{-3}\text{m/s}$$

5.3.3 运动但不变形控制体(Moving, Non-deforming Control Volume)

如果不变形的控制体在运动，则在相对地球不动的参照系中观察，流体穿过控制体的绝对速度 $\vec{V}$ 是控制体运动速度 $\vec{V}_{cv}$（牵连速度）和流体相对于控制体的相对速度 $\vec{W}$ 的矢量和，即

$$\vec{V} = \vec{V}_{cv} + \vec{W}$$

以控制体为参照系，则连续性方程应为

$$\frac{D}{Dt}\int_{sys}\rho dv = \frac{\partial}{\partial t}\int_{cv}\rho dv + \int_{cs}\rho(\vec{W}\cdot\vec{n})dA = 0 \qquad (5-15)$$

这就是说，对于运动的控制体，只要将固定控制体的连续性方程中的速度改为相对速度即可。

【例题 5-3】 如图 5.9 所示，一旋转式草坪洒水器具有两个喷嘴，水以 1000mL/s 的稳定速度流入旋转喷头，如果两支喷嘴的出口截面积均为 30mm²，试确定在下列 3 种情况下水离开喷嘴的相对速度：(1)旋转喷头静止；(2)旋转喷头以 600r/min 转速旋转；(3)旋转喷头的转速由 0 加速到 600r/min。

解： 取图 5.9 中的虚线所围成的空间为控制体，出口参数用下标"2"表示。由于旋转喷头中水的质量不变，故

$$\frac{\partial}{\partial t}\int_{cv}\rho dv = 0$$

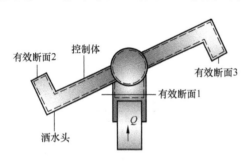

图 5.9 例题 5-3 示意图

根据连续性方程式(5-9)得

$$\int_{cs}\rho(\vec{W}\cdot\vec{n})dA = 0$$

设水流速度为 Q，则
$$\rho Q = 2\rho W_2 A_2$$
所以
$$W_2 = \frac{Q}{2A_2} = \frac{1000 \times 0.001}{2 \times 30 \times 10^{-6}} \text{m/s} = 16.7 \text{m/s}$$

以上求解过程并未涉及问题中的3个具体条件，这就是说水相对喷嘴的速度与旋转喷头的运动状态无关。

5.4 动量方程(The Momentum Equation)

动量方程适用于解决流体与固体之间的相互作用力的问题，是动量守恒定律在流体力学中的具体应用。

5.4.1 惯性系中的动量方程(The Momentum Equation in Inertial Coordinate Systems)

根据动量定理(牛顿第二定律)：系统中流体的动量对时间的变化率等于作用在该系统上的合外力的矢量和，即

$$\frac{D}{Dt}\int_{sys} \vec{V}\rho dv = \sum \vec{F}_{sys} \tag{5-16}$$

令
$$B_{sys} = \int_{sys} \vec{V}\rho dv$$

那么
$$b = \vec{V}$$

将 B_{sys} 和 b 代入雷诺输运方程式(5-1)中，得到

$$\frac{D}{Dt}\int_{sys} \vec{V}\rho dv = \frac{\partial}{\partial t}\int_{cv} \vec{V}\rho dv + \oint_{cs} \vec{V}(\vec{V}\cdot\vec{n})\rho dA \tag{5-17}$$

由式(5-16)和式(5-17)，可以得到

$$\sum \vec{F}_{sys} = \frac{\partial}{\partial t}\int_{cv} \vec{V}\rho dv + \oint_{cs} \vec{V}(\vec{V}\cdot\vec{n})\rho dA \tag{5-18}$$

式(5-18)即为积分形式的动量方程。在式(5-18)中，等号右边的第一项是控制体中流体的动量的时间变化率，第二项是单位时间内穿过控制面的动量的净增量。由于等号左边具有力的量纲，因此等号右边的两项也应该具有力的量纲，实际上称等号右边的第一项是**瞬态力**(transient force)，因为它与时间有关；称第二项为**稳态力**(steady force)，因为它与时间无关。

> ➤ The momentum equation is a statement of Newton's second law.

对于稳定流动，式(5-18)中等号右边的第一项

$$\frac{\partial}{\partial t}\int_{cv} \vec{V}\rho dv = 0$$

所以，稳定流动的动量方程简化为

$$\sum \vec{F}_{\text{sys}} = \oint_{\text{cs}} \vec{V}(\vec{V} \cdot \vec{n}) \rho \mathrm{d}A \qquad (5-19)$$

即对于稳定流动，作用在控制体中的流体上的合外力等于流入流出控制面的流体的净动量变化率。

在工程应用中，积分形式的动量方程通常应用于一维流动的场合。对于一维流动，如图 5.10 所示，可以对式(5-19)进一步简化。为此引进动量修正系数 β。**动量修正系数**(momentum correction factor)是用真实流速计算的动量和用平均流速计算的流量的比值，即

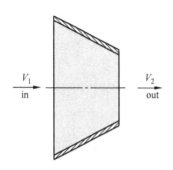

图 5.10　一维管口流动

$$\beta = \frac{\int_A \rho u^2 \mathrm{d}A}{\rho V^2 A} = \frac{\int_A u^2 \mathrm{d}A}{V^2 A} \qquad (5-20)$$

对于一维流动，式(5-19)可以转化为

$$\sum \vec{F}_{\text{sys}} = \iint_{\text{cs-out}} \vec{V}(\vec{V} \cdot \vec{n}) \rho \mathrm{d}A + \iint_{\text{cs-in}} \vec{V}(\vec{V} \cdot \vec{n}) \rho \mathrm{d}A \qquad (5-21)$$

如果出口过流断面上的参数用下标 2 来表示，入口过流断面上的参数用下标 1 来表示，引入动量修正系数 β 到式(5-21)中，则得到

$$\sum \vec{F}_{\text{sys}} = \rho_2 \beta_2 q_{v2} \vec{V}_2 - \rho_1 \beta_1 q_{v1} \vec{V}_1 \qquad (5-22)$$

式(5-22)中 q_{v1} 和 q_{v2} 分别是入口过流断面上的体积流量和出口过流断面上的体积流量，β_1 和 β_2 分别是入口过流断面上的动量修正系数和出口过流断面上的动量修正系数。在实际使用中，通常将式(5-22)向 3 个坐标轴上分解，得到

$$\left. \begin{array}{l} \sum F_x = q_v (\rho_2 \beta_2 V_{2x} - \rho_1 \beta_1 V_{1x}) \\ \sum F_y = q_v (\rho_2 \beta_2 V_{2y} - \rho_1 \beta_1 V_{1y}) \\ \sum F_z = q_v (\rho_2 \beta_2 V_{2z} - \rho_1 \beta_1 V_{1z}) \end{array} \right\} \qquad (5-23)$$

动量修正系数 β 总是大于 1，对于圆管层流 $\beta = 1.33$，紊流 $\beta = 1.005 \sim 1.05$。在实际使用中，对于一般的工业管道，在计算精度要求不高时，为了计算方便，常取 $\beta = 1$。

需要注意的是式(5-22)和式(5-23)中等号左边的负号"—"是由方程本身决定的，与速度的方向无关。

5.4.2　非惯性系中的动量方程(The Momentum Equation in Noninertial Coordinate Systems)

非惯性系中的动量方程在形式上与惯性系中的动量方程是一样的，不过在合外力中应包含**惯性力**(inertial force)，等号右边的速度应取相对速度，即

$$\sum \vec{F}_{\text{sys}} = \frac{\partial}{\partial t} \int_{\text{cv}} \vec{V}_r \rho \mathrm{d}V + \oint_{\text{cs}} \vec{V}_r (\vec{V}_r \cdot \vec{n}) \rho \mathrm{d}A \qquad (5-24)$$

式中：$\vec{V}_r$ 是相对速度。

一个典型的非惯性系的例子是以等角速度 ω 旋转的坐标系，在这样的非惯性系中，合外力为

$$\sum \vec{F}_{\text{sys}} = \int_{\text{sys}} \rho (\vec{f} + \omega^2 r - 2\omega \times \vec{V}_r) \mathrm{d}V + \oint_{\text{sys}} \vec{p}_n \mathrm{d}A \qquad (5-25)$$

式中：$(\vec{f} + \omega^2 r - 2\omega \times \vec{V}_r)$ 为单位质量力，其中包括惯性力$(\omega^2 r - 2\omega \times \vec{V}_r)$；$\vec{p}_n$ 为控制面上

的法向力。

【例题 5-4】 水流沿着一水平放置的 180°弯头以 15m/s 的速度流动，如图 5.11 所示。弯头管道的横截面积为 93cm²，弯头入口的绝对压强为 207kPa，弯头出口的绝对压强为 165kPa。试求固定弯头所需的力和流体对弯头的作用力。

解：取弯头的内表面、入口与出口的过流断面所围成的空间为控制体，建立如图 5.11 所示的坐标系。很显然这是一个惯性系。控制体中流体所受的外力为：入口处的压力 p_1A_1，出口处的压力 p_2A_2，固定弯头的作用力 R_x 和 R_y。根据式(5-23)列动量方程如下

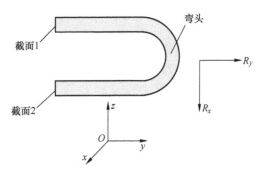

图 5.11 例题 5-4 示意图

$$R_x = q_v(\rho_2\beta_2 V_{2x} - \rho_1\beta_1 V_{1x}) = 0$$
$$R_y + p_1A_1 + p_2A_2 = q_v(\rho_2\beta_2 V_{2y} - \rho_1\beta_1 V_{1y})$$
$$= \rho q(-V_2 - V_1)$$
$$R_y = -\rho A_1 V_1(V_2 + V_1) - p_1 A_1 - p_2 A_2$$
$$= -1000 \times 93 \times 10^{-4} \times 15 \times (15+15) - (207-101) \times 93 \times 10^{-4} \text{N}$$
$$-(165-101) \times 93 \times 10^{-4} \text{N}$$
$$= -5766 \text{N}$$

因此，固定弯头所需的力

$$R = \sqrt{R_x^2 + R_y^2} = R_y = -5766 \text{N}$$

R_y 为负值，说明其方向与图中假定的方向相反。

流体对弯头的作用力和固定弯头所需的力是作用力和反作用力的关系，所以流体对弯头的作用力

$$R' = -R = 5766 \text{N}$$

方向向右。

通过例题 5-4 可以总结利用动量方程求解流体力学问题的步骤如下。
（1）确定控制体。
（2）对控制体中和控制面上流体的受力进行分析。
（3）建立坐标系。
（4）判断是否为非惯性系，建立动量方程。
（5）解方程。
（6）对于反力，求解后需注意：如果所求反力为负值，说明原假设方向相反。另外需注意所求的力是否是反作用力。

5.5 角动量方程(The Angular Momentum Equation)

5.5.1 惯性系中的角动量方程(The Angular Momentum Equation in Inertial Coordinate Systems)

角动量方程描述的是作用在流体质点上的合外力矩与流体质点的角动量之间的关系，

如图 5.12 所示。根据角动量定理，二者应该相等，即

$$\vec{M} = \vec{r} \times \sum \vec{F} = \frac{\mathrm{D}}{\mathrm{D}t} \int_{\mathrm{sys}} (\vec{r} \times \vec{V}) \rho \mathrm{d}v \quad (5-26)$$

令

$$B_{\mathrm{sys}} = \int_{\mathrm{sys}} (\vec{r} \times \vec{V}) \rho \mathrm{d}v$$

那么

$$b = \vec{r} \times \vec{V}$$

将 B_{sys} 和 b 代入雷诺输运方程式(5-1)中，得到

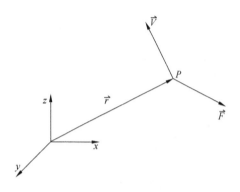

图 5.12　角动量原理示意图

$$\frac{\mathrm{D}}{\mathrm{D}t} \int_{\mathrm{sys}} (\vec{r} \times \vec{V}) \rho \mathrm{d}v = \frac{\partial}{\partial t} \int_{\mathrm{cv}} (\vec{r} \times \vec{V}) \rho \mathrm{d}v + \oint_{\mathrm{cs}} (\vec{r} \times \vec{V})(\vec{V} \cdot \vec{n}) \rho \mathrm{d}A \quad (5-27)$$

由式(5-26)和式(5-27)，可以得到

$$\vec{M} = \frac{\partial}{\partial t} \int_{\mathrm{cv}} (\vec{r} \times \vec{V}) \rho \mathrm{d}v + \oint_{\mathrm{cs}} (\vec{r} \times \vec{V})(\vec{V} \cdot \vec{n}) \rho \mathrm{d}A \quad (5-28)$$

式(5-28)即为积分形式的**角动量方程**(the angular momentum equation)。

对于稳定流动，式(5-28)中等号右边的第一项为

$$\frac{\partial}{\partial t} \int_{\mathrm{cv}} (\vec{r} \times \vec{V}) \rho \mathrm{d}v = 0$$

所以，稳定流动的角动量方程简化为

$$\vec{M} = \oint_{\mathrm{cs}} (\vec{r} \times \vec{V})(\vec{V} \cdot \vec{n}) \rho \mathrm{d}A \quad (5-29)$$

即对于稳定流动，作用在控制体中流体上的合外力矩等于流入流出控制面的流体的净角动量变化率。

5.5.2　非惯性系中的角动量方程(The Angular Momentum Equation in Noninertial Coordinate Systems)

与 5.4 节类似，非惯性系中的角动量方程在形式上与惯性系中的角动量方程是一样的，只不过在合外力矩中应包含惯性力矩，等号右边的速度应取相对速度，即

$$\vec{M} = \frac{\partial}{\partial t} \int_{\mathrm{cv}} (\vec{r} \times \vec{V}_{\mathrm{r}}) \rho \mathrm{d}V + \oint_{\mathrm{cs}} (\vec{r} \times \vec{V}_{\mathrm{r}})(\vec{V}_{\mathrm{r}} \cdot \vec{n}) \rho \mathrm{d}A \quad (5-30)$$

式中：$\vec{V}_{\mathrm{r}}$ 是相对速度。

【**例题 5-5**】　试根据角动量方程推导水泵的基本方程式，水泵的叶轮如图 5.13 所示。

解：首先作以下假设：①叶轮中的流动为稳定流动；②忽略水的粘性；③认为水不可压缩；④忽略重力。

取图 5.13 中虚线围成的封闭空间为控制体，各符号的含义如图 5.13 所示。建立固定于地球上的直角坐标系为参照系，则此直角坐标系为惯性系。根据角动量方程，可得

$$\vec{M} = \oint_{\mathrm{cs}} (\vec{r} \times \vec{V})(\vec{V} \cdot \vec{n}) \rho \mathrm{d}A$$

$$= \int_{A_2} (\vec{r}_2 \times \vec{V}_2) V_{\mathrm{n}2} \rho \mathrm{d}A - \int_{A_1} (\vec{r}_1 \times \vec{V}_1) V_{\mathrm{n}1} \rho \mathrm{d}A$$

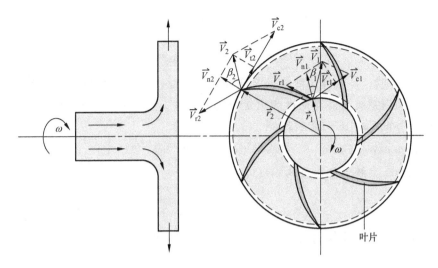

图 5.13 例题 5-5 示意图

$$M = \int_{A_2} r_2 V_2 \sin\beta_2 V_{n2} \rho dA - \int_{A_1} r_1 V_1 \sin\beta_1 V_{n1} \rho dA$$
$$= r_2 V_2 \sin\beta_2 V_{n2} \rho A_2 - r_1 V_1 \sin\beta_1 V_{n1} \rho A_1$$
$$= \rho q (r_2 V_{t2} - r_1 V_{t1})$$

式中：q 为流量。

由于忽略了水的粘性和重力，M 仅仅是通过轴施加给水的力矩，设 P 为水所获得的轴功率，则

$$P = M\omega = \rho q (V_{c2} V_{t2} - V_{c1} V_{t1})$$

将上式两边除以水的重量，得到

$$H = \frac{1}{g}(V_{c2} V_{t2} - V_{c1} V_{t1}) \tag{5-31}$$

式中：H 为单位重量的水自叶轮中所获得的功率，称其为水泵的扬程，单位为 m，它表示水泵的叶轮能够将 1N 的水扬起的高度。式(5-31)称为水泵的欧拉方程，它是水泵等叶轮机械的基本方程，在叶轮机械理论中具有重要的地位。

5.6 能量方程(The Energy Equation)

5.6.1 能量方程的推导(Derivation of the Energy Equation)

能量守恒与转化定律的一种基本形式是热力学第一定律，即对于一给定的系统，存在

$$\frac{dE}{dt} = \dot{Q} + \dot{W} \tag{5-32}$$

式中：$\frac{dE}{dt}$ 表示能量 E 对时间的全导数；$\dot{Q}$ 和 $\dot{W}$ 表示热量和功随时间的变化率。

式(5-32)表明系统与外界所交换的热量和功之和等于系统中能量的增量。

令 $B_{sys}=E$，$b=\dfrac{dE}{dm}=e$。将 B_{sys} 和 b 代入雷诺输运方程式(5-1)中，得到

$$\frac{\partial}{\partial t}\int_{cv} e\rho dv + \oint_{cs} e\rho(\vec{V}\cdot\vec{n})dA = \dot{Q} + \dot{W} \qquad (5-33)$$

式(5-33)表明：控制体内能量的时间变化率和单位时间内通过控制面的能量流率之和等于单位时间内系统与外界交换的热量和功量之和。式(5-33)即为流体力学中**能量方程**(the energy equation)的一般形式。

> The energy equation involves stored energy, heat transfer, and work.

在重力场中，系统单位质量的能量可表示为

$$e = e_u + gz + \frac{v^2}{2} \qquad (5-34)$$

式中：e_u 的是单位质量流体的内能；$\dfrac{v^2}{2}$ 是单位质量流体的动能；z 是铅垂方向系统的质心高度。

式(5-33)中的 $\dot{W}$ 包含两部分：在控制面上的表面力在单位时间内所做的功 $\dot{W}_f$ 和系统与外界通过轴交换的功率 $\dot{W}_s$。设 $\vec{F}$ 表示作用在控制面上的表面力，其法向分力为 $\vec{\sigma}$，切向分力为 $\vec{\tau}$，则

$$\dot{W}_f = \int_{cs} \vec{F}\cdot\vec{V}dA \qquad (5-35)$$

$$\dot{W}_f = \int_{cs} \vec{\sigma}\cdot\vec{V}dA + \int_{cs} \vec{\tau}\cdot\vec{V}dA = \int_{cs} -p\vec{n}\cdot\vec{V}dA + \int_{cs} \vec{\tau}\cdot\vec{V}dA \qquad (5-36)$$

式中：$\vec{\sigma}=-p\vec{n}$；p 为流体的压强，与控制面的外法线方向相反。

> Work is transferred by rotating shafts, normal stresses, and tangential stresses.

将式(5-34)和式(5-36)代入式(5-33)中，整理得到

$$\frac{\partial}{\partial t}\int_{cv}\left(e_u + gz + \frac{v^2}{2}\right)\rho dv + \oint_{cs}\left(e_u + gz + \frac{p}{\rho} + \frac{v^2}{2}\right)\rho(\vec{u}\cdot\vec{n})dA = \dot{Q} + \dot{W}_s + \int_{cs} \vec{\tau}\cdot\vec{V}dA \qquad (5-37)$$

式(5-37)是流体力学的重力场中能量方程的一般形式。

对于稳定流动

$$\frac{\partial}{\partial t}\int_{cv}\left(e_u + gz + \frac{v^2}{2}\right)\rho dv = 0$$

如果忽略系统与外界的热交换，则

$$\dot{Q} = 0$$

如果系统与外界无轴功的交换，则

$$\dot{W}_s = 0$$

如果忽略流体的粘性，则

$$\vec{\tau} = 0$$

因此，对于在重力场中绝热稳定流动的理想流体，其能量方程为

$$\oint_{cs}\left(e_u + gz + \frac{p}{\rho} + \frac{u^2}{2}\right)\rho(\vec{V}\cdot\vec{n})dA = 0 \qquad (5-38)$$

5.6.2 伯努利方程(Bernoulli Equation)

对于式(5-38),如果进一步增加 3 个限制条件,则可以进一步将其简化为代数方程。这 3 个限制条件是:①不可压缩流体;②一维流动;③沿流线方向。下面推导出这个代数方程。

在流场中沿流动方向取一根流管作为控制体。显然在流管的管壁上没有流体的流入和流出,即 $u_n=0$。设流入过流截面 1 面积为 A_1,在过流截面 1 上 $v_n=-v$,设流出过流截面 2 面积为 A_2,在过流截面 2 上 $v_n=v$。将这些条件应用到式(5-38)中,得到

$$\int_{A_2}\left(e_u+gz+\frac{p}{\rho}+\frac{v^2}{2}\right)\rho v\mathrm{d}A-\int_{A_1}\left(e_u+gz+\frac{p}{\rho}+\frac{v^2}{2}\right)\rho v\mathrm{d}A=0 \qquad (5-39)$$

由于截面 1 和 2 是微元截面,被积函数中的各变量可视为常数,则

$$\left(e_{u2}+gz_2+\frac{p_2}{\rho_2}+\frac{v_2^2}{2}\right)\rho_2 u_2 A_2-\left(e_{u1}+gz_1+\frac{p_1}{\rho_1}+\frac{v_1^2}{2}\right)\rho_1 u_1 A_1=0 \qquad (5-40)$$

根据连续性方程得 $\rho_1 v_1 A_1=\rho_2 v_2 A_2$,对于不可压缩流体有 $\rho_1=\rho_2=\rho$。对于不可压缩流体,其内能不变,即 $e_{u1}=e_{u2}$,因此由(5-40)得到

$$gz_2+\frac{p_2}{\rho_2}+\frac{v_2^2}{2}=gz_1+\frac{p_1}{\rho_1}+\frac{v_1^2}{2} \qquad (5-41)$$

即

$$gz+\frac{p}{\rho}+\frac{v^2}{2}=\text{常数} \qquad (5-42)$$

式(5-42)是瑞士物理学家丹尼尔·伯努利(Daniel Bernoulli,1700—1782)于 1738 年提出的,因此称为**伯努利方程(Bernoulli equation)**。

> Inviscid fluid flow is governed by pressure and gravity forces.

如果将式(5-42)两边同乘以质量 m,则很显然左侧的第一项 mgz 为重力势能或位置势能,第三项 $\frac{1}{2}mv^2$ 为动能,可以验证第二项也是一种势能——压强势能,它是由于压强而产生的势能。这说明伯努利方程实际上是机械能守恒与转化定律在流体力学中的具体应用。

将式(5-42)两边同除以重力加速度 g,得到单位重量流体的伯努利方程

$$z+\frac{p}{\rho g}+\frac{v^2}{2g}=\text{常数} \qquad (5-43)$$

可以验证式(5-43)中的各项均具有长度的量纲,分别表示单位重量流体的**位置势能(elevation energy)**、**压强势能(pressure energy)**和**动能(kinetic energy)**的大小。选择一个水平面作为基准面,各部分能量的大小可以用高度值来表示,分别称为**位置水头(elevation head)**、**压强水头(pressure head)**和**速度水头(velocity head)**。

> The Bernoulli equation can be written in terms of heights called heads.

将伯努利方程的物理意义和几何意义归纳起来见表 5-1。

需要注意,伯努利方程的适用条件是:①质量力只有重力;②绝热流动;③稳定流动;④理想流体;⑤系统与外界无轴功的交换;⑥不可压缩流体;⑦一维流动;⑧沿流线(微元流管的极限)。

表 5-1　伯努利方程的物理意义和几何意义

项	物理意义	几何意义	单　位
z	重力势能/位置势能（简称位能）	位置水头（简称位头）	m
$p/\rho g$	压强势能（简称压能）	压强水头（简称压头）	m
$u^2/2g$	动能	速度水头	m
$z+p/\rho g$	总势能	测压管水头	m
$z+p/\rho g+u^2/2g$	总机械能	总水头	m

5.6.3　总流的能量方程(The Energy Equation for Total Flows of Real Fluids)

在实际应用中，许多场合人们关心的是总流上某些过流断面上参数的大小，比如平均流速、压强等的大小。这时将问题简化为一维流动的总流问题。对于总流问题，通常假设理想流体不能适用。下面从式(5-37)出发推导总流的能量方程。为了推导出总流的能量方程，首先引进两个概念。

1. 缓变流动

称流线间夹角很小的流动为**缓变流动**(gradually varied flow)；反之称为**急变流动**(rapidly varied flow)。引进缓变流动是因为在缓变流动的过流断面上遵守类似静力学基本方程的规律，即可以证明在缓变流动的过流断面上

$$\frac{p}{\rho}+gz=常数 \tag{5-44}$$

典型的缓变流动和急变流动的例子如图 5.14 所示。

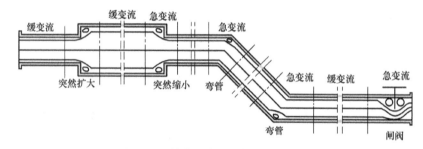

图 5.14　缓变流动和急变流动示意图

2. 动能修正因子

定义**动能修正因子**(kinetic energy correction factor)α 为

$$\alpha=\frac{\text{以真实流速计算的动能}}{\text{以平均流速计算的动能}} \tag{5-45}$$

即

$$\alpha=\frac{\int_A \dfrac{\rho u^3}{2}\mathrm{d}A}{\dfrac{\rho V^3}{2}A} \tag{5-46}$$

动能修正因子 α 取决于过流断面上流速分布的均匀程度以及断面的形状和大小，分布越不均匀，α 的数值越大，α 的大小只能由实验确定。α 还与流动状态有关，对于圆管层流，$\alpha=2$；对于湍流，$\alpha=1.01\sim1.15$；近似计算中，$\alpha\approx1$。

> ➤ The kinetic energy coefficient is used to account for nonuniform flows.

下面从式(5-37)出发推导总流的能量方程。对于稳定流动

$$\frac{\partial}{\partial t}\int_{cv}\left(e_u+gz+\frac{v^2}{2}\right)\rho dv=0$$

如果忽略系统与外界的热交换，则

$$\dot{Q}=0$$

代入式(5-37)，得

$$\oint_{cs}\left(e_u+gz+\frac{p}{\rho}+\frac{v^2}{2}\right)\rho V_n dA=\dot{W}_s+\int_{cs}\vec{\tau}\cdot\vec{V}dA \tag{5-47}$$

对于管道流动，总流的控制面 cs 由 3 个面组成：入口过流断面 1、出口过流断面 2、入口过流断面 1 和出口过流断面 2 之间的管道内表面。很显然在管道内表面上没有流体的流入和流出，即 $V_n=0$。设流入过流截面 1 面积为 A_1，在过流截面 1 上 $V_n=-V$，设流出过流截面 2 面积为 A_2，在过流截面 2 上 $V_n=V$。将这些条件应用到式(5-47)中，得到

$$\int_{A_2}\left(e_u+gz+\frac{p}{\rho}+\frac{v^2}{2}\right)\rho u dA-\int_{A_1}\left(e_u+gz+\frac{p}{\rho}+\frac{v^2}{2}\right)\rho u dA=\dot{W}_s+\int_{cs}\vec{\tau}\cdot\vec{V}dA \tag{5-48}$$

$$\int_{A_2}\left(gz+\frac{p}{\rho}+\frac{v^2}{2}\right)\rho u dA-\int_{A_1}\left(gz+\frac{p}{\rho}+\frac{v^2}{2}\right)\rho u dA$$
$$=\left(\int_{A_1}e_u\rho v dA-\int_{A_2}e_u\rho v dA\right)+\dot{W}_s+\int_{cs}\vec{\tau}\cdot\vec{V}dA \tag{5-49}$$

在式(5-49)中，等号右边第一项是流体内能的减少，对于不可压流体，内能不变，该项为零，第三项是控制面上由于粘性产生的摩擦力所做的功，将以热量的形式散发到周围环境中，两项之和反映的是流体从过流截面 1 流到过流截面 2 的能量损失。将这两项统一用 h'_w 来表示，即

$$h'_w=\left(\int_{A_1}e_u\rho v dA-\int_{A_2}e_u\rho v dA\right)+\int_{cs}\vec{\tau}\cdot\vec{V}dA \tag{5-50}$$

将式(5-50)代入式(5-49)中，得

$$\int_{A_2}\left(gz+\frac{p}{\rho}+\frac{v^2}{2}\right)\rho u dA-\int_{A_1}\left(gz+\frac{p}{\rho}+\frac{v^2}{2}\right)\rho u dA=h'_w+\dot{W}_s \tag{5-51}$$

对于不可压缩流体，并假设过流断面 1 和 2 均取在缓变流上，同时引进动能修正因子 α，则得

$$\left(gz_2+\frac{p_2}{\rho}\right)\int_{A_2}\rho v dA+\frac{\rho\alpha_2\overline{V}_2^3}{2}A_2-\left(gz_1+\frac{p_1}{\rho}\right)\int_{A_1}\rho v dA-\frac{\rho\alpha_1\overline{V}_1^3}{2}=h'_w+\dot{W}_s \tag{5-52}$$

由连续性方程可知

$$\int_{A_2}\rho v dA=\rho\overline{V}_2 A_2=\int_{A_1}\rho v dA=\rho\overline{V}_1 A_1=m \tag{5-53}$$

利用式(5-53)，将式(5-52)两边同除以重力 mg，另外，为了以后表述方便，将 $\overline{V}_1$ 和 $\overline{V}_2$ 分别用 V_1 和 V_2 表示，得到

$$z_1 + \frac{p_1}{\rho g} + \frac{\alpha_1 V_1^2}{2g} + H = z_2 + \frac{p_2}{\rho g} + \frac{\alpha_2 V_2^2}{2g} + h_{w1-2} \qquad (5-54)$$

式中：$H = \dot{W}_s/(mg)$ 为单位重量流体所获得的轴功，取正值，如水泵，或者单位重量流体向外界输出的轴功，取负值，如水轮机；$h_{w1-2} = h'_w/(mg)$ 为单位重量流体自过流断面 1 流到过流断面 2 由于流体的粘性而造成的**能量损失**(head loss/loss of useful energy)。

> A loss of useful energy occurs because of friction.

> The mechanical energy equation can be written in terms of energy per unit weight.

> The energy equation written in terms of energy per unit weight involves heads.

式(5-54)即为实际流体总流的**能量方程**(the energy equation for total flows of real fluids)，其各项的物理意义和几何意义与表 5-1 相同，唯一的区别是各项的速度和压强值是总流过流断面上的平均值，z 坐标取过流断面的轴心线坐标。

使用实际流体总流的能量方程需要具备以下限制条件：①质量力只有重力；②绝热流动；③稳定流动；④不可压缩流体；⑤过流断面应取在缓变流上。

式(5-54)在工程上有广泛的应用，一些应用实例参阅本章的工程实例和流体的测量一章。

能量方程中各水头的大小，可形象地用图示的形式来表示，如图 5.15 所示。在图中沿流线各位置的测压管水头的连线称为静水头线，表示沿流动方向的静压强的变化；沿流线各位置总水头的连线称为总水头线，表示沿流动方向总能量的变化，很显然理想流体的总水头线是一条水平线。

【例题 5-6】 如图 5.16 所示，水沿渐缩管道垂直向上流动。已知：$d_1 = 0.3 \text{m}$，$d_2 = 0.2 \text{m}$，压力表显示相对压强 $p_1 = 196 \text{kPa}$，$p_2 = 98.1 \text{kPa}$，$h = 2 \text{m}$，若不计摩擦损失，试计算其流量。

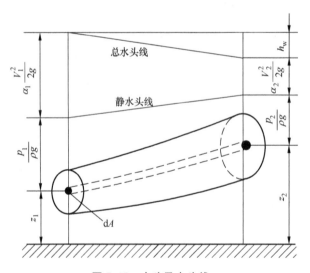

图 5.15 水头及水头线

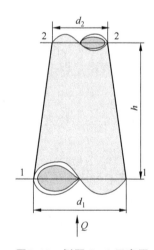

图 5.16 例题 5-6 示意图

解：取渐缩管的入口为过流断面 1，出口为过流断面 2，取过流断面 1 为标准面，建立这两个过流断面的能量方程

$$z_1 + \frac{p_1}{\rho g} + \frac{\alpha_1 V_1^2}{2g} + H = z_2 + \frac{p_2}{\rho g} + \frac{\alpha_2 V_2^2}{2g} + h_{w1-2} \qquad (5-55\text{a})$$

根据题意，$z_1 = 0$，$z_2 = h = 2$，$H = 0$，$h_{w1-2} = 0$，$\alpha_1 \approx \alpha_2 \approx 1$，代入式(5-55a)得

$$\frac{p_1}{\rho g}+\frac{V_1^2}{2g}=h+\frac{p_2}{\rho g}+\frac{V_2^2}{2g} \tag{5-55b}$$

根据连续性方程,得

$$V_1\frac{\pi}{4}d_1^2=V_2\frac{\pi}{4}d_2^2$$

$$V_1=V_2\left(\frac{d_2}{d_1}\right)^2$$

代入式(5-55b),整理得

$$V_2=\left[\frac{2\left(\frac{p_1-p_2}{\rho}\right)-gh}{1-\left(\frac{d_2}{d_1}\right)^4}\right]^{\frac{1}{2}}=\left[\frac{2\left(\frac{19600-98100}{1000}\right)-9.8\times2}{1-\left(\frac{2}{3}\right)^4}\right]^{\frac{1}{2}}(\text{m/s})=13.97\text{m/s}$$

流量为

$$Q=V_2\frac{\pi}{4}d_2^2=\frac{\pi}{4}\times0.2^2\times13.97\text{m/s}=0.439\text{m}^3/\text{s}$$

【例题 5-7】 如图 5.17 所示,文丘里流量计的尺寸为:$d=75\text{mm}$,$D=0.2\text{m}$,$l=0.5\text{m}$,并与水平面呈 $\alpha=30°$ 放置,压差计读数 $h=0.6\text{m}$,水银密度 $\rho_2=13.6\times10^3\text{kg/m}^3$,测液水的密度为 $\rho_1=10^3\text{kg/m}^3$,若不计摩擦损失,试计算流量。

解:如图所示,对过流断面 Ⅰ—Ⅰ 和过流断面 Ⅱ—Ⅱ,以水平面 O—O 为标准面,建立这两个过流断面的能量方程

$$z_1+\frac{p_1}{\rho g}+\frac{\alpha_1 V_1^2}{2g}+H=z_2+\frac{p_2}{\rho g}+\frac{\alpha_2 V_2^2}{2g}+h_{w1-2} \tag{5-56a}$$

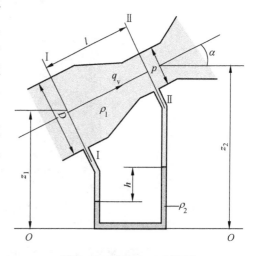

图 5.17 例题 5-7 示意图

根据题意,$\alpha_1\approx\alpha_2\approx1$,$H=0$,$h_{w1-2}=0$,代入式(5-56a)得

$$z_1-z_2+\frac{p_1-p_2}{\rho_1 g}=\frac{V_2^2-V_1^2}{2g} \tag{5-56b}$$

由几何关系,有

$$z_1-z_2=-l\sin\alpha \tag{5-56c}$$

由静力学,有

$$p_1-p_2=\rho_1 gl\sin\alpha+(\rho_2-\rho_1)gh \tag{5-56d}$$

根据连续性方程,有

$$V_1\frac{\pi}{4}D^2=V_2\frac{\pi}{4}d^2 \tag{5-56e}$$

将式(5-56c)、式(5-56d)和式(5-56e)代入式(5-56b),整理得

$$V_1=\sqrt{2\left(\frac{\rho_2}{\rho_1}-1\right)gh\bigg/\left[\left(\frac{D}{d}\right)^4-1\right]}$$

所以流量为

$$Q = V_1 \frac{\pi}{4} D^2 = \frac{\pi}{4} \times 0.2^2 \times \sqrt{2 \times (13.6-1)9.8 \times 0.6 \bigg/ \left[\left(\frac{0.2}{75 \times 10^{-3}}\right)^4 - 1\right]} \, \text{m}^3/\text{s}$$
$$= 0.0543 \text{m}^3/\text{s}$$

工程实例

空 气 墙

这道空气墙自上而下，立体流动，既不会让室外的热空气溜进馆内，也不会让室内的冷空气溜走。空气墙实际是有一定宽度、一定厚度、一定速度的气体射流，利用动量定理和能量定理，我们可以推出维持连续的空气射流的吹风装置的出口风速和其功率。

(a)

(b)

图 5.18　北京射击馆空气墙——"风幕"

汽车减振

当活塞杆受到压力时,迫使黏稠液体流过一个小孔,流体的粘性产生水头损失,因此可以吸收垂直方向的振动。

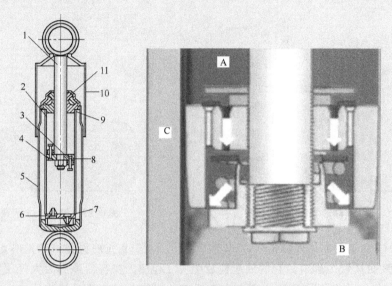

图 5.19 汽车减振器

1—活塞杆;2—工作缸筒;3—活塞;4—伸张阀;5—储液缸筒;
6—压缩阀;7—补偿阀;8—流通阀;9—导向座;10—防尘罩;11—密封圈

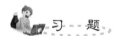

5.1 有一根如图 5.20 所示的管道,截面 1 处直径为 200mm,截面 2 处直径为 300mm,水在截面 2 处的速度为 1.5m/s,试求:①截面 1 处的流速;②截面 1 处的体积流量和质量流量。

5.2 水流稳定地从 3 个管道流进流出一个水箱,如图 5.21 所示。直径为 80mm 的管道 1 流入水量为 $0.01 m^3/s$,直径为 60mm 的管道 2 中水流出的速度为 3m/s。试计算直径为 30mm 的管道 3 的平均速度和体积流量,在管道 3 中是流进还是流出。

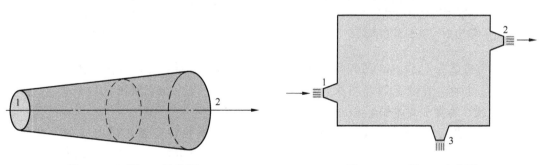

图 5.20 习题 5.1 示意图　　　　图 5.21 习题 5.2 示意图

5.3 如图 5.22 所示的容器，水从直径 $d_1=50\text{mm}$ 的管道 1 以 1m/s 速度流入，又从管道 3 以体积流量为 $0.01\text{m}^3/\text{s}$ 流入，如果水位 h 不变，试计算直径 $d_2=70\text{mm}$ 的管道 2 中的水流速度。

5.4 水稳定地流过渐缩喷嘴，如图 5.23 所示，水流量为 50kg/s，$d_1=200\text{mm}$ 和 $d_2=60\text{mm}$，试求管道进出口水的平均速度。

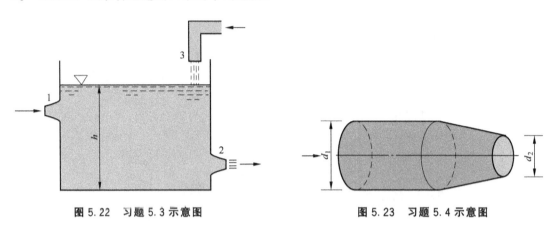

图 5.22 习题 5.3 示意图　　　　图 5.23 习题 5.4 示意图

5.5 如图 5.24 所示的容器，水由管 1 注入，它的质量流量为 9.18kg/s，密度为 680kg/m^3。汽油从管 2 流出，它的质量流量为 5.1kg/s。在容器顶部为大气压和 $20℃$ 的空气，假设所有的流体都不可压缩，则在顶部通道的空气是流入还是流出，流量是多少？

5.6 如图 5.25 所示的一向下倾斜的文丘里流量计，截面 1 的直径为 D，截面 2 的直径为 d，距水平基准线的距离分别为 z_1 和 z_2。流体的密度为 ρ，测压计内的液体密度为 ρ_f，读数为 Δh。不计流动的能量损失，求流量表达式。

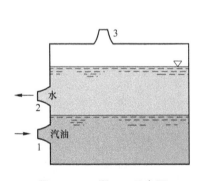 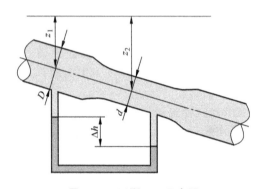

图 5.24 习题 5.5 示意图　　　　图 5.25 习题 5.6 示意图

5.7 密度为 1.2kg/m^3 的气体通过如图 5.26 所示的管道，测压计内的流体为密度是 827kg/m^3 的油，假设无能量损失，$D_1=100\text{mm}$，$D_2=60\text{mm}$，测压计内液面差 $\Delta h=80\text{mm}$，试计算管中的体积流量。

5.8 如图 5.27 所示，敞口水池中的水沿一截面变化的管路排出的质量流量 $m=14\text{kg/s}$，若 $d_1=100\text{mm}$，$d_2=75\text{mm}$，$d_3=50\text{mm}$，不计能量损失，求所需的水头 H，以及第二管段中央 M 点的压强，并绘制测压管水头线。

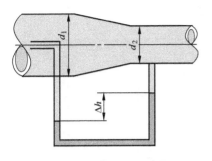

图 5.26 习题 5.7 示意图

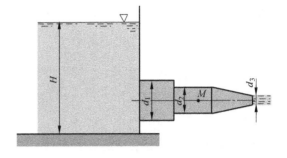

图 5.27 习题 5.8 示意图

5.9 有一台水泵，流量为 $0.02\text{m}^3/\text{s}$，进出口压强分别为 120kPa 和 400kPa，进出口管径分别为 90mm 和 30mm，若不计能量损失及高度变化，则泵作用于水的功率为多少？

5.10 如图 5.28 所示，直立圆管的管径为 10mm，一端装有直径为 5mm 的喷嘴，喷嘴中心离圆管的 1—1 截面的高度为 3.6m，从喷嘴排入大气的水流的出口速度为 18m/s。不计摩擦损失，计算截面 1—1 处所需的计示压强。

5.11 忽略损失，求图 5.29 中所示的文丘里管内的流量。

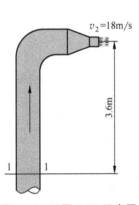

图 5.28 习题 5.10 示意图

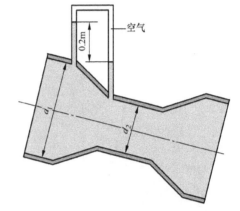

图 5.29 习题 5.11 示意图

5.12 如图 5.30 所示为一文丘里管和压强计，试推导体积流量和压强计读数之间的关系式。

5.13 如图 5.31 所示的条件，求当 $d=30\text{cm}$ 时的流速 v。

5.14 如图 5.32 所示，水从井 A 利用虹吸管引到井 B 中，设已知体积流量 $q_V=100\text{m}^3/\text{h}$，$H_1=3\text{m}$，$z=6\text{m}$，不计虹吸管中的水头损失。试求虹吸管的管径 d 及上端管中的负计示压强值 p。

5.15 如图 5.33 所示，水沿渐缩管道垂直向上流动，已知 $d_1=30\text{cm}$，$d_2=20\text{cm}$，计示压强 $p_1=19.6\text{N}/\text{cm}^2$，

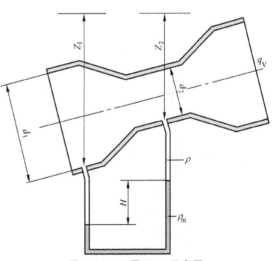

图 5.30 习题 5.12 示意图

$p_2=9.81\text{N/cm}^2$,$h=2\text{m}$。若不计摩擦损失,试计算其流量。

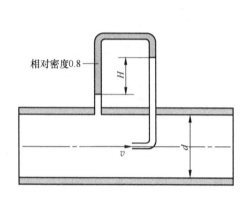

图 5.31 习题 5.13 示意图

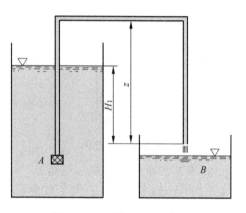

图 5.32 习题 5.14 示意图

5.16 如图 5.34 所示,离心式水泵借一内径 $d=150\text{mm}$ 的吸水管以 $q_V=60\text{m}^3/\text{h}$ 的流量从一敞口水槽中吸水,并将水送至压力水箱。设装在水泵与吸水管接头上的真空计指示出负压值为 39997Pa。水力损失不计,试求水泵的吸水高度 H_s。

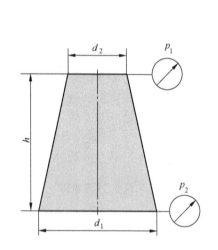

图 5.33 习题 5.15 示意图

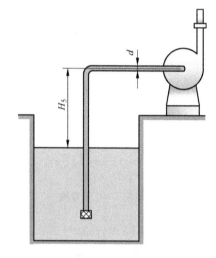

图 5.34 习题 5.16 示意图

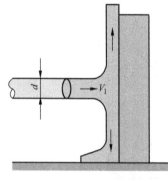

图 5.35 习题 5.17 示意图

5.17 水枪喷出的水射流射向一邻近的垂直板,如图 5.35 所示,水流量为 $0.025\text{m}^3/\text{s}$,水枪喷嘴直径 $d=30\text{mm}$,试求固定平板需要多少力?

5.18 图 5.36 所示为一个平台被直径 $d=50\text{mm}$ 的稳定的水射流所支撑,如果被支撑的平台总质量是 92kg,水射流的速度应是多少?

5.19 有一水平喷嘴,如图 5.37 所示。$D_1=200\text{mm}$ 和 $D_2=100\text{mm}$,喷嘴进口水的绝对压强为 345kPa,喷嘴出口为大气,$p_a=103.4\text{kPa}$,出口处水速为 22m/s,试问

为了固定喷嘴，法兰螺栓上所受的力为多少？假设为不可压缩定常流动，忽略摩擦损失。

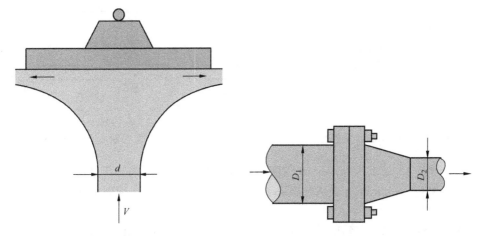

图 5.36　习题 5.18 示意图　　　　　图 5.37　习题 5.19 示意图

5.20　空气射流从喷嘴里射出，吹到一与之呈直角的壁面上，壁面上装有一测压计，测压计的读数高于大气压 466.6Pa。求空气离开喷嘴时的速度近似值，空气为标准状态。

5.21　有一速度为 15m/s 的水射流，如图 5.38 所示，横截面积为 $0.0186m^2$，它被一平板分成两股，1/3 的水流转向 A，为维持平板不动，需在该平板上施加多大的力(包括大小和方向)？

5.22　如图 5.39 所示，对于图中的收缩管流，$D_1=60mm$，$D_2=40mm$，$p_1=101kPa$（表压）。若入口速度 $V_1=4m/s$，且水银测压计的读数为 $\Delta h=280mm$，忽略粘性阻力的影响，求法兰螺栓所受的总力。

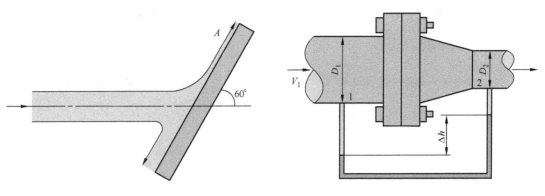

图 5.38　习题 5.21 示意图　　　　　图 5.39　习题 5.22 示意图

5.23　平面喷水器如图 5.40 所示。水从中心进入，然后由转臂两端的喷嘴喷出。喷嘴与臂成 $\alpha=45°$ 的夹角。转臂两边相等，长度各为 $R=200mm$，喷嘴出口直径 $d=10mm$，水从喷嘴出口流出的绝对速度 $V=4m/s$。设水的密度 $\rho=1000kg/m^3$，试求：①保持转臂不转动时所需的外力矩 M；②旋转时的角速度。

5.24　一具有两臂的洒水器，如图 5.41 所示，臂长 $r_a=0.3m$ 和 $r_b=0.2m$，喷嘴的流量均为 $2.8×10^{-4}m^3/s$，每个喷嘴的截面积为 $100mm^2$，忽略损失，求洒水器的转速。

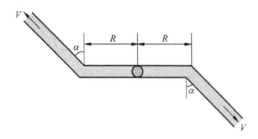

图 5.40　习题 5.23 示意图

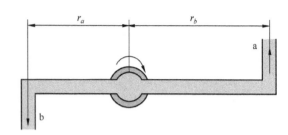

图 5.41　习题 5.24 示意图

5.25　图 5.42 是水以 $0.3\mathrm{m^3/s}$ 的流量流经一弯管喷嘴。大气压 $p_2=p_\mathrm{a}=103.4\mathrm{kPa}$，$d_1=300\mathrm{mm}$，$d_2=150\mathrm{mm}$，$r_1=500\mathrm{mm}$，$r_2=500\mathrm{mm}$，计算使弯管固定在 B 点所需的力矩 T。假设不计损失。

5.26　水泵叶轮的内径 $d_1=20\mathrm{cm}$，外径 $d_2=40\mathrm{cm}$，叶片宽度 $b=4\mathrm{cm}$，水在叶轮入口处沿径向流入，在出口处与径向成 $\alpha=30°$ 的方向流出，质量流量 $q_m=81.58\mathrm{kg/s}$，如图 5.43 所示。试求水在叶轮入口与出口处的流速 v_1 与 v_2。

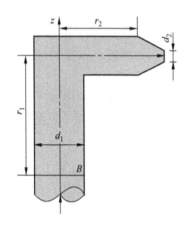

图 5.42　习题 5.25 示意图

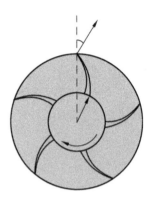

图 5.43　习题 5.26 示意图

第 6 章

流体动力学 Ⅱ
(Fluid Dynamics Ⅱ)

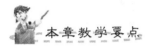本章教学要点

知识要点	能力要求	相关知识
微分形式的连续性方程	掌握微分形式的连续性方程并能够利用此方程判断流动连续与否。	物质不灭定律;积分形式的连续性方程
粘性流体的运动微分方程;纳维-斯托克斯方程	理解并掌握粘性流体的运动微分方程的实质和适用条件	作用在流体上的力;牛顿第二定律;广义牛顿内摩擦定律;本构方程;圆柱坐标系和球坐标系
葛罗米柯-斯托克斯方程	掌握葛罗米柯-斯托克斯方程及其适用条件	有势的质量力;旋转角速度
理想流体流动	掌握欧拉运动微分方程、伯努利方程、无旋流动的伯努利方程相互间以及和粘性流体的运动微分方程之间的关系;掌握速度势函数的定义和意义	有势流动;有旋流动;稳定流动;线积分;全微分
平面势流	理解并掌握流函数的定义和意义;掌握平面势流的求解方法和势流的叠加原理	等势线、流线和流网;均匀流动、点源、点汇、自由涡、环流;简单势流的叠加
理想不可压缩流体的绕流运动	掌握理想流体绕流问题的求解方法;理解并掌握理想流体绕流问题中有关升力和阻力的结论	库塔-儒科夫斯基升力公式;马格努斯效应;绕机翼流动

工程流体力学

> **导入案例**
>
> 下图为运输飞机托运航天飞机。自重超过300t，面积达半个足球场的大型民航飞机，托起重达几百吨的航天飞机，靠空气的支托像鸟一样飞行，创造了人类技术史上的奇迹。飞机的动力来自发动机向后喷射的气流的反作用力及气流对机翼的升力，动量定理可以很好地解释这个问题。

在第5章中得到了积分形式的连续性方程、动量方程和能量方程，这些基本方程式成功地用于解决充满流动空间的总流的总体规律，比如过流断面上的平均压强、平均流速、流量等参数的变化规律等。这种规律足以解决工程和生活上的一大类问题，比如城市给排水的管网系统、水泵和风机在管路上的工作、水枪的射流等。但是积分形式的基本方程式无法用来求解流动空间即流场中的运动参数的分布。

在工程实际中，许多情况下仅仅知道总流的运动规律是不够的，还需要了解整个流场上的压强、速度的分布规律，比如现代涡轮机、内燃机、飞机、航空器等以流体作为工作介质的机械设备的设计、性能分析等，这就需要建立微分形式的流体动力学方程，联立其他方程组成封闭形式的方程组，研究各种数值求解方法，编制程序借助计算机来求解，即所谓的计算流体力学。

> ➢ Differential analysis provides very detailed knowledge of a flow field.

与获得积分形式的基本方程式不同，获得微分形式的基本方程式采用质点力学的方法更为方便，即拉格朗日法。

6.1 连续性方程(Continuity Equation)

微分形式的连续性方程可以根据积分形式的连续性方程通过高斯定理得到。将积分形式的连续性方程式(5-9)变形为

$$\int_{cv}\frac{\partial \rho}{\partial t}dv + \int_{cs}\rho(\vec{V}\cdot\vec{n})dA = 0 \qquad (6-1)$$

根据数学上的高斯定理，一物理量在控制面上的面积分，等于该物理量的散度在控制面围成的控制体积内的体积分，应用到式(6-1)，有

$$\int_{cv}\frac{\partial \rho}{\partial t}dv + \int_{cv}\nabla\cdot(\rho\vec{V})dv = 0$$

即

$$\int_{cv}\left[\frac{\partial \rho}{\partial t} + \nabla\cdot(\rho\vec{V})\right]dv = 0$$

由于是连续性介质，控制体的选择具有任意性，所以

$$\frac{\partial \rho}{\partial t} + \nabla\cdot(\rho\vec{V}) = 0 \qquad (6-2)$$

式(6-2)即为微分形式的连续性方程(differential form of continuity equation)。在直角坐标系中，式(6-2)可写为

$$\frac{\partial \rho}{\partial t} + \frac{\partial}{\partial x}(\rho u_x) + \frac{\partial}{\partial y}(\rho u_y) + \frac{\partial}{\partial z}(\rho u_z) = 0 \qquad (6-3)$$

在式(6-2)和式(6-3)的推导过程中，除连续性条件外未加任何假设，因此只要流动连续，式(6-2)和式(6-3)均适用。

> The continuity equation is one of the fundamental equations of fluid mechanics.

对于稳定流动，流体参数不随时间变化，$\frac{\partial \rho}{\partial t}=0$，所以

$$\nabla\cdot(\rho\vec{V}) = 0 \qquad (6-4)$$

在直角坐标系中

$$\frac{\partial}{\partial x}(\rho u_x) + \frac{\partial}{\partial y}(\rho u_y) + \frac{\partial}{\partial z}(\rho u_z) = 0 \qquad (6-5)$$

对于不可压缩流体的流动(稳定或非稳定)，ρ=常数，由式(6-2)得连续性方程为

$$\nabla\cdot(\vec{V}) = 0 \qquad (6-6)$$

在直角坐标系中

$$\frac{\partial u_x}{\partial x} + \frac{\partial u_y}{\partial y} + \frac{\partial u_z}{\partial z} = 0 \qquad (6-7)$$

显然，对于不可压缩流体的平面流动为

$$\frac{\partial u_x}{\partial x} + \frac{\partial u_y}{\partial y} = 0 \qquad (6-8)$$

流动连续是连续性方程成立的充要条件，因此连续性方程可以用来判断流动是否连续：如果连续性方程得到满足，则流动连续；否则流动不连续。

> For incompressible fluids the continuity equation reduces to a simple relationship involving certain velocity gradients.

【例题 6-1】 不可压缩流体的平面流动连续，其速度分布为：$u_y = y^2 - y - x$，假定 $x=0$ 时，$u_x=0$，试求 u_x。

解： 将 $u_y = y^2 - y - x$ 代入式(6-8)，得

$$\frac{\partial u_x}{\partial x}+2y-1=0$$

对 x 积分得

$$u_x=(1-2y)x+f(y)$$

根据边界条件 $x=0$ 时，$u_x=0$，代入上式，得 $f(y)=0$。

所以

$$u_x=(1-2y)x=x-2xy$$

6.2　粘性流体的运动微分方程
(Differential Form of Equations of Motion)

6.2.1　运动方程的推导(Derivation of the Continuity Equation)

实际流体是有粘性的，它阻碍流体微元形状的改变。粘性流体中切应力的存在，不仅改变了阻碍流动的摩擦力，而且也影响了法向力的性质。

下面在流场中取出一微元平行六面体来推导粘性流体的运动微分方程。如图 6.1 所示，微元平行六面体 ABCD 的边长分别为 dx、dy 和 dz。A 点的坐标为 (x, y, z)，由于平行六面体是微元的，所以可以认为同一作用面上各点的应力相同。

在平行六面体的各个面上，任意点的表面力分为法向力和切向力。假设法向力以外的法线方向为正，而过 A 点的 3 个平面上的切向力方向与坐标轴方向相反，其他 3 个面上的切向向力的方向与坐标轴的方向相同。在直角坐标系中，垂直于 x 轴的作用面 AC 上任意点的应力可分解为

$$\sigma_{xx} \quad \tau_{xy} \quad \tau_{xz}$$

> Surface forces acting on a fluid element can be described in terms of normal and shearing stresses.

同样，作用在垂直于 y 轴和 z 轴的作用面上任意点的应力分别可分解为

$$\tau_{yx} \quad \sigma_{yy} \quad \tau_{yz}$$
$$\tau_{zx} \quad \tau_{zy} \quad \sigma_{zz}$$

法向力 σ 和切向力 τ 的角标的含义如下，第一个角标表示与该坐标轴垂直的作用面，第二个角标表示应力与该坐标轴平行。这样 6 个平面上共有 18 个应力，由于应力连续分布，所以作用于不包含 A 点的 3 个平面上的应力按照泰勒级数展开并略去二阶以上微量，得到的应力如图 6.1 所示。

如果六面体向 A 点无限收缩，极限情况下缩为一个点，这时过 A 点的 3 个作用面上的 9 个应力代表了 A 点的应力。因此，粘性流体中的一点的应力由 9 个应力分量表示。

将六面体微元上的所有应力向过六面体的中心 M 且与 x 轴平行的直线取力矩。由于法向力均通过 M 点，所以法向力对 M 点的力矩为零。设力矩以逆时针为正，顺时针为负，则表面力对该轴的力矩为

$$\sum M=\tau_{yz}dxdz\frac{dy}{2}+\left(\tau_{yz}+\frac{\partial \tau_{yz}}{\partial y}dy\right)dxdz\frac{dy}{2}-\tau_{zy}dxdy\frac{dz}{2}-\left(\tau_{zy}+\frac{\partial \tau_{zy}}{\partial z}dz\right)dxdy\frac{dz}{2} \qquad (6-9)$$

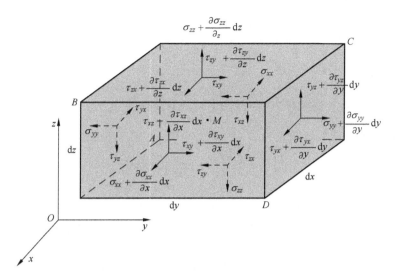

图 6.1 微元平行六面体

设平行六面体的角加速度为 a，转动惯量为 J，J 的大小为

$$J = \rho dx dy dz (dr)^2 \tag{6-10}$$

式中：dr 为转动半径，则

$$\sum M = Ja \tag{6-11}$$

由于质量力通过 M 点，所以合外力矩即为式(6-9)，将式(6-9)和式(6-10)代入式(6-11)得

$$\sum M = \tau_{yz} dx dz \frac{dy}{2} + \left(\tau_{yz} + \frac{\partial \tau_{yz}}{\partial y} dy\right) dx dz \frac{dy}{2} - \tau_{zy} dx dy \frac{dz}{2} - \left(\tau_{zy} + \frac{\partial \tau_{zy}}{\partial z} dz\right) dx dy \frac{dz}{2}$$
$$= \rho dx dy dz (dr)^2 a \tag{6-12}$$

略去式(6-10)中的 4 阶和 5 阶微量，有

$$(\tau_{yz} - \tau_{zy}) dx dy dz = 0$$

则得

$$\tau_{yz} = \tau_{zy} \tag{6-13a}$$

同理将六面体微元上的所有应力分别向过六面体的中心 M 且与 y 轴和 z 轴平行的直线取力矩，可得

$$\tau_{zx} = \tau_{xz} \tag{6-13b}$$

$$\tau_{xy} = \tau_{yx} \tag{6-13c}$$

因此，粘性流体中一点上的应力可以用 6 个独立的应力来表示，其中 3 个法向力，3 个切向力。

对平行六面体应用牛顿第二定律，即可得到粘性流体的运动方程。首先考虑 x 轴方向：

1. 表面力

在 $ABCD$ 面上

$$\left(\tau_{yx} + \frac{\partial \tau_{yx}}{\partial y} dy\right) dx dz - \tau_{yx} dx dz = \frac{\partial \tau_{yx}}{\partial y} dx dy dz$$

在 ACBD 面上

$$\left(\sigma_{xx}+\frac{\partial \sigma_{xx}}{\partial x}\mathrm{d}x\right)\mathrm{d}y\mathrm{d}z-\sigma_{xx}\mathrm{d}y\mathrm{d}z=\frac{\partial \sigma_{xx}}{\partial x}\mathrm{d}x\mathrm{d}y\mathrm{d}z$$

在 ADBC 面上

$$\left(\tau_{zx}+\frac{\partial \tau_{zx}}{\partial z}\mathrm{d}z\right)\mathrm{d}x\mathrm{d}y-\tau_{zx}\mathrm{d}x\mathrm{d}y=\frac{\partial \tau_{zx}}{\partial z}\mathrm{d}x\mathrm{d}y\mathrm{d}z$$

于是微元表面上沿 x 轴方向的合力为

$$\left(\frac{\partial \sigma_{xx}}{\partial x}+\frac{\partial \tau_{yx}}{\partial y}+\frac{\partial \tau_{zx}}{\partial z}\right)\mathrm{d}x\mathrm{d}y\mathrm{d}z$$

2. 质量力

分别用 f_x，f_y，f_z 表示 x 轴方向，y 轴方向，z 轴方向的单位质量力，则六面体上 x 轴方向的质量力为

$$f_x \rho \mathrm{d}x\mathrm{d}y\mathrm{d}z$$

根据牛顿第二定律 $\sum F_x = ma_x$，沿 x 轴方向的运动方程为

$$f_x \rho \mathrm{d}x\mathrm{d}y\mathrm{d}z + \left(\frac{\partial \sigma_{xx}}{\partial x}+\frac{\partial \tau_{yx}}{\partial y}+\frac{\partial \tau_{zx}}{\partial z}\right)\mathrm{d}x\mathrm{d}y\mathrm{d}z = \frac{\mathrm{d}u_x}{\mathrm{d}t}\rho \mathrm{d}x\mathrm{d}y\mathrm{d}z$$

> Both surface forces and body forces generally act on fluid particles.

上式可简化为

$$f_x + \frac{1}{\rho}\left(\frac{\partial \sigma_{xx}}{\partial x}+\frac{\partial \tau_{yx}}{\partial y}+\frac{\partial \tau_{zx}}{\partial z}\right) = \frac{\mathrm{d}u_x}{\mathrm{d}t} \qquad (6-14\mathrm{a})$$

同理可得沿 y 轴方向和 z 轴方向的运动方程，分别为

$$f_y + \frac{1}{\rho}\left(\frac{\partial \tau_{xy}}{\partial x}+\frac{\partial \sigma_{yy}}{\partial y}+\frac{\partial \tau_{zy}}{\partial z}\right) = \frac{\mathrm{d}u_y}{\mathrm{d}t} \qquad (6-14\mathrm{b})$$

$$f_z + \frac{1}{\rho}\left(\frac{\partial \tau_{xz}}{\partial x}+\frac{\partial \tau_{yz}}{\partial y}+\frac{\partial \sigma_{zz}}{\partial z}\right) = \frac{\mathrm{d}u_z}{\mathrm{d}t} \qquad (6-14\mathrm{c})$$

式(6-14)为以应力形式表示的粘性流体的运动微分方程。通常密度和质量力是已知的，这样粘性流体的运动微分方程中未知量有 9 个，但只有 3 个方程，联立连续性方程也只有 4 个方程，因此方程组不封闭，不能求解，需要寻找应力和变形速度之间的关系来补充方程。

6.2.2 纳维-斯托克斯方程(Navier-Stokes Equation)

1. 应力和变形速度之间的关系

1) 切应力和角变形速度之间的关系

粘性流体运动时，由于各点的速度不同，运动过程中必然产生变形，引起切应力。切应力的大小由牛顿内摩擦定律给出

$$\tau = \mu \frac{\mathrm{d}u}{\mathrm{d}n}$$

> For Newtonian fluids, stresses are linearly related to the rate of strain.

为了推导出切应力和角变形速度之间的关系，在运动的流体中取一正方形的流体微元 $abcd$，如图 6.2 所示。微元的 ad 和 bc 上下两层之间间隔 $\mathrm{d}n$，两层流动速度不等，运动过

程中 ab 和 cd 边转过了 $\mathrm{d}\beta$ 角。因为 $\mathrm{d}\beta$ 是微量，所以

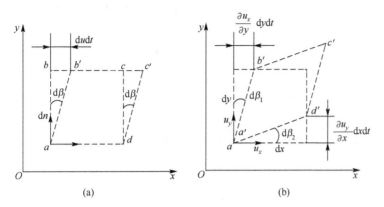

图 6.2 流体微元的变形

$$\tan\mathrm{d}\beta = \frac{\mathrm{d}u\mathrm{d}t}{\mathrm{d}n} \approx \mathrm{d}\beta$$

于是角变形速度为

$$\frac{\mathrm{d}\beta}{\mathrm{d}t} = \frac{\mathrm{d}u}{\mathrm{d}n}$$

即流体微元的角变形速度等于垂直于流动方向上的速度梯度。所以牛顿内摩擦定律变为

$$\tau = \mu \frac{\mathrm{d}\beta}{\mathrm{d}t} \tag{6-15}$$

上式表明，相邻两流体层间的切应力与角变形成正比。需要说明的是，这只是一元流动的最简单情况。

若考虑与 z 轴垂直的二元流动，如图 6.2 所示，正方形微元经 $\mathrm{d}t$ 时间运动变形为 $a'b'c'd'$，四边形的变形速度由式(4-24)有

$$\frac{\mathrm{d}\beta_z}{\mathrm{d}t} = \frac{\mathrm{d}\beta_1}{\mathrm{d}t} + \frac{\mathrm{d}\beta_2}{\mathrm{d}t} = \frac{\partial u_x}{\partial y} + \frac{\partial u_y}{\partial x} = 2\varepsilon_{xy}$$

假定流体的粘性在各个方向上都相同，于是得到切应力和角变形速度之间关系的**广义牛顿内摩擦定律**(generalized Newton internal friction law)

$$\left. \begin{array}{l} \tau_{xy} = \tau_{yx} = \mu\left(\dfrac{\partial u_x}{\partial y} + \dfrac{\partial u_y}{\partial x}\right) = 2\mu\varepsilon_{xy} \\[6pt] \tau_{yz} = \tau_{zy} = \mu\left(\dfrac{\partial u_z}{\partial y} + \dfrac{\partial u_y}{\partial z}\right) = 2\mu\varepsilon_{yz} \\[6pt] \tau_{zx} = \tau_{xz} = \mu\left(\dfrac{\partial u_x}{\partial z} + \dfrac{\partial u_z}{\partial x}\right) = 2\mu\varepsilon_{zx} \end{array} \right\} \tag{6-16}$$

式(6-16)说明，切应力等于动力粘性系数与角变形速度的乘积。广义牛顿内摩擦定律是斯托克斯仿照牛顿内摩擦定律提出的。应用广义牛顿内摩擦定律后，式(6-14)中的未知变量还剩下 6 个。

2) 法向应力

在理想流体中，不存在切应力，因此任何一点的法向应力与作用面的方位无关，即同一点上各方向的应力均等于压强 p。

$$\sigma_{xx} = \sigma_{yy} = \sigma_{zz} = p$$

但是对于粘性流体，流体微元除了角变形之外，还存在线变形，即流体的拉伸和收缩，在法线方向上存在附加的法向应力。由于各方向线变形速度不同，各方向上的法向应力也不同，因此，粘性流体的法向应力为

$$\left.\begin{array}{l}\sigma_{xx}=-p+\tau_{xx}\\ \sigma_{yy}=-p+\tau_{yy}\\ \sigma_{zz}=-p+\tau_{zz}\end{array}\right\} \quad (6-17)$$

式(6-17)中：τ_{xx}，τ_{yy} 和 τ_{zz} 分别表示 x 轴、y 轴和 z 轴方向的法向应力的附加增量；p 表示动压强，其前面的负号表示动压强为压应力。

法向应力的附加增量可以仿照广义牛顿内摩擦定律给出，即附加法向应力等于动力粘性系数与两倍的线变形速度的乘积

$$\left.\begin{array}{l}\tau_{xx}=\mu\left(\dfrac{\partial u_x}{\partial x}+\dfrac{\partial u_x}{\partial x}\right)=2\mu\dfrac{\partial u_x}{\partial x}\\ \tau_{yy}=\mu\left(\dfrac{\partial u_y}{\partial y}+\dfrac{\partial u_y}{\partial y}\right)=2\mu\dfrac{\partial u_y}{\partial y}\\ \tau_{zz}=\mu\left(\dfrac{\partial u_z}{\partial z}+\dfrac{\partial u_z}{\partial z}\right)=2\mu\dfrac{\partial u_z}{\partial z}\end{array}\right\} \quad (6-18)$$

将式(6-18)代入式(6-17)中，得

$$\left.\begin{array}{l}\sigma_{xx}=-p+2\mu\dfrac{\partial u_x}{\partial x}\\ \sigma_{yy}=-p+2\mu\dfrac{\partial u_y}{\partial y}\\ \sigma_{zz}=-p+2\mu\dfrac{\partial u_z}{\partial z}\end{array}\right\} \quad (6-19)$$

式(6-19)是反映粘性流体应力和应变关系的**本构方程**(constitutive equation)。凡是满足本构方程的流体为**牛顿流体**(Newtonian fluid)。

将式(6-19)的3个方程相加，得

$$\sigma_{xx}+\sigma_{yy}+\sigma_{zz}=-3p+2\mu\left(\dfrac{\partial u_x}{\partial x}+\dfrac{\partial u_y}{\partial y}+\dfrac{\partial u_z}{\partial z}\right)$$

对于不可压缩流体，由连续性方程得

$$\dfrac{\partial u_x}{\partial x}+\dfrac{\partial u_y}{\partial y}+\dfrac{\partial u_z}{\partial z}=0$$

所以

$$p=-\dfrac{1}{3}(\sigma_{xx}+\sigma_{yy}+\sigma_{zz}) \quad (6-20)$$

将 p 定义为粘性流体的动压强，它等于给定点上任意3个相互垂直方向的法向应力的算术平均值。动压强 p 不随方向而改变，只是空间坐标的函数。

对于平行流动，有

$$\dfrac{\partial u_x}{\partial x}=0,\quad \dfrac{\partial u_y}{\partial y}=0,\quad \dfrac{\partial u_z}{\partial z}=0$$

所以

$$\sigma_{xx}=\sigma_{yy}=\sigma_{zz}=-p$$

2. 纳维-斯托克斯方程(N-S方程)

将式(6-16)和式(6-19)代入式(6-14)中，并利用不可压缩流体的连续性方程，不难得到

$$\left.\begin{aligned} f_x - \frac{1}{\rho}\frac{\partial p}{\partial x} + \frac{\mu}{\rho}\left(\frac{\partial^2 u_x}{\partial^2 x} + \frac{\partial^2 u_x}{\partial^2 y} + \frac{\partial^2 u_x}{\partial^2 z}\right) = \frac{\mathrm{d}u_x}{\mathrm{d}t} \\ f_y - \frac{1}{\rho}\frac{\partial p}{\partial y} + \frac{\mu}{\rho}\left(\frac{\partial^2 u_y}{\partial^2 x} + \frac{\partial^2 u_y}{\partial^2 y} + \frac{\partial^2 u_y}{\partial^2 z}\right) = \frac{\mathrm{d}u_y}{\mathrm{d}t} \\ f_z - \frac{1}{\rho}\frac{\partial p}{\partial z} + \frac{\mu}{\rho}\left(\frac{\partial^2 u_z}{\partial^2 x} + \frac{\partial^2 u_z}{\partial^2 y} + \frac{\partial^2 u_z}{\partial^2 z}\right) = \frac{\mathrm{d}u_z}{\mathrm{d}t} \end{aligned}\right\} \qquad (6-21)$$

式(6-21)是由法国数学家纳维(L. M. H. Navier，1785—1836)和英国数学家斯托克斯(G. G. Stokes，1819—1903)提出的，通常称为**纳维-斯托克斯方程**(Navier-Stokes equations)，简称 N-S 方程。N-S 方程的矢量形式(vector notation)写为

$$\vec{f} - \frac{1}{\rho}\nabla p + \frac{\mu}{\rho}\nabla^2 \vec{V} = \frac{\mathrm{D}\vec{V}}{\mathrm{D}t} \qquad (6-22)$$

式(6-22)中，∇^2 为拉普拉斯算子(laplace operator)，也记为 Δ，即

$$\nabla^2 = \Delta = \frac{\partial^2}{\partial^2 x} + \frac{\partial^2}{\partial^2 y} + \frac{\partial^2}{\partial^2 z} \qquad (6-23)$$

在 N-S 方程中：等号左边的第一项为质量力；第二项为法向力；第三项为由粘性引起的切向力；第二项与第三项之和为表面力。

> The Navier-Stokes equations represent a statement of Newton's second law for flow problems.

> The Navier-Stokes equations are the basic differential equations describing the flow of Newtonian fluids.

通过上面的推导过程，可以总结出 N-S 方程的适用条件：①不可压缩流体；②连续流动；③牛顿流体。

在 N-S 方程中，流体的物性参数(ρ，μ)通常是已知的，未知变量有 4 个，分别是速度分量(u_x，u_y，u_z)和压强 p。但是方程式有 3 个，所以不封闭，所以需要联立不可压缩流体的连续性方程

$$\frac{\partial u_x}{\partial x} + \frac{\partial u_y}{\partial y} + \frac{\partial u_z}{\partial z} = 0$$

组成封闭方程组，使问题可解。

> We have four equations (the Navier-Stokes equations and the continuity equation) and four unknowns (u, v, w and p), and therefore the problem is "Well-posed" in mathematical terms.

N-S 方程实质上就是牛顿第二定律，它是描述不可压缩牛顿流体的基本方程，是流体力学中求解流场的出发点。解流场就是寻求各种方法解 N-S 方程。不幸的是，N-S 方程是二阶非线性偏微分方程，得到其通解几乎是不可能的。到目前为止，只能得到几种特例的解析解，比如圆管层流、缝隙流动等。但是随着计算机技术的发展，借助有限元法和有限体积法等数学手段，编制计算机程序，求解 N-S 方程的数值解越来越显示出其工程的应用价值，即所谓的计算流体力学(CFD)方法。有关圆管层流、缝隙流动的求解可参阅第 8 章，有关计算流体力学的内容可参阅第 12 章。

> Because of the general complexity of the Navier-Stokes equations (the are nonlinear, second-order, partial differential equations), they are not amenable to exact mathematical solutions except in a few instances.

由于 N-S 方程的重要性，N-S 方程和连续性方程一起被称为描述流场的**控制方程**(governing equations)。

流体力学问题的解决，其难易程度与坐标系的选择有很大关系。比如在求解流体绕圆柱体和球体流动时，采用圆柱坐标系(r, θ, z)和球坐标系(r, θ, φ)更为简便，因此下面给出圆柱坐标系和球坐标系中的 N‑S 方程。

圆柱坐标系如图 6.3 所示。在圆柱坐标系中，N‑S 方程为

$$\left.\begin{aligned}
& f_R - \frac{1}{\rho}\frac{\partial p}{\partial r} + v\left(\frac{\partial^2 u_r}{\partial r^2} + \frac{1}{r}\frac{\partial u_r}{\partial r} + \frac{1}{r^2}\frac{\partial^2 u_r}{\partial \theta^2} + \frac{\partial^2 u_r}{\partial z^2} - \frac{2}{r^2}\frac{\partial u_\theta}{\partial \theta} - \frac{u_r}{r^2}\right) \\
& = \frac{\partial u_r}{\partial t} + u_r\frac{\partial u_r}{\partial r} + \frac{u_\theta}{r}\frac{\partial u_r}{\partial \theta} + u_z\frac{\partial u_r}{\partial z} - \frac{u_\theta^2}{r} \\
& f_\theta - \frac{1}{\rho r}\frac{\partial p}{\partial \theta} + v\left(\frac{\partial^2 u_\theta}{\partial r^2} + \frac{1}{r}\frac{\partial u_\theta}{\partial r} + \frac{1}{r^2}\frac{\partial^2 u_\theta}{\partial \theta^2} + \frac{\partial^2 u_\theta}{\partial z^2} + \frac{2}{r^2}\frac{\partial u_r}{\partial \theta} - \frac{u_\theta}{r^2}\right) \\
& = \frac{\partial u_\theta}{\partial t} + u_r\frac{\partial u_\theta}{\partial r} + \frac{u_\theta}{r}\frac{\partial u_\theta}{\partial \theta} + u_z\frac{\partial u_\theta}{\partial z} - \frac{u_r u_\theta}{r} \\
& f_z - \frac{1}{\rho}\frac{\partial p}{\partial z} + v\left(\frac{\partial^2 u_z}{\partial r^2} + \frac{1}{r}\frac{\partial u_z}{\partial r} + \frac{1}{r^2}\frac{\partial^2 u_z}{\partial \theta^2} + \frac{\partial^2 u_z}{\partial z^2}\right) \\
& = \frac{\partial u_z}{\partial t} + u_r\frac{\partial u_z}{\partial r} + \frac{u_\theta}{r}\frac{\partial u_z}{\partial \theta} + u_z\frac{\partial u_z}{\partial z}
\end{aligned}\right\} \quad (6-24)$$

式中：f_R，f_θ，f_z 分别是单位质量力在坐标轴(r, θ, z)上的分量。

圆柱坐标系中不可压缩流体的连续性方程为

$$\frac{\partial u_r}{\partial r} + \frac{u_r}{r} + \frac{1}{r}\frac{\partial u_\theta}{\partial \theta} + \frac{\partial u_z}{\partial z} = 0 \quad (6-25)$$

圆柱坐标系中切应力和角变形速度之间的关系为

$$\left.\begin{aligned}
\tau_{r\theta} = \tau_{\theta r} &= \mu\left[r\frac{\partial}{\partial r}\left(\frac{u_\theta}{r}\right) + \frac{1}{r}\frac{\partial u_r}{\partial \theta}\right] \\
\tau_{z\theta} = \tau_{\theta z} &= \mu\left(\frac{\partial u_\theta}{\partial z} + \frac{1}{r}\frac{\partial u_z}{\partial \theta}\right) \\
\tau_{zr} = \tau_{rz} &= \mu\left(\frac{\partial u_r}{\partial z} + \frac{\partial u_z}{\partial r}\right)
\end{aligned}\right\} \quad (6-26)$$

圆柱坐标系中法向应力和角变形速度之间的关系为

$$\left.\begin{aligned}
\sigma_{rr} &= -p + 2\mu\frac{\partial u_r}{\partial r} \\
\sigma_{\theta\theta} &= -p + 2\mu\left(\frac{1}{r}\frac{\partial u_\theta}{\partial \theta} + \frac{u_r}{r}\right) \\
\sigma_{zz} &= -p + 2\mu\frac{\partial u_z}{\partial z}
\end{aligned}\right\} \quad (6-27)$$

球坐标系如图 6.4 所示。在球坐标系中，N‑S 方程为

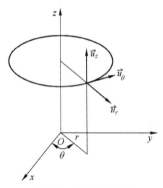

图 6.3　圆柱坐标系

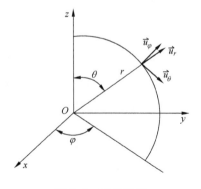

图 6.4　球坐标系

$$\left.\begin{aligned}&f_R-\frac{1}{\rho}\frac{\partial p}{\partial r}+v\left(\frac{\partial^2 u_r}{\partial r^2}+\frac{2}{r}\frac{\partial u_r}{\partial r}+\frac{1}{r^2}\frac{\partial^2 u_r}{\partial \theta^2}+\frac{\cot\theta}{r^2}\frac{\partial u_r}{\partial \theta}+\frac{1}{r^2\sin^2\theta}\frac{\partial^2 u_r}{\partial \varphi^2}-\frac{2u_r}{r^2}-\frac{2\cot\theta}{r^2}u_\theta\right.\\ &\left.-\frac{2}{r^2}\frac{\partial u_\theta}{\partial \theta}-\frac{2}{r^2\sin\theta}\frac{\partial u_\varphi}{\partial \varphi}\right)=\frac{\partial u_r}{\partial t}+u_r\frac{\partial u_r}{\partial r}+\frac{u_\theta}{r}\frac{\partial u_r}{\partial \theta}+\frac{u_\varphi}{r\sin\theta}\frac{\partial u_r}{\partial \varphi}-\frac{u_\theta^2+u_\varphi^2}{r}\\ &f_\theta-\frac{1}{\rho r}\frac{\partial p}{\partial \theta}+v\left(\frac{\partial^2 u_\theta}{\partial r^2}+\frac{2}{r}\frac{\partial u_\theta}{\partial r}+\frac{\cot\theta}{r^2}\frac{\partial u_\theta}{\partial \theta}+\frac{1}{r^2}\frac{\partial^2 u_\theta}{\partial \theta^2}+\frac{1}{r^2\sin^2\theta}\frac{\partial^2 u_\theta}{\partial \varphi^2}-\frac{u_\theta}{r^2\sin^2\theta}\right.\\ &\left.+\frac{2}{r^2}\frac{\partial u_r}{\partial \theta}-\frac{2\cos\theta}{r^2\sin^2\theta}\frac{\partial u_\varphi}{\partial \varphi}\right)=\frac{\partial u_\theta}{\partial t}+u_r\frac{\partial u_\theta}{\partial r}+\frac{u_\theta}{r}\frac{\partial u_\theta}{\partial \theta}+\frac{u_\varphi}{r\sin\theta}\frac{\partial u_\theta}{\partial \varphi}-\frac{u_\varphi^2}{r}\cot\theta+\frac{u_r u_\theta}{r}\\ &f_\varphi-\frac{1}{\rho r\sin\theta}\frac{\partial p}{\partial \varphi}+v\left(\frac{\partial^2 u_\varphi}{\partial r^2}+\frac{2}{r}\frac{\partial u_\varphi}{\partial r}+\frac{\cot\theta}{r^2}\frac{\partial u_\varphi}{\partial \theta}+\frac{1}{r^2}\frac{\partial^2 u_\varphi}{\partial \theta^2}+\frac{1}{r^2\sin^2\theta}\frac{\partial^2 u_\varphi}{\partial \varphi^2}-\frac{u_\varphi}{r^2\sin^2\theta}\right.\\ &\left.+\frac{2}{r^2\sin\theta}\frac{\partial u_r}{\partial \varphi}-\frac{2\cos\theta}{r^2\sin^2\theta}\frac{\partial u_\theta}{\partial \varphi}\right)=\frac{\partial u_\varphi}{\partial t}+u_r\frac{\partial u_\varphi}{\partial r}+\frac{u_\theta}{r}\frac{\partial u_\varphi}{\partial \theta}+\frac{u_\varphi}{r\sin\theta}\frac{\partial u_\varphi}{\partial \varphi}+\frac{u_\theta u_\varphi}{r}\cot\theta\\ &+\frac{u_r u_\varphi}{r}\end{aligned}\right\} \quad (6-28)$$

式中:f_R,f_θ,f_φ 分别是单位质量力在坐标轴 (r,θ,φ) 上的分量。

球坐标系中不可压缩流体的连续性方程为

$$\frac{1}{r^2}\frac{\partial(r^2 u_r)}{\partial r}+\frac{1}{r\sin\theta}\frac{\partial(\sin\theta u_\theta)}{\partial \theta}+\frac{1}{r\sin\theta}\frac{\partial u_\varphi}{\partial \varphi}=0 \quad (6-29)$$

球坐标系中切应力和角变形速度之间的关系为

$$\left.\begin{aligned}\tau_{r\theta}=\tau_{\theta r}&=\mu\left(\frac{1}{r}\frac{\partial u_r}{\partial \theta}+r\frac{\partial u_\theta}{\partial r}-\frac{u_\theta}{r}\right)\\ \tau_{\varphi\theta}=\tau_{\theta\varphi}&=\mu\left(\frac{1}{r\sin\theta}\frac{\partial u_\theta}{\partial \varphi}+\frac{1}{r}\frac{\partial u_\varphi}{\partial \theta}-\frac{u_\varphi\cot\theta}{r}\right)\\ \tau_{\varphi r}=\tau_{r\varphi}&=\mu\left(\frac{1}{r\sin\theta}\frac{\partial u_r}{\partial \varphi}+\frac{\partial u_\varphi}{\partial r}-\frac{u_\varphi}{r}\right)\end{aligned}\right\} \quad (6-30)$$

球坐标系中法向应力和角变形速度之间的关系为

$$\left.\begin{aligned}\sigma_{rr}&=-p+2\mu\frac{\partial u_r}{\partial r}\\ \sigma_{\theta\theta}&=-p+2\mu\left(\frac{1}{r}\frac{\partial u_\theta}{\partial \theta}+\frac{u_r}{r}\right)\\ \sigma_{\varphi\varphi}&=-p+2\mu\left(\frac{1}{r\sin\theta}\frac{\partial u_\varphi}{\partial \varphi}+\frac{u_r}{r}+\frac{u_\theta\cot\theta}{r}\right)\end{aligned}\right\} \quad (6-31)$$

3. 有关 N-S 方程的说明

N-S 方程是流体力学中具有普遍意义的微分方程,对于不可压缩牛顿流体普遍适用。所谓解流场通常就是求解 N-S 方程。有关 N-S 方程,有以下几点需要注意:

(1) 对于没有粘性的理想流体,$v=0$,N-S 方程变为理想流体的欧拉运动微分方程;

(2) 对于静止的流体,$\mathrm{d}\vec{V}/\mathrm{d}t=0$,N-S 方程变为欧拉平衡微分方程;

(3) N-S 方程仅适用于不可压缩牛顿流体;

(4) N-S 方程对于层流和湍流均适用,但对于湍流的时均流场,N-S 方程演变为雷诺方程。

求解粘性流体的 N-S 方程是流体力学的一项重要任务,但是前已述及,求解 N-S 方程非常困难，不过对于一些流动问题，如圆管层流、缝隙流动、边界层等问题，根据 N-S 方程每一项的物理意义，针对不同情况略去惯性项或粘性项简化后，可以得到精确解。

6.3 葛罗米柯-斯托克斯方程（Gromeco-Stokes Equation）

为了便于看出 N-S 方程在什么情况下可以积分，并使方程具有更明显的物理意义，下面将 N-S 方程变换成另外一种形式。

假设流体所受的质量力有势，则存在势函数 $U(x, y, z, t)$，并有

$$f_x = \frac{\partial U}{\partial x}, \quad f_y = \frac{\partial U}{\partial y}, \quad f_z = \frac{\partial U}{\partial z} \tag{6-32}$$

即

$$\vec{f} = \nabla U \tag{6-33}$$

对 N-S 方程的惯性项作如下变换

$$\left. \begin{array}{l} \dfrac{\mathrm{d}u_x}{\mathrm{d}t} = \dfrac{\partial u_x}{\partial t} + \dfrac{\partial}{\partial x}\left(\dfrac{V^2}{2}\right) + 2(\omega_y u_z - \omega_z u_y) \\[6pt] \dfrac{\mathrm{d}u_y}{\mathrm{d}t} = \dfrac{\partial u_y}{\partial t} + \dfrac{\partial}{\partial y}\left(\dfrac{V^2}{2}\right) + 2(\omega_z u_x - \omega_x u_z) \\[6pt] \dfrac{\mathrm{d}u_z}{\mathrm{d}t} = \dfrac{\partial u_z}{\partial t} + \dfrac{\partial}{\partial z}\left(\dfrac{V^2}{2}\right) + 2(\omega_x u_y - \omega_y u_x) \end{array} \right\} \tag{6-34}$$

即

$$\frac{\mathrm{d}\vec{V}}{\mathrm{d}t} = \frac{\partial \vec{V}}{\partial t} + \nabla\left(\frac{u^2}{2}\right) + 2\vec{\omega} \times \vec{V} \tag{6-35}$$

式(6-34)中的旋转角速度分量分别为

$$\left. \begin{array}{l} \omega_x = \dfrac{1}{2}\left(\dfrac{\partial u_z}{\partial y} - \dfrac{\partial u_y}{\partial z}\right) \\[6pt] \omega_y = \dfrac{1}{2}\left(\dfrac{\partial u_x}{\partial z} - \dfrac{\partial u_z}{\partial x}\right) \\[6pt] \omega_z = \dfrac{1}{2}\left(\dfrac{\partial u_y}{\partial x} - \dfrac{\partial u_x}{\partial y}\right) \end{array} \right\} \tag{6-36}$$

将式(6-32)和式(6-34)代入 N-S 方程式(6-21)加以整理，得

$$\left. \begin{array}{l} \dfrac{\partial}{\partial x}\left(U - \dfrac{p}{\rho} - \dfrac{V^2}{2}\right) + v\nabla^2 u_x = \dfrac{\partial u_x}{\partial t} + 2(\omega_y u_z - \omega_z u_y) \\[6pt] \dfrac{\partial}{\partial y}\left(U - \dfrac{p}{\rho} - \dfrac{V^2}{2}\right) + v\nabla^2 u_y = \dfrac{\partial u_y}{\partial t} + 2(\omega_z u_x - \omega_x u_z) \\[6pt] \dfrac{\partial}{\partial z}\left(U - \dfrac{p}{\rho} - \dfrac{V^2}{2}\right) + v\nabla^2 u_z = \dfrac{\partial u_z}{\partial t} + 2(\omega_x u_y - \omega_y u_x) \end{array} \right\} \tag{6-37}$$

即

$$\nabla\left(U - \frac{p}{\rho} - \frac{V^2}{2}\right) + v\nabla^2 \vec{V} = \frac{\partial \vec{V}}{\partial t} + 2\vec{\omega} \times \vec{V} \tag{6-38}$$

式(6-37)和式(6-38)称为**葛罗米柯-斯托克斯方程**(Gromeco-Stokes equation)，简称 G-S 方程。

G-S 方程的适用条件为：①不可压缩流体；②连续流动；③牛顿流体；④质量力有势。

6.4 理想流体流动(Inviscid Flow)

在 N-S 方程中，粘性力项包含二阶偏导数，是求解 N-S 方程的主要困难所在。但是对于一些常见的流体，比如水和空气，粘性很小，在某些情况下忽略其粘性是合理的。忽略了粘性后的 N-S 方程，求解要容易得多。称忽略了粘性的流体为**理想流体**(ideal fluids/inviscid fluid/nonviscous fluid/frictionless fluid)。

> Flow fields in which the shearing stresses are zero are said to be inviscid, nonviscous, or frictionless.

由于粘性力为零，因此理想流体中的法向应力与方向无关，即

$$-p = \sigma_{xx} = \sigma_{yy} = \sigma_{zz}$$

式中的负号表示压力 p 垂直指向作用面。

在 5.6 节，从积分形式的能量方程出发，推导出了伯努利方程。在本节将从 N-S 方程出发，重新推导出伯努利方程，并作为一个特例，在一些假设的前提下给出 N-S 方程的解析解。

6.4.1 欧拉运动微分方程(Euler's Equations of Motion)

对于理想流体，粘性力为零，因此 N-S 方程简化为

$$\left. \begin{array}{l} f_x - \dfrac{1}{\rho}\dfrac{\partial p}{\partial x} = \dfrac{\mathrm{d}u_x}{\mathrm{d}t} = \dfrac{\partial u_x}{\partial t} + u_x\dfrac{\partial u_x}{\partial x} + u_y\dfrac{\partial u_x}{\partial y} + u_z\dfrac{\partial u_x}{\partial z} \\[2mm] f_y - \dfrac{1}{\rho}\dfrac{\partial p}{\partial y} = \dfrac{\mathrm{d}u_y}{\mathrm{d}t} = \dfrac{\partial u_y}{\partial t} + u_x\dfrac{\partial u_y}{\partial x} + u_y\dfrac{\partial u_y}{\partial y} + u_z\dfrac{\partial u_y}{\partial z} \\[2mm] f_z - \dfrac{1}{\rho}\dfrac{\partial p}{\partial z} = \dfrac{\mathrm{d}u_z}{\mathrm{d}t} = \dfrac{\partial u_z}{\partial t} + u_x\dfrac{\partial u_z}{\partial x} + u_y\dfrac{\partial u_z}{\partial y} + u_z\dfrac{\partial u_z}{\partial z} \end{array} \right\} \quad (6-39)$$

式(6-39)是由瑞士数学家欧拉(Leonhard Euler，1707—1783)提出的，通常称为**欧拉方程**(Euler's equations of motion)。欧拉方程的矢量形式为

$$\vec{f} - \frac{1}{\rho}\nabla p = \frac{\mathrm{D}\vec{V}}{\mathrm{D}t} = \frac{\partial \vec{V}}{\partial t} + (\vec{V}\cdot\nabla)\vec{V} \quad (6-40)$$

欧拉方程只适用于理想流体。

> Euler's equations of motion apply to an inviscid flow field.

尽管欧拉方程和 N-S 方程相比大为简化，但是仍然难以求出其解析解，难点是存在非线性的迁移加速度项 $(\vec{V}\cdot\nabla)\vec{V}$，即分量 $u_x(\partial u_x/\partial x)$，$u_y(\partial u_y/\partial y)$ 等。欧拉方程仍然是非线性偏微分方程，没有一般性的解法。

> Euler's equations are nonlinear partial differential equations for which we do not have a general method of solving.

6.4.2 伯努利方程(Bernoulli Equation)

伯努利方程可以从欧拉方程推出,实际上是直接从牛顿第二定律推出。对于稳定流动,欧拉方程简化为

$$\vec{f} - \frac{1}{\rho}\nabla p = \frac{D\vec{V}}{Dt} = (\vec{V} \cdot \nabla)\vec{V} \qquad (6-41)$$

如果质量力只有重力,则

$$\vec{f} = \vec{g} = -g\nabla z$$

将式(6-41)左边作如下变化

$$(\vec{V} \cdot \nabla)\vec{V} = \frac{1}{2}\nabla(\vec{V} \cdot \vec{V}) - \vec{V} \times (\nabla \times \vec{V})$$

则可重写式(6-41)为

$$g\nabla z + \frac{1}{\rho}\nabla p + \frac{1}{2}\nabla(V^2) = \vec{V} \times (\nabla \times \vec{V}) \qquad (6-42)$$

沿流线取一微元位移矢量

$$d\vec{s} = dx\vec{i} + dy\vec{j} + dz\vec{k}$$

用 $d\vec{s}$ 与式(6-42)各项点积(dot product),得

$$g\nabla z \cdot d\vec{s} + \frac{1}{\rho}\nabla p \cdot d\vec{s} + \frac{1}{2}\nabla(V^2) \cdot d\vec{s} = \vec{V} \times (\nabla \times \vec{V}) \cdot d\vec{s} \qquad (6-43)$$

沿流线方向 $d\vec{s} /\!/ \vec{V}$,而 $\vec{V} \times (\nabla \times \vec{V}) \perp \vec{V}$,所以式(6-43)等号右边为零,即

$$\vec{V} \times (\nabla \times \vec{V}) \cdot d\vec{s} = 0$$

再将式(6-43)等号左边的点积打开,式(6-43)变为

$$gdz + \frac{dp}{\rho} + \frac{1}{2}d(V^2) = 0 \qquad (6-44)$$

对于不可压缩流体,积分式(6-44),并整理得伯努利方程

$$z + \frac{p}{\rho g} + \frac{V^2}{2g} = C \qquad (6-45a)$$

式中:C 为任意常数。即沿流线上的任意两点 1 和 2,存在

$$z_1 + \frac{p_1}{\rho g} + \frac{V_1^2}{2g} = z_2 + \frac{p_2}{\rho g} + \frac{V_2^2}{2g} \qquad (6-45b)$$

➢ The Bernoulli equation applies along a streamline for inviscid fluids.

需要强调指出的是,伯努利方程有以下适用条件限制:①质量力只有重力;②理想流体;③稳定流动;④不可压缩流体;⑤沿流线。

6.4.3 无旋流动的伯努利方程(Bernoulli Equation for Irrotational Flow)

在6.4.2节中,伯努利方程是欧拉方程在沿流线的条件下推导出来的,施加沿流线的目的是使式(6-43)等号右边为零,换句话说,只要使式(6-43)等号右边为零,就能够得到伯努利方程。不难发现,如果 $\nabla \times \vec{V} = 0$,式(6-43)等号右边也为零,因此在这种条件下伯努利方程也成立。由4.6.1节已经知道,$\nabla \times \vec{V} = 0$ 的流动是无旋流动,所以在无旋

流动的条件下，伯努利方程式(6-45)也成立。

需要注意的是在无旋流动下，式(6-45b)对于整个流场中的任意两点均成立，并非限制在同一条流线上。

> ➢ The Bernoulli equation can be applied between any two points in an irrotational flow field.

除了无旋流动外，6.4.2节中的其他限制条件仍然需要，即伯努利方程的适用条件为：①质量力只有重力；②理想流体；③稳定流动；④不可压缩流体；⑤无旋流动。

6.4.4 速度势函数(The Velocity Potential)

由4.6.1节已经知道，对于无旋流动，$\nabla \times \vec{V} = 0$，也就是

$$\begin{cases} \dfrac{\partial u_y}{\partial x} = \dfrac{\partial u_x}{\partial y} \\ \dfrac{\partial u_x}{\partial z} = \dfrac{\partial u_z}{\partial x} \\ \dfrac{\partial u_z}{\partial y} = \dfrac{\partial u_y}{\partial z} \end{cases}$$

根据数学分析，$u_x dx + u_y dy + u_z dz$ 是某个标量函数 φ 的全微分的充分必要条件。称标量函数 $\varphi(x, y, z)$ 为**速度势函数**(the velocity potential)，简称**速度势**。

根据全微分的定义

$$d\varphi = \frac{\partial \varphi}{\partial x} dx + \frac{\partial \varphi}{\partial y} dy + \frac{\partial \varphi}{\partial z} dz$$

所以

$$\left. \begin{aligned} u_x &= \frac{\partial \varphi}{\partial x} \\ u_y &= \frac{\partial \varphi}{\partial y} \\ u_z &= \frac{\partial \varphi}{\partial z} \end{aligned} \right\} \tag{6-46}$$

写成矢量形式，即

$$\vec{V} = \nabla \varphi \tag{6-47}$$

将式(6-47)代入不可压缩流体的连续性方程 $\nabla \cdot \vec{V} = 0$ 中，可得

$$\nabla^2 \varphi = 0 \tag{6-48a}$$

式中：$\nabla^2 = \nabla \cdot \nabla$，称为拉普拉斯算子(laplacian operator)；式(6-48a)称为拉普拉斯方程。

在直角坐标系中，拉普拉斯方程的形式为

$$\frac{\partial^2 \varphi}{\partial x^2} + \frac{\partial^2 \varphi}{\partial y^2} + \frac{\partial^2 \varphi}{\partial z^2} = 0 \tag{6-48b}$$

旋转流动是由于存在转矩施加在流体质点上的结果，也就是切向应力作用的结果，切向应力只能在粘性流体中存在，由于理想流体中不存在粘性，切向应力为零，所以理想的不可压缩的流体必然是无旋的。但是这并不意味着实际的粘性流体中就不存在无旋流动，在粘性流场不受扰动的区域，流动可能是无旋的。

称满足拉普拉斯方程的流动为有势流动，反过来说就是理想的、不可压缩的、无旋的流场受拉普拉斯方程支配。无旋流动也称为**有势流动**(potential flows)。

> ➢ Inviscid, incompressible, irrotational flow fields are governed by Laplace's eqation and called potential flows.

在圆柱坐标系中，速度和速度势之间的关系为

$$u_r = \frac{\partial \varphi}{\partial r}, \quad u_\theta = \frac{1}{r}\frac{\partial \varphi}{\partial \theta}, \quad u_z = \frac{\partial \varphi}{\partial z} \tag{6-49}$$

拉普拉斯方程为

$$\frac{1}{r}\frac{\partial}{\partial r}\left(r\frac{\partial \varphi}{\partial r}\right) + \frac{1}{r^2}\frac{\partial^2 \varphi}{\partial \theta^2} + \frac{\partial^2 \varphi}{\partial z^2} = 0 \tag{6-50}$$

对于理想的、不可压缩的、无旋的流动，引进速度势给求解流场带来了方便。方法是通过拉普拉斯方程式(6-48b)或式(6-50)得到某个无旋流场的速度势，代入式(6-46)或式(6-49)，即可解出速度分布$\vec{V}$，再利用伯努利方程解出压强p。

6.5 平面势流(Plane Potential Flows)

拉普拉斯方程$\nabla^2 \varphi = 0$是一个线性方程，所以如果φ_1和φ_2是拉普拉斯方程的解，则$\varphi_3 = \varphi_1 + \varphi_2$也是拉普拉斯方程的解。这种性质具有一个很大的好处，就是如果φ_1和φ_2代表任意两种简单的无旋流动，那么$\varphi_1 + \varphi_2$就代表由两种简单的流动叠加而成的比较复杂的无旋运动，几种简单无旋运动的叠加道理一样。反之，就是一个复杂的无旋流动可以分解成几个简单的无旋流动的叠加，这样只要掌握了一些简单的无旋流动的解，复杂无旋运动的解就迎刃而解了。

> ➢ For potential flows, basic flows can be simply added to obtain more complicated flows.

6.5.1 流函数(The Stream Function)

对于不可压缩流体的平面势流，存在连续性方程

$$\frac{\partial u_x}{\partial x} + \frac{\partial u_y}{\partial y} = 0$$

即

$$\frac{\partial u_x}{\partial x} = -\frac{\partial u_y}{\partial y} \tag{6-51}$$

平面流动的流线方程为

$$u_x \mathrm{d}y - u_y \mathrm{d}x = 0 \tag{6-52}$$

由数学分析可知，式(6-51)是式(6-52)为某一函数$\psi(x, y)$的全微分的充分必要条件，即

$$\mathrm{d}\psi = \frac{\partial \psi}{\partial x}\mathrm{d}x + \frac{\partial \psi}{\partial y}\mathrm{d}y = u_x \mathrm{d}y - u_y \mathrm{d}x \tag{6-53}$$

因此，有

$$u_x = \frac{\partial \psi}{\partial y}, \quad u_y = -\frac{\partial \psi}{\partial x} \tag{6-54}$$

定义函数 $\psi(x, y)$ 为**流函数**(stream function)。引进流函数之后，可以用一个变量 ψ 代替两个变量 u_x 和 u_y，使问题得到简化。

> Velocity components in a two-dimensional flow field can be expressed in terms of a stream function.

由式(6-53)可知，在流线上，$d\psi = 0$，即在流线上 $\psi =$ 常数。反之就是 $\psi =$ 常数代表了一条流线，这正是将函数 $\psi(x, y)$ 称为流函数的原因。需要注意的是，不同数值的 ψ 代表了不同的流线，即不同的流线 ψ 值不同。

> A particular advantage of using the stream function is related to the fact that lines along which ψ is constant are streamlines.

在以上引出流函数的过程中，并没有涉及流体的粘性和有旋与否，因此只要是不可压缩流体的平面流动，就必然存在流函数。除轴对称流动以外，三维流动中不存在流函数。

某一流线上 ψ 的数值本身并不具备特殊的意义，但是流场中 ψ 数值的变化与流量有关，使其具有明显的物理意义。如图 6.5 所示，经 A、B 两点的实线为流场中的两条流线，虚线 AB 与流场中的所有流线正交，假定垂直平面 Oxy 的高度为 1，计算两流线的流量，也就是通过 AB 的流量。在虚线 AB 上取一微元弧段 dl，显然，$u_x dy$ 是经 dl 由 I 区进入 II 区的流量，$u_y dx$ 是经 dl 由 II 区进入 I 区的流量，那么经 dl 由 I 区进入 II 区的流量为

$$dq = u_x dy - u_y dx$$

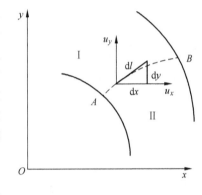

图 6.5 流函数的物理意义

将 dq 对虚线 AB 积分可得到通过两条流线间的总流量

$$q = \int_A^B dq = \int_A^B u_x dy - u_y dx = \int_A^B d\psi = \psi_B - \psi_A \tag{6-55}$$

因此，流函数的物理意义是：平面流动中通过两流线间的单位厚度的流量等于两流线的流函数之差。由式(6-55)可知，沿流线全长的两流线间的单位厚度的流量不变。

> The change in the value of the stream function is related to the volume rate of flow.

将式(6-54)代入无旋流动的关系式

$$\frac{\partial u_x}{\partial y} - \frac{\partial u_y}{\partial x} = 0$$

中，容易得到

$$\frac{\partial^2 \psi}{\partial x^2} + \frac{\partial^2 \psi}{\partial y^2} = \nabla^2 \psi = 0 \tag{6-56}$$

因此，不可压缩流体平面有势流动的流函数满足拉普拉斯方程。

由式(6-46)和式(6-54)，还可得到以下关系式

$$\frac{\partial \varphi}{\partial x} = \frac{\partial \psi}{\partial y}, \quad \frac{\partial \varphi}{\partial y} = -\frac{\partial \psi}{\partial x} \tag{6-57}$$

$$\frac{\partial \varphi}{\partial x}\frac{\partial \psi}{\partial x} + \frac{\partial \varphi}{\partial y}\frac{\partial \psi}{\partial y} = 0 \tag{6-58}$$

如果定义速度势函数相等的曲线为**等势线**(equipotential lines)，那么式(6-58)便是等势线和流线相互正交的条件。在不可压缩流体平面有势流动的流场中绘出一簇等势线和一簇流线，就得到了相互正交的网格，称为**流网**(flow net)，如图6.6所示。

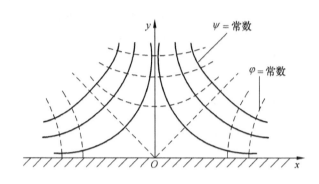

图6.6 流网

【**例题6-2**】 已知平面势流的速度势函数 $\varphi = 4(x^2 - y^2)$，试求速度和流函数。

解：由速度势函数的定义，得 x，y 方向的速度分量分别为

$$u_x = \frac{\partial \varphi}{\partial x} = 8x$$

$$u_y = \frac{\partial \varphi}{\partial y} = -8y$$

合速度为

$$u = \sqrt{u_x^2 + u_y^2} = 8\sqrt{x^2 + y^2}$$

且速度 u 与水平方向的夹角为

$$\theta = \arctan \frac{u_y}{u_x} = \arctan\left(-\frac{y}{x}\right)$$

又由

$$\frac{\partial \psi}{\partial y} = u_x = -8x$$

积分得

$$\psi = 8xy + f(x)$$

故

$$\frac{\partial \psi}{\partial x} = 8y + f'(x) = -u_y = 8y$$

得

$$f'(x) = 0$$

即

$$f(x) = C$$

于是有

$$\psi = 8xy + C$$

式中：C 为任意常数，它的大小不会影响流动图形，故可令 $C=0$，得

$$\psi = 8xy$$

故流线为一组双曲线。

6.5.2 基本平面势流(Some Basic Plane Potential Flows)

在本节中，将引入3种基本的平面势流：均匀流动、点源和点汇、自由涡。

1. 均匀流动(uniform flow)

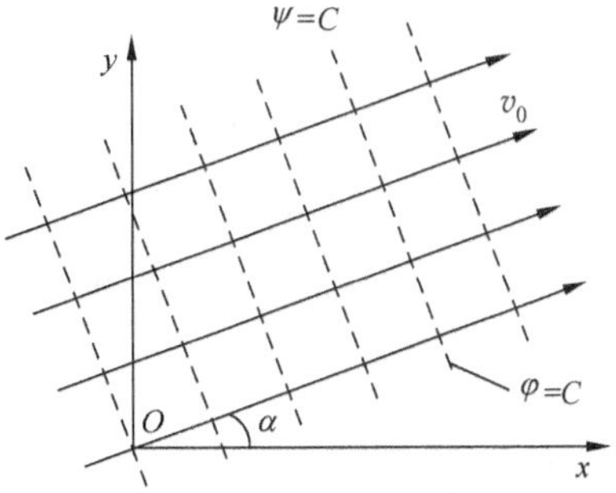

最简单的平面流动是流线为彼此平行的直线，流速大小恒定不变的流动，称这种流动为**均匀流动**(uniform flow)，如图 6.7 所示。

设平面均匀流动与 x 轴成 α 角，速度为 u_0，则
$$u_x = u_0 \cos\alpha$$
$$u_y = u_0 \sin\alpha$$

由于
$$\omega_z = \frac{1}{2}\left(\frac{\partial u_y}{\partial x} - \frac{\partial u_x}{\partial y}\right) = 0$$

所以流动有势。

图 6.7 平面均匀流动

由于
$$\frac{\partial \varphi}{\partial x} = u_x = u_0 \cos\alpha$$
$$\frac{\partial \varphi}{\partial y} = u_y = u_0 \sin\alpha$$

则
$$d\varphi = \frac{\partial \varphi}{\partial x}dx + \frac{\partial \varphi}{\partial y}dy = (u_0 \cos\alpha)dx + (u_0 \sin\alpha)dy$$

积分得速度势
$$\varphi = (u_0 \cos\alpha)x + (u_0 \sin\alpha)y + c_1$$

同理利用流函数与速度之间的关系可得
$$\psi = (u_0 \cos\alpha)y - (u_0 \sin\alpha)x + c_2$$

常数 c_1 和 c_2 对流动图形没有影响，可以舍去，则得
$$\varphi = (u_0 \cos\alpha)x + (u_0 \sin\alpha)y = u_0(x\cos\alpha + y\sin\alpha)$$
$$\psi = (u_0 \cos\alpha)y - (u_0 \sin\alpha)x = u_0(y\cos\alpha - x\sin\alpha) \tag{6-59}$$

当 φ 等于不同的常数时得到一组平行直线，即等势线(图中虚线所示)，当 ψ 等于不同的常数时得到一组平行直线，即流线(图中实线所示)，流线和等势线构成了流网。

2. 点源和点汇(point source and point sink)

称流体由一点沿径向向外所作的对称直线流动为点源，此点为源点，称流体由四周沿径向一点所作的对称直线流动为点汇，此点为汇点，如图 6.8 所示。

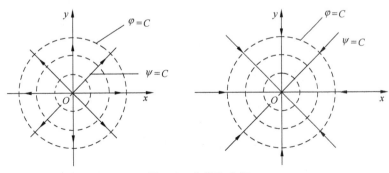

图 6.8 点源和点汇

如果流体流过任一半径 r 处单位厚度的流量为 q，则在极坐标中，源(汇)的径向速度为

$$u_r = \pm \frac{q}{2\pi r} \quad (点源取正号，点汇取负号)$$

式中：q 称为源(汇)的强度。

根据连续性原理，离源(汇)点越远，速度越小，在源(汇)点处速度为 ∞，源(汇)点即是数学上的奇点(singularity)。在源(汇)点处流动没有意义，必须排除在所考虑的流场之外。

当为点源时

$$\frac{\partial \varphi}{\partial r} = u_r = \frac{q}{2\pi r}$$

$$u_\theta = \frac{1}{r}\frac{\partial \varphi}{\partial \theta} = 0$$

所以

$$d\varphi = \frac{\partial \varphi}{\partial r}dr + \frac{\partial \varphi}{\partial \theta}d\theta = \frac{\partial \varphi}{\partial r}dr = \frac{q}{2\pi r}dr$$

由于

$$r = \sqrt{x^2 + y^2}$$

积分得速度势函数

$$\varphi = \frac{q}{2\pi}\ln r + c_1 = \frac{q}{2\pi}\sqrt{x^2 + y^2} + c_1 \qquad (6-60)$$

对于流函数，有

$$d\psi = -\frac{\partial \varphi}{\partial y}dx + \frac{\partial \varphi}{\partial x}dy$$

式中

$$\frac{\partial \varphi}{\partial x} = \frac{\partial \varphi}{\partial r}\frac{\partial r}{\partial x} = \frac{q}{2\pi}\frac{x}{x^2+y^2}$$

$$\frac{\partial \varphi}{\partial y} = \frac{\partial \varphi}{\partial r}\frac{\partial r}{\partial y} = \frac{q}{2\pi}\frac{y}{x^2+y^2}$$

所以

$$d\psi = \frac{q}{2\pi}\frac{-ydx + xdy}{x^2+y^2}$$

积分得流函数

$$\psi = \frac{q}{2\pi}\arctan\left(\frac{y}{x}\right) + c_2 \qquad (6-61)$$

由于积分常数 c_1 和 c_2 对流动图形没有影响，可以舍去，则得

$$\varphi = \frac{q}{2\pi}\ln r = \frac{q}{2\pi}\ln\sqrt{x^2+y^2} \qquad (6-62)$$

$$\psi = \frac{q}{2\pi}\arctan\left(\frac{y}{x}\right) = \frac{q}{2\pi}\theta \qquad (6-63)$$

所以，等势线是一系列半径不同的同心圆；流线是一系列从原点出发的放射线，等势

线与流线正交，如图 6.7 所示。

同理可以求得点汇的速度势和流函数为

$$\varphi = -\frac{q}{2\pi}\ln r \tag{6-64}$$

$$\psi = -\frac{q}{2\pi}\theta \tag{6-65}$$

将式(6-62)～式(6-65)代入拉普拉斯算子，很容易证明和满足拉普拉斯方程，所以 φ 和 ψ 都是调和函数，从而证明了点源和点汇都是有势流动。

3. 点涡(point vortex)

当涡束的半径趋于零时，涡束变成了一条涡线，垂直于无限长涡线的各平行平面中的流动称为**点涡**(point vortex)，又称为**自由涡**(free vortex)。

若绕包围点涡的任一封闭曲线的速度环量为 Γ（称为点涡的强度），则速度分量为

$$u_r = \frac{\partial \varphi}{\partial r} = 0$$

$$u_\theta = \frac{1}{r}\frac{\partial \varphi}{\partial \theta} = \frac{\Gamma}{2\pi r}, \quad \frac{\partial \varphi}{\partial \theta} = \frac{\Gamma}{2\pi}$$

由速度势函数的全微分

$$\mathrm{d}\varphi = \frac{\partial \varphi}{\partial r}\mathrm{d}r + \frac{\partial \varphi}{\partial \theta}\mathrm{d}\theta = \frac{\Gamma}{2\pi}\mathrm{d}\theta$$

积分得

$$\varphi = \frac{\Gamma}{2\pi}\theta \tag{6-66}$$

式中

$$\theta = \arctan\left(\frac{y}{x}\right)$$

因为

$$\frac{\partial \psi}{\partial x} = -\frac{\partial \varphi}{\partial y} = -\frac{\Gamma}{2\pi}\frac{x}{x^2+y^2}$$

$$\frac{\partial \psi}{\partial y} = \frac{\partial \varphi}{\partial x} = -\frac{\Gamma}{2\pi}\frac{y}{x^2+y^2}$$

所以由流函数的全微分

$$\mathrm{d}\psi = -\frac{\Gamma}{2\pi}\frac{x\mathrm{d}x + y\mathrm{d}y}{x^2+y^2} = -\frac{\Gamma}{2\pi}\frac{1}{2}\frac{\mathrm{d}r^2}{r^2}$$

积分得

$$\psi = -\frac{\Gamma}{2\pi}\ln r \tag{6-67}$$

由式(6-67)可知，流线是以坐标原点为圆心的同心圆簇。由式(6-66)可知，等势线是一系列从原点出发的径向直线，与流线垂直。

6.6 简单势流的叠加(Combination of Simple Potential Flows)

研究势流的目的在于求解反映运动特征的速度势函数 φ 和流函数 ψ，然后由速度势函数或流函数求解流场，但是当流动比较复杂时，求解反映运动特征的速度势函数和流函数十分困难。一个简便的途径是将复杂的势流分解成简单的势流的叠加，求解简单势流的速度势函数和流函数，然后求解简单势流的流场，再由简单势流的流场求解复杂势流的流场。可以证明，任意几个简单势流

$$\varphi_1, \varphi_2, \varphi_3, \cdots$$

的叠加，即

$$\varphi = \varphi_1 + \varphi_2 + \varphi_3 + \cdots$$

得到的较复杂的流动也是势流。

下面利用两个势流 φ_1 和 φ_2 来证明。设两个势流 φ_1 和 φ_2 叠加后得

$$\varphi = \varphi_1 + \varphi_2$$

则

$$\begin{aligned}\frac{\partial^2 \varphi}{\partial x^2} + \frac{\partial^2 \varphi}{\partial y^2} &= \frac{\partial^2 (\varphi_1 + \varphi_2)}{\partial x^2} + \frac{\partial^2 (\varphi_1 + \varphi_2)}{\partial y^2} \\ &= \left(\frac{\partial^2 \varphi_1}{\partial x^2} + \frac{\partial^2 \varphi_1}{\partial y^2} \right) + \left(\frac{\partial^2 \varphi_2}{\partial x^2} + \frac{\partial^2 \varphi_2}{\partial y^2} \right) \\ &= 0 + 0 \\ &= 0\end{aligned}$$

所以，代表复杂流动的速度势函数 φ 满足拉普拉斯方程，此复杂流动也是势流。推广到多个简单势流的叠加，得到

$$\nabla^2 \varphi = \nabla^2 \varphi_1 + \nabla^2 \varphi_2 + \cdots = 0 \qquad (6-68)$$

还可以证明，简单势流叠加后的流函数 ψ 也满足拉普拉斯方程，即

$$\nabla^2 \psi = \nabla^2 \psi_1 + \nabla^2 \psi_2 + \cdots = 0 \qquad (6-69)$$

将速度势函数 φ 分别对 x 和 y 求导，得到速度场

$$\frac{\partial \varphi}{\partial x} = u_x = \frac{\partial \varphi_1}{\partial x} + \frac{\partial \varphi_2}{\partial x} + \cdots = u_{1x} + u_{2x} + \cdots$$

$$\frac{\partial \varphi}{\partial y} = u_y = \frac{\partial \varphi_1}{\partial y} + \frac{\partial \varphi_2}{\partial y} + \cdots = u_{1y} + u_{2y} + \cdots$$

即

$$\vec{V} = \vec{V}_1 + \vec{V}_2 + \cdots \qquad (6-70)$$

由此得到了**势流的叠加原理**(pile up principle of potential flow)：几个有势流动的叠加，得到一个新的有势流动，其速度势函数 φ 和流函数 ψ 分别等于叠加的几个有势流动的速度势函数和流函数的代数和；新的有势流动的速度等于叠加的几个有势流动的速度的几何和。

> ➤ Several basic velocity potentials and stream functions can be used to describe simple plane potential flows.

下面给出两个简单势流叠加的例子。

6.6.1 偶极流(Doublet Flow)

图 6.9 所示为一位于 A 点 $(-a,0)$ 的点源和位于 B 点 $(a,0)$ 的点汇叠加后的流动图形。叠加后的流场的速度势为

$$\varphi = \frac{q_A}{2\pi}\ln r_A - \frac{q_B}{2\pi}\ln r_B \tag{6-71}$$

式中：q_A 和 q_B 分别为点源和点汇的强度，它们均为正数。由于

$$r_A = \sqrt{y^2+(x+a)^2},\ r_B = \sqrt{y^2+(x-a)^2}$$

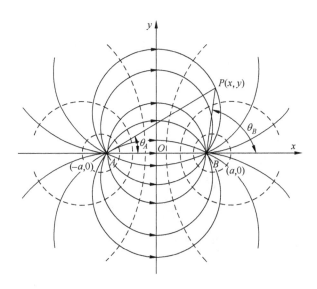

图 6.9　点源和点汇的叠加

假定点源和点汇的强度相等，即 $q_A = q_B = q$，那么叠加后的流场的速度势为

$$\varphi = \frac{q}{2\pi}(\ln r_A - \ln r_B) = \frac{q}{2\pi}\ln\frac{r_A}{r_B} = \frac{q}{2\pi}\ln\sqrt{\frac{y^2+(x+a)^2}{y^2+(x-a)^2}} \tag{6-72}$$

叠加后的流场的流函数为

$$\psi = \frac{q}{2\pi}(\theta_A - \theta_B) = \frac{q}{2\pi}\theta_P \tag{6-73}$$

式中：θ_P 为动点 P 与源点 A 和汇点 B 的连线的夹角。由流线方程 $\psi = \text{const}$ 可知，流线是经过源点 A 和汇点 B 的圆线簇。

当点源和点汇无限接近，即 $a\to 0$ 时，便得到一种新的平面势流——**偶极流**(doublet Flow)。但这时如果是强度等于常值的源和汇的简单叠加，源发出的流体立即被汇吸收，不能形成流动，只有当点源和点汇无限接近时，源和汇的强度趋于无限大，使 $2qa$ 保持为一个有限的常数值 M，源和汇的简单叠加才能形成流动，称为偶极流。这时 M 称为偶极流的**偶极矩**(doublet moment)，偶极矩是一个向量，方向由点源指向点汇。

将式(6-72)变形为

$$\varphi = \frac{q}{2\pi}\ln\frac{r_A}{r_B} = \frac{q}{2\pi}\left(1+\frac{r_A-r_B}{r_B}\right)$$

如图 6.10 所示，$r_A - r_B \approx 2a\cos\theta_A$，当 $a\to 0$ 时，$r_A \to r$，$r_B \to r$，$\theta_A \to \theta$，$\theta_B \to \theta$。又因为当 $\varepsilon \to 0$ 时，$\ln(1+\varepsilon)\approx\varepsilon$，所以偶极流的速度势为

$$\varphi = \lim_{a\to 0}\left[\frac{q}{2\pi}\ln\left(1+\frac{2a\cos\theta_A}{r_B}\right)\right] = \lim_{a\to 0}\left(\frac{q}{2\pi}\frac{2a\cos\theta}{r}\right) \tag{6-74}$$

$$= \frac{M\cos\theta}{2\pi r} = \frac{M}{2\pi}\frac{r\cos\theta}{r^2} = \frac{M}{2\pi}\frac{x}{x^2+y^2}$$

将式(6-73)变形为

$$\psi = \frac{q}{2\pi}(\theta_A - \theta_B) = \frac{q}{2\pi}\left(\arctan\frac{y}{x+a} - \arctan\frac{y}{x-a}\right) = \frac{q}{2\pi}\arctan\frac{\dfrac{y}{x+a}-\dfrac{y}{x-a}}{1+\dfrac{y}{x+a}\dfrac{y}{x-a}}$$

$$= \frac{q}{2\pi}\arctan\frac{-2ay}{x^2+y^2-a^2}$$

则偶极流的流函数为

$$\psi = \lim_{a\to 0}\left(\frac{q}{2\pi}\arctan\frac{-2ay}{x^2+y^2-a^2}\right) = -\frac{M}{2\pi}\frac{y}{x^2+y^2} \tag{6-75}$$

令 $\psi = c_1$，c_1 为常数，则流线方程为

$$x^2 + \left(y+\frac{M}{4\pi c_1}\right)^2 = \left(\frac{M}{4\pi c_1}\right)^2$$

可见流线是与 x 轴在原点相切的圆周簇，如图 6.11 所示。

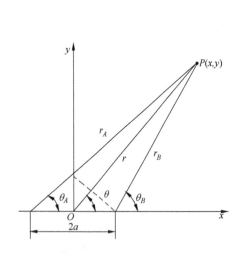

图 6.10 推导偶极流速度势和流函数用图

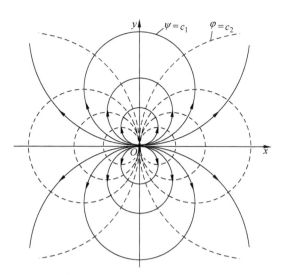

图 6.11 偶极流的流线和等势线

令 $\varphi = c_2$，c_2 为常数，则等势线方程为

$$\left(x-\frac{M}{4\pi c_2}\right)^2 + y^2 = \left(\frac{M}{4\pi c_2}\right)^2$$

可见等势线是与 y 轴在原点相切的圆周簇,如图 6.11 所示。

6.6.2 螺旋流(Spiral Flow)

在离心式喷油嘴、除尘器等设备中,流体自然沿圆周切向进入,最终从中央轴线方向流出,这样的流动可以看成是点汇和点涡的叠加。设环流方向为逆时针方向,q 为点汇的强度,Γ 为点涡的强度,则点汇和点涡叠加后的流场的速度势和流函数分别为

$$\varphi = -\frac{q}{2\pi}\ln r + \frac{\Gamma}{2\pi}\theta \tag{6-76}$$

$$\psi = -\frac{q}{2\pi}\theta - \frac{\Gamma}{2\pi}\ln r \tag{6-77}$$

令式(6-76)等于常数 C_1,式(6-77)等于常数 C_2,等势线方程和流线方程如下

$$r = C_1 e^{\frac{\Gamma}{q}\theta} \tag{6-78}$$

$$r = C_2 e^{-\frac{q}{\Gamma}\theta} \tag{6-79}$$

等势线和流线是两组相互正交的对数螺旋线簇,称为**螺旋流**(spiral flow),如图 6.12 所示。

切向速度为

$$u_\theta = \frac{1}{r}\frac{\partial \varphi}{\partial \theta} = \frac{\Gamma}{2\pi r}$$

径向速度为

$$u_r = \frac{\partial \varphi}{\partial r} = \frac{q}{2\pi r}$$

合速度为

$$V = \sqrt{u_\theta^2 + u_r^2} = \frac{1}{2\pi r}\sqrt{\Gamma^2 + q^2}$$

代入伯努利方程,得流场中的压强分布为

$$p_1 = p_2 - \frac{\rho}{8\pi^2}(\Gamma^2 + q^2)\left(\frac{1}{r_1^2} - \frac{1}{r_2^2}\right)$$

离心式风机、水泵等设备外壳中的流动是点源和点涡叠加的例子,如图 6.13 所示。

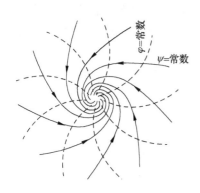

图 6.12 螺旋流

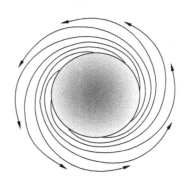

图 6.13 点源和点涡叠加例子
(离心式风机外壳中的流动)

6.7 流体对圆柱体的无环量绕流
(Zero-circulation Flow around a Circular Cylinder)

在解理想的不可压缩流体的平面势流的问题中主要是绕流问题,其中平行流绕流圆柱流动是最基本的问题之一,这一流动由平行流和偶极流叠加而成。

> ➢ A doublet combined with a uniform flow can be used to represent flow around a circular cylinder.

1. 速度势函数和流函数

设有一平行于 x 轴的均匀直线流动,在无穷远处的速度为 V_∞,其速度势函数和流函数分布为

$$\varphi_1 = V_\infty x, \quad \psi_1 = V_\infty y$$

中心位于坐标原点的偶极流的速度势函数和流函数为

$$\varphi_2 = \frac{M}{2\pi}\frac{x}{x^2+y^2}, \quad \psi_2 = -\frac{M}{2\pi}\frac{y}{x^2+y^2}$$

平行流与偶极流叠加流动的速度势函数和流函数为

$$\varphi = \varphi_1 + \varphi_2 = V_\infty x + \frac{M}{2\pi}\frac{x}{x^2+y^2} \tag{6-80}$$

$$\psi = \psi_1 + \psi_2 = V_\infty y - \frac{M}{2\pi}\frac{y}{(x^2+y^2)^2} \tag{6-81}$$

2. 速度场

为了分析流动特点和速度的变化规律,求得流场速度为

$$u_x = \frac{\partial \varphi}{\partial x} = V_\infty - \frac{M}{2\pi}\frac{x^2-y^2}{x^2+y^2} \tag{6-82}$$

$$u_y = \frac{\partial \varphi}{\partial y} = -\frac{M}{2\pi}\frac{2xy}{(x^2+y^2)^2} \tag{6-83}$$

叠加流场中速度为零的点称为**驻点**(stagnation point),即在驻点处有 $u_x=0$,$u_y=0$。

由式(6-83)可见,当 $x=0$ 和 $y=0$ 时,都存在 $u_y=0$。假设 $x=0$ 的点为驻点,则有 $u_x=0$,由式(6-82)得到

$$V_\infty + \frac{M}{2\pi y^2} = 0$$

故

$$y = \sqrt{-\frac{M}{2\pi V_\infty}}$$

y 为虚数,不可能存在。说明 $x=0$ 时,虽然 $u_y=0$,但由于 u_x 不可能为零,故流场中 $x=0$ 的点不能满足驻点的要求。

当 $y=0$,$u_x=0$,由式(6-82)有

$$u_x = V_\infty - \frac{M}{2\pi x^2} = 0$$

即
$$x = \pm \sqrt{\frac{M}{2\pi V_\infty}}$$

因此得到，在点 $\left(y=0,\ x=\sqrt{\dfrac{M}{2\pi V_\infty}}\right)$ 和点 $\left(y=0,\ x=-\sqrt{\dfrac{M}{2\pi V_\infty}}\right)$ 处，存在 $u_x=0$，$u_y=0$，所以在 x 轴上的这两点应为叠加后流场的驻点。

由式(6-81)得流线方程为
$$V_\infty y - \frac{M}{2\pi}\frac{y}{x^2+y^2} = C$$

选取不同的 C 值，可得到如图 6.14 所示的流动图形。其中，定义 $\psi=0$ 的流线为零流线。于是有零流线方程
$$y\left(V_\infty - \frac{M}{2\pi}\frac{1}{x^2+y^2}\right) = 0$$

即
$$y=0,\quad x^2+y^2 = \frac{M}{2\pi V_\infty}$$

由此可见，零流线是 x 轴和圆心在坐标原点，半径为 $r_0=\sqrt{\dfrac{M}{2\pi V_\infty}}$ 的圆周。在 $y=0$，$x=\pm\sqrt{\dfrac{M}{2\pi V_\infty}}=\pm r_0$ 处有 $u_x=0$，$u_y=0$。因此，零流线圆周上 $y=0$ 的点是驻点，图中 S_1 为前驻点，S_2 为后驻点。流线在速度为零的前驻点 S_1 分为两股，分别沿上、下圆柱面流到后驻点 S_2 汇合。

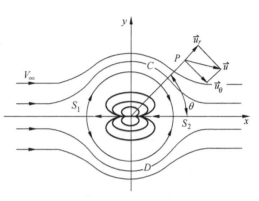

图 6.14 平行绕流圆柱体无环量流动

由于流体不能从里面或外面穿过零流线，因此可以把零流线看作固体边界，即用半径为 r_0 的圆柱体代替零流线，在理想流体流动的情况下，圆柱体外的流场将保持流动的原状而不受影响，因此，上述叠加得到的流动为理想流体绕流圆柱流动。

若以柱坐标形式表示，对任意点 $P(x,y)$，速度势函数和流函数为
$$\varphi = V_\infty r\cos\theta + \frac{M}{2\pi}r\frac{\cos\theta}{r^2} = V_\infty\left(1+\frac{r_0^2}{r^2}\right)r\cos\theta \qquad (6-84)$$

$$\psi = V_\infty r\sin\theta - \frac{M}{2\pi}r\frac{\sin\theta}{r^2} = V_\infty\left(1-\frac{r_0^2}{r^2}\right)r\sin\theta \qquad (6-85)$$

速度分量为
$$u_r = \frac{\partial\varphi}{\partial r} = V_\infty\left(1-\frac{r_0^2}{r^2}\right)\cos\theta \qquad (6-86)$$

$$u_\theta = \frac{1}{r}\frac{\partial\varphi}{\partial\theta} = -V_\infty\left(1+\frac{r_0^2}{r^2}\right)\sin\theta \qquad (6-87)$$

在圆柱面上 $r=r_0$ 时，得
$$\left.\begin{array}{l} u_r = 0 \\ u_\theta = -2V_\infty\sin\theta \end{array}\right\} \qquad (6-88)$$

上式说明，沿圆柱体表面只有切线方向的速度，无径向速度，即组合流动紧贴圆柱表面，既无流体穿入，也无流体脱离圆柱面。

对前驻点 S_1：　　　　　　　　　$\theta=\pi$，$u_\theta=0$

对后驻点 S_2：　　　　　　　　　$\theta=0$，$u_\theta=0$

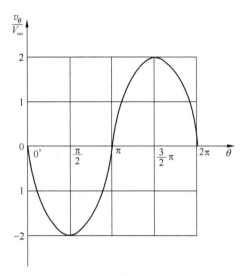

图 6.15 圆柱体表面的速度分布

在 $\theta=\pm\dfrac{\pi}{2}$ 处，$u_{\theta\max}=\mp 2\mu V_\infty$，即在该处的速度达到最大值，等于无穷远处速度的两倍，该值与圆柱体的半径无关。负号表示流动速度方向与 θ 角相反。

柱体表面上任一点的流动速度的绝对值为

$$u=u_\theta=2V_\infty|\sin\theta|$$

沿圆柱体表面的速度分布如图 6.15 所示。沿包围圆柱体的任意周线的速度环量为

$$\Gamma=\oint u_\theta \mathrm{d}l=\int_0^{2\pi}-V_\infty\left(1+\dfrac{r_0^2}{r^2}\right)r\sin\theta\mathrm{d}\theta=0$$

即平行流与偶极流叠加得到的流动为无环量绕流圆柱流动。

3. 压强分布规律

对于有势流动，沿圆柱表面的压强分布规律由伯努利方程求得。设无穷远处流体的速度为 V_∞，压强为 p_∞，柱体表面任一点的速度为 u_θ，压强为 p_θ，则有

$$p_\infty+\dfrac{\rho V_\infty^2}{2}=p_\theta+\dfrac{\rho u_\theta^2}{2}$$

得

$$p_\theta=p_\infty+\dfrac{\rho V_\infty^2}{2}(1-4\sin^2\theta) \tag{6-89}$$

➤ The pressure distribution on the cylinder surface is obtained from the Bernoulli equation.

工程中常以无因次压强因数表示圆柱体上任一点处的压强，而无因次压强因数的分布规律不受 V_∞ 和 p_∞ 的影响，其定义为

$$C_p=\dfrac{p_\theta-p_\infty}{\dfrac{\rho V_\infty^2}{2}}=1-4\sin^2\theta \tag{6-90}$$

由式(6-90)可见，无因次压强因数既与圆柱体的半径无关，也与 V_∞ 和 p_∞ 无关，而仅与 θ 角有关。沿圆柱体表面压强因数 C_p 的分布如图 6.16 所示。当 $\theta=0$（S_2 点处）和 $\theta=\pi$（S_1 点处）时，$C_p=1$，此时压强具有最大值，即 $p_{S_1}=p_{S_2}=p_\infty+\dfrac{\rho V_\infty^2}{2}$；当 $\theta=\pi/2$ 或 $\theta=3\pi/2$ 时，$C_p=-3$，此时压强具有最小值，即 $p_C=p_D=p_\infty-\dfrac{3}{2}\rho V_\infty^2$。$\theta$ 从后驻点 S_2 算起沿逆时针方向增加。其中，虚线表示亚临界(subcritical)，点划线表示超临界(supercritical)。上述在圆柱体表面上速度和压强的变化情况可用伯努利方程中的动能和压能的相互转化加以解释。

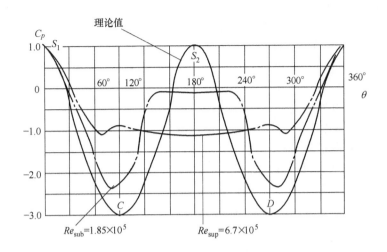

图 6.16 压强因数沿圆柱体表面的分布

从上面的分析可知,压强沿圆柱体对称分布,流体在圆柱体表面上的压强合力等于零,下面予以证明。

如图 6.17 所示,作用在单位长度主体表面的微小面积 $\mathrm{d}S = r_0 \mathrm{d}\theta$ 上的总压力为

$$\mathrm{d}F = p_\theta r_0 \mathrm{d}\theta$$

$\mathrm{d}F$ 沿 x 轴和 y 轴的分量分别为

$$\mathrm{d}F_x = -p_\theta r_0 \cos\theta \mathrm{d}\theta \quad (6-91)$$
$$\mathrm{d}F_y = -p_\theta r_0 \sin\theta \mathrm{d}\theta \quad (6-92)$$

式中的负号表示当 $\cos\theta$ 和 $\sin\theta$ 为正时,$\mathrm{d}F_x$ 和 $\mathrm{d}F_y$ 正好与 x 轴和 y 轴的方向相反。

将式(6-89)代入上述二式,分别得到总压力沿着 x 轴和 y 轴方向的分量

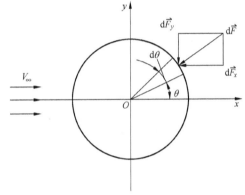

图 6.17 推导理想流体对圆柱体的作用力示意图

$$F_D = F_x = -\int_0^{2\pi} \left[p_\infty + \frac{\rho V_\infty^2}{2}(1 - 4\sin^2\theta) \right] r_0 \cos\theta \mathrm{d}\theta = 0 \quad (6-93)$$

$$F_L = F_y = -\int_0^{2\pi} \left[p_\infty + \frac{\rho V_\infty^2}{2}(1 - 4\sin^2\theta) \right] r_0 \sin\theta \mathrm{d}\theta = 0 \quad (6-94)$$

由此可见,流体作用在圆柱表面上的压强合力为零,即圆柱体上既无平行于来流方向的阻力作用,也无垂直于来流方向的升力作用。只要势流流经物体时不形成旋涡或分离,这一结论可以推广到任意物体的**绕流**(round flow)。因此,假设在理想流体的均匀恒定的流动中放置任意物体,而流体流过此物体时既不分离,也没有形成环量,则流体作用在物体上的压强合力应等于零,即该物体在流场中不受阻力作用。这一理论推得的结果与实验观察得到的结果有很大矛盾,1750 年法国科学家达朗贝尔首次发现这一矛盾,故称之为达朗贝尔佯谬。

理想流体的假定引起了这一矛盾。实际上,当流体绕流物体时,由于实际流体或多或少都具有粘性,紧贴圆柱面处存在边界层,固体边壁附近摩擦阻力的影响不可忽略,不应

看成是理想流体。另外，一般在后半个圆柱面处，流体不再贴着圆柱体而发生分离，在圆柱体后面形成旋涡区，对圆柱体产生阻力。

【例题 6-3】 已知某二维不可压缩流场的速度分布为

$$u_x = x^2 + 4x - y^2, \quad u_y = -2xy - 4y$$

试确定：

(1) 流动是否连续？

(2) 流动是否有旋？

(3) 速度为零的驻点位置；

(4) 速度势函数 φ 和流函数 ψ。

解：(1) 由

$$\frac{\partial u_x}{\partial x} + \frac{\partial u_y}{\partial y} = 2x + 4 - 2x - 4 = 0$$

判断可知流动连续。

(2) 由于

$$\frac{\partial u_x}{\partial y} = -2y = \frac{\partial u_y}{\partial x}$$

故流场无旋。

(3) 由驻点处 $u_x = 0$，$u_y = 0$

有

$$\begin{cases} x^2 + 4x - y^2 = 0 \\ -2xy - 4y = 0 \end{cases}$$

解方程得驻点为

$$\begin{cases} x_1 = 0 \\ y_1 = 0 \end{cases} \begin{cases} x_2 = -4 \\ y_2 = 0 \end{cases}$$

(4) 由速度势函数定义

$$\frac{\partial \varphi}{\partial x} = u_x = x^2 + 4x - y^2$$

积分得

$$\varphi = u_x = \frac{1}{3}x^3 + 2x^2 - y^2 x + f(y)$$

又由

$$u_y = -2xy - 4y$$

$$u_y = \frac{\partial \varphi}{\partial y} = -2xy + f'(y)$$

得

$$f'(y) = -4y$$

及

$$y = -2y^2 + C$$

令 $C = 0$，得速度势函数为

$$\varphi = \frac{1}{3}x^3 + 2x^2 - y^2 x - 2y^2$$

由流函数定义

$$\frac{\partial \psi}{\partial y} = u_x = x^2 + 4x - y^2$$

积分得

$$\psi = x^2 y + 4xy - \frac{1}{3}y^3 + f(x)$$

$$\frac{\partial \psi}{\partial x} = 2xy + 4y + f'(x)$$

又
$$\frac{\partial \psi}{\partial x}=-u_y=2xy+4y$$
得
$$f'(x)=0$$
即
$$f(x)=C$$

令 $C=0$，得流函数为
$$\psi=x^2y+4xy-\frac{1}{3}y^3$$

6.8 流体对圆柱体的有环量绕流
(Flow with a free Vortex around a Circular Cylinder)

1. 速度势函数和流函数

平行流对圆柱体的有环量绕流，由流体对圆柱体的无环量绕流与点涡感生的纯环流叠加而成。当流体绕物体的流动有环量时，速度和压力的对称性被破坏，将出现压强的合力，环量的生成是产生合力的根源。

平行流对圆柱体有环量绕流的速度势函数为

$$\varphi=\varphi_1+\varphi_2=V_\infty r\left(1+\frac{r_0^2}{r^2}\right)\cos\theta-\frac{\Gamma}{2\pi}\theta \tag{6-95}$$

速度环量以顺时针为负，逆时针为正。

流函数为

$$\psi=\psi_1+\psi_2=V_\infty r\left(1-\frac{r_0^2}{r^2}\right)\sin\theta-\frac{\Gamma}{2\pi}\ln r \tag{6-96}$$

当 $r=r_0$ 时，$u_r=\frac{\partial \varphi}{\partial r}=0$，即沿着 $r=r_0$ 的圆周只有切线方向的速度。而这时的 $\psi=\frac{\Gamma}{2\pi}\ln r_0=C$，即 $r=r_0$ 的圆周是一条流线，没有流体从流线流入或穿出，将这条流线作为圆柱体周线时，满足平行绕流圆柱流动的边界条件。

当 $r=\pm\infty$ 时，$u_x=\frac{\partial \varphi}{\partial x}=V_\infty$，$u_y=\frac{\partial \varphi}{\partial y}=0$，这说明虽然是有环量绕流，但在无穷远处仍然保持原来的平行流，也满足了在无穷远处的边界条件。

由于在圆柱面上和无穷远处，边界条件都得到了满足，所以函数 φ 和 ψ 就是所研究问题的解。

2. 速度场

对于流场中的任意一点有

$$u_r=\frac{\partial \varphi}{\partial r}=V_\infty\left(1-\frac{r_0^2}{r^2}\right)\cos\theta \tag{6-97}$$

$$u_\theta=\frac{1}{r}\frac{\partial \varphi}{\partial \theta}=-V_\infty\left(1+\frac{r_0^2}{r^2}\right)\sin\theta-\frac{\Gamma}{2\pi r} \tag{6-98}$$

当 $r=r_0$ 时，在圆柱面上得到

$$\begin{cases} u_r=0 \\ u_\theta=-2V_\infty\sin\theta-\dfrac{\Gamma}{2\pi r_0} \end{cases} \quad (6-99)$$

由式(6-99)可见，在图 6.18 所示的流动方向和顺时针方向的环量下，在圆柱体上部，平行流绕圆柱体的速度方向与环流的速度方向相同，叠加后上部速度增加，而圆柱体下部，平行流与环流速度方向相反，叠加后速度降低。

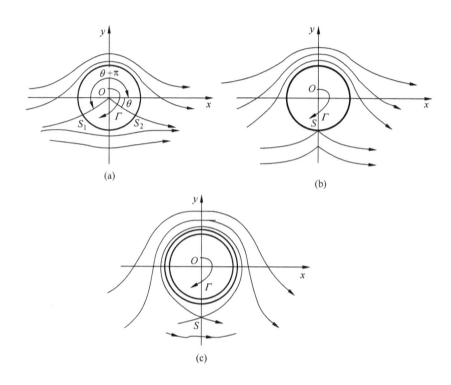

图 6.18　环量大小对流动图形的影响

➢ Flow around a rotating cylinder is approximated by the addition of a free vortex.

令 $u_\theta=0$，求得速度为零的驻点的相位角为

$$\sin\theta_S=-\frac{\Gamma}{4\pi r_0 V_\infty} \quad (6-100)$$

对式(6-100)分 4 种情况讨论如下：

(1) 当 $\Gamma=0$ 时，$\theta_S=0$ 和 π，即驻点为 x 轴和圆柱面的两个交点 S_1 和 S_2，这是平行流对圆柱体的无环量绕流；

(2) 当 $0<\Gamma<4\pi r_0 V_\infty$ 时，$|\sin\theta_S|<1$，即有 $\theta_S=-\theta$ 和 $\theta_S=(\pi+\theta)$ 两个驻点，两个驻点在柱面上，且对称于 y 轴，位于第三和第四象限中，如图 6.18(a)所示的 S_1 和 S_2。在 V_∞ 不变的情况下，随环量 Γ 的增加，S_1 和 S_2 点逐渐靠近；

(3) 当 $\Gamma=4\pi r_0 V_\infty$ 时，$\sin\theta_S=1$，两个驻点重合为一点，位于 y 轴上(0，$-r_0$)处，如图 6.18(b)所示；

(4) 当 $\Gamma>4\pi r_0 V_\infty$ 时，$|\sin\theta_S|>1$，θ_S 无解，即圆柱面上已不存在驻点。这表明驻点

已离开圆柱表面，位于圆柱面外 y 轴上的某一点，如图 6.18(c)所示。若令式(6-97)和式(6-98)的 $u_r=0$ 和 $u_\theta=0$，可得到位于 y 轴上的两个驻点，一个在圆柱外，另一个在圆柱内。但圆柱内的驻点对所讨论的绕圆柱流动没有意义，绕流流场由经过圆柱外的驻点 S 的闭合流线划分为内、外两个区域，外部区域为平行流绕圆柱的有环流的流动，而在闭合流线和圆柱面之间的绕流，则是自成闭合环流。

由上述讨论可知，驻点的位置取决于 $4\pi r_0 V_\infty$，而在圆柱体半径 r_0 和无穷远处来流速度 V_∞ 给定的情况下，驻点的位置只取决于环量 Γ 的大小，随 Γ 增加，驻点逐渐下降。

3. 压强分布

因为流体是有势流动，由拉格朗日积分，在整个流场中有

$$\rho g z + p + \frac{\rho v^2}{2} = C$$

质量力忽略不计时，对无穷远处和圆柱体表面上的两点列伯努利方程得

$$\begin{aligned} p_\theta &= p_\infty + \frac{\rho V_\infty^2}{2} - \frac{\rho u_\theta^2}{2} \\ &= p_\infty + \frac{\rho V_\infty^2}{2} - \frac{\rho}{2}\left[4V_\infty^2 \sin^2\theta + 2V_\infty \frac{\Gamma}{\pi r_0}\sin\theta + \frac{\Gamma^2}{4\pi^2 r_0^2}\right] \\ &= p_\infty + \frac{\rho V_\infty^2}{2}\left[1 - \left(2\sin\theta + \frac{\Gamma}{2\pi r_0 V_\infty}\right)^2\right] \end{aligned} \quad (6-101)$$

圆柱体表面上的无因次压强分布规律为

$$C_p = \frac{p_\theta - p_\infty}{\rho V_\infty^2 / 2} = 1 - \left(2\sin\theta + \frac{\Gamma}{2\pi r_0 V_\infty}\right)^2 \quad (6-102)$$

由式(6-101)和式(6-102)可知，圆柱体上的压强及其分布，不仅取决于无穷远处来流速度 V_∞ 和 θ 角，而且与环量 Γ 的大小和方向有关，对顺时针方向的环量，圆柱体的上半部各点的压强小于下半部各点的压强。

4. 作用在圆柱体上的合力

由于是理想流体绕流，圆柱体表面上没有粘滞阻力，仅有流体动压强的作用。加上点涡环流后，破坏了流动对 x 轴的对称性，但相对于 y 轴的对称性没有被破坏，所以作用于圆柱体表面上 x 方向的阻力为零，y 方向上的升力不等于零。

作用于单位长度的圆柱体微元面积 dA 上的压力为 $p_\theta r_0 d\theta$，所以沿整个圆柱体表面上的阻力为

$$\begin{aligned} F_x = F_D &= \int_0^{2\pi} -p_\theta r_0 \cos\theta d\theta \\ &= \int_0^{2\pi}\left\{p_\infty + \frac{\rho V_\infty^2}{2}\left[1 - \left(2\sin\theta + \frac{\Gamma}{2\pi r_0 V_\infty}\right)^2\right]\right\}r_0 \cos\theta d\theta = 0 \end{aligned} \quad (6-103)$$

升力为

$$\begin{aligned} F_y = F_L &= -\int_0^{2\pi} p_\theta r_0 \sin\theta d\theta \\ &= -\int_0^{2\pi}\left\{p_\infty + \frac{\rho V_\infty^2}{2}\left[1 - \left(2\sin\theta + \frac{\Gamma}{2\pi r_0 V_\infty}\right)^2\right]\right\}r_0 \sin\theta d\theta \end{aligned}$$

$$= -r_0\left(p_\infty + \frac{\rho V_\infty^2}{2} - \frac{\rho \Gamma^2}{8\pi^2 r_0^2}\right)\int_0^{2\pi}\sin\theta d\theta + \frac{\rho V_\infty \Gamma}{\pi}\int_0^{2\pi}\sin^2\theta d\theta + 2r_0\rho V_\infty^2\int_0^{2\pi}\sin^2\theta d\theta$$

$$= \frac{\rho V_\infty \Gamma}{\pi}\left[\frac{1}{2}\theta - \frac{1}{4}\sin(2\theta)\right]_0^{2\pi}$$

$$= \rho V_\infty \Gamma \tag{6-104}$$

式(6-104)就是著名的库塔—儒科夫斯基(Kutta-Zhoukowski)升力公式。上述计算结果表明，理想流体对圆柱体作有环量绕流时，流体作用在圆柱体上的阻力等于零；而作用在单位长度的圆柱体上的升力等于流体密度 ρ、无穷远处来流速度 V_∞ 和速度环量 Γ 这3者的乘积。当 V_∞ 不变时，环量 Γ 越大，升力就越大；反之亦然。

升力 F_L 的方向可由下述方法确定：将来流速度 V_∞ 的方向沿逆速度环量的方向转 90° 所指向的方向就是升力方向，如图 6.19 所示。

飞机能够在空中飞行，是由于机翼上所产生的升力作用。无论圆柱体或机翼，产生升力的根本原因都在于绕流流动的不对称性。

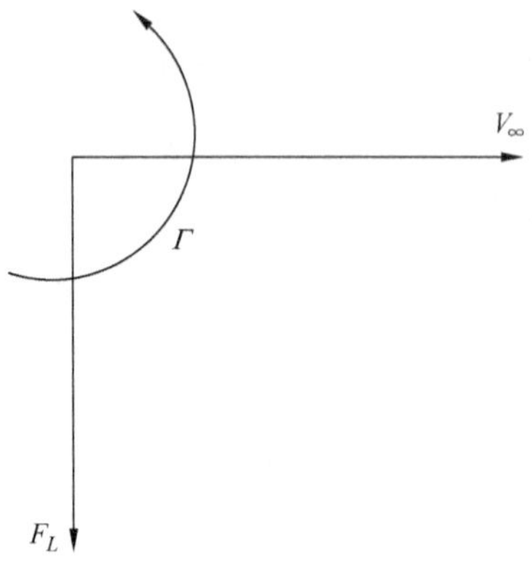

图 6.19 确定升力方向示意图

绕流圆柱体的不对称流动是由圆柱体的旋转引起的，圆柱的旋转作用产生速度环量 Γ。早在 1852 年马格努斯(Magnus, G)就在实验中发现了这一侧向的升力，它使圆柱体产生横向运动，因此这一现象又称为马格努斯效应。日常生活和体育运动中有很多属于这种现象的例子。如乒乓球运动员打出具有强烈旋转的"弧圈球"和"侧旋球"，使球的运动路线"怪异"就是利用这一原理。

绕机翼流动的不对称性是由无环量绕流流动与一个产生环量的漩涡运动叠加的结果。绕机翼无环量流动的图形如图 6.20(a)所示，流体沿翼型的上、下表面流动，沿下表面流动的流体绕过后缘点，与沿上表面流动的流体汇合形成后驻点。一般情况下，理想流体绕流后缘尖端时，由于该点的曲率半径等于零，后缘点处的速度将为无穷大。若在机翼外面

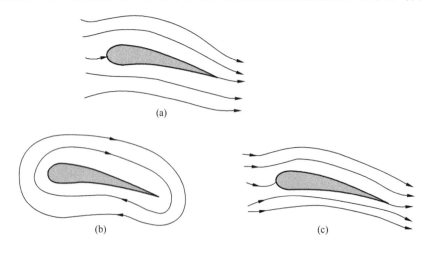

图 6.20 绕机翼流动

叠加一个如图 6.20(b)所示的漩涡环流运动，就能够得到流体绕流机翼时的平滑流动，即绕机翼流动可看作是机翼的无环量绕流与一个漩涡运动的叠加，如图 6.20(c)所示。以这种理论得到的机翼理论升力和实际升力在平滑绕流时可以很好地吻合。

【例题 6-4】 船在静水中以 $u=1.11\text{m/s}$ 的速度前进，风速为 $U=8.33\text{m/s}$，方向如图 6.21 所示。船上装有两个直径 $d=2\text{m}$，高 $L=15\text{m}$ 的圆柱体，圆柱体以 $\omega=750\text{r/min}$ 作逆时针旋转，已知空气密度为 $\rho=1.209\text{kg/m}^3$，试求船在 x 方向所受到的推进力 F。

解：把坐标系 xOy 固定在船上，则船感受到的风速为
$$V_x=(8.33\sin30°-1.11)$$
$$V_y=8.33\cos30°$$
$$\Gamma=2\pi\frac{\omega}{60}\frac{d}{2}\cdot\pi d=2\times3.14\times\frac{750}{60}\times\frac{2}{2}\times3.14\times2\text{m}^2/\text{s}=493\text{m}^2/\text{s}$$

单位长度的圆柱体在 x 方向所受到的升力
$$F_x=\rho V_y\Gamma=1.209\times8.33\times0.866\times493\text{N/m}=4300\text{N/m}$$

两个圆柱体受到气流在 x 方向的总升力即为船在 x 方向受到的推进力
$$F=2F_xL=2\times4300\times15\text{N}=1.29\times10^5\text{N}$$

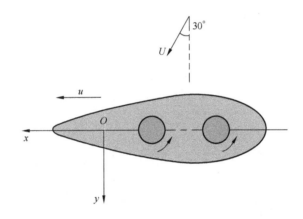

图 6.21 例题 6-4 示意图

6.9 流体绕圆球的流动 (Flow around a Ball)

流体绕球体的流动是一个空间流动问题，但是，圆球运动中存在旋转对称轴线，而所有包含旋转对称轴线的平面内的流动完全相同，因此，可以将空间流动问题转化为包含旋转对称轴线的平面流动问题，使绕球体流动的求解简化。

前已谈及，合理的选取坐标系可以简化问题的求解。这里选用球坐标系，取球心为坐标原点，并使 z 轴与无穷远处的来流速度平行，从而减少变量，简化方程。此时，变量与经度角无关，将绕流问题变成对 z 轴的对称流动问题。

1. 空间点源、点汇和偶极流

若在坐标原点放置一点源，向四方放射状流动，流量为 q，则对于任意半径为 R 的球

面上，有

$$q = 4\pi R u_R \quad (6-105)$$

对于理想流体的轴对称有势流动，在球坐标系中，点源流动为

$$\left.\begin{array}{l} u_R = \dfrac{\partial \varphi}{\partial R} = \dfrac{q}{4\pi R^2} \\ u_\theta = \dfrac{1}{R}\dfrac{\partial \varphi}{\partial \theta} = 0 \end{array}\right\} \quad (6-106)$$

速度势函数 φ 只是坐标 R 的函数，所以

$$d\varphi = \frac{q}{4\pi R^2} dR$$

积分得

$$\varphi = -\frac{q}{4\pi R} \quad (6-107)$$

对于点源流动为 $+q$，速度势函数为

$$\varphi = -\frac{q}{4\pi R}$$

对于点汇流动为 $-q$，速度势函数为

$$\varphi = \frac{q}{4\pi R}$$

若将空间点源置于 $-z$ 轴，点汇置于 $+z$ 轴上，如图 6.22 所示，得叠加流动的速度势函数为

$$\varphi = -\frac{q}{4\pi}\left(\frac{1}{R_1} - \frac{1}{R_2}\right) \quad (6-108)$$

式中：R_1，R_2 为流场中任意点 P 到点源和点汇的距离。

设点源和点汇间距离为 dz，当 $dz \to 0$ 时，若 $q \to \infty$，参照平面偶极流的情形，令

$$\lim_{\substack{dz \to 0 \\ q \to \infty}} q\,dz = M$$

为一有限值，就能够得到类似于平面势流的空间偶极流，称常数 M 为空间偶极流的偶极矩。

当 $dz \to 0$ 时，R_1 和 R_2 接近为 R，则

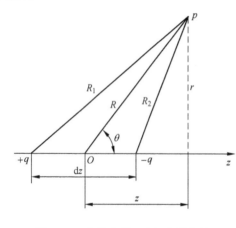

图 6.22 空间点源、点汇和偶极流

$$\varphi = -\frac{q}{4\pi}\left[-d\left(\frac{1}{R}\right)\right] = \frac{q}{4\pi}\frac{d\left(\dfrac{1}{R}\right)}{dz}dz$$

式中：$R = \sqrt{r^2 + z^2}$，故

$$\frac{d}{dz}\left(\frac{1}{R}\right) = \frac{d}{dz}(r^2 + z^2)^{\frac{1}{2}} = -\frac{\cos\theta}{R^2}$$

因而得到位于坐标原点，其方向指向 $-z$ 轴方向（由汇到源），强度为 M 的空间偶极流产生流动的速度势函数为

$$\varphi = \lim_{\substack{dz \to 0 \\ q \to \infty}} \left(\frac{q}{4\pi} \frac{\cos\theta}{R^2} dz \right) = \frac{M}{2\pi R^2} \cos\theta \tag{6-109}$$

一般空间流动不存在流函数，但绕球的轴对称流动类似于平面流动，存在流函数。可以用与平面势流类似的方法，由轴对称流动的连续性方程得到流函数与速度势函数的关系为

$$\frac{\partial \psi}{\partial R} = -\sin\theta \frac{\partial \varphi}{\partial \theta}$$

$$\frac{\partial \psi}{\partial \theta} = R^2 \sin\theta \frac{\partial \varphi}{\partial R}$$

将式(6-109)代入上式，得

$$\frac{\partial \psi}{\partial R} = \sin^2\theta \frac{M}{4\pi R^2}$$

$$\frac{\partial \psi}{\partial \theta} = -\sin\theta\cos\theta \frac{M}{2\pi R}$$

对上述方程进行积分，并令积分常数等于零，得到偶极流的流函数为

$$\psi = \frac{-M\sin^2\theta}{4\pi R} \tag{6-110}$$

2. 平行势流与空间偶极流的叠加——绕球体流动

设无穷远处的来流速度 V_∞ 与 z 轴平行，如图 6.23 所示。设球坐标中，平行流的速度分量为

$$u_r = \frac{\partial \varphi}{\partial r} = V_\infty \cos\theta = \frac{1}{R^2 \sin\theta} \frac{\partial \psi}{\partial \theta}$$

$$u_\theta = \frac{1}{R} \frac{\partial \varphi}{\partial \theta} = -V_\infty \sin\theta = -\frac{1}{R\sin\theta} \frac{\partial \psi}{\partial R}$$

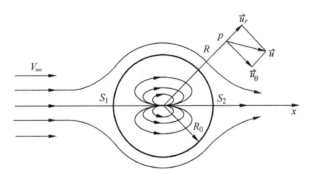

图 6.23 平行势流与空间偶极流的叠加

积分上面的方程组，得到平行流的流函数

$$\psi = \frac{1}{2} V_\infty R^2 \sin^2\theta \tag{6-111}$$

将平行流与偶极流叠加，得到流函数

$$\psi = \frac{1}{2} V_\infty R^2 \sin^2\theta - \frac{M\sin^2\theta}{4\pi R} = \left(\frac{1}{2} V_\infty R^2 - \frac{M}{4\pi R} \right) \sin^2\theta \tag{6-112}$$

与绕圆柱体平面势流相同，令 $\psi = 0$，得到零流面方程

$$\psi = \left(\frac{1}{2}V_\infty R^2 - \frac{M}{4\pi R}\right)\sin^2\theta = 0$$

$$\frac{1}{2}V_\infty R^2 - \frac{M}{4\pi R} = 0 \quad \text{和} \quad \sin^2\theta = 0$$

零流面是球面方程得 $R = \sqrt[3]{\dfrac{M}{2\pi V_\infty}} = R_0$ 及 Oz 轴方程，即 $\theta = 0$，π，R_0 为球面半径。显然，偶极流的偶极矩为

$$M = 2\pi V_\infty R_0^3$$

同样，平行流与偶极流叠加得到的速度势函数为

$$\varphi = V_\infty z + \frac{M}{4\pi R^2}\cos\theta = \left(V_\infty R + \frac{M}{4\pi R^2}\right)\cos\theta \tag{6-113}$$

故流场中任意点处的速度为

$$u_r = \frac{\partial \varphi}{\partial r} = \left(V_\infty - \frac{M}{2\pi R^3}\right)\cos\theta \tag{6-114}$$

$$u_\theta = \frac{1}{R}\frac{\partial \varphi}{\partial \theta} = -\frac{1}{R}\left(V_\infty R + \frac{M}{4\pi R^2}\right)\sin\theta$$

$$= -V_\infty\left(1 + \frac{M}{4\pi V_\infty R^3}\right)\sin\theta \tag{6-115}$$

对于 $R = R_0$ 的球面（零球面）上，任意 θ 角处均有 $u_r = 0$，即无流体从球体内、外表面流出或流入。因此，将 $R = R_0$ 的球面当作固体壁面不会影响整个流场的流动，从而证明了平行流与空间偶极流叠加得到的是平行绕流球体流动。

若将偶极矩代入式(6-112)中，得到半径为 R_0 的球体流动的流函数为

$$\psi = \frac{1}{2}V_\infty R^2\left[1 - \left(\frac{R_0}{R}\right)^3\right]\sin^2\theta \tag{6-116}$$

速度势函数为

$$\varphi = V_\infty R\left[1 + \frac{1}{2}\left(\frac{R_0}{R}\right)^3\right]\cos\theta = V_\infty z\left[1 + \frac{1}{2}\left(\frac{R_0}{R}\right)^3\right] \tag{6-117}$$

流场中任意点的速度

$$u_r = V_\infty\left[1 - \left(\frac{R_0}{R}\right)^3\right]\cos\theta \tag{6-118}$$

$$u_\theta = -V_\infty\left[1 + \frac{1}{2}\left(\frac{R_0}{R}\right)^3\right]\sin\theta \tag{6-119}$$

当 $R = R_0$，得到球面上的速度分布规律为

$$u_r = 0$$

$$u_\theta = -\frac{3}{2}V_\infty\sin\theta$$

当 $R \to \infty$ 时，有

$$u_r = V_\infty\cos\theta, \quad u_\theta = -V_\infty\sin\theta$$

因此，绕球体流动流场中的速度分布可以看成由两部分构成：一部分是未受球体扰动的平行直线流动；另一部分是速度分布式中的后半部分，它是由偶极流所表示的球体对平行流的扰动。显然，随 R 的增加，即远离球体，扰动速度就迅速减小，它与距离的立方成反比。

在球面上，$u_\theta = 0$ 的点是驻点，得到驻点的相位角为

$$\theta = 0, \quad \pi$$

当 $\theta = \pm \dfrac{\pi}{2}$ 时，得到球面上最大速度为

$$(u_\theta)_{\max} = \mp \mu \dfrac{3}{2} V_\infty$$

可知，球面的最大速度只为来流速度的 $\dfrac{3}{2}$ 倍，而在平面绕圆柱体流动的情况下，最大速度为来流速度的 2 倍。

根据伯努利方程得球面上的压强分布

$$p_\theta = p_\infty + \dfrac{\rho V_\infty^2}{2} - \dfrac{\rho u_\theta^2}{2}$$

因此，球面上无因次压力系数为

$$C_p = \dfrac{p_\theta - p_\infty}{\rho V_\infty^2 / 2} = 1 - \left(\dfrac{u_\theta}{V_\infty}\right)^2 = 1 - \dfrac{9}{4} \sin^2 \theta \tag{6-120}$$

在 $\theta = 0, \pi$ 处，是驻点 S_1 和 S_2，得

$$C_{p\max} = 1$$

在 $\theta = \pm \dfrac{\pi}{2}$ 处，有

$$C_{p\min} = -\dfrac{5}{4}$$

由上述可知，理想流体绕流球体时，球体表面上的压强分布对称，故圆球在理想流体中等速运动时不受任何阻力作用，这就是在绕圆柱流动中谈及的著名的达朗贝尔佯谬。

工程实例

飓　风

飓风是最有趣的，同时也是存在潜在灾难的自然形成的流动流体之一。有许多观点认为飓风与自由涡流非常相似。利用涡流的理论我们可以求得飓风的能量和旋转速度，以此来估计飓风的破坏力。

图 6.24　飓风

习 题

6.1 有两个不可压缩的连续流场：
(1) $u_x = ax^2 + by$，$u_z = 0$；
(2) $u_x = e^{-x}\mathrm{ch}y + 1$，$u_z = 0$。
求 u_y（设 $y=0$ 时，$u_y=0$）。

6.2 试确定下列流场中的流速是否满足不可压缩流体的连续性条件？
(1) $u_x = kx$，$u_y = ky$；
(2) $u_x = 4xy$，$u_y = 0$；
(3) $u_x = k\sin(xy)$，$u_y = -k\sin(xy)$；
(4) $u_x = -c^2 y/r^2$，$u_y = -c^2 x/r^2$。

6.3 已知速度场为 $\vec{V} = 2\vec{i} + 3\vec{j}$，求速度势 φ 和流函数 ψ。

6.4 已知速度势为 $\varphi = xy$，求速度分量和流函数，画出 $\varphi = 1, 2, 3$ 的等势线，证明等势线和流函数相互正交。

6.5 已知不可压缩流体的平面流动的速度势为 $\varphi = x^2 - y^2 + x$，求流函数 ψ。

6.6 已知不可压缩流体的平面流动的流函数为 $\psi = xy + 2x - 3y + 10$，求速度势 φ。

6.7 已知不可压缩流体的平面流动的流函数为 $\psi = 3y + x^2 - y^2$，求速度势 φ，并求出点 $(0, 4)$ 和点 $(3, 5)$ 之间的压强差（流体密度为 ρ，且为常数）。

6.8 判断下列流函数的流动是否为有势流动，若有势，写出势函数。
(1) $\psi = kxy$；
(2) $\psi = x^2 - y^2$；
(3) $\psi = k\ln(xy^2)$。

6.9 平面不可压缩流体的速度分布为
(1) $u_x = y$，$u_y = -x$；
(2) $u_x = x - y$，$u_y = x + y$；
(3) $u_x = x^2 - y^2 + x$，$u_y = -(2xy + y)$。
试判断它们是否满足 φ 和 ψ 的存在条件，并将存在的 φ 或 ψ 求出。

6.10 绘出下列流函数所表示的流动图形（标明流动方向），计算其速度，加速度，并求出速度势函数，绘出等势线。
(1) $\psi = x + y$；
(2) $\psi = xy$；
(3) $\psi = x/y$；
(4) $\psi = x^2 - y^2$。

6.11 设 $\varphi = xyz$，求点 $(1, 2, 1)$ 处的速度、加速度和流线方程。当 $\varphi = xyzt$ 时的情况又如何？

6.12 已知不可压缩平面势流的 $v_x = yt - x$，且在 $t=0$ 时，$x=0$，$y=0$ 处的 $v_y = 0$。试求势函数 φ，流函数 ψ，及 $t=0$ 时过 $(1,1)$ 点的流线方程。

6.13 设有一不可压缩流体的平面势流，其 x 方向的速度分量为 $v_x = 3ax^2 - 3ay^2$，在 $y=0$ 处的 y 方向的速度分量 $v_y = 0$。试求通过 $(0,0)$ 及 $(1,1)$ 两点连线的流体的流量。

6.14 理想不可压缩流体做平面有势流动，其速度势为 $\varphi = ax(x^2 - 3y^2)$，$a < 0$，试确定其运动速度及流函数，并求通过 $A(0, 0)$ 及 $B(1, 1)$ 两点的直线段的流体的流量。

6.15 若平面不可压缩流体运动的速度势 $\varphi = \dfrac{x}{x^2 + y^2}$，试求离原点（奇点）0.5m 处的运动速度。

6.16 二维势流的速度势为 $\varphi = k\theta$，式中 θ 是极角，k 为常数，试计算：
(1) 沿圆周 $x^2 + y^2 = R^2$ 的环量；
(2) 沿圆周 $(x - a)^2 + y^2 = R^2 (R < a)$ 的环量。

6.17 如图 6.25 所示，距离 $h = 2$m 的两平板表面间的速度分布为
$$u_x = 10\left(\dfrac{1}{4}h^2 - y^2\right)$$

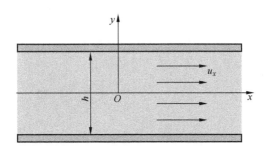

图 6.25 习题 6.17 图

式中 u_x 是两平面间 y 处的速度。试求流函数 ψ 的表达式，并绘制流线。

6.18 已知某平面流场的速度势函数为
$$\varphi = K(x^2 - y^2)$$
式中 K 为常数。试求流函数。

6.19 判断下列流场是否连续，是否有势，并求其速度势函数和流函数。
(1) $u_x = Kx$, $u_y = Ky$；
(2) $u_x = Ky$, $u_y = Kx$；
(3) $u_x = x - y$, $u_y = x + y$；
(4) $u_x = x^2 + 2xy$, $u_y = y^2 + 2xy$。
式中 K 为常数。

6.20 已知某二维不可压缩流场的流函数为 $\psi = 3x^2 y - y^3$，试论证其有势并求出其速度势函数。

6.21 试推证分别用下列速度势函数和流函数表示的两个流动相同。
(1) $\varphi_1 = \dfrac{1}{2}(x^2 - y^2) + 2x - 3y$；
(2) $\psi_2 = xy + 3x + 2y$。

6.22 某二维流场的速度势函数为 $\varphi = x^2 - y^2$，试求其流函数和过点 $(1, 1)$ 的速度。

6.23 两个强度 $Q = 4\pi$ 的点源分别位于点 $(1, 0)$ 和 $(-1, 0)$，求在点 $(0, 0)$、$(0, 1)$、$(0, -1)$ 和 $(1, 1)$ 处的速度。

6.24　长 $l=8$m，直径 $D=1$m 的圆柱体，垂直地置于平板汽车上，汽车以速度 $v_1=30$m/s 等速直线行驶，且该圆柱体以 300r/min 绕垂直轴旋转，并受到垂直于汽车行驶方向的侧风作用，风速 $v_2=15$m/s，空气密度 $\rho=1.2$kg/m³，试求圆柱体所受的力。

6.25　一点源置于(1，0)点，强度 $q_1=10$m³/s，点汇置于(-1，0)，强度为 $q_2=-10$m³/s，现与速度 $u=u_x=25$m/s 的沿 x 轴反向的平行流叠加，试求：

(1) 叠加流动前、后驻点间的距离 l；

(2) 上游无穷远处和(1，1)点的压差。

6.26　速度为 V_∞ 的均匀流垂直绕流半径为 r_0 的圆柱体，在圆柱体的截面中心建立坐标系，使 x 轴与来流速度 V_∞ 同方向，试求第一象限的 1/4 圆柱体单位长度上所受到的合力 F_x、F_y，假设无穷远的压强为 p_∞。

第 7 章
相似原理与量纲分析
(Similitude and Dimensional Analysis)

本章教学要点

知识要点	能力要求	相关知识
相似原理	理解相似原理的重要性；掌握两流动相似的充分必要条件	模型与原型；相似条件；相似判据；相似准则数
量纲分析	理解并掌握量纲和谐原理；掌握定理的实质及应用定理建立物理方程的步骤；了解瑞利法	量纲；量纲分析的方法；量纲分析的局限性
模型试验	掌握模型试验的依据和难以进行全面力学相似模型试验的理由；理解近似模化法的途径和意义	两流动相似的充分必要条件；相似准则数；相似准则的方程分析法

导入案例

雷诺数与绕任何圆柱（与尺寸、速度或流体无关）流动的对应关系图如下图所示，a 为层流，b 为过渡状态，c、d 为紊流。对于不同的雷诺数 Re 值，将有不同的流动形态。通过后续的学习我们将会知道 $Re=2320$ 为层流与湍流的判别依据。

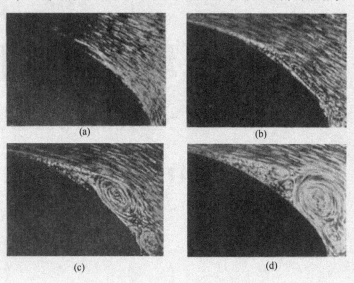

7.1 相似原理(Similitude)

对于大多数实际流体的流动问题，由于流动现象和流动结构的复杂性，采用理论分析方法至今尚有困难。其中一些问题是对流动现象的全部过程了解不够，难以用数学工具来描述；另一些问题是虽然建立了流体运动的微分方程组，但由于流动的边界条件复杂及方程本身的非线性，使得在数学上难以求解。尽管最近数十年来计算流体力学飞速发展，使得能够进行流体流动的数值模拟和计算机实验，但在计算中仍然需要作大量的假设和近似，因而它不可能取代传统的实验流体力学。许多实际的流体流动问题到目前为止还只能通过实验得出数据和结论，更重要的是，实验还可以用于建立理论研究所需的数学模型及验证某些理论的正确性。相似原理与量纲分析是实验流体力学的理论基础，同时也是对流动现象进行理论分析的一个重要手段。对很多实际的流动问题，直接用实物（或称作原型）进行实验会遇到很大的困难，有的原型对尺寸大小进行实测十分困难；也有的用原型进行实验根本不可能。

因此，在流体流动问题的研究与发展过程中，都必须用一定尺寸的模型进行实验。实验研究通常是在一个和实际流动相似，而几何尺寸又缩小(或放大)了的模型中进行的。它所要解决的问题及其途径是：按照相似原理与量纲分析方法设计模型、选择流动介质和工况，保证模型流动与原型相似；用相似准数形式的要求测量必要的物理量，综合整理模型的实验结果，求出流动的规律性，并把它们应用到原型情况或按相似比率外推到实际流体中去。

> Experimentation and modeling are widely used techniques in fluid mechanics.

7.1.1 相似概念 (The Concept of Similitude)

相似的概念最早出现于几何学中，即假如两个几何图形的对应边成一定的比例，那么这两个图形便是几何相似的。可以把这一概念推广到某个物理现象的所有物理量上。两个物理现象相似是指它们进行着同一物理过程，且各物理量在各对应点和对应瞬时上的大小成比例关系，如涉及的物理量是向量，则这些物理量的方向应该对应一致。

模型可以表示物理系统，它可以用来预测系统想要的功能和规律；原型是被预测的物理系统，例如：建筑物、航空器、轮船、河流、港口、堤坝、空气和水污染等都是原型。

7.1.2 相似条件 (The Conditions of Similitude)

1. 几何相似 (geometric similarity)

几何相似是指用于实验的**模型**(model)和待研究的实物或**原型**(prototype)全部对应的线性长度成比例，即它们的形状完全一样，只是大小不同。

线形比例常数
$$L_r = \frac{L_p}{L_m} = \text{const} \tag{7-1}$$

面积比例常数
$$A_r = \frac{A_p}{A_m} = \text{const} \tag{7-2}$$

体积比例常数
$$V_r = \frac{V_p}{V_m} = \text{const} \tag{7-3}$$

式(7-1)～式(7-3)中：下标"m"代表模型参数；下标"p"代表原型参数；**线性比例常数**(length scale ratio) L_r 是基本比例常数。

> The ratio of a model variable to the corresponding prototype variable is called the scale for that variable.

有时处理原型问题时，尤其是关于原型表面的问题时，是非常困难的。这时就利用相似原理，模型与原型全部对应的线性长度成相同的比例，利用模型来分析原型。例如：两几何相似的翼型流场参如图 7.1 所示。

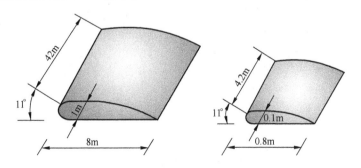

图 7.1 翼型流场的原型与模型

2. 运动相似(kinematic similarity)

在几何相似的两个流场中,如果质点的运动情况相同,即各对应点、对应时刻上的速度和加速度的方向对应一致、大小都维持固定的比例关系,则称运动相似。图 7.2 所示为两直径不同的圆管中流体作层流运动时的速度分布曲线,二者的速度方向都平行于管中心线,并且其中速度比例常数 u_r 是基本比例常数。

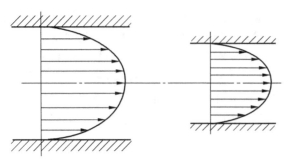

图 7.2 圆管层流时的速度分布曲线

要满足运动相似,两个流动中各对应点的流动参数变化的时间间隔应具有同一比例常数——**时间比例常数** T_r (time scale ratio),即

$$T_r = \frac{t_p}{t_m} = \text{const} \tag{7-4}$$

两个流动中各对应点的速度之比应具有同一比例常数——**速度比例常数** u_r (velocity scale ratio),即

$$u_r = \frac{u_p}{u_m} = \frac{l_p/t_p}{l_m/t_m} = \frac{L_r}{T_r} = \text{const} \tag{7-5}$$

两个流动中各对应点的加速度之比应具有同一比例常数——**加速度比例常数** a_r (acceleration scale ratio),即

$$a_r = \frac{a_p}{a_m} = \frac{u_p/t_p}{u_m/t_m} = \frac{L_r}{T_r^2} = \frac{u_r^2}{L_r} = \text{const} \tag{7-6}$$

3. 动力相似(dynamic similarity)

动力相似是指作用于模型和原型中流体上的相应的力的方向一致,大小互成比例。如图 7.3 所示,从两个流动空间对应点上取出的几何相似的两个流体质点,作用于其上的各对应力方向一致,大小成比例,即

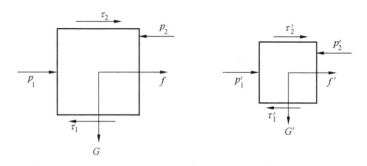

图 7.3 几何相似的两个流体质点

$$F_r = \frac{F_p}{F_m} = \frac{M_p a_p}{M_m a_m} = \frac{\rho_p u_p a_p}{\rho_m u_m a_m} = \rho_r L_r^2 u_r^2 = \text{const} \tag{7-7}$$

式中:F_r 称为**力比例常数**(force scale ratio);ρ_r 为**密度比例常数**(density scale ratio)。

由式(7-7)，可得

$$\frac{F_p}{\rho_p L_p^2 u_p^2} = \frac{F_m}{\rho_m L_m^2 u_m^2} = Ne = \text{const} \quad (7-8)$$

式中：Ne 称为**牛顿数**(newton number)。

式(7-8)说明，如果模型和原型中的流动力学相似，则两流动的牛顿数必相等。换言之，牛顿数相等是模型和原型中流动力学相似的充要条件。

分析以上相似条件，可以得到以下结论：几何相似是运动相似的必要条件，运动相似是动力相似的必要条件。两流动动力相似必须具备：两流动对应点处的流体质点上作用有同名力；各同名力具有相同的比例，且存在相似的起始和边界条件。

上述比例常数统称为**相似倍数**(scale ratio)，它们与所选取的坐标和时间无关。

4. 相似判据(similarity criterion)

通过上述内容已经知道，要满足两个流动动力相似，必须保证两个流动流体上所受的各同名力具有相同的比例。作用在流体上的力可能有若干个，比如重力、粘性力、压力、表面张力、惯性力等。为了应用上的方便，取各种力与惯性力的比值，而得到一系列无量纲的量，比如取惯性力和粘性力的比值，得到**雷诺数** Re(reynolds number)如下

$$Re = \frac{F_I}{F_\tau} = \frac{L^2 u^2 \rho}{L u \mu} = \frac{\rho u L}{\mu} = \frac{uL}{\nu} \quad (7-9)$$

式中：F_I 为惯性力；F_τ 为粘性力。

> For the ratio of the inertia forces to viscous forces, we call the resultant parameter the Reynolds number, in honor of Osborne Reynolds(1842—1912).

如果两个流动粘性力相似，则两个流动的雷诺数必相等，反之亦然。雷诺数就是两个流动粘性力相似的判据。同样道理可以得到其他各种力相似的判据，见表7-1。将表7-1中的无量纲数统称为**相似准则数**(dimensionless ratios)。

表7-1中各参数的含义如下：

g——重力加速度；
E_v——体积模量；
L——特征长度；
ρ——密度；
ω——振荡流的频率；
p——压力；
σ——表面张力；
u——速度；
μ——动力粘度。

表7-1 流体力学中常用的相似准则数

相似准则数	名称	解释	适用模型
$Re = \dfrac{\rho u L}{\mu}$	雷诺数(Reynolds number)	惯性力比上粘性力	所有流体动力学问题
$Fr = \dfrac{u}{\sqrt{gL}}$	弗劳德数(Froude number)	惯性力比上重力	有自由表面的流动

续表

相似准则数	名称	解释	适用模型
$Eu=\dfrac{\Delta p}{\rho v^2}$	欧拉数(Euler number)	压力比上惯性力	有压管道流动
$Ma=\dfrac{u}{c}$	马赫数(Mach number)	惯性力比上可压缩弹性力	可压缩流动
$We=\dfrac{\rho u^2 L}{\sigma}$	韦伯数(Weber number)	惯性力比上表面张力	表面张力较重要的流动
$Ca=\dfrac{\rho u^2}{E_v}$	柯西数(Cauchy number)	惯性力比上弹性力	惯性力较重要的流动
$St=\dfrac{\omega L}{u}$	斯特劳哈尔数 (Strouhal number)	局部惯性力比上对流惯性力	带有特征波动频率的不稳定流动

5. 两流动相似的充分必要条件

相似的现象都属于同一类现象,所以它们遵循同一客观规律,能用同一微分方程所描述。

若两流动相似,则两流动必须满足:几何相似、运动相似和动力相似;或者对于由相同的微分方程控制的流动来说,若满足以下几个单值条件相似,那么它们相似。

单值条件包括如下几个条件:①几何条件,如形状和大小;②物理条件,如密度和粘度;③边界条件,如入口、出口和壁面等;④初始条件,如速度、温度和初始时的物理参数。

7.2 量纲分析(Dimensional Analysis)

由表述不同流动问题的数学方程式均可得到相应的相似准则数和相似准则数方程,并可求相似比尺关系,这种方法称为方程分析法。如果表述流动问题的数学方程式事先并不知道,则可应用量纲分析方法,求出有关物理量的无量纲数或相似准则数方程,从而提供找出流动规律的可能性,这是量纲分析方法在实验研究中最具价值的优点。

> Dimensional analysis is particularly helpful in experimental work because it provides a guide to those things that significantly influence the flow phenomena; thus it indicates the direction in which experimental work should go.

7.2.1 量纲和谐原理(Principle of Dimensional Homogeneity)

任何一个正确而完整反映客观规律的物理方程式,其各项的量纲都必须一致,这个基本性质称为**量纲和谐性原理**(Principle of Dimensional Homogeneity,PDH),又称为"量纲齐次原理"。量纲和谐性原理是由傅里叶于1822年提出来的。它是量纲分析方法的理论基础,并可具体表达成:只有相同类型的物理量才能相加减,也就是相同量纲的物理量才可以相加减或比较大小;不同类型的物理量相加减没有任何意义。例如:速度可以和速度相加,但决不可加上粘性系数或压力。当然,相同量纲但采用不同单位的物理量之间是可以相加减和比较大小的,因为只要将其单位稍加换算即可完成。

不同量纲的物理量不能相加减,但它们可以根据某种需要进行乘除,从而导出另一量纲的物理量。

量纲和谐性原理可以用来检验新建方程或经验公式的正确性和完整性,也可以用来确定公式中物理量的未知指数,还可以用来建立有关方程式。对于量纲齐次的方程,只要用方程的任一项量纲去除其余各项,就可以使方程的每一项都变成无量纲量,方程变为无量纲方程。量纲分析就是基于物理方程具有和谐性原理,通过量纲分析和换算,将原来含有较多物理量的方程转化为含有比原物理量少的无量纲数方程,使得为研究这些变量关系而进行的实验大大简化。

> ➤ The PDH is a valuable tool for checking equation derivations and engineering calculations, and it can be of great help in deriving the forms of physical equations.

7.2.2 量纲分析的方法(Methods of Dimensional Analysis)

1. 基本量纲(the basic dimension)

任何物理量都是有单位的,但是量纲与单位不同。例如长度的单位可以是 m、cm 或 mm,但它们的量纲都是 L;时间的单位可以是 min 或 s,但它们的量纲都是 T;速度的单位可以是 m/min 或 cm/s,但它们的量纲都是 LT^{-1},即所有这些不同的单位,都可以由某些不能用其他量纲导出的基本量纲组成。在不同的单位制中,有不同的**基本量纲**。国际单位制中的基本量纲中:长度为 L,时间为 T,质量为 M,温度为 Θ。

2. 瑞利法(the rayleigh method)

假定有一物理过程,现在仅有的资料是:已知其中一个量与其他 n 个量有关,要求确定这个函数关系的具体形式。这一问题可用量纲和谐性原理来解决,具体步骤如下。

(1) 列出影响这一物理过程的全部 $n+1$ 个物理量的函数。

$$y = f(x_1, x_2, \cdots, x_n) \tag{7-10}$$

由于物理量 y 的量纲只能是基本量纲的乘除,而不能由基本量纲相加减,根据上述题意,函数 y 一般可写成指数乘积的形式,即

$$y = k x_1^{\alpha_1} x_2^{\alpha_2} \cdots x_n^{\alpha_n} \tag{7-11}$$

式中:$\alpha_1, \alpha_2, \cdots, \alpha_n$ 为待定指数;k 为无量纲系数。

(2) 用基本量纲 L、M 和 T 表示各物理量的量纲,并写出量纲关系式。

$$[x_i] = L^{a_i} M^{b_i} T^{c_i}$$
$$[y] = L^a M^b T^c$$
$$[y] = [x_1]^{\alpha_1} [x_2]^{\alpha_2} \cdots [x_n]^{\alpha_n} \tag{7-12}$$

式中:[ ] 表示某物理量的量纲。

(3) 根据量纲和谐性原理,比较式(7-11)两边的基本量纲。与物理量 y 有关的其他 n 个量的指数 α_i 必须满足下列方程组,即

$$\begin{cases} a = a_1\alpha_1 + a_2\alpha_2 + \cdots + a_n\alpha_n \\ b = b_1\alpha_1 + b_2\alpha_2 + \cdots + b_n\alpha_n \\ c = c_1\alpha_1 + c_2\alpha_2 + \cdots + c_n\alpha_n \end{cases} \tag{7-13}$$

此式即为量纲和谐性方程组。解式(7-13)可得指数 α_1，α_2，$\cdots$，α_n 的数值，进而获得方程式(7-11)的具体形式。如果 $n \leqslant 3$（基本量纲的个数），可得到式(7-11)确定的指数关系式；如果 $n \geqslant 4$，则有 $(n-3)$ 个指数为待定值，有待通过实验确定。

瑞利法是一种非常有用的方法，但是现在它已经被别的方法所取代。

3. π 定理(the pi theorem)

一个更为流行的量纲分析方法是白金汉(Edger Buckingham，1867—1940)于 1915 年提出的 **π 定理**(the pi theorem)，又称**白金汉定理**(the buckingham pi theorem)。该定理可表述为：任何一个包含有 k 个物理量的物理过程，把它写成数学表达式，即 $x_1 = f(x_2, x_3, \cdots, x_k)$，其中涉及 r 个基本量纲，则这个物理过程可由 $k-r$ 个无量纲数组成的关系式来表达，即

$$\pi_1 = \Phi(\pi_2, \pi_3, \cdots, \pi_{k-r}) \tag{7-14}$$

无量纲数是这样组成的：在变量 x_1、x_2、$\cdots$、x_n 中选择 $m(=r)$ 个量纲不同的变量作为**重复变量**(repeating variables)，并把重复变量与其余变量中的一个组成无量纲数 π，共组成 $(k-r)$ 个无量纲数。例如：选择 x_1、x_2、x_3 为重复变量，无量纲数为

$$\pi_1 = x_1^{\alpha_1} x_2^{\beta_1} x_3^{\gamma_1} x_4$$
$$\pi_2 = x_1^{\alpha_2} x_2^{\beta_2} x_3^{\gamma_2} x_5$$
$$\cdots$$
$$\pi_{k-r} = x_1^{\alpha_{k-r}} x_2^{\beta_{k-r}} x_3^{\gamma_{k-r}} x_k$$

根据物理方程的量纲和谐性原理，确定待定指数 α、β、λ 的值，从而也就确定了每个 π 值，最后可写出无量纲数方程。

> If an equation involving k variables is dimensionally homogeneous, it can be reduced to a relationship among $k-r$ independent dimensionless products, where r is the minimum number of reference dimensions required to describe the variables.

4. 应用 π 定理建立物理方程的步骤(steps when applying the pi theorem)

一般来说，通过白金汉 π 定理将某物理现象和无量纲 π 项的函数关系式表达出来，需要以下几个步骤。

(1) 列出问题中包含的全部 k 个变量，即 $x_1 = f(x_2, x_3, \cdots, x_k)$；

(2) 选择 r 个基本量纲，例如 L、M 和 T，并用基本量纲表示每一个变量；

(3) 选择**参考量纲**(reference dimensions)，并确定所需要的 π 项的个数；

(4) 从所列变量中选出 m 个重复变量，重复变量的个数等于参考量纲的个数，重复变量一般为 u、d、ρ；

(5) 用重复变量与其余变量中的一个建立无量纲方程，从而获得 $(k-m)$ 个无量纲的 π 项；

(6) 重复步骤(5)；

(7) 检查所有的 π 项，保证它们都是无量纲的；

(8) 建立无量纲 π 项的方程，$\pi_1 = \Phi(\pi_2, \pi_3, \cdots, \pi_{k-r})$，并且考虑其意义；

(9) 根据量纲和谐性原理，求解各 π 项中的未知指数，得到物理现象的函数关系式；

(10) 借助试验获得函数关系式中的常数。

> By using dimensional analysis, the original problem is simplified and defined with pi terms, and the pi theorem can be performed using a series of distinct steps.

【例题 7-1】 求文丘里管的流量关系式。如图 7.4 所示，影响喉道处流速 u_2 的因素有：文丘里管的进口断面直径 d_1，喉道断面直径 d_2，流体密度 ρ，动力粘度 μ 及两个断面间的压强差 $\Delta p = p_1 - p_2$（假设文丘里管为水平放置）。

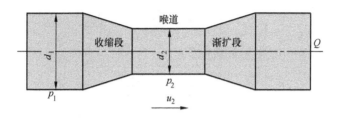

图 7.4 文丘里流量计

解：根据题意，可按下面几步解题。

(1) 该流动现象共有 $k=6$ 个变量：u_2、d_1、d_2、ρ、μ、Δp。

(2) 选择基本量纲数目 $m=3$，分别为 L、M 和 T。

(3) 选用 $r=m=3$ 个重复变量（基本物理量）：u_2、d_2、ρ。

重复变量的量纲表达式为

$$[\rho] = M^1 T^0 L^{-3}$$

$$[d_2] = M^0 T^0 L^1$$

$$[u_2] = M^0 T^{-1} L^1$$

其指数行列式不为零

$$\begin{vmatrix} 1 & 0 & -3 \\ 0 & 0 & 1 \\ 0 & -1 & 1 \end{vmatrix} = -1 \neq 0$$

所以 3 个基本物理量 u_2、d_2、ρ 的量纲是独立的。

(4) 组成 $k-m=6-3=3$ 个无量纲 π 项。

$$\pi_1 = \frac{d_1}{d_2^{a_1} u_2^{b_1} \rho^{c_1}}$$

$$\pi_2 = \frac{\mu}{d_2^{a_2} u_2^{b_2} \rho^{c_2}}$$

$$\pi_3 = \frac{\Delta p}{d_2^{a_3} u_2^{b_3} \rho^{c_3}}$$

各 π 项的指数可根据量纲和谐性原理确定。以 π_1 为例有

$$\frac{L}{L^{a_1}(LT^{-1})^{b_1}(ML^{-3})^{c_1}} = M^0 T^0 L^0$$

所以可得

$$\begin{cases} 1 - a_1 - b_1 + 3c_1 = 0 & \text{对于 L} \\ 0 = b_1 & \text{对于 T} \\ 0 = c_1 & \text{对于 M} \end{cases}$$

联立解此方程得 $a_1=1$，$b_1=c_1=0$。所以

$$\pi_1=\frac{d_1}{d_2}$$

同理，可求得

$$\pi_2=\frac{\mu}{d_2 u_2 \rho}$$

$$\pi_3=\frac{\Delta p}{u_2^2 \rho}$$

将各 π 项代入式(7-14)得无量纲方程

$$\Phi\left(\frac{d_1}{d_2},\ \frac{\mu}{d_2 u_2 \rho},\ \frac{\Delta p}{u_2^2 \rho}\right)=0$$

改写为

$$\frac{\Delta p}{u_2^2 \rho}=f_1\left(\frac{d_1}{d_2},\ \frac{1}{Re}\right)$$

令

$$f_2\left(\frac{d_2}{d_1},\ Re\right)=\sqrt{\frac{1}{f_1}}$$

则

$$u_2=\sqrt{\frac{\Delta p}{\rho}}f_2\left(\frac{d_2}{d_1},\ Re\right)$$

这是文丘里管喉道流速的表达式。

文丘里管的流量 $Q=u_2 A_2=u_2\frac{\pi}{4}d_2^2$，令 $f_3\left(\frac{d_2}{d_1},\ Re\right)=\frac{1}{\sqrt{2}}f_2$，所以流量可表达为

$$Q=\frac{\pi}{4}d_2^2\sqrt{2\frac{\Delta p}{\rho}}f_3\left(\frac{d_2}{d_1},\ Re\right)$$

或

$$Q=CA_2\sqrt{2\frac{\Delta p}{\rho}}$$

式中：$C=f_3\left(\frac{d_2}{d_1},\ Re\right)$ 称为文丘里管的流量系数，这一无量纲函数可由实验或分析进一步获得。

5. π 定理的局限性(limitations of the pi theorem)

量纲分析只是一个获得物理方程的有用的工具，借助于它可以分析复杂现象中各物理量之间的关系，但是不能依赖它来获得流动现象的完整解答，如果忽略了流动现象中的某个重要因素，得到的结果可能是不完全的，也可能是错误的。在利用量纲分析来解决流动问题时，必须首先对流动现象有深刻的了解。

> Dimensional analysis does not provide a complete solution to fluid problems, it provides partial solution only. The success of dimensional analysis depends entirely on the ability of the individual using it to define the parameters that are applicable.

7.3 模型试验(Modeling)

7.3.1 全面力学相似模型试验(Modeling under Completely Dynamic Similarity)

全面力学相似，指的是两种流动（如模型和原型）满足几何相似、运动相似和动力相似，并且具有相似的初始和边界条件。具体地说，两流动要达到全面相似，必须使所有相似准则(Re、Eu、Fr、Ma、L)分别相等，且初始条件和边界条件相似。在模型实验时要做到两个独立的动力相似准则同时分别与原型的同名准则相等是很困难的，有时甚至是办不到的。例如要做一个尺寸是原型 1/10 的模型实验，想保持模型和原型的 Re 和 Fr 分别相等，由相似准则的定义式，应有

$$\left(\frac{vl}{\nu}\right)_m = \frac{vl}{\nu} \tag{7-15a}$$

$$\left(\frac{v}{\sqrt{gl}}\right)_m = \frac{v}{\sqrt{gl}} \tag{7-15b}$$

由于一般 $g_m = g$，式(7-15b)又可表示为

$$\left(\frac{v}{\sqrt{l}}\right)_m = \frac{v}{\sqrt{l}} \tag{7-15b'}$$

式(7-15b')可改写为

$$\frac{v_m}{v} = \sqrt{\frac{l_m}{l}} \tag{7-15c}$$

式(7-15a)可改写为

$$\frac{v_m}{v} = \frac{l}{l_m} \frac{v_m}{v} \tag{7-15d}$$

由式(7-15c)和式(7-15d)，以及 $\frac{l_m}{l} = \frac{1}{10}$，得

$$\frac{v_m}{v} = \left(\frac{l_m}{l}\right)^{\frac{3}{2}} = \left(\frac{1}{10}\right)^{\frac{3}{2}} = 0.032$$

模型和原型要满足 Re 和 Fr 同时分别相等，模型流体的运动粘度应为原型的 0.032 倍。如果原型的流体是水，满足上述要求的流体就很难找到，即使是运动粘度很低的汞，其运动粘度也只为水的 1/9 左右，而且汞很贵，且有毒。为此工程中的模型实验只能与原型近似相似，即保持模型与原型起主导作用的动力相似准则相等，不考虑影响较小的动力相似准则。例如不可压缩粘性流体的管内流动，粘性力起主导作用，模型实验时主要要保持 Re 与原型相等；有自由面的流动（例如明渠流动），重力起主导作用，模型实验时主要要保持 Fr 与原型相等。

上述分析说明，当定性准则有两个时，模型中的流体介质选择要受模型尺寸选择的限制。若定性准则有 3 个时，除介质的选择受限制之外，流体的其他物理量也要相互受限制，这样就使模型设计难以进行。为此，工程上常常采用近似的模型试验方法。

7.3.2 近似模化法(Approximately Modeling)

所谓近似模化法，即不能保证全面力学相似的模型实验方法。该方法的实质是抓主要矛盾。在设计模型和安排实验时，首先分析一下相似条件中哪些是主要的，对过程起决定作用；哪些是次要的，不是起决定作用。对于起主要作用的条件尽量加以保证；对次要条件，只作近似保证，甚至忽略不计。这样，一方面使实验能够进行，另一方面又不引起较大的偏差。

近似模化法有 3 种，现分述如下。

1. 弗劳德模化法

在水利工程和无压明渠流动中，重力起主导作用。以水位落差形式表现的重力是流动的原因，以水静压表现的重力是水工结构的主要因素。在这种情况下，粘性力不起主导作用，重力相似准则数 Fr 就是主要准则，于是只要满足实物和模型中流动的 Fr 相等，就能够使模型试验的结论有较小的偏差。

$$Fr_p = Fr_m, \quad 即 \quad \frac{u_p^2}{gl_p} = \frac{u_m^2}{gl_m}$$

于是

$$\frac{u_p^2}{l_p} = \frac{u_m^2}{l_m}, \quad 或 \quad u_r = L_r^{\frac{1}{2}} \tag{7-16}$$

弗劳德模化法在水利工程上很重要，大型水利工程应首先进行模化实验，取得实物流动的有关数据和规律，方可施工。

2. 雷诺模化法

实际流体在管内流动，粘性力决定管内流体的阻力损失，形成压降，此时重力是次要因素。因此雷诺数是主要准则，必须保证

$$Re_p = Re_m$$

于是

$$\frac{u_p l_p}{\nu_p} = \frac{u_m l_m}{\nu_m}, \quad 或 \quad u_r = \frac{\nu_r}{L_r} \tag{7-17}$$

雷诺模化法在管内流动、液压技术、流体机械的模化试验中应用广泛。

3. 欧拉模化法

当 Re 数小于某一数值（下临界值）时，流动处于层流状态。在层流状态范围内，流体的速度分布彼此相似，不再与 Re 相关，这种现象称为**自模性**。例如流体在圆管中作层流流动时，只要 $Re \leq 2000$，沿横截面的流速分布都是一轴对称的旋转抛物面。当 Re 数大于第一临界值时，流动呈湍流状态；随着 Re 的增加，流体的紊乱程度和流速分布变化很大，而后变化逐渐减小。当 Re 数大于某一值（上临界值）时，流体的流速分布皆彼此相似，与 Re 数不再相关，流体的流动又进入自模化状态。常将 Re 数小于下临界值的范围叫"第一模化区"，而将 Re 数大于上临界值的范围叫"第二模化区"。只要原型设备的 Re 数处于自

模化区以内，则模型中的 Re 数不必与原型的相等，只要与原型处于同一自模化区就可以了。也就是说，在自模化区，Re 数不相等也会自动出现粘性力相似，而不必考虑 Re 数相等。如果流场中的流体是气体，重力影响微不足道，重力或 Fr 也不必考虑；这时只考虑压强或压差与惯性力之比的欧拉数 Eu 相等就可以了。即

$$Eu_p = Eu_m, \quad 或 \quad \frac{p_p}{\rho_p u_p^2} = \frac{p_m}{\rho_m u_m^2}, \quad 或 \quad p_r = u_r^2 \rho_r \qquad (7-18)$$

这种模化区的模型实验，是按欧拉准则设计的。欧拉模化法用于自模化区的管内流动，例如低速风洞实验、气体绕流等。

【例题 7-2】 管径 $d=50\text{mm}$ 的输油管，装有弯头、开关等局部阻力装置，安装前需要测量压强损失，在实验室用空气进行实验。已知 $20℃$ 时油的密度 $\rho_{油}=889.6\text{kg/m}^3$；油的粘度 $\nu_{油}=10^{-6}\text{m}^2/\text{s}$；空气的密度 $\rho_{气}=1.2\text{kg/m}^3$；空气的粘度 $\nu_{气}=15.7\times 10^{-6}\text{m}^2/\text{s}$。试确定：(1) 当实际输油管道中油的流速 $u_{油}=2\text{m/s}$ 时，实验中空气在管内的流速 $u_{气}$ 为多少？(2) 通过空气实验测得的管道压强损失 $\Delta p_{气}=7747\text{N/m}^2$ 时，油液通过输油管道时的压强损失 $\Delta p_{油}$ 为多少？

解：因为低流速时，粘性力起主要作用，另外 Eu 数中涉及压强分布，所以此项实验应在满足 Re 和 Eu 相等的条件下进行换算。

(1) $Re_{油} = Re_{气}$。

$$\left(\frac{ud}{\nu}\right)_{油} = \left(\frac{ud}{\nu}\right)_{气}$$

因管道相同，即 $d_{油} = d_{气}$，则 $u_{气} = \frac{\nu_{气}}{\nu_{油}} u_{油} = \frac{15.7\times 10^{-6}\times 2}{10^{-6}}\text{m/s} = 31.4\text{m/s}$

(2) $Eu_{油} = Eu_{气}$。

$$\left(\frac{\Delta p}{\rho u^2}\right)_{油} = \left(\frac{\Delta p}{\rho u^2}\right)_{气}$$

$$\Delta p_{油} = (\rho u^2)_{油} \left(\frac{\Delta p}{\rho u^2}\right)_{气} = 889.6\times 2^2 \times \frac{7747}{1.2\times 31.4^2}\text{N/m} = 23300\text{N/m}$$

【例题 7-3】 明渠流动中闸门前的水深 $H_p=2\text{m}$，现用水在模型上做试验，使 $L_r=10^{-1}$。在模型上测得水流量 $Q_m=1.2\times 10^{-2}\text{m}^3/\text{s}$，模型闸门后流速 $u_m=1\text{m/s}$，作用在模型闸门上的力 $F_m=40\text{N}$。求实物明渠流动中的流量 Q_p，闸门后的流速 u_p，作用在闸门上的力 F_p，模型闸门前的水深 H_m 各为多少？

解：这是明渠流动，重力是流动的原因，进行模型试验应以弗劳德相似准则为依据。

$$Fr_p = Fr_m, \quad 即 \quad \frac{u_p^2}{gl_p} = \frac{u_m^2}{gl_m}$$

$$\frac{u_p^2}{l_p} = \frac{u_m^2}{l_m}, \quad 或 \quad u_r = L_r^{\frac{1}{2}}$$

于是流量比例常数

$$Q_r = u_r L_r^2 = L_r^{\frac{5}{2}}$$

力比例常数

$$F_r = \rho_r u_r^2 L_r^2 = \rho_r L_r^3$$

这样就可以求出实物流动中闸门后的流速

$$u_p = \frac{u_m}{u_r} = \frac{u_m}{L_r^{\frac{1}{2}}} = \frac{1}{10^{-\frac{1}{2}}} \text{m/s} = 3.16 \text{m/s}$$

明渠实物流动的流量

$$Q_p = Q_m / Q_r = Q_m L_r^{-\frac{5}{2}} = 1.2 \times 10^{-2} \times 10^{\frac{5}{2}} \text{m}^3/\text{s} = 3.79 \text{m}^3/\text{s}$$

作用在明渠闸门上的力

$$F_p = F_m / F_r = F_m / \rho_r^{-1} L_r^{-3} = 40 \times 1 \times 10^3 \text{N} = 4 \times 10^4 \text{N}$$

模型闸门前的水深

$$H_m = L_r / H_p = \frac{1}{10} \times 2 \text{m} = 0.2 \text{m}$$

7.3.3 方程分析法(The Method to Derive Dimensional Products from Equations)

从前面的叙述中可以知道，用两种方法可以导出相似准则。第一种是量纲分析方法，通过确定与物理现象有关的变量，使用 π 定理，即可找到无量纲数的函数关系，同时也确定了无量纲数，即相似准则。但这种方法存在缺陷，若对所研究的物理现象理解不透，一旦遗漏了一个或多个重要的变量，将会得出错误结论。第二种方法是利用现有的描述现象的微分方程组和全部单值条件导出相似准则来，这种方法称为方程分析法。该方法从描述流动的基本方程出发，得到的相似准则是可靠的，因为它不会附加额外的和遗漏重要的变量；同时该方法也表明，即使微分方程组不能求解，但能列出微分方程式也是非常有用的。通常采用的方程分析法有两种：相似转换法和方程无量纲化法。

1. 相似转换法

相似转换法导出相似准则的具体步骤为：①写出描述现象的基本微分方程组和全部单值条件；②写出相似倍数的表达式；③将相似倍数的表达式代入微分方程组进行相似转换；④根据两个流动相似，描述它们的方程相同这一原则，导出相似准则。

2. 方程无量纲化方法

方程无量纲方法是利用现有的描述流动过程的微分方程，通过使其无量纲化，求出相似准则。这种方法不需要两个相似流动的比较。该方法的具体步骤为：①写出描述现象的基本微分方程组；②将所有变量无量纲化；③方程组无量纲化；④导出相似准则。

下面举例说明。

【例题 7-4】 以二维不可压缩的粘性流体流动为例，用基本方程的无量纲化方法导出相似准则。

解：

(1) 二维不可压缩的粘性流体流动的微分方程由连续方程和运动方程组成。

$$\left.\begin{array}{l}\dfrac{\partial u_x}{\partial x}+\dfrac{\partial u_y}{\partial y}=0\\[6pt]\rho\left(\dfrac{\partial u_x}{\partial t}+u_x\dfrac{\partial u_y}{\partial x}+u_y\dfrac{\partial u_x}{\partial y}\right)=-\dfrac{\partial p}{\partial x}+\mu\left(\dfrac{\partial^2 u_x}{\partial x^2}+\dfrac{\partial^2 u_x}{\partial y^2}\right)\\[6pt]\rho\left(\dfrac{\partial u_y}{\partial t}+u_x\dfrac{\partial u_y}{\partial x}+u_y\dfrac{\partial u_y}{\partial y}\right)=-\rho g-\dfrac{\partial p}{\partial y}+\mu\left(\dfrac{\partial^2 u_y}{\partial x^2}+\dfrac{\partial^2 u_y}{\partial y^2}\right)\end{array}\right\} \quad (7-19\text{a})$$

(2) 用特征量除各变量，使各量纲无量纲化。

特征量为：特征长度 l，速度 U，压降 Δp，时间 τ，用带"*"的量表示无量纲量，则

$$x^*=\frac{x}{l};\quad y^*=\frac{y}{l};\quad u_x^*=\frac{u_x}{U};\quad p^*=\frac{p}{\Delta p};\quad t^*=\frac{t}{\tau};\quad u_y^*=\frac{u_y}{U}$$

(3) 方程组无量纲化。

为了说明方程的无量纲化过程，以其中两项为例

$$u_x\frac{\partial u_x}{\partial x}=u_x^*\cdot U\cdot\frac{\partial(u_x^*U)}{\partial(x^*l)}=u_x^*\cdot\frac{U^2}{l}\frac{\partial u_x^*}{\partial x^*}$$

$$\frac{\partial^2 u_x}{\partial y^2}=\frac{\partial}{\partial y}\left(\frac{\partial u_x}{\partial y}\right)=\frac{\partial}{\partial(y^*\cdot l)}\frac{\partial(u_x^*\cdot U)}{\partial(y^*\cdot l)}=\frac{U}{l^2}\frac{\partial^2 u_x^*}{\partial y^{*2}}$$

按照以上过程，将各无量纲代入方程组(7-19a)

$$\left.\begin{array}{l}\dfrac{U}{l}\dfrac{\partial u_x^*}{\partial x^*}+\dfrac{U}{l}\dfrac{\partial u_y^*}{\partial y^*}=0\\[6pt]\dfrac{\rho U}{\tau}\dfrac{\partial u_x^*}{\partial t^*}+\dfrac{\rho U^2}{l}\left(u_x^*\dfrac{\partial u_x^*}{\partial x^*}+u_y^*\dfrac{\partial u_x^*}{\partial y^*}\right)=-\dfrac{\Delta p}{l}+\dfrac{\mu U}{l^2}\left(\dfrac{\partial^2 u_x^*}{\partial x^{*2}}+\dfrac{\partial^2 u_x^*}{\partial y^{*2}}\right)\\[6pt]\dfrac{\rho U}{\tau}\dfrac{\partial u_y^*}{\partial t^*}+\dfrac{\rho U^2}{l}\left(u_x^*\dfrac{\partial u_y^*}{\partial x^*}+u_y^*\dfrac{\partial u_y^*}{\partial y^*}\right)=-\rho g-\dfrac{\Delta p}{l}\dfrac{\partial p^*}{\partial y^*}+\dfrac{\mu U}{l^2}\left(\dfrac{\partial^2 u_y^*}{\partial x^{*2}}+\dfrac{\partial^2 u_y^*}{\partial y^{*2}}\right)\end{array}\right\} \quad (7-19\text{b})$$

整理得

$$\left.\begin{array}{l}\dfrac{\partial u_x^*}{\partial x^*}+\dfrac{\partial u_y^*}{\partial y^*}=0\\[6pt]\left[\dfrac{l}{\tau U}\right]\dfrac{\partial u_x^*}{\partial t^*}+u_x^*\dfrac{\partial u_x^*}{\partial x^*}+u_y^*\dfrac{\partial u_x^*}{\partial y^*}=-\left[\dfrac{\Delta p}{\rho U^2}\right]\dfrac{\partial p^*}{\partial x^*}+\left[\dfrac{\mu}{\rho Ul}\right]\left(\dfrac{\partial^2 u_x^*}{\partial x^{*2}}+\dfrac{\partial^2 u_x^*}{\partial y^{*2}}\right)\\[6pt]\left[\dfrac{l}{\tau U}\right]\dfrac{\partial u_y^*}{\partial t^*}+u_x^*\dfrac{\partial u_y^*}{\partial x^*}+u_y^*\dfrac{\partial u_y^*}{\partial y^*}=-\left[\dfrac{gl}{U^2}\right]-\left[\dfrac{\Delta p}{\rho U^2}\right]\dfrac{\partial p^*}{\partial y^*}+\left[\dfrac{\mu}{\rho Ul}\right]\left(\dfrac{\partial^2 u_y^*}{\partial x^{*2}}+\dfrac{\partial^2 u_y^*}{\partial y^{*2}}\right)\end{array}\right\} \quad (7-19\text{c})$$

(4) 导出相似准则。

从方程组(7-19c)看到，方括号中的各项就是在量纲分析中得到的无量纲数，即相似准则。它们是

$$\frac{\mu}{\rho Ul}=Re^{-1} \qquad 雷诺准则；$$

$$\frac{gl}{U^2}=Fr \qquad 弗劳德准则；$$

$\dfrac{\Delta p}{\rho U^2} = Eu$ 欧拉准则；

$\dfrac{l}{\tau U} = St$ 斯特劳哈尔准则。

这些无量纲相似准则都是两种力的比值，在基本方程中自然出现了。如果两个流动由这个方程组所描述，且 4 个无量纲参数即 Re、Fr、Eu、St 都相等，那么这两个流动是相似的。

工程实例

实验室内的水闸和水坝模型

通过研究利用相似原理在实验室建立桥梁、桥墩和水坝的实验模型，可以为实际的桥梁建设和水坝建设提供有力支撑。

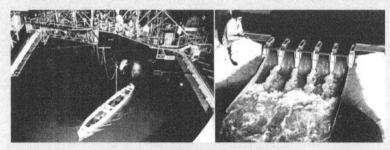

图 7.5 实验室内的水闸和水坝模型

塔科马海峡大桥和桥梁模型

"Galloping Gertie"：发生于 1940 年的灾难性最大的桥梁垮塌事件之一，当时这个桥的名字叫"塔科马海峡（Tacoma narrows）大桥"，后来美国人诙谐的称之为"舞动的格蒂"。因此，在实验室利用相似原理对桥梁进行研究是很有必要的。

图 7.6 塔科马海峡大桥和桥梁模型

习题

7.1 速度 v、长度 l、重力加速度 g 的无量纲集合是（　　）。

(a) $\dfrac{lv}{g}$ (b) $\dfrac{v}{gl}$ (c) $\dfrac{l}{gv}$ (d) $\dfrac{v^2}{gl}$

7.2 速度 v、密度 ρ、压强 p 的无量纲集合是（　　）。

(a) $\dfrac{\rho p}{v}$ (b) $\dfrac{\rho v}{p}$ (c) $\dfrac{pv^2}{\rho}$ (d) $\dfrac{p}{\rho v^2}$

7.3 速度 v、长度 l、时间 t 的无量纲集合是（　　）。

(a) $\dfrac{v}{lt}$ (b) $\dfrac{t}{vl}$ (c) $\dfrac{l}{vt^2}$ (d) $\dfrac{l}{vt}$

7.4 压强差 Δp、密度 ρ、长度 l、流量 q 的无量纲集合是（　　）。

(a) $\dfrac{\rho q}{\Delta p l^2}$ (b) $\dfrac{\rho l}{\Delta p q^2}$ (c) $\dfrac{\Delta p l q}{\rho}$ (d) $\dfrac{q}{l^2}\sqrt{\dfrac{\rho}{\Delta p}}$

7.5 检查以下各组合数是否为无量纲组合（　　）。

(1) $\dfrac{Q}{l^2}\sqrt{\dfrac{\Delta p}{\rho}}$ (2) $\dfrac{\rho Q}{\Delta p l^2}$ (3) $\dfrac{\rho l}{\Delta p Q^2}$ (4) $\dfrac{\Delta p l Q}{\rho}$ (5) $\dfrac{Q}{l^2}\sqrt{\dfrac{\rho}{\Delta p}}$

7.6 雷诺数的物理意义表示（　　）
(a) 粘滞力与重力之比　　(b) 重力与惯性力之比
(c) 惯性力与粘滞力之比　　(d) 压力与粘滞力之比

7.7 在研究流体力学的一般问题中，要考虑哪几个相似准则数？为什么？并分别说明每个准则数的物理意义。

7.8 大量实验表明，管流中管壁切应力 τ_0 与平均流速 V、流体密度 ρ、动力粘度 μ、管子直径 d 以及管壁绝对粗糙度 ε 有关。试用量纲分析证明流过粗糙面上的湍流沿程阻力系数 λ 是雷诺数 Re 和相对粗糙度 $\dfrac{\varepsilon}{d}$ 的函数。

7.9 由实验知雷诺数 Re 与速度 V、特征长度 l、流体密度 ρ、流体动力粘度 μ 有关。试用 π 定理整理出 Re 的无量纲表达式。

7.10 飞机机翼产生的升力 F_l 与机翼弦长 b、攻角 α、飞行速度 V、空气的密度 ρ、粘度 μ 和机翼的长度 l 有关，试求升力 F_l 的表达式。

7.11 流体通过孔板流量计的流量 Q 与孔板前后的压差 Δp、管道的内径 d、管内的流体流速 V、流体的密度 ρ 和粘度 μ 有关。试求孔板流量计流量的计算式。

7.12 一个圆球放在流速为 1.6m/s 的水中，受到的阻力为 4.0N，另一直径为其两倍的圆球置于一风洞中。求在动力相似的条件下风速的大小及球所受的阻力。（$v_{空气}/v_{水}=13$，$\rho_{空气}=1.28\text{kg/m}^3$）

7.13 一个模型潜艇在压强 2.5×10^6Pa 的空气中进行实验，空气流速是 12m/s，模型尺寸是原型的 1/10，在实验速度下模型承受 120N 的阻力。当原型和模型之间存在动力相似时，原型的速度是多少？在这个速度下，它将消耗多少功率？已知在大气压下空气的运动粘度是水的 13 倍，空气的密度是 1.26kg/m³。

7.14 要把直径 $D=30$mm，飞行速度 $V=140$m/s，在空气为 0°C 的环境中的螺旋桨，缩小至 1/10，放在气温为 30°C 的风洞里进行模化实验。测得流过模型螺旋桨的空气速度 $V'=80$m/s，通过的空气流量 $Q'=5\text{m}^3/\text{s}$，桨叶前后压差 $\Delta p'=1500$Pa，螺旋桨推力 $F'=150$N，螺旋桨驱动功率 $N'=10$kW。试问实物螺旋桨的 Q、Δp、F、N 各为多少？

7.15 按照新的设计方案，一辆赛车在海平面 30℃气温下的最高速度为 94.4m/s，用 1/10 的模型在水温为 20℃的水洞进行模型试验。试问水洞中水流的速度是多少？如果在模型上测得阻力为 4.6kN，问赛车的阻力为多少？

7.16 如图 7.7 所示，用水校验测量空气流量的孔板，孔板直径 $d=100$mm，管道直径 $D=200$mm，由试验得孔板流量系数固定不变时的最小流量为 $q_{v\min}=1.6\times10^{-3}$ m³/s，水银压差计读数为 $h=45$mm。试确定：

(1) 当孔板用来测定空气流量时，最小流量是多少？

(2) 相应流量下水银压差计的读数为多少？

设水与空气都在 20℃，这时 $v_{ai}=1.5\times10^{-5}$ m²/s，$v_w=1.003\times10^{-6}$ m²/s，$\rho_{ai}=998.2$kg/m³，$\rho_{Hg}=13.6\times10^3$kg/m³。

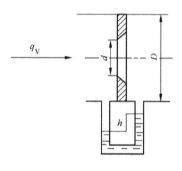

图 7.7 题 7.16 图

第 8 章

不可压缩流体的内部流动
(Internal Flow of Incompressible Fluids)

本章教学要点

知识要点	能力要求	相关知识
圆管和间隙中的层流流动	理解层流的概念；掌握利用N-S方程求解层流问题的方法；掌握圆管和间隙层流中过流断面上的速度分布和切应力分布规律	过流断面；流量；平均流速；切应力；压差流动、剪切流动、压差剪切流动；N-S方程
圆管中的湍流流动	掌握湍流流动的基本概念、湍流的结构、湍流的分析方法和相关结论	时均化；普朗特混合长理论；粗糙度
管流水头损失	掌握水头损失的基本概念；掌握沿程水头损失和局部水头损失的计算	能量方程；沿程水头损失及沿程损系数；局部水头损失及局部损失系数；管件
沿程损失系数和局部损失系数	理解并掌握沿程损失系数和局部损失系数的计算及影响因素；掌握层流和湍流沿程损失系数在计算公式上的区别	尼古拉兹图；穆迪图；能量方程；
孔口和管嘴恒定自由出流	掌握能量方程和水头损失计算的工程应用方法；掌握孔口和管嘴出流的相关结论	稳定流动；动量方程；水头损失；流动参数的测量

导入案例

下图所示为圆管内做层流流动流体的速度分布曲线。泊肃叶公式就是描述圆管层流的,此公式有着非同寻常的历史。它是在 1842 年由一个名叫 J. L. M. Poiseuille 的法国内科医生求出的,当时他对毛细血管内的血液流动非常感兴趣。

按照流动的流体和固体壁面之间的相对位置,可以将流动分为**内部流动**(internal flow)和**外部流动**(external flow)。将流体充满不同横截面的管道或通道的流动称为内部流动,或**有压管流**(pressure pipe flow);而将绕过固体的外表面的流动称为外部流动,或**绕流**(round flow)。内部流动和外部流动表现出不同的特性。在本章中将讨论内部流动的求解和阻力计算问题,外部流动将在第 9 章中讨论。

> Fluid flow is classified as external and internal, depending on whether the fluid is forced to flow over a surface or in a conduit.

内部流动是工程中重要的流动,其中圆管内的有压流动是最常见的内部流动。比如城市给排水系统中水的流动;动物身体中血液的流动;机床等液压系统中液体的流动;气动系统中空气的流动;内燃机进排气系统中的气流;电站热力循环系统中循环水系统的水流;等等。尽管这些内部流动系统不尽相同,但是控制流动的流体力学原理是相同的。对于不可压缩流体,这些内部流动都要遵循 N-S 方程。不过对于内部流动,在工程上更多的情况下,只关心不同过流断面处的平均流动参数(比如流速、压强等)的大小,从而将问题简化为一维流动问题,因此控制内部流动的流体力学方程实际上是总流的能量方程。在第 5 章中,已经得到了实际流体总流的能量方程,在本章中重点是如何解决能量损失的影响因素及其计算问题。而这个问题又与层流和湍流两种状态密切相关,因此本章将从层流和湍流的基本特性入手展开讨论。

本章的主要理论基础是第 5 章的能量方程、第 6 章的 N-S 方程和第 7 章的量纲分析。

8.1 流体在圆管中的层流流动(Laminar Pipe Flow)

层流运动是流体质点的一种简单的运动形式,作层流运动的流体内部的摩擦切应力严格遵从牛顿内摩擦定律。所以,层流运动中速度分布、流量、损失等参数都可以从理论上用严密的数学方法推得,结果为准确的数学表达式。而层流运动的研究又为湍流规律的探讨提供了方向。

图 8.1 为水平放置的等径圆管,某种不可压缩流体在管内作恒定的层流流动。取直角坐标系如图 8.1 所示,x 轴与管轴重合。

流体在圆管中作层流流动时,由于无横向流动,所以 $u_y = u_z = 0$,$u_x = u_x(y, z) = u$,因此 N-S 方程可以做如下简化假设:①流动稳定;②流体不可压缩;③对于有压管流,重力可以忽略;④流动均匀,加速度为零。

基于上述假设,N-S 方程简化如下:

$$\left.\begin{array}{c} -\dfrac{1}{\rho}\dfrac{\partial p}{\partial x} - \dfrac{\mu}{\rho}\left(\dfrac{\partial^2 u}{\partial y^2} + \dfrac{\partial^2 u}{\partial z^2}\right) = 0 \\ -\dfrac{1}{\rho}\dfrac{\partial p}{\partial y} = 0 \\ -\dfrac{1}{\rho}\dfrac{\partial p}{\partial z} = 0 \end{array}\right\} \tag{8-1}$$

由第 2 个、第 3 个方程可见,压强与 y、z 坐标无关,因此

$$\frac{\partial p}{\partial x} = \frac{\mathrm{d}p}{\mathrm{d}x}$$

由于忽略了重力的影响,流体在等径管中作轴对称流动,因此速度仅是半径 r 的函数,而且沿 x 轴方向不变。所以,选取柱坐标 r,θ,x,将更方便方程的积分,在柱坐标中

$$y^2 + z^2 = r^2 \quad y = r\cos\theta \quad z = r\sin\theta$$

将前两式分别求导得

$$\frac{\partial r}{\partial y} = \frac{y}{r} = \cos\theta$$

$$\frac{\partial \theta}{\partial y} = -\frac{\sin\theta}{r}$$

又

$$\frac{\partial \theta}{\partial r} = \frac{\partial \theta}{\partial y}\frac{\partial y}{\partial r} = -\frac{\sin\theta}{r}\frac{1}{\cos\theta}$$

所以

$$\frac{\partial^2 u}{\partial y^2} = \frac{\partial}{\partial y}\left(\frac{\partial u}{\partial y}\right) = \frac{\partial}{\partial y}\left(\frac{\partial u}{\partial r}\frac{\partial r}{\partial y}\right) = \frac{\partial}{\partial r}\left(\frac{\partial u}{\partial r}\frac{\partial r}{\partial y}\right)\frac{\partial r}{\partial y}$$

$$= \left[\frac{\partial r}{\partial y}\frac{\partial^2 u}{\partial r^2} + \frac{\partial u}{\partial r}\frac{\partial}{\partial r}\left(\frac{\partial r}{\partial y}\right)\right]\frac{\partial r}{\partial y}$$

$$= \left(\frac{\partial r}{\partial y}\right)^2 \frac{\partial^2 u}{\partial r^2} + \frac{\partial u}{\partial r}\frac{\partial}{\partial r}(\cos\theta)\frac{\partial r}{\partial y}$$

$$= \left(\frac{\partial r}{\partial y}\right)^2 \frac{\partial^2 u}{\partial r^2} + \frac{\partial u}{\partial r}(-\sin\theta)\frac{\partial \theta}{\partial r}\frac{\partial r}{\partial y}$$

$$= \cos^2\theta \frac{\partial^2 u}{\partial r^2} + \frac{\partial u}{\partial r}(-\sin\theta)\left(-\frac{\sin\theta}{r}\frac{1}{\cos\theta}\right)\cos\theta$$

$$= \cos^2\theta \frac{\partial^2 u}{\partial r^2} + \frac{\sin^2\theta}{r}\frac{\partial u}{\partial r}$$

同理可得

$$\frac{\partial^2 u}{\partial z^2} = \sin^2\theta \frac{\partial^2 u}{\partial r^2} + \frac{\cos^2\theta}{r}\frac{\partial u}{\partial r}$$

因此

$$\frac{\partial^2 u}{\partial y^2} + \frac{\partial^2 u}{\partial z^2} = \frac{\partial^2 u}{\partial r^2} + \frac{1}{r}\frac{\partial u}{\partial r}$$

代入式(8-1)中第1个方程,得

$$\frac{\partial^2 u}{\partial r^2} + \frac{1}{r}\frac{\partial u}{\partial r} = \frac{1}{\mu}\frac{\partial p}{\partial y}$$

由于 u 仅是 r 的函数,所以

$$\frac{d^2 u}{dr^2} + \frac{1}{r}\frac{du}{dr} = \frac{1}{\mu}\frac{dp}{dx} \tag{8-2}$$

设管长 l 上的压降为 Δp,则

$$\frac{dp}{dx} = -\frac{\Delta p}{l}$$

式中:"—"号表明压强增量沿流动方向为负值,代入式(8-2)积分得

$$u = \frac{\Delta p}{4\mu l}r^2 + C_1 \ln r + C_2$$

由于在轴线 $r=0$ 处,流速 u 为定值,可得 $C_1=0$;管壁 $r=R$ 处,$u=0$,得

$$C_2 = \frac{\Delta p}{4\mu l}R^2$$

所以得

$$u = \frac{\Delta p}{4\mu l}(R^2 - r^2) \tag{8-3}$$

式(8-3)即为流体沿等径圆管作恒定层流运动时的速度分布规律。可以看出,各点速度 u 与所在半径 r 成抛物线关系,如图 8.1 所示,称为抛物线速度分布规律。

> Under certain restrictions the velocity profile in a pipe is parabolic.

显然,最大流速 $u_{\max}$ 出现在管道轴线上,即 $r=0$ 处

$$u_{\max} = \frac{\Delta p}{4\mu l}R^2 \tag{8-4}$$

通过过流断面的流量为

$$q_v = \int_0^R 2\pi r u\, dr = \int_0^R \frac{\Delta p}{4\mu l}(R^2 - r^2)2\pi r\, dr = \frac{\pi \Delta p}{8\mu l}R^4 \tag{8-5}$$

式(8-5)称为哈根-泊肃叶公式(Hagen-Poiseuille equation)。

过流断面的平均流速为

$$V = \frac{q_v}{\pi R^2} = \frac{\Delta p}{8\mu l} R^2 = \frac{1}{2} u_{\max} \tag{8-6}$$

即通过过流断面的平均流速为最大流速的一半。

根据牛顿内摩擦定律

$$\tau = -\mu \frac{\mathrm{d}u}{\mathrm{d}r}$$

将式(8-3)的速度分布规律代入上式,求导后得

$$\tau = \frac{\Delta p}{2l} r \tag{8-7}$$

式(8-7)显示切应力 τ 与半径 r 呈线性分布,如图 8.1 所示,呈 K 形,在轴线($r=0$)处,$\tau=0$,在管壁($r=R$)处,$\tau_w = \frac{\Delta p}{2l} R$,为最大。

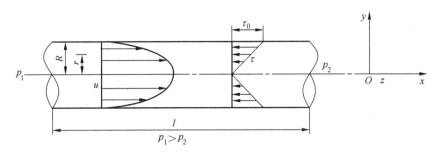

图 8.1 圆管内层流

8.2 间隙中的层流流动(The Laminar Flow in a Clearance)

工程中,凡有相对运动的两个零件或部件间,必然存在一定的间隙(或称缝隙),如工作台与导轨间的平面间隙、齿轮泵齿顶与泵壳间的平面间缝、活塞与缸筒间的环形间隙、轴与轴承间的环形间隙,圆柱与支承面间的端面间隙等。不管是哪类间隙流动均有个共同的特征是流体的流动状态为层流。本节主要研究间隙中层流的流动速度、流量和压力分布规律等。间隙流动是流体润滑的理论基础。

在研究间隙流动时,为了简化问题,通常作如下假设:

(1) 流体为不可压缩的粘性流体;

(2) 流体质点的运动惯性力和质量力均忽略不计;

(3) 流体的粘度通常视为常数,若间隙中压强和温度的变化较大,此时流体粘度的变化不可忽略;

(4) 因间隙高度很小,可以近似看作一维流动,即质点沿壁面作平行流动,沿高度方向的速度分量为零。

下面应用不可压缩粘性流体的 N-S 方程推导几种典型的间隙层流运动的微分方程,其中,平行平面间隙流动是研究间隙流动的理论基础。

8.2.1 平行平板间隙流动(Flows in the Clearance between two Parallel Plates)

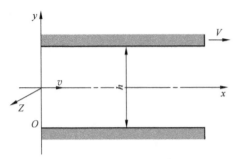

图 8.2 平行平板间隙流动

如图 8.2 所示，假设水平放置的上、下两个长 L，宽 M（垂直纸面方向）的平板，两平板间距为 h，上板以速度 V 匀速运动，下板固定不动。两板之间充满不可压缩的粘性流体，流体在 x 方向的压强差为 $\Delta p = p_1 - p_2$，在由上板运动引起的粘性力的作用下作定常层流流动。建立如图所示的直角坐标系。

流动仅沿 x 方向，则 $u_y = u_z = 0$，则 N-S 方程只考虑 x 方向的运动方程

$$\rho \frac{\mathrm{D}u_x}{\mathrm{D}t} = \rho f_x - \frac{\partial p}{\partial x} + \mu\left(\frac{\partial^2 u_x}{\partial x^2} + \frac{\partial^2 u_x}{\partial y^2} + \frac{\partial^2 u_x}{\partial z^2}\right) \quad (8-8)$$

下面依据流动特点对 N-S 方程进行简化：
运动为定常流动，故

$$\frac{\partial u_x}{\partial t} = 0$$

且 $u_x = u_x(y)$，$\frac{\partial u_x}{\partial x} = 0$，故

$$\frac{\mathrm{D}u_x}{\mathrm{D}t} = 0, \quad \frac{\partial^2 u_x}{\partial y^2} = \frac{\mathrm{d}^2 u_x}{\mathrm{d}y^2}$$

对于匀速流动，质量力只有重力，即

$$f_x = f_z = 0, \quad f_y = -g$$

压强 p 只沿 x 方向变化，故式(8-8)简化为

$$-\frac{\mathrm{d}p}{\mathrm{d}x} + \mu \frac{\mathrm{d}^2 u_x}{\mathrm{d}y^2} = 0 \quad (8-9)$$

边界条件为

$$y = \frac{h}{2}, \quad u_x = V; \quad y = -\frac{h}{2}, \quad u_x = 0$$

对式(8-9)积分得

$$u_x = \frac{1}{2\mu} \frac{\mathrm{d}p}{\mathrm{d}x} y^2 + C_1 y + C_2 \quad (8-10)$$

代入边界条件，可确定

$$C_1 = \frac{V}{h}$$

$$C_2 = \frac{-1}{8\mu} \frac{\mathrm{d}p}{\mathrm{d}x} h^2 + \frac{V}{2}$$

由此可得速度分布

$$u_x = -\frac{1}{2\mu} \frac{\mathrm{d}p}{\mathrm{d}x}\left(\frac{h^2}{4} - y^2\right) + \frac{V}{2}\left(1 + \frac{2y}{h}\right) = \frac{1}{2\mu} \frac{\Delta p}{L}\left(\frac{h^2}{4} - y^2\right) + \frac{V}{2}\left(1 + \frac{2y}{h}\right) \quad (8-11)$$

式(8-11)为平行平板间隙流动中速度分布的通用表达式，下面分 3 种情况讨论。

1. **压差流动**(differential pressure flow)

该种情况下，上、下平板均固定不动，即 $V=0$，则式(8-11)转为

$$u_x = \frac{1}{2\mu}\frac{\Delta p}{L}\left(\frac{h^2}{4} - y^2\right) \tag{8-12}$$

由式(8-12)知，此时速度成抛物线分布，如图8.3所示。在 $y=0$ 处即间隙中间，速度取得最大值

$$u_{x\max} = \frac{1}{8\mu}\frac{\Delta p}{L}h^2$$

这种固定平板的间隙流动，此时流体在缝隙两端压差的作用下作层流流动，故称为压差流动，又称泊肃叶流动。

2. 剪切流动(shear flow)

若图8.2中缝隙两端的压强相等，即 $\frac{\mathrm{d}p}{\mathrm{d}x}=0$，而上板仍以速度 V 匀速运动时，此时式(8-12)转为

$$u_x = \frac{V}{2}\left(1 + \frac{2y}{h}\right) \tag{8-13}$$

此时缝隙中流体仍作平行流动，且速度随 y 呈线性分布，如图8.4所示。这种由上板带动而产生的流动称为剪切流动，又称库艾特流动。

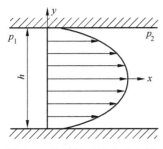

图8.3 压差流动速度分布图

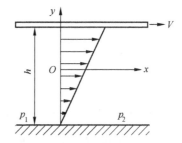

图8.4 剪切流动速度分布图

3. 压差剪切流

压差流和剪切流的叠加称压差剪切流(或剪切压差流)，其速度分布如图8.5所示，因此说，不可压缩的粘性流体在两平行平板间的定常层流流动可视为上述两种流动的简单叠加。若令 $y^* = \frac{2y}{h}$ 为无量纲坐标，$u^* = \frac{u_x}{V}$ 为无量纲速度，则根据式(8-11)，可得

$$u^* = \frac{u_x}{V} = \frac{B}{8}(1-y^{*2}) \pm \frac{1}{2}(1+y^*) \tag{8-14}$$

式中：$B = -\frac{h^2}{\mu V}\frac{\mathrm{d}p}{\mathrm{d}x}$ 称为无量纲压力梯度，正负号依据压差与平板运动的相对方向而定，当 Δp 与 V 符号相同时，取正号；当 Δp 与 V 的符号相反时，取负号。

根据式(8-14)，若以 B 为参变量，可得出不同无量纲压力梯度下的无量纲速度的分布，如图8.6所示。由图可见，当 $B=0$ 时，即没有压强差的作用下，两平板间流体的速度分布为一条斜直线；当 $B>0$ 即 $\frac{\mathrm{d}p}{\mathrm{d}x}<0$ 时，即上游压强大于下游压强，平板间流体的速度分布呈抛物线分布，且各处流速大于 $B=0$ 时的流速，该种流动称为正压强梯度流动；

反之，$B<0$ 即 $\dfrac{\mathrm{d}p}{\mathrm{d}x}>0$ 时，即上游压强小于下游压强，即逆压强梯度流动，平板间流体各处流速小于 $B=0$ 时的流速，当 $\dfrac{\mathrm{d}p}{\mathrm{d}x}$ 增大到一定程度，可能使 $u^*<0$，即出现回流。

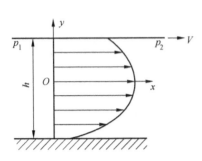

图 8.5　压差剪切流的速度分布图

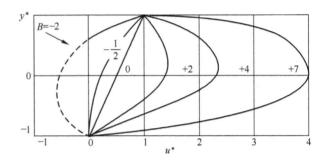

图 8.6　平行平板间隙层流流动的无量纲速度分布

考虑压差 Δp 与平板运动的相对方向，将式(8-11)在 $-h$ 和 h 间积分，可得宽度为 M 的平板间流体的流量

$$q_V = \int_{-\frac{h}{2}}^{\frac{h}{2}} M u_x \mathrm{d}y = \dfrac{M}{12\mu} \dfrac{\mathrm{d}p}{\mathrm{d}x} h^3 \pm \dfrac{Mh}{2} V = \dfrac{Mh^3}{12\mu L}\Delta p \pm \dfrac{Mh}{2} V \qquad (8-15)$$

对式(8-11)求导，则可得流体间的切应力

$$\tau = \mu \dfrac{\mathrm{d}u_x}{\mathrm{d}y} = \dfrac{-\Delta p}{2L} y \pm \dfrac{\mu}{h} V \qquad (8-16)$$

8.2.2　倾斜平板间隙流动(Flows in the Clearance between Tilting Plates)

倾斜平面间的缝隙流有两种形式，如图 8.7 所示，其一为渐扩间隙 [图 8.7(a)]，其二为渐缩间隙 [图 8.7(b)]。本节主要以渐扩间隙为例，讨论其流动速度、流量和压力分布规律，其中压力分布规律为分析滑阀阀芯液压卡紧力的基本理论依据。

如图 8.7(a)所示，假定上、下两板在垂直纸面方向的宽度为 M，M 足够大，可忽略端部影响，下板水平放置，长度为 L，上板稍有倾斜，两板间距 $h=h(x)$ 是 x 的函数，下板以速度为 V 沿 x 方向作匀速运动。这相当于讨论倾斜平板间的不可压缩粘性流体仅沿 x 方向流动，故仍可仅考虑 N-S 方程的 x 方向分量。

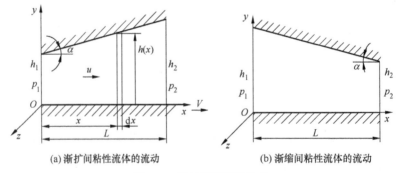

(a) 渐扩间隙粘性流体的流动　　　(b) 渐缩间隙粘性流体的流动

图 8.7　倾斜平板间隙流动

由上节分析可知，利用 N-S 方程在约定条件下简化（不计重力、惯性力、一维流动、不可压缩）得出倾斜平面缝隙流的流体运动微分方程和速度方程，与平行平面时的流体运动微分方程和速度方程完全一致，即

$$\frac{d^2 u_x}{dy^2} = \frac{1}{\mu}\frac{dp}{dx}\left(\frac{dp}{dx} \neq -\frac{\Delta p}{L}\right)$$

$$u_x = \frac{1}{2\mu}\frac{dp}{dx}y^2 + C_1 y + C_2$$

边界条件为

$$y = 0, \quad u_x = V; \quad y = h(x), \quad u_x = 0;$$

可求

$$C_1 = -\frac{1}{2\mu}\frac{dp}{dx}h - \frac{V}{h}, \quad C_2 = V;$$

由此可得速度分布

$$u_x = -\frac{1}{2\mu}\frac{dp}{dx}y(h-y) + V\left(1-\frac{y}{h}\right) \tag{8-17}$$

式中：h 为任意 x 处两平板间的距离，如图 8.7(a) 所示，设

$$h = h(x) = h_1 + x\tan\alpha \tag{8-18}$$

若下板也固定，即 $V = 0$，则

$$u_x = -\frac{1}{2\mu}\frac{dp}{dx}y(h-y) \tag{8-19}$$

必须注意的是，平行平面缝隙流中的压力梯度 $\frac{dp}{dx} = \text{const}$，而倾斜平面间的缝隙流中的压力梯度 $\frac{dp}{dx} \neq \text{const}$，而是 x 的函数，即 $\frac{dp}{dx} = f(h(x))$。

由式(8-19)可求得宽度为 M 的流量 q_V

$$q_V = M\int_0^{h(x)} u_x dy = M\int_0^{h(x)} \left[-\frac{1}{2\mu}\frac{dp}{dx}y(h-y) + V\left(1-\frac{y}{h}\right)\right]dy$$

$$= M\left(\frac{hV}{2} - \frac{h^3}{12\mu}\frac{dp}{dx}\right) \tag{8-20}$$

即

$$\frac{dp}{dx} = 12\mu\left(\frac{V}{2h^2} - \frac{q_V}{Mh^3}\right) \tag{8-21}$$

将 $h = h_1 + x\tan\alpha$，$\tan\alpha = \frac{h_2 - h_1}{L}$ 代入式(8-21)

$$dp = 12\mu\left(\frac{V}{2h^2\tan\alpha} - \frac{q_V}{Mh^3\tan\alpha}\right)dh \tag{8-22a}$$

积分上式得

$$p = \frac{6\mu}{\tan\alpha}\left(\frac{q_V}{Mh^2} - \frac{V}{h}\right) + C \quad (h_1 \leqslant h \leqslant h_2) \tag{8-22b}$$

利用边界条件：$h = h_1$，$p = p_1$，可得定积分常数

$$C = p_1 + \frac{6\mu}{\tan\alpha}\left(\frac{V}{h_1} - \frac{q_V}{Mh_1^2}\right) \tag{8-22c}$$

将式(8-22c)代入式(8-22b)，可得倾斜间隙中的压强分布规律为

$$p = p_1 - \frac{6\mu}{\tan\alpha}\left[V\left(\frac{1}{h} - \frac{1}{h_1}\right) - \frac{q_V}{M}\left(\frac{1}{h^2} - \frac{1}{h_1^2}\right)\right] \quad (8-22\text{d})$$

当 $h = h_2$ 时，$p = p_2$，则有

$$p_2 = p_1 - \frac{6\mu}{\tan\alpha}\left[V\left(\frac{1}{h_2} - \frac{1}{h_1}\right) - \frac{q_V}{M}\left(\frac{1}{h_2^2} - \frac{1}{h_1^2}\right)\right] \quad (8-23)$$

若上下平面固定不动，则 p，Δp 和 q_V 可表示为

$$p = p_1 + \frac{6\mu q_V}{M\tan\alpha}\left(\frac{1}{h^2} - \frac{1}{h_1^2}\right) \quad (h_1 \leqslant h \leqslant h_2) \quad (8-24)$$

$$\Delta p = p_2 - p_1 = \frac{-6\mu q_V L(h_1 + h_2)}{M h_1^2 h_2^2} \quad (8-25)$$

$$q_V = \frac{-M}{6\mu L}\cdot\frac{h_1^2 h_2^2}{(h_1 + h_2)}\Delta p \quad (8-26)$$

渐缩间隙流与渐扩间隙流的基本理论，从运动微分方程到间隙的压力分布是相同或相似的，边界条件也是相同的，不同之处在于任意 x 处的缝隙高度 $h(x)$，对于渐缩间隙

$$h(x) = h_1 - x\tan\alpha \quad (8-27)$$

因此，只要将渐扩间隙中的 $\tan\alpha$ 改写为 $-\tan\alpha$，即为渐缩间隙中的相关公式，读者可自行推导，在此不再赘述。

8.2.3 圆柱环形间隙流动 (Cylindrical Circulation Clearance Flow)

圆柱环形间隙流动根据两圆柱面是否同心，将其分为同心圆柱环形间隙流动和偏心圆柱环形间隙流动。下面分别加以简单分析。

1. 同心圆柱环形间隙流动

图 8.8(a)所示为一同心圆柱环形间隙，其间隙高度 h 与直径 d 相比为一微小量，液体在间隙中沿轴向流动。这种情况可以简单地按板宽为 $M = \pi d$ 的平行平板间隙流动来处理，即将圆柱环形间隙展成为平行平板间隙。

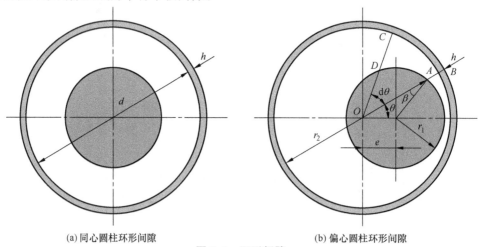

(a) 同心圆柱环形间隙 (b) 偏心圆柱环形间隙

图 8.8 环形间隙

按式(8-15)可得圆柱环形间隙流动的流量公式为

$$q_V = \frac{\pi d h^3}{12\mu L}\Delta p \pm \frac{\pi d h}{2}V \quad (8-28)$$

式中：V 为内柱或外孔壁沿轴线移动的速度，其正负号的意义与上述平板间隙流动相同。

若 $V=0$，即内柱和外孔壁均固定不动，则为纯压差流动，其流量为

$$q_V = \frac{\pi d h^3}{12\mu L}\Delta p \tag{8-29}$$

若间隙高度 h 与直径 d 相比不是一微小量时，则式(8-28)不再适用，必须另行推导，读者可查阅相关文献。

2. 偏心圆柱环形间隙流动

实际工程中，由于受力不均匀，圆柱环形间隙经常处于偏心的工作状态，为此，需要考虑由于内柱与外孔的相对偏心而引起的流量变化。

对于偏心圆柱环形间隙，如图 8.8(b)所示，其间隙高度 h 为变量，是随 θ 角而变化的，由几何关系得

$$h = AB = OB - OA = r_2 - (r_1\cos\beta + e\cos\theta) \tag{8-30}$$

由于缝隙很小，$\cos\beta \approx 1$，故上式可写成

$$h = r_2 - (r_1 + e\cos\theta) = \delta - e\cos\theta \tag{8-31}$$

式中：$\delta = r_2 - r_1$，称为平均半径间隙，即同心时的间隙高度。

在环缝上取微元段 $ABCD$，如图 8.8(b)所示。间隙高度 $h=\delta-e\cos\theta$，宽度为 $dS=r_1 d\theta$，由于宽度 $r_1 d\theta$ 很小，可认为间隙为平行平板间隙，由式(8-15)积分可得该微元段上的流量为

$$q_V = \int_0^{2\pi}\left(\frac{\Delta p h^3}{12\mu L} \pm \frac{Vh}{2}\right)r_1 d\theta = \pi d_1\left[\frac{\Delta p \delta^3}{12\mu L}\left(1+\frac{3}{2}\varepsilon^2\right) \pm \frac{V\delta}{2}\right] \tag{8-32}$$

式中：$\varepsilon = \dfrac{e}{\delta}$，称为相对偏心率；$d_1$ 为内圆柱直径。

当内柱、外孔均固定不动时，即 $V=0$ 时，其流量为

$$q_V = \frac{\Delta p \pi d_1 \delta^3}{12\mu L}\left(1+\frac{3}{2}\varepsilon^2\right) \tag{8-33}$$

最大偏心时，即 $e=\delta$，$\varepsilon=1$，则

$$q_V = 2.5\frac{\pi d_1 \Delta p}{12\mu L}\delta^3 \tag{8-34}$$

另外，比较式(8-15)、式(8-28)及式(8-32)，可发现它们的类型完全相同，并且可以利用同一通式表示

$$q_V = K_1\left(\frac{K_2 \Delta p h^3}{12\mu L} \pm \frac{Vh}{2}\right) \tag{8-35}$$

式中：K_1 为宽度尺寸，矩形间隙 $K_1=M$，环形间隙 $K_1=\pi d$；K_2 为偏心系数，没有偏心时，$\varepsilon=0$，则 $K_2=1$；h 为间隙高度，对于偏心圆柱环形间隙，h 取同心时的间隙高度 δ。

8.3 入口段与充分发展段的管内流动(Entrance Region and fully Developed Flow)

8.1 节的分析是建立在流动充分发展的管内层流流动的基础上的。此时，管内任意处

的有效截面上的流体的速度剖面都相等,且服从抛物面分布,速度 u 仅随径向坐标 y,而不随轴向坐标 x 变化。这样的速度分布并不是流体一进入圆管就能实现的,而要经过一段所谓的入口段(或起始阶段)以后,管内流动才进入充分发展阶段。

> Flow in the entrance region of a pipe is quite complex.

如图 8.9(a)所示,假定不可压缩的粘性流体从一个大容器中经圆弧形入口进入圆管,在入口处的横截面上,流速接近一致。进入圆管后,紧贴壁面的粘性流体受到壁面的阻滞,速度为零,而轴线处的主流还是以与入口流速基本接近的速度流动,这样就形成一个流速从零变到主流流速的速度增长层,这一速度增长层称为边界层。可以看到,随着流体进入管内距离的增加,边界层逐渐加厚,而轴线附近均一流速的主流区范围逐渐减小,当流体进入圆管一定距离后,边界层厚至轴线处相交,使得其后的速度剖面处处相等,即流动进入充分发展的管内层流流动,速度分布服从抛物线分布。从入口处到边界层交会形成充分发展的层流管流这一段称为管内流动的入口段(或起始段)。实验表明,层流起始段的长度 Le 与管径 d 之比和 Re 数成正比,即

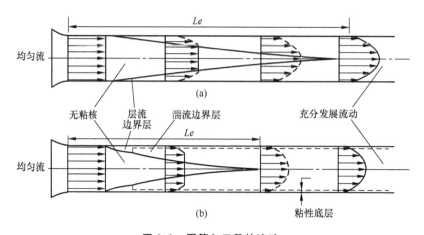

图 8.9 圆管入口段的流动

$$\frac{Le}{d}=0.06Re \tag{8-36}$$

> The entrance length is a function of the Reynolds number.

若管道总长 $L \gg Le$,则入口段影响可以忽略,否则应记及入口段的影响。一般而言,入口段的沿程阻力系数要大于充分发展段的沿程阻力系数。

若管内流动时湍流,如图 8.9(b)所示,由于流体质点的横向脉动互相掺混,使圆管入口段的长度变短,从管入口到边界层交会的湍流入口段长度 Le 与管径 d 之比约为

$$\frac{Le}{d}=25 \sim 40 \tag{8-37}$$

8.4 流体在圆管中的湍流流动(Turbulent Pipe Flow)

从雷诺实验可以知道,当 $Re > Re_c$,即流动为湍流时,圆管内流体质点的运动便呈现无序和杂乱无章,流体质点的速度不断地随时间在变化。如果用激光流速仪或热线流速仪

在管内某点测试速度 u 的大小，则可测出速度随时间的脉动变化曲线，如图 8.10 所示。湍流中不但速度发生脉动，压强等参数都在发生脉动。

8.4.1 基本概念(Basic Concepts)

1. 流动参数的均值和脉动值

从雷诺实验中看到，湍流是一种三维的随机的紊乱流动。图 8.10 示出了用热线测速仪测得的管内某点轴向瞬时速度的变化曲线，可见湍流是非稳定流动，湍流的参数时随时间变化，这种现象称为**脉动**(pulsation)。由于湍流中的脉动使得湍流的研究和层流的研究有着根本的不同，层流中采用的严密的数学推导无法在湍流中使用。湍流的研究只能借助一些半经验的理论和实验，即在一定的假设前提下进行实验，分析实验结果，并参照层流运动，得出半经验的规律。

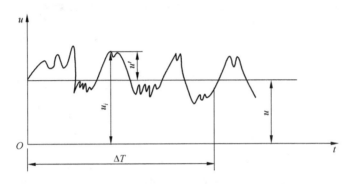

图 8.10 瞬时速度与时均速度的脉动变化曲线

由于湍流是一种随机运动，而随机运动一般服从统计平均规律，所以可以在某个时间间隔 ΔT 内对流动参数取时间平均而得到**时均参数**(temporal average parameter)，比如**时均速度**(temporal average velocity)

$$\bar{u} = \left(\int_0^{\Delta T} u_i \mathrm{d}t \right) \frac{1}{\Delta T} \tag{8-38}$$

时均压强(temporal average pressure)

$$\bar{p} = \left(\int_0^{\Delta T} p_i \mathrm{d}t \right) \frac{1}{\Delta T} \tag{8-39}$$

时均密度(temporal average density)

$$\bar{\rho} = \left(\int_0^{\Delta T} \rho_i \mathrm{d}t \right) \frac{1}{\Delta T} \tag{8-40}$$

引进时均参数之后，瞬时湍流参数就可以表示为时均值和脉动值之和，即

$$\left. \begin{array}{l} u = \bar{u} + u' \\ p = \bar{p} + p' \\ \rho = \bar{\rho} + \rho' \end{array} \right\} \tag{8-41}$$

式中：u，p，ρ 为瞬时值；$\bar{u}$，$\bar{p}$，$\bar{\rho}$ 为时均值；u'，p'，ρ' 为脉动值。

> ➢ Turbulent flows involve randomly fluctuating parameters.

> ➢ Turbulent flows parameters can be described in terms of mean and fluctuating portions.

在工程实际中，所需要求解的流动参数，如速度、压强、能量等均指流动的时均值，一般用测速仪、压强计等仪器仪表所测得的也只能是时均值。采用时均化的方法之后,将前面流体运动学和动力学中建立起来的稳定流动的基本概念和基本公式,如能量方程、动量方程等,用时均参数代入,即可应用于湍流运动,这样便使研究湍流问题大为简化。

应该指出,时均化的模型只是人为的一种研究模型,当研究湍流的物理本质时,将不再适用,否则将出现很大的误差。例如,在研究湍流的能量损失时,就不能应用用时均化参数表示的牛顿内摩擦定律,必须考虑流体质点的紊乱运动和混杂影响。

注意,为了简化起见,以下除非特殊说明,一般仍用不带上横杠的符号表示时均参数。

2. 湍流结构

由实验得知,湍流的结构分为**层流粘性底层**(laminar boundary layer)、**过渡层**(buffer zone)和**湍流核**(turbulent zone)3个区域,如图8.11所示。

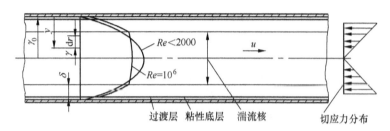

图8.11 圆管内湍流流动的速度分布和切应力分布

层流粘性底层是紧靠近壁面的一薄层,其速度很小或接近零,故此区域内的运动状态属于层流。过度层是层流粘性底层向湍流核过度的区域。湍流核是湍流的主体。随着雷诺数的增大,湍流的3个组成部分也随之发生变化,特别是层流粘性底层和湍流核的变化,对能量损失和断面上的速度分布有直接影响。

3. 普朗特混合长理论

一个描述脉动参数对湍流影响的著名理论是**普朗特混合长理论**(prandtl mixing length theory)。普朗特提出,在湍流流动中流体质点的相互掺混类似于气体中的分子运动。气体分子运动时,在和其他分子碰撞之前要经过一段所谓的平均自由行程。与此类似,流体质点在横向移动一个自由行程 l 之前保持着原有的纵向动量分量,而在移动自由行程 l 之后,便和其他流体质点混合,改变纵向流速。普朗特把这样定义的自由行程 l 称为**混合长**(mixing length)。如图8.12所示,y 层 dA 处的流体质点的 x 向速度为 $u(y)$,横向跃迁 l 距离后,到达 $y+l$ 层,与该层流体质点混合,速度变为 $u(y+l)$,将此速度在 y 处展开,得

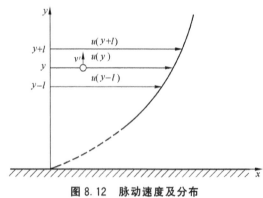

图8.12 脉动速度及分布

$$u(y+l)=u(y)+l\frac{du}{dy}+\frac{l}{2}\frac{d^2u}{dy^2}+\cdots \quad (8-42)$$

忽略二阶以上高阶小量,得

$$u(y+l)-u(y)=l\frac{\mathrm{d}u}{\mathrm{d}y}\sim u' \qquad (8-43)$$

即纵向脉动速度 u' 的大小与混合长 l 和时均速度梯度 $\frac{\mathrm{d}u}{\mathrm{d}y}$ 的乘积相当。另一方面，根据连续性要求，横向脉动速度 v' 的大小，应与 u' 相当，即

$$v'\sim u'\sim l\frac{\mathrm{d}u}{\mathrm{d}y}$$

普朗特混合长理论认为，湍流切应力 τ 包括粘性切应力 τ_1 和惯性切应力 τ_2 两项，即

$$\tau=\tau_1+\tau_2=\mu\frac{\mathrm{d}u}{\mathrm{d}y}+\rho l^2\left(\frac{\mathrm{d}u}{\mathrm{d}y}\right)^2 \qquad (8-44)$$

式中：l 为混合长。普朗特假定，混合长应正比于离壁面的距离，即

$$l=ky \qquad (8-45)$$

式中：k 为实验常数，由实验确定。

> Various ad hoc assumptions have been used to approximate turbulent shear stresses.

冯·卡门提出了另一个关于混合长的假说，他认为混合长与当地速度变化 $\frac{\mathrm{d}u}{\mathrm{d}y}$、$\frac{\mathrm{d}^2 u}{\mathrm{d}y^2}$ 有关，于是提出了关系式

$$l=k\frac{\mathrm{d}u}{\mathrm{d}y}\bigg/\frac{\mathrm{d}^2 u}{\mathrm{d}y^2} \qquad (8-46)$$

混合长理论有缺点，表达式也不精确。但尽管如此，这些理论和公式还是能够成功地确定湍流状态下的流速分布和能量损失规律的。

8.4.2 湍流流动的速度分布和切应力分布(Distribution of Turbulent Velocity and Shear Stress)

管内流动是湍流时，在管壁附近仍有一层层流粘性底层。

1. 粘性底层与水力光滑和水力粗糙

由于管壁摩阻和分子附着力的作用，使流体粘附在管壁上，速度为零。这种粘性的作用使湍流的脉动与掺混受到壁面的抑制。人们把靠近壁面一层的流动流体称为粘性底层，厚度用 δ_l 表示。

通过理论研究与实践得到了粘性底层厚度的经验式

$$\delta_l=\frac{kD}{Re\sqrt{\lambda}} \qquad (8-47)$$

式中：D 为管道直径；$k=30\sim33$；λ 为沿程阻力系数。

离开管壁附近的 δ_l 厚度，粘性底层的粘性影响即消失，而形成湍流的核心区。管壁凹凸不平的高度 ε 称为**绝对粗糙度**(absolute roughness)。图 8.13(a)是粘性底层将粗糙度覆盖的情况，粗糙度对湍流核心区的流动没有影响，此时 $\delta_l>\Delta$，这种流动称为**水力光滑**(hydraulic smoothness)。如图 8.13(b)是粗糙度暴露于湍流核心区之内的情况，粗糙度导致流体产生碰撞、冲击、形成漩涡、增加能量损失，此时 $\delta_l<\Delta$，粗糙凸起突出的越高，阻力越大，这种情况称为**水力粗糙**(hydraulic roughness)。

值得注意的是水力光滑与粗糙同几何上的光滑有些联系，但不相同。几何上的粗糙是固定的，若粗糙程度大，出现水力粗糙的可能性大些。而水力粗糙是随 D 和 Re 等参数变化的，例如旧管道，油田注水管道以及集油管道在 Re 大时都可能是水力粗糙的。

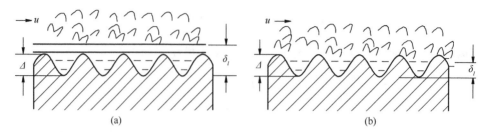

图 8.13 水力光滑与水力粗糙

2. 切应力分布

对于等直径 D 的管内流动,轴向时均速度为 u。在管长为 L 的管段上,流体流动过程中由于切应力的存在造成能耗,使得压强降落了 Δp,简称压降或压损。若用管壁上的切应力 τ_w 来计算,则有

$$\tau_w \pi DL = \frac{\pi}{4} D^2 (p_1 - p_2)$$

$$\tau_w = \frac{D \Delta p}{4L} = \frac{\Delta p R}{2L} \tag{8-48}$$

若取长度为 L、半径为 r 的流管,则流管表面上切应力同样可以表示成

$$\tau = \frac{\Delta p r}{2L} \tag{8-49}$$

于是,在有效断面上的切应力分布式为

$$\tau = \frac{\tau_w r}{R} \tag{8-50}$$

可见,湍流有效断面上的切应力分布呈 K 形,如图 8.11 所示。

湍流中切应力包括粘性切应力和脉动切应力,这两种切应力在粘性底层和湍流核心部分所占的比例也不同。在粘性底层中,粘性切应力是主要的,在湍流核心部分以脉动切应力为主。

3. 速度分布

粘性底层中的切应力

$$\tau = \mu \frac{du}{dy} \quad 或 \quad du = dy \frac{\tau}{\mu}$$

由于粘性底层很薄 τ 可以近似用壁面上的切应力 τ_w 来表示,于是由上式可得

$$u = y \frac{\tau_w}{\mu} \tag{8-51}$$

所以粘性底层内的速度分布呈直线规律。

湍流核心区的脉动切应力为 $\tau = \rho l^2 \left(\frac{du}{dy}\right)^2$。根据式(8-50),并注意到 $r = R - y$,则

$$\tau = \tau_w \left(1 - \frac{y}{R}\right) \tag{8-52}$$

根据卡门的实验,混合长度与 y 的函数近似表示为

$$l = ky \sqrt{1 - \frac{y}{R}} \tag{8-53}$$

$y=0$ 时,在壁面附近有 $l=ky$。

由卡门实验得出混合长度系数 $k=0.4$,尼古拉兹(Nikuradse)对水力光滑管的实验同样也得到 $k=0.4$。

将式(8-52)和式(8-53)代入 $\tau=\rho l^2\left(\dfrac{\mathrm{d}u}{\mathrm{d}y}\right)^2$,则有

$$\tau_w\left(1-\dfrac{y}{R}\right)=\rho(ky)^2\left(1-\dfrac{y}{R}\right)\left(\dfrac{\mathrm{d}u}{\mathrm{d}y}\right)^2$$

简化后积分,则得湍流核心区的速度分布式为

$$u=\sqrt{\dfrac{\tau_w}{\rho}}\dfrac{1}{k}\ln y+C' \tag{8-54a}$$

上式表明,湍流核心区的速度 u 与 y 成对数分布规律。图 8.14 所示的对数规律的特点是速度梯度较小,速度比较均匀,这是湍流中质点脉动掺混、动量交换的结果。

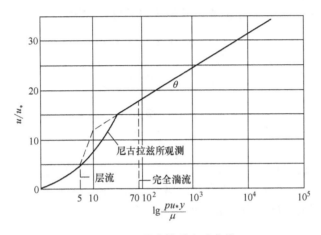

图 8.14 尼古拉兹实验曲线

式中:$\sqrt{\tau_w/\rho}$ 具有速度量纲,称为壁面切应力速度,并用 u_* 表示,$u_*=\sqrt{\dfrac{\tau_w}{\rho}}$。这样式(8-54a)又可写成

$$\dfrac{u}{u_*}=\dfrac{1}{k}\ln y+C \tag{8-54b}$$

式中:C 为积分常数,求法如下。

粘性底层的直线速度分布为 $u=y\dfrac{\tau_w}{\mu}=\rho u_*^2\dfrac{y}{\mu}$,设 $y=\delta$ 处 $u=u_\delta$,则该直线分布可表示为

$$\dfrac{u_\delta}{u_*}=\dfrac{\rho u_*\delta}{\mu}=Ne$$

式中:$\dfrac{\rho u_*\delta}{\mu}$ 具有雷诺数的形式,用 Ne 表示。

在粘性底层的边界上 $y=\delta$ 处,$u=u_\delta$,同时也是湍流核心的边界,式(8-54a)可写成

$$\dfrac{u_\delta}{u_*}=\dfrac{1}{k}\ln\delta+C$$

由以上两式便可得积分常数

$$C = \frac{u_\delta}{u_*} - \frac{1}{k}\ln\delta = Ne - \frac{1}{k}\ln\frac{\mu Ne}{\rho u_*}$$

代入式(8-54b)使得湍流核心区速度分布规律的另一个表达式

$$\frac{u}{u_*} = \frac{1}{k}\ln\frac{\rho u_* y}{\mu} + A \quad (8-55)$$

式中：$A = Ne - \frac{1}{k}\ln Ne$，尼古拉兹(Nikuradse)通过实验得出 $A=5.5$。

图 8.14 给出了尼古拉兹(Nikuradse)对水力光滑管的实验曲线。纵坐标是 u/u_*，横坐标为 $\rho u_* y/\mu$。层流底层 $\frac{\rho u_* y}{\mu} < 5$，湍流核心区 $\frac{\rho u_* y}{\mu} > 70$。

在尼古拉兹实验曲线图上，截距 $A = 5.5$，混合长度系数 $k = \frac{1}{\tan\theta} = \frac{1}{\tan 68.2°} = 0.4$。将实验数据代入式(8-55)便得水力光滑管速度对数分布式为

$$\frac{u}{u_*} = 2.5\ln\frac{\rho u_* y}{\mu} + 5.5$$

$$= 5.75\lg\frac{\rho u_* y}{\mu} + 5.5 \quad (8-56)$$

水力光滑管速度分布还有更方便于计算的指数式

$$\frac{u}{u_{\max}} = \left(\frac{y}{R}\right)^n \quad (8-57)$$

式中：指数 n 随 Re 数变化，当 $Re = 1.1 \times 10^5$ 时 $n = 1/7$，这就是著名的冯·卡门(Von Karman)1/7 次方规律，属于水力光滑管。对于水力粗糙管可取 $n = 1/10$。

水力粗糙管湍流的速度分布一般采用如下经验公式

$$\frac{u}{u_*} = 2.5\ln\frac{y}{\Delta} + 8.5 \quad (8-58)$$

用与前面相同的方法可得水力粗糙管平均流速的计算式为

$$\frac{V}{u_*} = 2.5\lg\frac{R}{\Delta} + 4.75 \quad (8-59)$$

式(8-57)中：$u_{\max}$ 为管轴处的最大速度；R 为圆管内径；指数随雷诺数变化，具体见表 8-1。

表 8-1 管内湍流流动指数速度分布特性

Re	4×10^3	2.3×10^4	1.1×10^5	1.1×10^6	2.4×10^6	3.2×10^6
n	1/6	1/6.6	1/7	1/8.8	1/10	1/10
$u/u_{\max}$	0.79	0.81	0.82	0.85	0.86	0.86

表 8-1 还列出了平均流速 u 和最大流速 $u_{\max}$ 的比值，由表中数值知，随着雷诺数增大，$u/u_{\max}$ 不断地增大。这是由于雷诺数的增大，使速度分布曲线中湍流核心区的速度分布更为平坦，层流底层更薄，壁面速度变化更快，从而使 $u/u_{\max}$ 不断地增大。另外，对圆管内层流，$u/u_{\max} = 0.5$，可见圆管内湍流的 $u/u_{\max}$ 要比层流大，这也是速度分布曲线变化的结果，如图 8.11 所示。

> A turbulent flow velocity profile can be divided into various portions.

8.5 管流水头损失(Head Losses in Pipe Flow)

8.5.1 水头损失的基本概念(Basic Concepts of Head Loss)

当不可压缩的粘性流体作内部流动时,由于粘性的影响,紧贴固体壁面的流体质点将粘附在固体壁面上,它们与固体壁面的相对速度为零,而轴线附近的流体则仍以较大的流速 u 流动。假定固体壁面静止不动,则存在一个流速由零到 u 的变化区域,这样,在相对运动着的流层之间由于粘性的存在就出现切向阻力。要克服阻力来维持粘性流体的流动,就要消耗机械能,所消耗的能量即为式(5-54)中的 h_{w1-2}。为了方便,将式(5-54)重写如下

$$z_1 + \frac{p_1}{\rho g} + \frac{\alpha_1 V_1^2}{2g} + H = z_2 + \frac{p_2}{\rho g} + \frac{\alpha_2 V_2^2}{2g} + h_{w1-2}$$

h_{w1-2} 是单位重量的流体自过流断面 1 流到过流断面 2 由于流体的粘性而造成的**能量损失**(loss of useful energy),也称为**水头损失**(head loss)。在第 5 章中没有解决 h_{w1-2} 如何计算的问题,本章中来给出其计算方法。

管路系统通常是由占主要部分的直管以及弯头、三通、阀门、突然扩大管等**局部管件**(pipe components)组成的,如图 8.15 所示。水头损失也因此分为**沿程水头损失**(head loss along the length)和**局部水头损失**(local loss)。沿程水头损失发生在直管段,是由于流体中存在粘性而引起摩擦所产生的能量损失,所以沿程水头损失也称为**摩擦损失**(friction loss);局部水头损失发生在局部管件中,是由于在局部管件中产生涡流、变形、加速或减速以及流体质点间剧烈碰撞而引起的动量交换所产生的能量损失。**总水头损失**(total head loss)是沿程水头损失和局部水头损失之和。在复杂的管路系统中,往往存在不同管径的直管段和许多管件,所以沿程水头损失是各不同管径的直管段中的沿程损失之和,局部水头损失是所有局部管件中局部损失之和,因此,总水头损失为

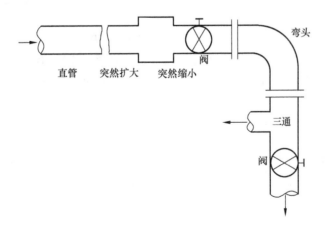

图 8.15 管路系统示意图

$$h_{w1-2}=\sum h_f+\sum h_l \tag{8-60}$$

式中：h_f 为沿程水头损失；h_l 为局部水头损失。

8.5.2 沿程水头损失(Head Loss along the Length)

1. 圆管层流的沿程水头损失

圆管层流的沿程水头损失可以由式(8-6)和能量方程推导出来。对于水平直管，$z_1=z_2$；对于等径管，由连续性方程，$V_1=V_2$；对于充分发展的流动，$\alpha_1=\alpha_2$。将这些关系代入不考虑 H 的能量方程(摩擦损失与 H 无关)，可得

$$h_f=\frac{\Delta p}{\rho g}$$

由式(8-6)导出 Δp 代入上式，得

$$h_f=\frac{8\mu l V}{\rho g R^2}=\frac{32\mu l V}{\rho g d^2}=\frac{64\mu l V^2}{2\rho V d d g}=\frac{64}{Re}\frac{l}{d}\frac{V^2}{2g}$$

令

$$\lambda=\frac{64}{Re} \tag{8-61}$$

则有

$$h_f=\lambda\frac{l}{d}\frac{V^2}{2g} \tag{8-62}$$

式中：λ 称为**沿程损失系数**(loss factor along the length/friction factor)。式(8-62)称为**达西-魏斯巴赫公式**(darcy-weisbach equation)，简称**达西公式**(darcy equation)。

> ➤ The major head loss in pipe flow is given in terms of the friction factor.

需要说明的是，尽管达西公式是由水平管道这个特例推出的，但是对于倾斜直管照样成立。

2. 圆管湍流的沿程水头损失

与层流不同，由于湍流的机理到目前为止远未研究清楚，所以湍流的沿程水头损失还无法从流体力学的基本方程式推导出来，但是借助量纲分析和实验，可以获得圆管湍流的沿程水头损失的计算式。

> ➤ Most Turbulent pipe flow information is based on experimental data.

由大量实验可知，湍流沿程水头损失的大小与过流断面的平均流速 V、流体的密度 ρ、动力粘度 μ、管路直径 d、管路长度 l、管道内壁绝对粗糙度 Δ 有关，其函数关系可表示为

$$\rho g h_f=\Delta p=f(V,\rho,\mu,d,l,\Delta) \tag{8-63}$$

采用瑞利法，上式可表示为

$$\rho g h_f=kV^a\rho^b d^e l^e \mu^f \Delta^g \tag{8-64}$$

将上式用基本量纲长度 L、质量 M 和时间 T 来表示，取 k 为无量纲系数，得

$$L^{-1}MT^{-2}=k(LT^{-1})^a(ML^{-3})^b L^c L^e (L^{-1}MT^{-1})^f L^g$$
$$=kL^{a-3b+c+e-f+b}M^{b+f}T^{-a-f}$$

由量纲齐次性原则，得

对于 L $\qquad\qquad -1=a-3b-c+e-f+g$

对于 M $1=b+f$

对于 T $-2=-a-f$

联立上述 3 个方程，解得

$$a=2-f$$
$$b=1-f$$
$$c=-(e+f+g)$$

代入式(8-64)整理得

$$\rho g h_f = kV^{2-f}\rho^{1-f}d^{-e-f-g}l^e\mu^f\Delta^g$$
$$= k\left(\frac{\mu}{V\rho d}\right)^f\left(\frac{\Delta}{d}\right)^g\left(\frac{l}{d}\right)^e\rho V^2$$
$$= k\left(\frac{1}{Re}\right)^f\left(\frac{\Delta}{d}\right)^g\left(\frac{l}{d}\right)^e\rho V^2 \quad (8-65)$$

令

$$\lambda = 2k\left(\frac{1}{Re}\right)^f\left(\frac{\Delta}{d}\right)^g \quad (8-66)$$

由实验确定，$e=1$。将式(8-66)和 $e=1$ 代入式(8-65)，得

$$h_f = \lambda\frac{l}{d}\frac{V^2}{2g} \quad (8-67)$$

可见，圆管湍流的沿程水头损失的计算式与圆管层流的沿程水头损失的计算式在形式上完全一样，但是两者有本质的区别，其区别就是沿程损失系数 λ 不同，由式(8-61)可知，层流的沿程损失系数 λ 只与雷诺数 Re 有关，而由式(8-66)可知，湍流的沿程损失系数 λ 不但与雷诺数 Re 有关，而且与相对粗糙度(Δ/d)有关。

> ➢ Turbulent pipe flow properties depend on the Reynolds number and relative roughness.

湍流的沿程损失系数 λ 并不能由式(8-66)直接计算得出，实际的湍流沿程损失系数 λ 需要借助实验获得，通常是一些半经验公式或曲线，详见 8.6.1 节。

3. 非圆管的沿程水头损失

对于非圆形过流断面的管道流动，沿程水头损失公式为

$$h_f = \lambda\frac{l}{De}\frac{V^2}{2g} \quad (8-68)$$

式中：De 为当量直径。

8.5.3 局部水头损失(Local Head Loss)

局部水头损失发生在局部管件中，是由于在局部管件中产生涡流、变形、加速或减速以及流体质点间剧烈碰撞而引起的动量交换所产生的能量损失。换句话说，管流中的局部水头损失是由于各种障碍破坏了流体的正常流动而引起的损失。局部水头损失的大小取决于各障碍的类型，其特点是集中在管道中的一般较短的流程上。为了简化计算，近似地认为局部损失集中在管道的某一横截面上。单位重力流体的局部水头损失用 h_l 表示，其数值用下式计算

$$h_l = \zeta \frac{V^2}{2g} \tag{8-69}$$

式(8-69)中：$\zeta = f($几何尺寸, $Re)$，ζ 称为**局部损失系数**(local loss coefficient)，是一个无量纲的系数，一般需要由实验确定。局部损失系数的计算方法见8.6.2节。

8.6 沿程损失系数和局部损失系数(Loss Factor along the Length and Local Loss Factor)

8.6.1 沿程损失系数(Loss Factor along the Length)

由前面的沿程水头损失计算式(8-62)和式(8-67)可以看出，沿程水头损失计算的关键在于如何确定沿程阻力系数 λ。在8.5.2节中已通过数学解析的方法求得圆管内层流的沿程阻力系数为 $\lambda = 64/Re$。而对于湍流，由于其运动的复杂性，沿程损失系数 λ 的确定无法像层流那样严格地从理论上加以推导，而只能借助实验的方法以求得经验或半经验的公式。

1. 尼古拉兹图(Nikuradse chart)

为了研究沿程损失系数与壁面摩擦系数之间的定量关系，德国力学家和工程师尼古拉兹采用人工粗糙度方法实现粗糙度的控制。他利用当地的黄沙沙粒，将其筛选并分类均匀地粘贴在圆管内壁上，做成所谓的人工粗糙，如图8.16所示。利用粗糙的凸起高度 Δ（沙粒直径）表示壁面的绝对粗糙度，Δ 与管直径 d 之比 Δ/d 称为**相对粗糙度**(relative roughness)。实验中将相对粗糙度分为 $1/30, 1/61.2, 1/120, 1/252, 1/504, 1/1014$ 这6种，测得 λ 与 Re 之间的关系，并将试验结果作在同一对数坐标中，称为尼古拉兹曲线图，如图8.16所示，按照流动特性同样可分为层流区、临界区、湍流光滑区、过渡区和湍流粗糙管区5个区域。

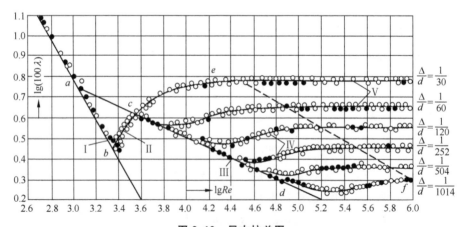

图8.16 尼古拉兹图

在尼古拉兹实验中所用的粗糙管是用人工方法制成的，而实际上，工程上所用的管道壁面粗糙度不可能如此均匀，这种管称之为工业用管。因此，若将尼古拉兹的实验结果应用于工业用管时,首先需要按照能量损失相同的原则,用实验方法将工业用管换算为等价的人工粗糙管,表 8-2 中所给出的各种常用管的等价粗糙度,简称当量粗糙度 Δ_s。

表 8-2　各种常用管的当量粗糙度 Δ_s

管道材料	Δ_s/mm	管道材料	Δ_s/mm
新氯乙烯管	0~0.002	镀锌钢管	0.15
铅管、铜管、玻璃管	0.01	新铸铁管	0.15~0.5
钢管	0.046	旧铸铁管	1~1.5
涂沥青铸铁管	0.12	混凝土管	0.3~3.0

2. 穆迪图(Moody chart)

为了解决尼古拉兹图使用的不便,1940 年美国工程师穆迪对工业用管作了大量实验,绘制出了 λ 与 Re 及 Δ/d 的关系图,称之为穆迪图,如图 8.17 所示。该图简便、准确,并经过许多实际验算,与实际情况相吻合,因而目前工程上应用最为广泛。穆迪图按照流动特性同样可分为层流区、临界区、湍流光滑区、过渡区和湍流粗糙管区 5 个区域,下面分别讨论各区沿程损失系数的特性。

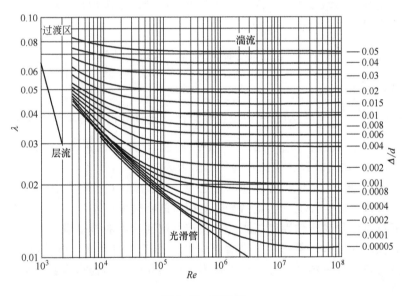

图 8.17　穆迪图

1) 层流区

当 $Re<2000$ 时,流动处于层流区,沿程损失系数 λ 与管壁相对粗糙度 Δ/d 仅与 Re 有关,且服从 $\lambda=64/Re$,这一结论与之前圆管层流研究中所得的结论相吻合。

2) 临界区

当 $2000<Re<4000$ 时,流动处于层流向湍流过渡的临界区,该区域范围狭小且不稳定,但总趋势是沿程损失系数 λ 随 Re 的增长而增长。

3）湍流光滑区

当 $4000 < Re < 22.2\left(\dfrac{d}{\Delta}\right)^{\frac{8}{7}}$ 时，流动处于湍流光滑管区，此时壁面凹凸不平部分淹没在层流底层中，管壁相对粗糙度 Δ/d 对流动无影响，故沿程损失系数 λ 仅与 Re 有关。该区内常用的计算公式为

当 $4000 < Re < 10^5$ 时，采用布拉休斯公式

$$\lambda = \dfrac{0.3164}{Re^{0.25}} \tag{8-70}$$

当 $10^5 < Re < 3 \times 10^6$ 时，采用尼古拉兹公式

$$\lambda = 0.0032 + 0.221 Re^{-0.237} \tag{8-71}$$

将式(8-70)代入式(8-67)计算水头损失时，可得沿程水头损失 h_f 与速度 $V^{1.75}$ 成正比，故湍流光滑区又称 1.75 次方阻力区。

4）过渡区

当 $22.2\left(\dfrac{d}{\Delta}\right)^{\frac{8}{7}} < Re < 597\left(\dfrac{d}{\Delta}\right)^{\frac{9}{8}}$ 时，流动处于由湍流光滑管区向湍流粗糙管区转变的过渡区。此时，层流底层随 Re 的增加而逐渐变薄，以致最终壁面凹凸不平部分暴露在湍流区域，从而对流动产生影响，即 $\lambda = \left(Re, \dfrac{\Delta}{d}\right)$。在穆迪图上，过渡区对应着由左边光滑管区到右边由粗糙管起始点连成的虚线之间的整个区域，该区域内，穆迪提出沿程损失系数 λ 服从如下规律

$$\lambda = 0.0055\left[1 + \left(2000\dfrac{\varepsilon}{d} + \dfrac{10^6}{Re}\right)^{\frac{1}{3}}\right] \tag{8-72}$$

5）湍流粗糙管区

当 $Re > 597\left(\dfrac{d}{\Delta}\right)^{\frac{9}{8}}$ 时，流动进入湍流粗糙管区，此时沿程损失系数 λ 与 Re 无关，仅与相对粗糙度 Δ/d 有关，故在穆迪图上为一水平直线。由于根据式(8-67)可知，此时沿程水头损失与 V^2 成正比，故该区域又称为平方阻力区。

比较图 8.16 和图 8.17 可以看出，两者在 Ⅰ、Ⅲ、Ⅴ 区的变化规律完全相同，所不同的只是在两个过渡区 Ⅱ、Ⅳ 上，这是由于工业用管的粗糙程度不均匀且分布稀疏所致。个别较高的突起过早地暴露于粘性底层之外，致使层流到湍流的转变骤然发生，同时较高的凸起对后面较低的凸起有遮蔽作用，随着流速加大凸起更加明显，但其遮蔽区也就更广，似乎随粗糙数目在减少一样。因此，对工业用管在第 Ⅱ 区得不到稳定实验点，在第 Ⅳ 区则曲线单调下降。

➢ The Moody chart gives the friction factor in terms of the Reynolds number and relative roughness.

目前的工程设计计算中，求取沿程损失系数 λ 的方法大致分为以下 3 类。

(1) 图线法：按工程选用的管道，由表查出相对应的绝对粗糙度 Δ，按设计给定的 Δ/d 值和 Re，在尼古拉兹曲线或穆迪曲线中查取。

(2) 图表法：在工程应用的有关手册中，往往给出人们预定的 Δ，V，d，Re，λ 等参数之间的关系图表，可按所指示的查找方法由设计数据查得。

(3) 计算法：按本节所介绍的方法，按照各分区选用相应的经验公式进行计算。需要提到一点，由于实验条件不同，各种文献上介绍的经验公式的形式及流态区域的划分也不尽相同，因此计算结果会存在一定差异。

8.6.2 局部损失系数(Local Loss Factor)

根据之前水头损失的分类知道，当流体流经各种局部障碍时，比如转弯、断面突变及各种阀门等，由于流体的相互碰撞和形成漩涡等因素造成局部能量损失，可用公式(8-69)表示。局部损失的计算关键在于确定局部损失系数，但由于这类流体的运动比较复杂，影响因素较多，除个别情形可作一定的理论分析之外，大多依靠实验的方法求得局部损失系数。

> Losses due to pipe system components are given in terms of loss coefficients.

局部水头损失大致可分为两类：一类是由于过流断面变化（包括断面收缩和扩大）引起的局部损失；另一类是流动方向的变化（如弯头）引起的局部损失。下面以过流断面的突然变化为例介绍局部损失系数 ζ 的求解方法，对于其余阻力件的局部损失系数 ζ 可查表 8-3。

过流断面突然变化有两种：即突然扩大或突然缩小（如图 8.18 和图 8.19 所示）。对于突然扩大管流，如图 8.18 所示，流体从较小断面 1—1 流入较大断面 2—2 时，由于流体具有惯性，它不可能按照管道的形状突然扩大，而是逐渐地扩大，因此，在管壁拐角与主流束之间形成漩涡，漩涡靠主流束带动旋转，漩涡同时将获得的能量消耗在旋转运动中。另外，管道截面突然扩大，流速的重新分布也引起了附加能量损失。下面推导其局部损失系数。

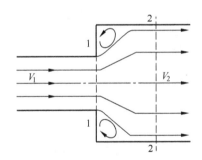

图 8.18 突然扩大管

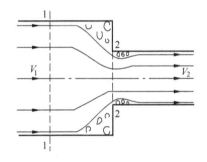

图 8.19 突然收缩管

取管径轴线作为位置势能的基准面（零位），根据伯努利方程，则有

$$\frac{p_1}{\gamma} + \frac{V_1^2}{2g} = \frac{p_2}{\gamma} + \frac{V_2^2}{2g} + h_l \tag{8-73}$$

式中：h_j 为管径突变引起的水头损失。

根据动量定理："流体动量的变化等于外力给予它的冲量。"则断面 1—1 至断面 2—2 之间的流体动量变化量 dM 为

$$dM = \rho q_V (V_2 - V_1) \tag{8-74}$$

外力冲量有两部分：其一为静压力变化量 $dK_1 = p_1 A_1 - p_2 A_2$；其二为环状管断面对流体的作用力 $dK_2 = P = p_1(A_2 - A_1)$。按动量定理 $dM = \sum dK = dK_1 + dK_2$，则有

$$\rho q_V(V_2-V_1)=p_1A_1-p_2A_2+p_1(A_2-A_1) \qquad (8-75)$$

联立式(8-73)和式(8-75)可求得局部能量损失 h_l 为

$$h_l=\frac{p_1-p_2}{\gamma}+\frac{V_1^2}{2g}-\frac{V_2^2}{2g}=\frac{\rho q_V(V_2-V_1)}{A_2\gamma}+\frac{V_1^2}{2g}-\frac{V_2^2}{2g} \qquad (8-76)$$

根据连续性方程 $q_V=A_1V_1=A_2V_2$,则有

$$h_l=\frac{V_2}{g}(V_2-V_1)+\frac{V_1^2}{2g}-\frac{V_2^2}{2g}=\frac{(V_1-V_2)^2}{2g}=\left(\frac{A_2}{A_1}-1\right)^2\frac{V_2^2}{2g}=\zeta\frac{V_2^2}{2g} \qquad (8-77)$$

式中:ζ 为管径突然扩大时的局部损失系数,$\zeta=\left(\frac{A_2}{A_1}-1\right)^2$,$A_2>A_1$。

> ➤ The loss coefficient for a sudden expansion can be theoretically calculated.

表 8-3 管道阻力件的局部损失系数

断面突然缩小	$\zeta=0.5\left(1-\frac{A_2}{A_1}\right)$							
	A_2/A_1	0.01	0.10	0.20	0.40	0.60	0.80	1.00
	ζ	0.50	0.45	0.40	0.30	0.20	0.10	0.00

逐渐扩大	$\zeta=K\left(\frac{A_2}{A_1}-1\right)^2$					
	θ	8°	10°	12°	15°	20°	25°
	K	0.14	0.16	0.22	0.30	0.42	0.62

逐渐缩小	$\zeta=K_1K_2$						
	θ	10°	10°	10°	10°	10°	10°	10°
	K_1	0.40	0.25	0.20	0.20	0.30	0.40	0.60
	A_2/A_1	0	0.10	0.20	0.30	0.40	0.50	0.60	0.70	0.80	0.90	1.0
	K_2	0.41	0.40	0.38	0.36	0.34	0.30	0.27	0.20	0.16	0.10	0

文丘里管	d/D	0.30	0.40	0.45	0.50	0.55	0.60	0.65	0.70
	ζ	19.0	5.3	3.06	1.9	1.15	0.69	0.42	0.26

(续)

管道入口	斜角入口	$\zeta=0.5+0.303\sin\alpha+0.226\sin^2\alpha$						
	直角入口	$\zeta=0.5$						
	圆角入口	$\zeta=0.05\sim0.10$						
	圆锥入口	θ \ ζ \ l/d	0.025	0.05	0.075	0.1	0.25	0.5
		10	0.47	0.44	0.42	0.38	0.36	0.28
		20	0.44	0.39	0.34	0.31	0.26	0.18
		40	0.41	0.32	0.26	0.21	0.16	0.10
		60	0.40	0.30	0.23	0.18	0.15	0.14
		90	0.45	0.42	0.39	0.37	0.35	0.33
管道出口		$\zeta=1$						
弯管	折角弯管	$\zeta=0.946\sin^2\left(\dfrac{\alpha}{2}\right)+2.05\sin^4\left(\dfrac{\alpha}{2}\right)$						
	圆角弯管	$\zeta=\left[0.131+0.163\left(\dfrac{d}{R}\right)^{5.5}\right]\dfrac{2\alpha}{p}$ 当 $\alpha=\dfrac{p}{2}$ 时 $\zeta=0.131+0.163\left(\dfrac{d}{R}\right)^{5.5}$						
		d/R	0.2	0.4	0.5	0.6	0.7	0.8	0.9
		ζ	0.13	0.14	0.15	0.16	0.17	0.21	0.24
		d/R	1.0	1.2	1.4	1.6	1.8	2.0
		ζ	0.29	0.44	0.66	0.98	0.41	1.98

(续)

阀门	闸阀	开度/(%)	10	20	30	40	50	60	70	80	90	100
		ζ	60	16	6.5	3.2	1.8	1.1	0.60	0.30	0.18	0.10
	蝶阀	开度/(%)	10	20	30	40	50	60	70	80	90	100
		ζ	200	65	26	16	8.3	4	1.8	0.85	0.48	0.3
	截门	开度/(%)	10	20	30	40	50	60	70	80	90	100
		ζ	85	24	12	7.5	5.7	4.8	4.4	4.1	4.0	3.9

三通管	T形	对于等径管 分流时 ζ=2 合流时 ζ=3
	Y形	当夹角为90°时 分流时 ζ=1 合流时 ζ=2
斜角分岔		ζ=0.05
		ζ=0.5
		ζ=0.15
		ζ=1.0
		ζ=3.0

8.7 孔口和管嘴恒定自由出流
(The Steady Free Outflow through Orifice and Nozzle)

8.7.1 薄壁小孔口恒定自由出流(The Steady free Outflow through Small Orifice located on Thin Wall)

本节将利用前面讨论的能量方程和损失计算的基本理论,推导液体流经容器壁面上孔口的流动计算公式。

图 8.20 为一个盛装液体的容器,在侧壁上开有一个直径为 d 的小孔,容器所装液体至孔口中心的深度为 h。

薄壁孔口是指当容器的壁厚与所开孔口的直径之比小于 1/2,即 $\delta/d < 1/2$ 的情况。这时,由于壁较薄,其厚度对流动不产生显著影响,经过孔口的出流形成射流状态,这种孔口称为锐缘孔口(sharp-edged orifice)。

当水深 h 与孔口直径之比大于 10,即 $h/d > 10$ 时,孔口断面上各点的参数可以看作是常数,即忽略孔口处流体势能的差别,此种孔口称为小孔口,否则称为大孔口,本节讨论仅限于小孔口的出流。

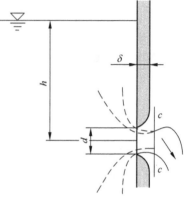

图 8.20 盛装液体的容器

当液体自薄壁小孔口出流时,液体将由水箱内靠近孔口的四周流向孔口,由于液体流动的惯性,流线不能突然转折,因此出口后流动的射流过流断面将发生收缩(图 8.20),收缩的最小断面 $c-c$ 将在离孔口大约 $d/2$ 处。在收缩断面处,因为流线接近于彼此平行,所以认为它是缓变流过流断面的。

薄壁孔口出流出现收缩断面是它的重要特征,收缩程度通常用断面收缩因数 ε 来表示,即

$$\varepsilon = \frac{A_c}{A} \tag{8-78}$$

式中:A_c 为收缩断面面积;A 为孔口面积。

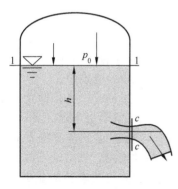

图 8.21 水箱受压强作用

由薄壁孔出流的形成可以看出,在这种流动过程中几乎没有沿程损失,所以计算仅限于收缩时产生的局部损失。

通常,按出流下游的条件将其分为两种:当出流液体流入另一个充满液体的容器时,称为淹没出流;当液体自孔口直接流入大气时,称为自由出流。

现在来讨论液体在不变的水头 h 作用下,自薄壁小孔口作恒定自由出流的流动规律和计算方法。为使研究具有普遍意义,设水箱自由表面受有压强 p_0 的作用(图 8.21)。

以收缩断面 $c-c$ 的中心线为基础,对 $c-c$ 和箱内界

面1-1列能量方程得

$$h+\frac{p_0}{\rho g}+\frac{\alpha_0 V_0^2}{2g}=\frac{p_a}{\rho g}+\frac{\alpha_c V_c^2}{2g}+h_\zeta$$

实验表明 $\alpha_0=\alpha_c=1$，因此

$$h+\frac{p_0}{\rho g}+\frac{V_0^2}{2g}=\frac{p_a}{\rho g}+\frac{V_c^2}{2g}+h_\zeta$$

式中：$h_\zeta=\zeta_0\frac{V_c^2}{2g}$ 为流经薄壁小孔时的能量损失；ζ_0 为孔口出流的局部损失因数。

一般情况下设 $h_0=h+\frac{V_0^2}{2g}+\frac{p_0-p_a}{\rho g}$ 为出流作用水头，这样上式变为

$$h_0=\frac{V_c^2}{2g}+\zeta_0\frac{V_c^2}{2g}$$

即

$$h_0=\frac{V_c^2}{2g}(1+\zeta_0)$$

可得收缩断面流速

$$V_c=\frac{1}{\sqrt{1+\zeta_0}}\sqrt{2gh_0}$$

令

$$C_v=\frac{1}{\sqrt{1+\zeta_0}} \qquad (8-79)$$

式中：C_v 为薄壁小孔的流速因数。

最后得

$$V_c=C_v\sqrt{2gh_0} \qquad (8-80)$$

该式即为薄壁小孔口恒定自由出流的流速计算公式。

由式(8-80)可以求得出流流量为

$$q_v=V_c A_c=\varepsilon C_v A\sqrt{2gh_0} \qquad (8-81)$$

令 $C_0=C_v\varepsilon$ 为薄壁小孔口的流量因数，可得

$$q_v=C_0 A\sqrt{2gh_0} \qquad (8-82)$$

式(8-82)为薄壁小孔口恒定自由出流的流量计算公式。

一般情况下，容器顶部是敞开的，即 $p_0=p_a$，而且容积面积远大于孔口面积，可认为 $V_0=0$。因此 $h_0=h$，上面公式相应变为

$$V_c=C_v\sqrt{2gh} \qquad (8-83)$$

$$q_V=C_0 A\sqrt{2gh} \qquad (8-84)$$

由上面的讨论可以看出，对于薄壁小孔口的出流计算，关键在于因数 ζ_0，ε，C_v，C_0 的确定。

首先分析因数 ε。由定义可知 $\varepsilon=A_c/A$，即为收缩最小断面的出流孔口面积之比，它直接代表孔口出流后液流的收缩程度。显然，当孔口处于容器壁不同的位置时，收缩可能会出现不同的情况，即 ε 将不同，说明出流将受到容器壁的影响，这点已为实验所证实。

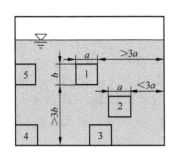

图 8.22 位于壁面不同位置的 5 个孔

图 8.22 所示为位于壁面不同位置的 5 个孔，可以

由直接的物理概念推知这 5 个孔的出流受边壁的影响将是不同的。其中孔 1 离边壁较远，出流的收缩基本不受影响，这种收缩称为完善收缩。由实验得知，当孔口距边壁的尺寸大于在此方向的孔口尺寸 3 倍时即为完善收缩，图示其他 4 种情况的出流都受到边壁的影响，因此称为不完善收缩，尤其是图中孔 3，4，5，由于紧靠边壁，在靠近侧面边壁处的出流将不发生收缩。

当孔口出流为完善收缩时，实验测得其断面收缩因数为 $\varepsilon = 0.62 \sim 0.64$。

当处于非完善收缩状态时，收缩因数可用下面的经验公式确定

$$\varepsilon = 0.63 + \left(\frac{A_0}{A}\right)^2$$

式中：A_0 为孔口面积；A 为孔口所在壁面的面积（此公式多用于圆管道内隔板孔口，此时 A 为管道面积）。

流速因数 C_v 通常由实验测得，在完善收缩情况下

$$C_v = 0.97 \sim 0.98$$

根据流速因数，可由公式(8-79)求得小孔口损失因数为

$$\zeta_0 = \frac{1}{C_v^2} - 1 \approx 0.06$$

这里必须注意，ζ_0 是对出流收缩断面的平均流速而言的。

按照 C_v 和 ε，可算得在完善收缩时的流量因数

$$C_0 = C_v \varepsilon = 0.60 \sim 0.62$$

当流动处于不完善收缩时，流量因数可由下面的经验公式确定

$$C_0' = \frac{C_0}{\sqrt{1 - \left(\frac{C_0 A_0}{A}\right)^2}}$$

式中：C_0 为完善收缩时的流量因数。

综上所述，当液体经薄壁小孔口自由流出时，对于完善收缩的情况孔口的损失因数 ζ_0、断面收缩因数 ε、流速因数 C_v，以及流量因数 C_0 可以认为基本不变。

上面的讨论是对自由出流，即出流进入大气的情况。对于图 8.23 所示的淹没出流，可以用完全相同的分析，证明流量、流速的计算公式全同于式(8-80)、式(8-82)。而且流量因数 C_0、流速因数 C_v 的数值也完全相同，不同点仅在于作用水头，对于自由出流为自由界面到孔口中心的液位高度；而对于淹没出流则指两水箱的液面之差 h。

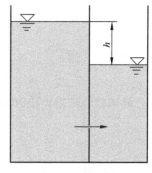

图 8.23　淹没出流

8.7.2　圆柱外伸管嘴恒定自由出流(The Steady free Outflow through Cylinder Outer Nozzle)

圆柱外伸管嘴是在上述的薄壁小孔口上安装一个长度为 $l = (3 \sim 4)d$ 的圆柱形短管（图 8.24）。相对于薄壁孔口出流而言，它也被称为后壁孔口出流。

采用管嘴的主要目的在于增大流量。

管嘴中液体的流动情况与孔口出流有着明显的差别。当液体自容器进入管嘴时，由于惯性作用，首先液体发生收缩，然后在管嘴内扩大到充满管嘴流出（图 8.24）。由此可见液

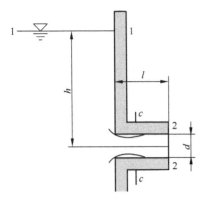

图 8.24 圆柱外伸管嘴

体在管嘴出口处没有收缩现象,出口收缩因数 $\varepsilon=1$。而在管嘴内有一个收缩断面 $c—c$,液流在随后扩大时将出现漩涡区,常称这种收缩为内部收缩。

由上述分析可以看出液体在管嘴内流动时,阻力将由孔口阻力、扩大和沿程阻力 3 部分组成,损失主要发生在收缩以后的部分。

下面,以上述分析为基础,研究和确定圆柱外伸管嘴出流的流速和流量计算公式。

在图 8.24 中,设水箱自由表面为大气压 p_a,自由表面到管嘴中心线的高度即作用水头为 h,管嘴直径为 d,管嘴长度为 l。

以管嘴中心线为基准,对图示 1—1 和 2—2 断面列能量方程

$$h+\frac{p_a}{\rho g}+\frac{\alpha_1 V_1^2}{2g}=\frac{p_a}{\rho g}+\frac{\alpha_2 V_2^2}{2g}+h_w$$

式中:h_w 是指液体流经管嘴时总的水头损失,可笼统地表示为

$$h_w=\sum \zeta \frac{V_2^2}{2g}$$

认为自由液面 1—1 无限大,即认为 $V_1=0$,取 $\alpha_2=1$ 后,方程化为

$$h=\frac{V_2^2}{2g}+\sum \zeta \frac{V_2^2}{2g}$$

整理得

$$V_2=\frac{1}{\sqrt{1+\sum \zeta}}\sqrt{2gh}$$

取

$$C_v=\frac{1}{\sqrt{1+\sum \zeta}} \qquad (8-85)$$

为流速因数,则

$$V_2=C_v\sqrt{2gh} \qquad (8-86)$$

液体自管末端流出时不产生收缩,故出流流量为

$$q_V=V_2 A=C_v A\sqrt{2gh}$$

或

$$q_V=C_n A\sqrt{2gh} \qquad (8-87)$$

式中:A 为管嘴截面积;C_n 为流量因数,对管嘴出流 $C_n=C_v$。

下面计算管嘴出流时的 C_v 和 C_n 值。由前面分析知,在圆柱形外伸管嘴出流情况下,损失由 3 部分组成,即损失因数也可看作由 3 部分组成

$$\sum \zeta=\zeta_0'+\zeta_e+\lambda \frac{l}{d}$$

这里必须注意,上式中所有损失因数均是对出口流速而言的。因此,由上节中推得知 ζ_0 必须按水头损失相等的原则换算为 ζ_0',即

$$\zeta_0 \frac{V_c^2}{2g}=\zeta_0' \frac{V_2^2}{2g}$$

因此
$$\zeta_0' = \zeta_0 \left(\frac{V_c}{V_2}\right)^2 = \zeta_0 \left(\frac{A}{A_c}\right) = \zeta_0 \left(\frac{1}{\varepsilon^2}\right)$$

由上节分析可知
$$\zeta_0 = 0.06; \quad \varepsilon = 0.63$$

因此
$$\zeta_0' = 0.06 \times \left(\frac{1}{0.63}\right)^2 \approx 0.15$$

由突然扩大损失计算知，按扩大后的速度计算的损失因数为
$$\zeta_e = \left(\frac{A}{A_c} - 1\right)^2 = \left(\frac{1}{\varepsilon} - 1\right)^2$$
$$= \left(\frac{1}{0.63} - 1\right)^2 \approx 0.34$$

对于扩大后的一段流动，取 $\lambda = 0.02$，$l = 3d$，则得
$$\lambda \frac{l}{d} = 0.06$$

代入总损失因数表达式可得
$$\Sigma \zeta \approx 0.15 + 0.34 + 0.06 \approx 0.55$$

结合实验测定，取 $\Sigma \zeta = 0.5$

代入式(8-85)，得
$$C_v = \frac{1}{\sqrt{1+0.5}} \approx 0.82$$

即
$$C_n = C_v = 0.82$$

比较式(8-82)和式(8-87)可以看出，在淹深和断面面积相同的情况下，薄壁孔口和圆柱外伸管嘴的流量都仅取决于流量因数。由前面的分析可知，对于薄壁孔口 $C_0 = 0.61$，而对于管嘴 $C_n = 0.82$，可见，管嘴的流量要大于薄壁孔口的出流量，其比值为

$$\frac{q_V}{q_{V_0}} = \frac{C_n A \sqrt{2gh}}{C_0 A \sqrt{2gh}} = \frac{C_n}{C_0} = \frac{0.82}{0.61}$$
$$\approx 1.34$$

既然管嘴中的损失要大于薄壁孔口，可是为什么在相同的条件下，通过管嘴的出流量反而大了呢？下面从管嘴内部的流动特征进行分析。

在图 8.24 中，以管轴心线为基准，对 1—1 断面和管内收缩断面 c—c 列能量方程
$$h + \frac{p_a}{\rho g} + \frac{\alpha_1 V_1^2}{2g} = \frac{p_c}{\rho g} + \frac{\alpha_c V_c^2}{2g} + \zeta_0 \frac{V_c^2}{2g}$$

取
$$V_1 = 0, \quad \alpha_c = 1$$

得
$$\frac{p_a - p_c}{\rho g} = (1+\zeta_0)\frac{V_c^2}{2g} - h$$

式中：$\frac{p_a - p_c}{\rho g}$ 为管内收缩断面的真空度，记为 h_V，即
$$h_V = (1+\zeta_0)\frac{V_c^2}{2g} - h$$

由于
$$V_c = \frac{q_V}{A_c} = \frac{A}{A_c} C_n \sqrt{2gh} = \frac{C_n}{\varepsilon}\sqrt{2gh}$$

代入上式得
$$h_V = \left[(1+\zeta_0)\frac{C_n^2}{\varepsilon^2} - 1\right]h$$

取各因数为　　　　　　　　$C_n = 0.82$，$\varepsilon = 0.63$，$\zeta_0 = 0.06$

代入得
$$h_V = \left[(1+0.06)\frac{0.82^2}{0.63^2} - 1\right]h$$
$$\approx 0.75h \tag{8-88}$$

由此可见，在管内流动的收缩断面上，产生一个大小取决于作用水头 h 的真空，其数值相对于 h 来看是一个较大的值，所以在管嘴出流的情况下，存在作用水头和由作用水头产生的这种真空所引起的抽吸的共同作用，这种抽吸作用远大于管内这种阻力所造成的损失，因而与薄壁孔口出流相比较，加大了液体的出流量。

当然，管嘴出流流量的增加还要取决于管嘴的长度。如果管嘴太短，在管嘴起始处收缩的液流来不及扩大就已流出管外，或者此真空区已非常接近于管嘴出口端，都会使管嘴中的真空区无法建立，因而也就达不到增加流量的目的。另外，若管嘴太长，扩大后的沿程阻力势必增加，结果也将使流量减小。由大量的实验证明，使管嘴正常工作的长度 l 应等于直径的 3～4 倍。

在通常情况下，管内真空区的压强越低，则抽吸作用越大，流量相应的就会越大。但是，这个真空度也是有一定限制的，它取决于出流液体的汽化压强。如果管中真空值过大，使其压强低于或接近于液体的汽化压强，将使液体汽化产生气体，从而破坏了液体流动的连续性。同时，外部空气在大气压强的作用下，会沿着管嘴内壁冲进管嘴，使管嘴内的液流脱离内壁，这时虽然有管嘴存在，可是出流将与薄壁孔口出流相似，达不到增加流量的目的。对于水来说，为了保证流动的连续性，防止接近汽化压强而允许的真空值不大于 7m 水柱。因此，按式(8-88)，为保证圆柱形外伸管嘴正常工作，作用水头不允许大于

$$h = \frac{7}{0.75} \approx 9\text{m 水柱}$$

上述是保证管嘴正常工作的必要条件，设计选用时必须加以考虑。

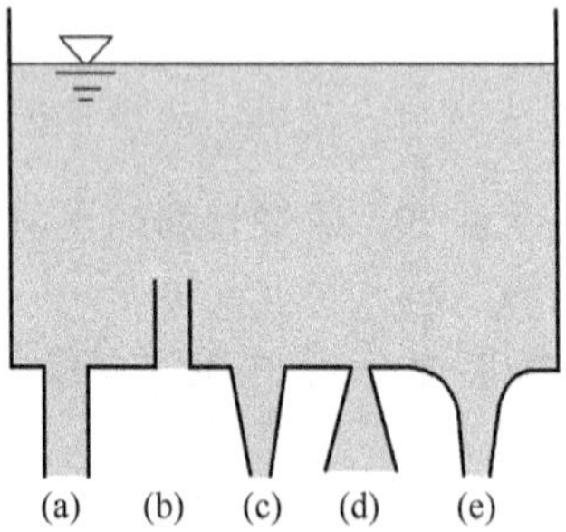

在工程应用中，按具体的使用目的和要求不同，往往还采用图 8.25 所示其他几种形式的管嘴。就其流速、流量计算公式的形式而言，对于各种出流形式都是一样的，所差的仅是流速因数 C_v 和流量因数 C_n 的不同，这些因数的数值，将取决于各种管嘴的特性和管内的阻力情况。

为选用方面起见，下面对图中所示的几种管嘴的出流特性作简单的介绍。

图 8.25　其他形式的管嘴

(1) 圆柱外伸管嘴。前面已作过详细讨论。

(2) 圆柱内伸管嘴。出流类似于(1)，其流动在入口处扰动较大，因此损失大于外伸管嘴。相应的流量因数、流速因数也较小，这种管嘴多用于外形需要平整、隐蔽的地方。

(3) 外伸收缩形管嘴。流动特点是在入口收缩后，不需要充分扩张，所以，其损失相应较小，因而流速因数和流量因数较大。这种管嘴用于需要较大的出流速度的地方(如消防水龙头管嘴)，当然，由于相应的出口断面的面积较小，出流量并不大。

(4) 外伸扩张管嘴。流动特点是扩张损失较大,管内真空较高,流速因数和流量因数较小,管端出流速度较小,但因出口断面的面积较大,因此流量较圆柱外伸管嘴增大。这种管嘴多用于低速、大流量的场合。

(5) 流线形外伸管嘴。显然,这种管嘴的损失较小,将具有较大的流量因数,因此出口动能最大。

为分析、比较和选用方便,在表 8-4 中列出了所讨论的薄壁孔口和各种管嘴的出流参数,选用时须注意,流速因数大的其出流速度必然大,但流量因数 C 的大小并不能直接反映出流流量的大小,因为流量除与流量因数可作用水头相关外,还要取决于出口断面的面积。

表 8-4 各种管嘴参数

种 类	损失因数 ζ	收缩因数 ε	流速因数 C_v	流量因数 C_0 或 C_n
薄壁孔口	0.06	0.64	0.97	0.62
外伸管嘴	0.5	1	0.82	0.82
内伸管嘴	1	1	0.71	0.71
收缩管嘴 $\theta=13°\sim14°$	0.09	0.98	0.96	0.95
扩张管嘴 $\theta=5°\sim7°$	4	1	0.45	0.45
流线形管嘴	0.04	1	0.98	0.98

【例题 8-1】 某给水管为新铸铁管,直径 $d=75\text{mm}$,管长 $l=100\text{m}$,流量 $q_V=7.3\text{L/s}$,水温 $t=20°\text{C}$,试求该管段的沿程水头损失。

解:查表,取水管的当量粗糙度 $\Delta=0.26\text{mm}$

则相对粗糙度 $\dfrac{\Delta}{d}=\dfrac{0.26}{75}=0.0035$

计算平均流速 $V=\dfrac{q_V}{\dfrac{\pi}{4}d^2}=\dfrac{0.0073}{\dfrac{\pi}{4}\times0.075^2}\text{m/s}=1.653\text{m/s}$

查表水温 $t=20°\text{C}$ 时,水的运动粘度 $\nu=1.011\times10^{-6}\text{m}^2/\text{s}$,

雷诺数 $Re=\dfrac{Vd}{\nu}=\dfrac{1.653\times0.075}{1.011\times10^{-6}}=122626$

由 $\dfrac{\Delta}{d}$ 和 Re 查穆迪图得沿程损失系数 $\lambda=0.027$,

则沿程水头损失

$$h_f=\lambda\dfrac{l}{d}\dfrac{V^2}{2g}=0.027\times\dfrac{100}{0.075}\times\dfrac{1.653^2}{2\times9.81}\text{m}=5.01\text{m}$$

【例题 8-2】 如图 8.26 所示,两水池水位恒定,已知管道直径 $d=10\text{cm}$,管长 $l=20\text{m}$,沿程损失系数 $\lambda=0.042$,局部损失系数 $\zeta_弯=0.8$,$\zeta_阀=1.26$,通过的流量为 $q_V=0.065\text{m}^3/\text{s}$。试求:(1)若水从高水池流到低水池,求这两水池面的高度差;(2)若将水从上述高度差的低水池打到高水池,需要的增压泵的扬程为多大?

解:(1)据题意,管中流速为

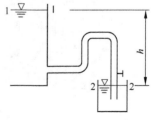

图 8.26 例题 8-2 示意图

$$V = \frac{q_V}{\frac{\pi}{4}d^2} = \frac{0.065}{\frac{\pi}{4} \times 0.1^2} \text{m/s} = 8.28 \text{m/s}$$

设高水池的水位为 1—1，低水池的水位为 2—2，取 2—2 为基准面，则自 1—1 断面到 2—2 断面的能量方程为

$$z_1 + \frac{p_1}{\rho g} + \frac{V_1^2}{2g} = z_2 + \frac{p_2}{\rho g} + \frac{V_2^2}{2g} + h_{w1-2}$$

根据题意，$p_1 = p_2$，$z_1 - z_2 = h$，$V_1 \approx V_2 \approx 0$，所以

$$h = h_{w1-2} = h_f + h_l$$

其中

$$h_f = \lambda \frac{l}{d} \frac{V^2}{2g} = 0.042 \times \frac{20}{0.1} \times \frac{V^2}{2g} = 8.4 \frac{V^2}{2g}$$

$$h_l = \sum_{i=1}^{5} \xi_i \frac{V^2}{2g} = (0.5 + 3 \times 0.8 + 1.26) \times \frac{V^2}{2g} = 4.16 \frac{V^2}{2g}$$

故

$$h = h_f + h_l = (8.4 + 4.16) \frac{V^2}{2g} = 12.56 \times \frac{8.28^2}{2 \times 9.81} \text{m} = 43.9 \text{m}$$

(2) 水自低水池流入高水池，需要增设加压泵，水泵的扬程 H_m 指的是单位重量的液体通过水泵所获得的能量，取 2—2 为基准面，则自 1—1 断面到 2—2 断面的能量方程为

$$z_2 + \frac{p_2}{\rho g} + \frac{V_2^2}{2g} + H_m = z_1 + \frac{p_1}{\rho g} + \frac{V_1^2}{2g} + h_f + h_l$$

即

$$H_m = h + h_f + h_l = 2h = 2 \times 43.9 \text{m} = 87.8 \text{m}$$

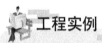 工程实例

火电厂脱硫装置及脱硫塔的内部流动模拟

火电厂脱硫的反应过程主要在脱硫塔内进行，脱硫塔就是一根大管道。通过 CFD 模拟可以很好地了解管内的流体的压力分布、速度分布等，为脱硫塔的设计提供依据。

图 8.27 火电厂脱硫装置及脱硫塔的内部流动模拟图

习 题

8.1 如图 8.28 所示，水在垂直管内由上向下流动，相距 l 的两断面间，测压管水头差 h，两断面间的沿程水头损失 h_f，则有（ ）。

(a) $h_f = h$ (b) $h_f = h + l$

(c) $h_f = l - h$

8.2 如图 8.29 所示，圆管流动过流断面上的切应力分布为（ ）。

(a) 在过流断面上是常数   (b) 管轴处是零，且与半径成正比

(c) 管壁处是零，向管轴线性增大   (d) 按抛物线分布

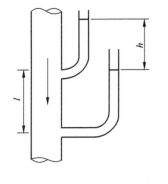

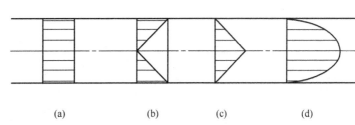

图 8.28 习题 8.1 示意图   图 8.29 习题 8.2 示意图

8.3 在圆管流动中，湍流的断面流速分布符合（ ）。

(a) 均匀规律   (b) 直线变化规律

(c) 抛物线规律   (d) 对数曲线规律

8.4 在圆管流动中，层流的断面流速分布符合（ ）。

(a) 均匀规律   (b) 直线变化规律

(c) 抛物线规律   (d) 对数曲线规律

8.5 对于圆管层流，实测管轴线上的流速为 4m/s，则断面平均流速为（ ）。

(a) 4m/s   (b) 3.2m/s

(c) 2m/s

8.6 能量损失主要有几种形式？产生各种能量损失的物理原因是什么？

8.7 直径为 15mm 的圆管，流体以速度 14m/s 在管中流动，试决定流动状态。若要求保证为层流，则最大允许速度为多少？设流体为：(1) 润滑油（$v_1 = 1.0 \times 10^{-4}$ m²/s）；(2) 汽油（$v_2 = 0.884 \times 10^{-6}$ m²/s）；(3) 水（$v_3 = 1 \times 10^{-6}$ m²/s）；(4) 空气（$v_4 = 1.5 \times 10^{-5}$ m²/s）。

8.8 具有 $\mu = 4.03 \times 10^{-3}$ Pa·s，$\rho = 740$ kg/m³ 的油液流过直径为 2.54cm 的圆管，平均流速为 0.3m/s。试计算 30m 长的管子上的压降，并计算管内距内壁 0.6cm 处的流速。

8.9 某种具有 $\rho = 780$ kg/m³，$\mu = 7.5 \times 10^{-5}$ Pa·s 的油，流过长为 12.2m，直径为 1.26cm 的水平管子。试计算保持管子为层流的最大平均流速，并计算维持这一流动所需要的压降。若油从这一管子流入直径为 0.63cm，长也为 12.2m 的管子中，问流过后一根管子时需要的压降为多少？

8.10 30℃的水流过直径 $d=7.62\text{cm}$ 的钢管,流量为 $0.340\text{m}^3/\text{min}$。求在 915m 长度上的压降。当水温下降至 5℃时,情况又如何? 已知 30℃时水的 $v=0.8\times 10^{-6}\text{m}^2/\text{s}$, $\rho=995.7\text{kg/m}^3$, 5℃时水的 $v=1.519\times 10^{-6}\text{m}^2/\text{s}$, $\rho=1000\text{kg/m}^3$。

8.11 油的 $\rho=780\text{kg/m}^3$, $\mu=1.87\times 10^{-3}\text{Pa}\cdot\text{s}$, 用泵输送通过直径 $d=30\text{cm}$, 长为 6.5km 的油管, 管子内表面的绝对粗糙度 $\Delta=0.75\text{mm}$, 流量 $q_V=0.233\text{m}^3/\text{s}$, 试求压降。又当泵的总效率为 75% 时, 求泵所需功率为多少?

8.12 如图 8.30 所示, 水沿直径 $d=25\text{mm}$, 长 $l=10\text{m}$ 的管子, 从水箱 A 流到储水箱 B。若水箱中表压强 $p=1.96\times 10^5\text{Pa}$, $h_1=1\text{m}$, $h_2=5\text{m}$, 管子的入口损失因数 $\zeta_1=0.5$, 闸门的损失因数 $\zeta_2=4$, 弯头 $\zeta_3=0.2$, 沿程损失因数 $\lambda=0.03$, 试求水的流量。

8.13 如图 8.31 所示, 用水平的串联管将两个水箱连接起来。通过对高水位水箱的水位控制和串联管上调节阀的调节, 使两箱水位差保持 $H=8\text{m}$。串联管管壁的粗糙度一样, 都是 $\varepsilon=0.2\text{mm}$, 粗管 $D_1=200\text{mm}$, $L_1=10\text{m}$, $\Sigma\zeta_1=0.5$, 细管 $D_2=100\text{mm}$, $L_2=20\text{m}$, $\Sigma\zeta_2=4.42$, 已知水的 $v=1.3\times 10^{-6}\text{m}^2/\text{s}$, 求通过该串联水管的流量 Q。

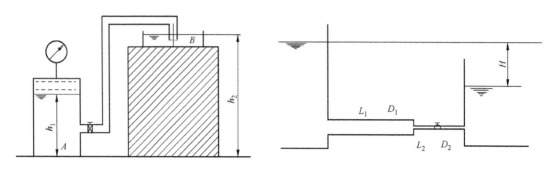

图 8.30 习题 8.12 示意图　　图 8.31 习题 8.13 示意图

8.14 如图 8.32 所示为工厂的工业水箱, 标高 12m, 水箱水位可通过调节保持不变。出水管由粗细两种钢管串联而成, 管壁粗糙度都是 $\varepsilon=0.5\text{mm}$, 粗管 $D_1=75\text{mm}$, $L_1=20\text{m}$, $\Sigma\zeta_1=1.4$, 细管 $D_2=50\text{mm}$, $L_2=10\text{m}$, $\Sigma\zeta_2=4.3$, 管水口距地面 $h_1=0.5\text{m}$, 水箱液位 $h_2=1\text{m}$。若要串联管道的流量 $Q=21.6\text{m}^3/\text{h}$, 试问水箱 12m 的标高是否够用?

8.15 如图 8.33 所示, 钢管内径 $D=100\text{mm}$, 管壁粗糙度 $\varepsilon=0.5\text{mm}$, 从大气中流入的空气 $\rho=1.2\text{kg/m}^3$, 运动粘度 $v=13\times 10^{-6}\text{m}^2/\text{s}$。管道上测量流量的孔板的局部阻力系数

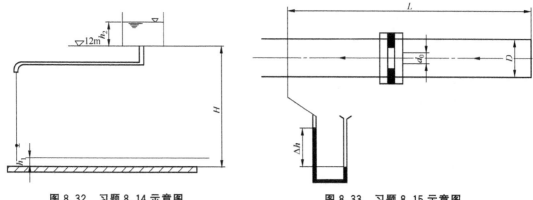

图 8.32 习题 8.14 示意图　　图 8.33 习题 8.15 示意图

$\zeta=7.8$,在距离入口处 $L=5\mathrm{m}$ 的断面上用装水的 U 形管测压计测得流动的压损 $\Delta h=500\mathrm{mmH_2O}$,水的密度 $\rho_w=998\mathrm{kg/m^3}$,试求管内空气的流量 Q。

8.16 对通风机进行性能测试的装置如图 8.34 所示。风机入口的测量管长 $L=6\mathrm{m}$,管内径 $D=100\mathrm{mm}$,粗糙度 $\varepsilon=0.15$。测量管的局部阻力系数:入口 $\zeta_1=0.5$;孔板流量计 $\zeta_2=7.8$;$\theta=8°$ 的渐扩管 $\zeta_3=0.4$。若测得流量为 $Q=1090\mathrm{m^3/h}$,不考虑空气的压缩性,而空气的密度 $\rho=1.2\mathrm{kg/m^3}$,运动粘度 $\nu=15\times10^{-6}\mathrm{m^2/s}$,求风管末端即风机入口端内径 $D_2=200\mathrm{mm}$ 处的绝对压强 p。

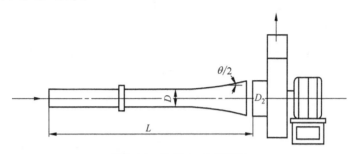

图 8.34 习题 8.16 示意图

8.17 蒸汽锅炉尾部受热面的省煤器蛇形管如图 8.35 所示。上、下联箱之间并联着内径 $D=28\mathrm{mm}$ 的无缝钢管 $n=59$ 根,管壁粗糙度 $\varepsilon=0.12\mathrm{mm}$,每根蛇形管长 $L=36\mathrm{m}$,上有 $R/D=2$ 的 $\theta=30°$ 的弧形弯头一个($\zeta_1=0.07$);$\theta=90°$ 的弧形弯头一个($\zeta_2=0.145$);管入口一个($\zeta_3=0.8$);管出口一个($\zeta_4=1$);$\theta=180°$ 弯头 6 个($\zeta_5=6\times0.21$);$R/D=6$ 的 $180°$ 弯头一个($\zeta_6=0.12$)。设省煤器蛇形管内水的平均密度 $\rho=833\mathrm{kg/m^3}$,动力粘度 $\mu=10.9\times9.81\times10^{-6}\mathrm{Pa\cdot s}$。各蛇形管的流量分配相等,省煤器总流量 $G=90000\mathrm{kg/h}$,求该省煤器的压损 Δp。

8.18 如图 8.36 所示,虹吸管的管内径 $D=100\mathrm{mm}$,虹吸管总长 $L=20\mathrm{m}$,B 点以前的管段长 $L_1=8\mathrm{m}$,虹吸管的最高点 B 至上游水面的高度 $h=4\mathrm{m}$,两水面的水位高度差 $H=5\mathrm{m}$。设沿程阻力系数 $\lambda=0.04$,虹吸管的进口局部阻力系数 $\zeta_1=0.8$,出口局部阻力系数 $\zeta_2=1$,弯头的局部阻力系数 $\zeta_3=0.9$,求虹吸管的吸水流量 Q。

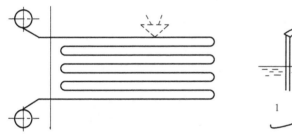

图 8.35 习题 8.17 示意图

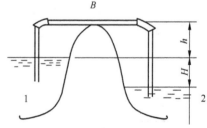

图 8.36 习题 8.18 示意图

8.19 通风管长 $L=150\mathrm{m}$,内径 $D=250\mathrm{mm}$,管壁粗糙度 $\varepsilon=0.15\mathrm{mm}$。已知空气密度 $\rho=1.2\mathrm{kg/m^3}$,动力粘度 $\mu=18.08\times10^{-6}\mathrm{Pa\cdot s}$,沿程损失 $h_f=100\mathrm{m}$ 的空气柱,求通过风管的流量 Q。

8.20 管径 $D=25\text{mm}$，长 $L=5\text{m}$ 的光滑有机玻璃管，管内水温 $t=20℃$，总局部阻力系数 $\Sigma\zeta=6.8$，能量损失 $h_w=1\text{m}$ 水柱，求通过的水流量 Q。

8.21 粗、细串联水管路总长 $L=3000\text{m}$，管部粗糙度 $\varepsilon=0.38\text{mm}$，粗管内径 $D_1=400\text{mm}$，细管内径 $D_2=350\text{mm}$。水的运动粘度 $\nu=1\times10^{-6}\text{m}^2/\text{s}$，在水流量 $Q=0.19\text{m}^3/\text{s}$ 时，沿程损失为 $h_f=25\text{m}$ 水柱。不计局部阻力损失，求细管的长度。

8.22 如图 8.37 所示，石油（$d=0.9$，$\nu=1.3\text{cm}^2/\text{s}$）沿长 $L=3600\text{m}$，直径 $D=100\text{mm}$ 的输油管由 A 到 B，已知 $L_{AC}=L_{CB}=L/2=1800\text{m}$，$h_1=90\text{m}$，$h_2=22\text{m}$，流量 $q_V=1350\text{m}^3/$ 昼夜。试确定：(1) A 点的压强；(2) C 点的压强。不计弯管的损失。

8.23 如图 8.38 所示，一蒸汽冷凝器，内有平行的黄铜管 250 根，通过冷却水总流量为 $80l/\text{s}$，水温平均为 $10℃$，$\nu=1.31\times10^{-6}\text{m}^2/\text{s}$，为保证在黄铜管内产生湍流，要求管中 Re 数不得小于 15000，问黄铜管的内径不得超过多大？

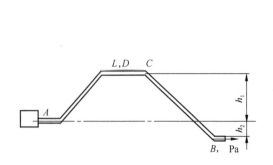

图 8.37 习题 8.22 示意图

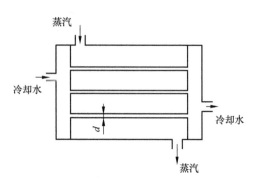

图 8.38 习题 8.23 示意图

8.24 烟囱直径 $d=1\text{m}$，烟气质量流量 $q_m=18000\text{kg/h}$，烟气密度 $\rho_1=0.7\text{kg/m}^3$，外界大气密度 $\rho_2=1.29\text{kg/m}^3$，烟道 $\lambda=0.035$，为了保证烟囱底部断面上有 100Pa 的负压，烟囱应有多高？

8.25 如图 8.39 所示，水在具有固定水位的储水池中沿直径 $d=100\text{mm}$ 的输水管流入大气。管路是由同样长度 $l=50\text{m}$ 的水平管段 AB 和倾斜管段 BC 组成的，$h_1=2\text{m}$，$h_2=25\text{m}$，试问为了使输水管 B 处的真空不超过 7m 水柱，阀门的损失因数 ζ 应为多少？此时流量 q_V 为多少？取 $\lambda=0.035$，不计弯曲处损失。

8.26 如图 8.40 所示，要求保证自由式虹吸管中的液体流量 $q_V=10^{-3}\text{m}^3/\text{s}$，只计沿程损失，试确定：

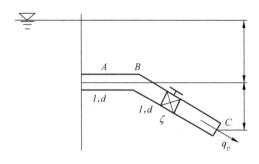

图 8.39 习题 8.25 示意图

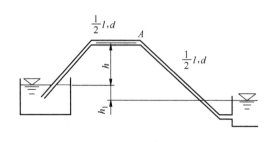

图 8.40 习题 8.26 示意图

(1) 当 $h_1=2$m，$l=44$m，$\nu=10^{-4}$m^2/s，$\rho=900$kg/m^3 时，为保证层流，d 应为多少？

(2) 若在距进口 $l/2$ 处 A 断面上的极限真空为 $p_V=5.4$m 水柱，输油管在上面储油池中的油面以上的最大允许超高 h_{max} 为多少？

8.27 如图 8.41 所示，水从水箱沿着高 $l=2$m 及直径 $d=40$mm 的铅垂管路流入大气，不计管路的进口损失，取 $\lambda=0.04$，试求：

(1) 管路起始断面 A 的压强与箱内所维持的水位 h 之间的关系式，并求当 h 为多少时，此断面的绝对压强等于一个大气压。

(2) 流量和管长 l 的关系，并指出在怎样的水位 h 时流量将不随 l 而变化。

8.28 用突然扩大使管道的平均流速从 V_1 减到 V_2。

(1) 如图 8.42(a) 所示，如果 d_1 及 V_1 一定，试求使测压管的液柱差 h 成为最大值时的 V_2 及 d_2 为多少？并求 h_{max} 是多少？

(2) 如图 8.42(b) 所示，如果用两个突然扩大，使 V_1 先减小到 V 再减到 V_2。试求使 1—1，2—2 断面间的局部水头损失 h_ζ 成为最小值时的 V 及 d 为多少？并求 $h_{\zeta min}$ 是多少？

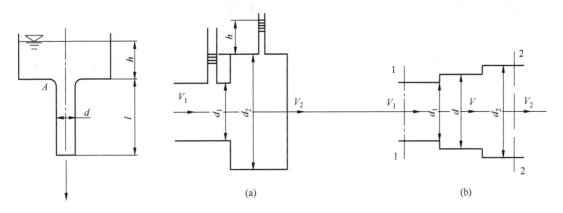

图 8.41 习题 8.27 示意图   图 8.42 习题 8.28 示意图

第 9 章

不可压缩粘性流体的外部流动
(External Flow of Incompressible Viscous Fluids)

本章教学要点

知识要点	能力要求	相关知识
边界层概念	掌握边界层的基本概念和基本特征；掌握小雷诺数和大雷诺数条件下流动的分析方法	雷诺数；粘性；势流；小雷诺数和大雷诺数条件下N-S方程的简化
边界层微分方程	掌握利用量级比较法简化N-S方程的方法；理解普朗特边界层微分方程	N-S方程；连续性方程；边界层特征量；数量级分析法
边界层动量积分方程	掌握冯·卡门求解边界层的动量积分方程式法	动量定理；边界层
平板边界层的近似计算	理解利用冯·卡门边界层动量积分方程对层流边界层进行近似计算的过程；掌握相应的结论和误差原因	层流边界层；湍流边界层；混合边界层；边界层动量积分方程
沿曲面的边界层及分离现象	理解曲面的边界层的分离机理、危害及其解决措施	卡门涡街；卡门涡街流量计
粘性流体绕小圆球的蠕流流动	理解N-S方程的斯托克斯简化原理；理解斯托克斯阻力公式；掌握斯托克斯阻力系数；了解颗粒的自由沉降速度	N-S方程；绕流阻力；流体的粘性
粘性流体绕流物体的阻力	掌握摩擦阻力和压差阻力形成的机理；掌握减少粘性流体绕流物体的阻力的措施；理解摩擦阻力、压差阻力和升力计算公式	流体的粘性，边界层

不可压缩粘性流体的外部流动 第9章

导入案例

下图所示为外部流动中绕圆柱流动的"猫眼现象"。流体绕圆柱流动时，雷诺数的变化影响边界层的形状。图示"猫眼"即是流动处于湍流状态时出现漩涡。这也说明了，对于外部流动，很难获得准确的分析结果。

外部流动(external flow)是指绕过固体外表面的流动，也称**绕流**(round flow)。典型的外部流动包括：空气绕过飞机、飞船等外表面的流动；水绕过轮船的流动；液体或气体绕过固体颗粒的流动；换热器内外的对流等。外部流动涉及航空、航天、航海、工业除尘、大气污染物净化、暖通与空调等众多重要的工程领域。

与内部流动不同，外部流动已无法将问题简化为一维流动来求解，而必须针对具体问题将 N-S 方程简化，求解二维或三维流场。在这一领域，普朗特的边界层理论作出了卓越的贡献。

9.1 边界层概念(Concepts of Boundary Layer)

9.1.1 基本概念(Basic Concepts)

边界层(boundary layer)又称附面层。边界层的概念是德国力学家普朗特(Prandtl)在 1904 年首先提出的。他认为，对于水和空气这些粘度较小的流体，当其绕流物体时，粘性的影响不能忽略。下面以一块与均匀来流相平行的薄板周围的流动为例进行分析。可以这样设想，如果是理想流体，则薄板周围的速度剖面如图 9.1 所示，由于流体相对于平板可以滑动(无粘性)且平板厚度很小，平板对于均匀来流流场并无影响。但任何真实流体都具有粘性，因此与板面相接触的流体与板面之间不可能有滑移运动，故真实的平板绕流如图 9.2 所示。

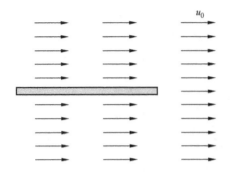

图 9.1 理想流体平板绕流

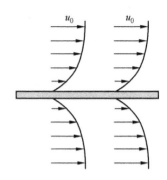

图 9.2 真实流体平板绕流

当流体来流速度很小时,即雷诺数 Re 很小,流场在很大区域内都要受到壁面的影响。随着 Re 数的增大,壁面对流体的影响区域越来越小,当 Re 数达到一定值后,这种影响只限于靠近壁面的薄层之中,如图 9.3 所示。在此薄层内,流场的速度梯度较大,故相应的粘性切应力也较大。把这种大 Re 数下流体绕流物体表面的速度梯度变化很大的薄层称为**边界层**(boundary layer)。在边界层以外,由于速度梯度甚小,故其中粘性切应力甚微,因此可视为理想流体。由此可见,在大 Re 数的条件下流场可以看作由两部分组成:边界层区和理想流体区(势流区)。

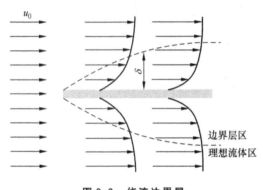

图 9.3 绕流边界层

> Large Reynolds number flow fields may be divided into viscous and inviscid regions.

为了区分边界层区和理想流体区,提出了**边界层厚度 δ** 的概念。对于平板绕流,将速度达到流体来流速度 V_∞ 的 99% 处到平板的距离作为边界层的厚度。如图 9.3 所示。图中边界层的厚度沿 x 方向是变化的,记为 $\delta(x)$。边界层厚度 δ 是人为规定的,实际上边界层内外区域并没有明显的分界,规定速度达到主流速度的 99% 处为边界层的外边界这是为了研究问题的方便,并且突出了边界层内速度梯度大这个特点。需要强调一点,边界层的边界线不是流线,流体可以流入流出边界层。边界层的厚度相对平板长度来说很小,通常只有平板长度的几百分之一,这也是边界层的一个显著特点。

边界层理论具有广泛的理论和实用意义,经过许多学者的研究、完善和发展,已经成为粘性流体动力学的一个重要领域,它不仅开辟了利用粘性流体力学解决实际问题的新途径,赋予 N-S 方程新的生命力,而且进一步明确了研究理想流体的实际意义,是流体力学发展史上的一个重要里程碑。

N-S 方程是一个二阶非线性偏微分方程组,不易得到解析解。根据普朗特的观点,当 Re 数很大时,可以将物体周围的流场分成两部分:紧贴壁面的边界层流动和边界层外的势流流动。这样对边界层流动,可以采用简化了的 N-S 方程——边界层方程予以求解,而对势流流动,则完全可以应用理想流体的欧拉方程予以求解,从而成功地解决了大 Re

数下不可压缩粘性流体的外部流动问题。斯托克斯（Stokes）等人通过对 N-S 方程中惯性项与粘性项的数量级比较，发现当 Re 数很小时，惯性项远小于粘性项，此时可以忽略惯性项，从而使 N-S 方程得以求解，解决了绕小圆球的蠕流这一类流动问题。

流体绕过固体的流动称为**绕流**（round flow），比如河水绕过桥墩的流动、空气绕过机翼的流动、空气绕过汽车的流动等。

> ➢ The character of flow past an object is dependent on the value of the Reynolds number.

9.1.2 边界层的基本特征(Characteristics of Boundary Layer)

普朗特边界层的概念完全可以通过实验得到证实。用微型测速流管测量机翼周围的速度分布，就可以发现边界层的存在，如图 9.4 所示。此时整个流场分为 3 个区域：（Ⅰ）边界层；（Ⅱ）尾流区（wake region）；（Ⅲ）外部势流。

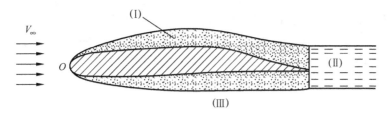

图 9.4 绕流边界层

图 9.5 给了流体在大、小两种雷诺数下流过锋锐的平板时，在平板附近形成边界层的情况。在边界层内，壁面上的流体速度等于零，随着离开壁面距离的增加速度逐渐增大。一般规定在速度达到主流速度的 99% 处为边界层的边缘。

在雷诺数很小时，边界层较厚，且向前延伸，如图 9.5(a)所示。在雷诺数大时边界层很薄，如 9.5(b)所示。工程中遇到的大多是大雷诺数的情况，这时边界层的厚度 δ 与

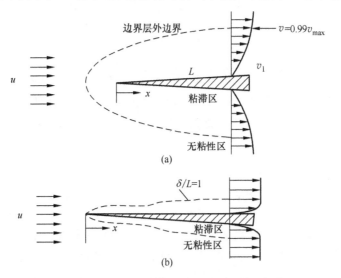

图 9.5 流体在大小两种雷诺数下流过锋锐的平板的边界层

物面长度 l 相比是个小量，边界层的厚度 δ 沿着流动方向不断增加，边界层内的速度梯度很大。由于在边界层内速度梯度很大，即使流体的粘度很小，粘性切应力也很大。在边界层外，流体的速度梯度很小，粘性切应力很小，所以边界层外的流体可以看成是理想流体。可见边界层的外边界把流场分为两个区域：层内粘滞区和层外无粘性区（势流区）。

实际上，边界层内外区域并没有明显的分界，规定速度达到主流速度的 99% 处为边界层的外边界是为了研究问题的方便，并且突出了边界层内速度梯度大这个特点。还必须指出，边界层的外边界线不是流线，流体可以流入流出边界层。而边界层的厚度取决于雷诺数 Re。Re 越大，边界层越薄。如图 9.4 所示，流体在驻点 O 处的速度为零，故边界层的厚度在前驻点处为零，而从前驻点开始，边界层沿流动方向逐渐增厚。

边界层内同样存在这两种流态，即边界层可分为**层流边界层**(laminar boundary layer)和**湍流边界层**(turbulent boundary layer)。如图 9.6 所示。在大 Re 数的情况下，流体从平板的前缘起形成层流边界层，之后从某个位置开始，层流边界层变得不稳定，并逐渐过渡为湍流边界层，在层流边界层和湍流边界层之间为过渡边界层，湍流边界层的厚度沿流动方向比层流边界层增加得快。在湍流边界层内，紧靠壁面总是存在着一层极薄的粘性底层。在粘性底层内速度梯度极大。若全部边界层内部都是层流，称为层流边界层；若在边界层起始部分内是层流，而在其余部分内是湍流，称为混合边界层。

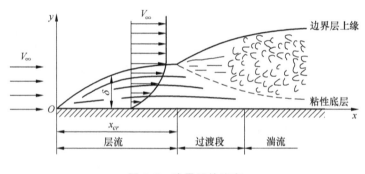

图 9.6 边界层的流态

> Fluid particals within the boundary layer experience viscous effects.

判断层流和湍流的准则仍为 Re 数。Re 数中表征几何特性定性尺寸的量在这里是离物体前缘点的距离 x，特征速度为 V_x，即边界层外边界上的速度，V_x 是 x 的函数，则

$$Re_x = \frac{V_\infty x}{v} \tag{9-1}$$

对平板边界层，层流转为湍流的临界雷诺数为 $Re_{cr} = 3 \times 10^5 \sim 3 \times 10^6$。

综上所述，边界层的基本特征为：①与物体的特征长度 L 相比，边界层的厚度 δ 很小，即 $\delta/L \ll 1$；②边界层内沿物面法向的速度变化剧烈，即速度梯度 $\partial u/\partial y$ 很大；③边界层内粘性力和惯性力为同一数量级；④边界层沿流动方向逐渐增厚；⑤边界层流体的流动也分为层流和湍流两种流态，用 Re_x 数判别；⑥边界层内压强 p 与 y 无关，即 $p = p(x)$，故边界层各横截面上的压强等于同一截面上边界层外边界上的压强。

9.2 边界层微分方程(Differential Equations of Boundary Layer)

前已述及，流体绕流运动的流场可分成理想流区和边界层区两个区域，而理想流区可以使用第 6 章介绍的位势理论求解，因此，接下来的任务就是如何求解边界层内的粘性流动问题。描述边界层粘性流动的方程仍然是 N-S 方程。由于该方程的复杂性，使得求解困难，因此，必须根据边界层理论对 N-S 方程进行简化，得到研究边界层的运动微分方程，简称边界层方程。

N-S 方程是描述流场中流体所受到的惯性力、压力、粘滞力及质量力之间的关系。在这 4 种力中，如果一种力与其他力相比为极小量，则这种力即可忽略，这种分析方法称为量级分析法，即通过比较方程式中各项数量级的相对大小，把数量级较大的项保留下来，而舍去数量级较小的项。下面介绍 N-S 方程的具体简化步骤。

为了简单起见，在此只讨论流体沿平壁作定常的二维流动，且壁面与 x 轴重合的情况，如图 9.7 所示，并假设边界层内的流动均为层流，同时忽略质量力，则二维定常不可压缩粘性流体的 N-S 方程和连续性方程为

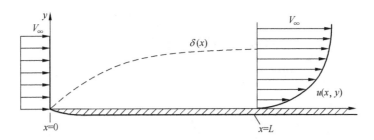

图 9.7 沿平壁面流动的层流边界层

$$\left.\begin{aligned} u_x \frac{\partial u_x}{\partial x}+u_y \frac{\partial u_x}{\partial y} &= -\frac{1}{\rho}\frac{\partial p}{\partial x}+\nu\left(\frac{\partial^2 u_x}{\partial x^2}+\frac{\partial^2 u_x}{\partial y^2}\right) \\ u_x \frac{\partial u_y}{\partial x}+u_y \frac{\partial u_y}{\partial y} &= -\frac{1}{\rho}\frac{\partial p}{\partial y}+\nu\left(\frac{\partial^2 u_y}{\partial x^2}+\frac{\partial^2 u_y}{\partial y^2}\right) \\ \frac{\partial u_x}{\partial x}+\frac{\partial u_y}{\partial y} &= 0 \end{aligned}\right\} \quad (9-2)$$

边界条件为

$$y=0, \quad u_x=u_y=0;$$
$$y=\delta, \quad u_x=V_\infty$$

为了便于量级比较，引入一些特征量将方程中的各种物理量无量纲化，这些特征量是：x 方向的特征长度 L，y 方向的特征长度 δ（例如边界层的平均厚度），特征速度 V_∞（例如势流速度），特征压强 ρV_∞^2。则各种物理量的无量纲形式为

$$x^*=\frac{x}{L}, \quad y^*=\frac{y}{L}, \quad u_x^*=\frac{u_x}{V_\infty}, \quad u_y^*=\frac{u_y}{V_\infty}, \quad p^*=\frac{p}{\rho V_\infty^2}$$

$$Re=\frac{V_\infty L}{\nu}, \quad \delta^*=\frac{\delta}{L}$$

这些物理量与1具有相同的数量级。将这些无量纲量代入式(9-2)，得到

$$\left. \begin{aligned} \left(\frac{V_\infty^2}{L}\right)u_x^* \frac{\partial u_x^*}{\partial x^*} + \left(\frac{V_\infty^2}{L}\right)u_y^* \frac{\partial u_x^*}{\partial y^*} &= -\left(\frac{V_\infty^2}{L}\right)\frac{\partial p^*}{\partial x^*} + \left(\frac{V_\infty}{L^2}\nu\right)\left(\frac{\partial^2 u_x^*}{\partial x^{*2}} + \frac{\partial^2 u_x^*}{\partial y^{*2}}\right) \\ \left(\frac{V_\infty^2}{L}\right)u_x^* \frac{\partial u_y^*}{\partial x^*} + \left(\frac{V_\infty^2}{L}\right)u_y^* \frac{\partial u_y^*}{\partial y^*} &= -\left(\frac{V_\infty^2}{L}\right)\frac{\partial p^*}{\partial y^*} + \left(\frac{V_\infty}{L^2}\nu\right)\left(\frac{\partial^2 u_y^*}{\partial x^{*2}} + \frac{\partial^2 u_y^*}{\partial y^{*2}}\right) \\ \left(\frac{V_\infty}{L}\right)\frac{\partial u_x^*}{\partial x^*} + \left(\frac{V_\infty}{L}\right)\frac{\partial u_y^*}{\partial y^*} &= 0 \end{aligned} \right\} \quad (9-3)$$

根据边界层的特点①，边界层的厚度 δ 远小于平板的长度 L，即 $\frac{\delta}{L} \ll 1$。由于是研究边界层的流动，故 $0 \leqslant y \leqslant \delta$，可见 y 与 δ 具有同数量级，即 $y \sim \delta$，而 y 与 L 相比，为较小量 δ^*，则有 $y^* \sim \delta^* \ll 1$。另外，x 被限制在板长 L 内，即 $0 \leqslant x \leqslant L$，或者说 x 与 L 同数量级，即 $x^* \sim 1$。在边界层内，速度 u_x 从壁面的零值逐渐增加到外边界的 V_∞，$0 \leqslant u_x \leqslant V_\infty$，故 u_x 与势流速度 V_∞ 具有相同的数量级，即 $u_x \sim V_\infty$，故有 $u_x^* \sim 1$，这样得到式(9-3)中一些相关项的数量级

$$\frac{\partial u_x^*}{\partial x^*} \sim 1, \quad \frac{\partial^2 u_x^*}{\partial x^{*2}} \sim 1, \quad \frac{\partial u_x^*}{\partial y^*} \sim \frac{1}{\delta^*}, \quad \frac{\partial^2 u_x^*}{\partial y^{*2}} \sim \frac{1}{\delta^{*2}}$$

由连续方程可得

$$\frac{\partial u_x^*}{\partial x^*} = -\left(\frac{V_\infty}{L}\right)\frac{\partial u_y^*}{\partial y^*} \sim 1$$

因此必有 $u_y^* \sim \delta^*$，由此又可得到如下各项的数量级

$$\frac{\partial u_y^*}{\partial x^*} \sim \delta^*, \quad \frac{\partial^2 u_y^*}{\partial x^{*2}} \sim \delta^*, \quad \frac{\partial u_y^*}{\partial y^*} \sim 1, \quad \frac{\partial^2 u_y^*}{\partial y^{*2}} \sim \frac{1}{\delta^*}$$

式(9-3)可进一步变化为

$$\left. \begin{aligned} u_x^* \frac{\partial u_x^*}{\partial x^*} + u_y^* \frac{\partial u_x^*}{\partial y^*} &= -\frac{\partial p^*}{\partial x^*} + \frac{1}{Re}\left(\frac{\partial^2 u_x^*}{\partial x^{*2}} + \frac{\partial^2 u_x^*}{\partial y^{*2}}\right) \\ 1 \cdot 1 \quad \delta^* \cdot \frac{1}{\delta^*} \quad\quad 1 \quad\quad \frac{1}{\delta^{*2}} & \\ u_x^* \frac{\partial u_y^*}{\partial x^*} + u_y^* \frac{\partial u_y^*}{\partial y^*} &= -\frac{\partial p^*}{\partial y^*} + \frac{1}{Re}\left(\frac{\partial^2 u_y^*}{\partial x^{*2}} + \frac{\partial^2 u_y^*}{\partial y^{*2}}\right) \\ 1 \cdot \delta^* \quad \delta^* \cdot 1 \quad\quad\quad \delta^* \quad\quad \frac{1}{\delta^*} & \\ \frac{\partial u_x^*}{\partial x^*} + \frac{\partial u_y^*}{\partial y^*} &= 0 \\ 1 \quad\quad 1 & \end{aligned} \right\} \quad (9-4)$$

上述各项的数量级列在方程式相应项的下面。

下面分析式(9-4)中各项的数量级。第一式中粘性项 $\frac{\partial^2 u_x^*}{\partial x^{*2}}$ 与 $\frac{\partial^2 u_x^*}{\partial y^{*2}}$ 进行数量级比较，$\frac{\partial^2 u_x^*}{\partial x^{*2}}$ 可略去；第二式中 $\frac{\partial^2 u_y^*}{\partial x^{*2}}$ 与 $\frac{\partial^2 u_y^*}{\partial y^{*2}}$ 比较，$\frac{\partial^2 u_y^*}{\partial x^{*2}}$ 可略去；若比较 $\frac{\partial^2 u_y^*}{\partial y^{*2}}$ 与 $\frac{\partial^2 u_x^*}{\partial y^{*2}}$，$\frac{\partial^2 u_y^*}{\partial y^{*2}}$ 也可略去；故方程组中的粘性项只剩下一项 $\frac{\partial^2 u_x^*}{\partial y^{*2}}$。若比较方程中所有惯性项，得到第二式中两个惯性项均可以略去，而第一式中的两个惯性项 $u_x^* \frac{\partial u_x^*}{\partial x^*}$ 与 $u_y^* \frac{\partial u_x^*}{\partial y^*}$ 的数量级相同。

然后根据边界层特征③，在边界层内粘性力与惯性力具有相同的数量级，即 $\dfrac{1}{Re}\dfrac{\partial^2 u_x^*}{\partial y^{*2}} \sim u_y^* \dfrac{\partial u_x^*}{\partial y^*}$，由于 $u_y^* \dfrac{\partial u_x^*}{\partial y^*} \sim 1$，而 $\dfrac{\partial^2 u_x^*}{\partial y^{*2}} \sim \dfrac{1}{\delta^{*2}}$，因此只有当 $\dfrac{1}{Re} \sim \delta^{*2}$ 时，上述边界层特征才得以满足，即 $Re \sim \dfrac{1}{\delta^{*2}}$，$\delta$ 反比于 $\sqrt{Re}$，这表明随着 Re 的增加，边界层厚度变薄。

由于要反映流动中压强的影响，压强项不能随便忽略，故假定第一式中的压强项 $\dfrac{\partial p^*}{\partial x^*}$ 与惯性力、粘性力同数量级，则得 $p^* \sim 1$，将此结果应用于第二式得 $\dfrac{\partial p^*}{\partial y^*} \sim \dfrac{1}{\delta^*}$，故第二式中只有保留该项，写成有量纲的形式为

$$\dfrac{\partial p}{\partial y} = 0 \tag{9-5}$$

这样得到了边界层的基本特征⑥，即沿物面法线方向，边界层内的压强是不变的，且等于边界层外边界上势流的压强，同时也说明压强 p 只是 x 的函数，即 $p = p(x)$，则有 $\dfrac{\partial p}{\partial x} = \dfrac{\mathrm{d}p}{\mathrm{d}x}$。

由此，通过数量级的比较，略去方程组中所有数量级小于 1 的微小项，并还原为所有的有量纲形式，最后得到边界层的微分方程为

$$\left.\begin{array}{l} u_x \dfrac{\partial u_x}{\partial x} + u_y \dfrac{\partial u_x}{\partial y} = -\dfrac{1}{\rho}\dfrac{\partial p}{\partial x} + \nu \dfrac{\partial^2 u_x}{\partial y^2} \\[2mm] \dfrac{\partial p}{\partial y} = 0 \\[2mm] \dfrac{\partial u_x}{\partial x} + \dfrac{\partial u_y}{\partial y} = 0 \end{array}\right\} \tag{9-6}$$

边界条件为 $y = 0$，$u_x = u_y = 0$；$y = \delta$，$u_x = V_\infty$

这一方程是普朗特在 1904 年推导出的，故又称为普朗特边界层方程。方程组中 $\dfrac{\partial p}{\partial y} = 0$，即边界层内的压强等于边界层外边界上势流的压强，这样根据理想流体势流流动的伯努利方程 $p + \dfrac{1}{2}\rho V_x^2 = $ 常数，得

$$-\dfrac{1}{\rho}\dfrac{\mathrm{d}p}{\mathrm{d}x} = V_x \dfrac{\mathrm{d}V_x}{\mathrm{d}x} \tag{9-7}$$

又根据牛顿切应力公式 $\tau = \mu \dfrac{\partial u_x}{\partial y}$，故

$$\nu \dfrac{\partial^2 u_x}{\partial y^2} = \dfrac{1}{\rho}\dfrac{\partial \tau}{\partial y} \tag{9-8}$$

因此，普朗特边界层方程可化简为

$$\left.\begin{array}{l} u_x \dfrac{\partial u_x}{\partial x} + u_y \dfrac{\partial u_x}{\partial y} = -V_x \dfrac{\mathrm{d}V_x}{\mathrm{d}x} + \dfrac{1}{\rho}\dfrac{\partial \tau}{\partial y} \\[2mm] \dfrac{\partial u_x}{\partial x} + \dfrac{\partial u_y}{\partial y} = 0 \end{array}\right\} \tag{9-9}$$

如果势流速度已知，则根据上述边界条件可以求解出恒定的二维边界层流动。

9.3 边界层动量积分方程
(Momentum Integral Equation of Boundary Layer)

尽管普朗特边界层的微分方程大大地简化了二维不可压缩粘性流体的 N-S 方程，但由于方程非线性的性质未变，求解起来仍然非常困难。为解决这一求解问题，冯·卡门等人着眼于控制体的角度，忽略控制体内流体质点流动的细节，提出了一种近似解法，又称冯·卡门动量积分方程式解法。该解法是以边界层的动量积分方程为基础的，成功地解决了流体绕流固体表面的阻力问题，求解相对简单，具有很强的实际意义。下面就用动量定理推导冯·卡门边界层动量积分方程。

如图 9.8 所示，在不可压缩粘性流体绕流平板的定常流动的边界层内取一控制体 $ABCD$，其中 AD 为作为 x 轴的平板表面的微元段，其长度为 $\mathrm{d}x$，BC 为外边界的微元段，AB 和 CD 分别表示为在 x 和 $x+\mathrm{d}x$ 处边界层的厚度，记为 δ 和 $\delta+\mathrm{d}\delta$。下面分析单位时间内该控制体内的流体沿 x 方向的动量变化和外力冲量之间的关系。

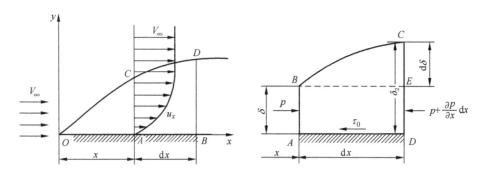

图 9.8 边界层动量积分方程的推导

单位时间内经过 AB 面流入的质量和带入的动量分别为

$$m_{AB} = \int_0^\delta \rho u_x \mathrm{d}y$$

$$K_{AB} = \int_0^\delta \rho u_x^2 \mathrm{d}y$$

单位时间内经过 CD 面流出的质量及带走的动量分别为

$$m_{CD} = \int_0^\delta \left[\rho u_x + \frac{\partial(\rho u_x)}{\partial x}\mathrm{d}x \right] \mathrm{d}y$$

$$K_{CD} = \int_0^\delta \rho u_x^2 \mathrm{d}y + \mathrm{d}x \frac{\partial}{\partial x} \int_0^\delta \rho u_x^2 \mathrm{d}y$$

对于定常流动，根据质量守恒定理，则必有

$$m_{BC} = m_{CD} - m_{AB} = \mathrm{d}x \int_0^\delta \frac{\partial(\rho u_x)}{\partial x} \mathrm{d}y$$

由于外边界上流速为势流速度 V_x，则 BC 面所带入的动量为

$$K_{BC} = V_x \mathrm{d}x \int_0^\delta \frac{\partial(\rho u_x)}{\partial x} \mathrm{d}y$$

所以单位时间内该控制体内流体沿 x 方向的动量变化为

$$\Delta K = K_{CD} - K_{AB} - K_{BC}$$

$$= \int_0^\delta \rho u_x^2 \mathrm{d}y + \mathrm{d}x \frac{\partial}{\partial x} \int_0^\delta \rho u_x^2 \mathrm{d}y - \int_0^\delta \rho u_x^2 \mathrm{d}y - V_x \mathrm{d}x \int_0^\delta \frac{\partial(\rho u_x)}{\partial x} \mathrm{d}y$$

$$= \mathrm{d}x \left[\frac{\partial}{\partial x} \int_0^\delta \rho u_x^2 \mathrm{d}y - V_x \frac{\partial}{\partial x} \int_0^\delta \rho u_x \mathrm{d}y \right] \quad (9-10)$$

下面进一步求解单位时间内作用在控制体上沿 x 方向的合外力，作用在该面上的总压力沿 x 方向的分力分别为

$$P_{AB} = p\delta$$

$$P_{CD} = -\left(p + \frac{\partial p}{\partial x} \mathrm{d}x\right)(\delta + \mathrm{d}\delta)$$

$$P_{BC} = \left(p + \frac{1}{2} \frac{\partial p}{\partial x} \mathrm{d}x\right) \mathrm{d}\delta$$

式中：$p + \frac{1}{2} \frac{\partial p}{\partial x} \mathrm{d}x$ 为 C 点和 B 点的平均压强。

平板壁面 AD 作用在流体上的切向应力的合力为

$$F_{AD} = -\tau_0 \mathrm{d}x$$

于是，单位时间作用在该控制体上沿 x 方向的所有外力的冲量之和为

$$p\delta + \left(p + \frac{1}{2} \frac{\partial p}{\partial x} \mathrm{d}x\right) \mathrm{d}\delta - \left(p + \frac{\partial p}{\partial x} \mathrm{d}x\right)(\delta + \mathrm{d}\delta) - \tau_0 \mathrm{d}x \approx -\delta \frac{\partial p}{\partial x} \mathrm{d}x - \tau_0 \mathrm{d}x \quad (9-11)$$

其中忽略了二阶微小量，根据动量定理：单位时间控制体内流体动量的变化等于外力冲量之和。结合式(9-11)，则有

$$\frac{\partial}{\partial x} \int_0^\delta \rho u_x^2 \mathrm{d}y - V_x \frac{\partial}{\partial x} \int_0^\delta \rho u_x \mathrm{d}y = -\delta \frac{\partial p}{\partial x} - \tau_0 \quad (9-12)$$

由于边界层内 $p = p(x)$，$u_x = u_x(y)$，$\delta = \delta(x)$，故式(9-12)中的偏导数可改写成全导数，则式(9-12)变为

$$\frac{\mathrm{d}}{\mathrm{d}x} \int_0^\delta \rho u_x^2 \mathrm{d}y - V_x \frac{\mathrm{d}}{\mathrm{d}x} \int_0^\delta \rho u_x \mathrm{d}y = -\delta \frac{\mathrm{d}p}{\mathrm{d}x} - \tau_0 \quad (9-13)$$

式(9-13)称为**边界层动量积分方程**。其中边界层的势流速度 V_x 可通过实验或解势流问题获取，$\frac{\mathrm{d}p}{\mathrm{d}x}$ 可根据伯努利方程求解。因此式(9-13)中 V_x、$\frac{\mathrm{d}p}{\mathrm{d}x}$、$\rho$ 可视为已知量，而未知量为 u_x、τ_0 和 δ，要想求解该方程，则需补充两个关系式 $u_x = f(y)$，$\tau_0 = f(\delta)$。其中，边界层内速度分布函数 u_x 一般根据经验假定，方程求解的结果正确与否关键取决于假定的速度分布函数 u_x，u_x 越接近于实际的速度分布，则方程的结果越准确。同时，冯·卡门边界层动量积分方程在推导过程未对流动特性及壁面上的切应力提出任何假定，因此式(9-13)对层流边界层和湍流边界层均适用。

式(9-13)是在定常流动的条件下推导出来的，对于非定常流动，边界层动量积分方程应为

$$\frac{\partial}{\partial t} \int_0^\delta \rho u_x \mathrm{d}y + \frac{\mathrm{d}}{\mathrm{d}x} \int_0^\delta \rho u_x^2 \mathrm{d}y - V_x \frac{\mathrm{d}}{\mathrm{d}x} \int_0^\delta \rho u_x \mathrm{d}y = -\delta \frac{\mathrm{d}p}{\mathrm{d}x} - \tau_0 \quad (9-14)$$

式(9-13)和式(9-14)由冯·卡门在1921年首先推导出，因此边界层动量积分方程也称为冯·卡门边界层动量积分方程。

9.4 平板边界层的近似计算
(Approximately Calculation of Boundary Layer on a Flat Plate)

9.4.1 层流边界层的近似计算(Approximately Calculation of Laminar Boundary Layer)

绕平板流动的层流边界层是最简单的一种边界层,下面利用冯·卡门边界层动量积分方程对层流边界层进行近似计算,并将计算结果与布拉休斯精确解相比较。

如图 9.8 所示,不可压缩粘性流体以速度为 U 绕流一平板,则边界层边界上 $u_x=V_\infty=$ 常数,根据伯努利方程 $\frac{p}{\rho}+\frac{1}{2}V_\infty^2=$ 常数,故有 $\frac{\mathrm{d}p}{\mathrm{d}x}=0$,则冯·卡门动量积分方程式(9-13)变成

$$\frac{\mathrm{d}}{\mathrm{d}x}\int_0^\delta u_x^2 \mathrm{d}y - V_\infty \frac{\mathrm{d}}{\mathrm{d}x}\int_0^\delta u_x \mathrm{d}y = -\frac{\tau_0}{\rho} \tag{9-15}$$

方程中存在 3 个未知数,分别是 u_x、τ_0 和 δ,因此需要补充两个关系式。

1. 第一个补充关系式 $u_x=u_x(y)$

对于层流边界层,假设速度分布以 y 的幂级数表示,即

$$\frac{u_x(y)}{V_\infty} = a_0 + a_1 \frac{y}{\delta} + a_2 \left(\frac{y}{\delta}\right)^2 + a_3 \left(\frac{y}{\delta}\right)^3 \tag{9-16}$$

式中:a_0、a_1、a_2、a_3 为待定系数,由以下边界条件确定。另外,也可将速度分布设成更高次的幂级数的形式,但设为 3 次幂级数分布所算的结果与实验得到的速度分布已吻合得较好。

平板壁面上的速度为 0,即 $y=0$,$u_x=0$;
边界层外边界上的速度为流体的势流速度,即 $y=\delta$,$u_x=V_\infty$;
边界层外边界上的切应力 $\tau=\mu\frac{\partial u_x}{\partial y}$ 为 0,即 $y=\delta$,$\frac{\partial u_x}{\partial y}=0$;
边界层外边界上 $u_x=V_\infty$,由边界层微分方程可得 $\left(\frac{\partial^2 u_x}{\partial y^2}\right)_{y=\delta}=\frac{1}{\mu}\frac{\mathrm{d}p}{\mathrm{d}x}=0$。

利用上述条件可解得 4 个系数分别为

$$a_0=0; \quad a_1=\frac{3}{2}; \quad a_2=0; \quad a_3=-\frac{1}{2}$$

因此有

$$\frac{u_x(y)}{V_\infty} = \frac{3}{2}\left(\frac{y}{\delta}\right) - \frac{1}{2}\left(\frac{y}{\delta}\right)^3 \tag{9-17}$$

2. 第二个补充关系式 $\tau_0=\tau_0(\delta)$

根据牛顿内摩擦定律,平板壁面上的切应力为

$$\tau_0 = \mu\left(\frac{\mathrm{d}u_x}{\mathrm{d}y}\right)_{y=0} = \mu V_\infty \left(\frac{3}{2\delta} - \frac{3y^2}{2\delta^3}\right)_{y=0} = \frac{3\mu V_\infty}{2\delta} \tag{9-18}$$

将速度分布式(9-17)和切应力表达式(9-18)代入平板层流边界层动量积分关系

式(9-13)，可得

$$\frac{d}{dx}\left[\int_0^\delta V_\infty^2 \left(\frac{3}{2}\frac{y}{\delta} - \frac{1}{2}\frac{y^3}{\delta^3}\right)^2 dy\right] - V_\infty \frac{d}{dx}\left[\int_0^\delta V_\infty \left(\frac{3}{2}\frac{y}{\delta} - \frac{1}{2}\frac{y^3}{\delta^3}\right) dy\right] = -\frac{3\mu V_\infty}{2\rho\delta} \quad (9-19)$$

下面先计算积分项

$$\int_0^\delta V_\infty^2 \left(\frac{3}{2}\frac{y}{\delta} - \frac{1}{2}\frac{y^3}{\delta^3}\right)^2 dy = \frac{V_\infty^2}{4\delta^2}\int_0^\delta \left(9y^2 - \frac{6y^4}{\delta^2} + \frac{y^6}{\delta^4}\right) dy = \frac{17}{35}V_\infty^2 \delta$$

$$\int_0^\delta V_\infty \left(\frac{3}{2}\frac{y}{\delta} - \frac{1}{2}\frac{y^3}{\delta^3}\right) dy = \frac{V_\infty}{2\delta}\int_0^\delta \left(3y - \frac{y^3}{\delta^2}\right) dy = \frac{5}{8}V_\infty \delta$$

将上述算得的积分项代入式(9-19)，整理得

$$\frac{17}{35}V_\infty^2 \frac{d\delta}{dx} - \frac{5}{8}V_\infty^2 \frac{d\delta}{dx} = -\frac{3\mu V_\infty}{2\rho\delta} \quad (9-20a)$$

即

$$\frac{13}{140}\rho V_\infty \delta\, d\delta = \mu\, dx \quad (9-20b)$$

采用分离变量法积分得

$$\frac{13}{280}\rho V_\infty \delta^2 = \mu x + C$$

式中：常数C的确定需要补充边界条件，在平板前沿处边界层的厚度为0，即$x=0$，$y=0$，故$C=0$，因此边界层厚度

$$\delta = \sqrt{\frac{280}{13}\frac{\mu x}{V_\infty}} = 4.64 x Re_x^{-\frac{1}{2}} \quad (9-21)$$

把式(9-21)代入式(9-17)，得速度分布式

$$u_x(y) = V_\infty (0.323 x^{-1} y Re_x^{\frac{1}{2}} - 0.005 x^{-3} y^3 Re_x^{\frac{3}{2}}) \quad (9-22)$$

将式(9-21)代入到式(9-18)，得切应力

$$\tau_0 = \frac{3\mu V_\infty}{2 \times 4.64 \sqrt{\nu x/V_\infty}} = 0.323\sqrt{\frac{\mu\rho V_\infty^3}{x}} = 0.323\rho V_\infty^2 Re_L^{-\frac{1}{2}} \quad (9-23)$$

若平板宽度为b，长度为L，则在平板壁面上由粘性力引起的总摩擦阻力为

$$F_f = b\int_0^L \tau_0\, dx = 0.323 b\int_0^L \sqrt{\frac{\mu\rho V_\infty^3}{x}}\, dx = 0.646 bL\rho V_\infty^2 Re_L^{-\frac{1}{2}} \quad (9-24)$$

工程中为了便于分析，习惯用无量纲的阻力系数C_f代替总摩擦阻力F_f，C_f的定义式为

$$C_f = \frac{F_f}{\frac{1}{2}\rho V_\infty^2 A} \quad (9-25)$$

式中：A为边界层物面的总面积，对于平板，$A = bL$，则摩擦阻力系数为

$$C_f = 1.292 Re_L^{-\frac{1}{2}} \quad (9-26)$$

根据文献，平板绕流流动的布拉休斯精确解是$C_f = 1.328 Re_L^{-\frac{1}{2}}$，与式(9-26)的近似计算结果误差小于10%，表9-1给出了不同速度分布下布拉休斯精确解与冯·卡门近似解的比较。产生误差的原因在于冯·卡门边界层动量积分关系式在求解平板层流边界层时，需假定边界层内的速度分布$u_x = u_x(y)$，而在确定速度分布时，仅保证其在界面

上满足边界条件，而边界层内部是否符合不作要求，也就是说不考虑控制体内部的流动细节，仅考虑在控制体表面受到已知条件的约束，由此带来误差。所以说，$u_x = u_x(y)$ 设置的正确与否直接影响求解结果的准确度，即 $u_x = u_x(y)$ 越符合实际情况，所得的求解结果越精确。

表 9-1 平板层流边界层近似解与精确解的比较

$\dfrac{u_x}{V_\infty}$	$\delta\sqrt{Re_x}/x$	$\tau_0\sqrt{Re_x}/\rho V_\infty^2$
$2\left(\dfrac{\delta}{y}\right) - \left(\dfrac{\delta}{y}\right)^2$	5.48	0.365
$\dfrac{3}{2}\left(\dfrac{y}{\delta}\right) - \dfrac{1}{2}\left(\dfrac{y}{\delta}\right)^3$	4.64	0.323
$2\left(\dfrac{y}{\delta}\right) - 2\left(\dfrac{y}{\delta}\right)^2 + \left(\dfrac{y}{\delta}\right)^4$	5.84	0.343
精确解	5	0.332

9.4.2　湍流边界层的近似计算 (Approximately Calculation of Turbulent Boundary Layer)

层流边界层限于临界雷诺数以下的区域，超出了临界雷诺数就是湍流边界层。实际上，在自然界和各种工程技术中更多的是湍流流动，因而研究湍流边界层具有更重要的实际意义。前已述及，冯·卡门边界层动量积分方程同样适用于湍流边界层的近似计算，但由于湍流边界层相对层流边界层要复杂得多，因此上节中用于层流边界层的两个补充关系式及牛顿内摩擦定律在此已不适用了，而需要根据湍流流动的特点，提出新的补充关系式。

1. 速度分布

普朗特假设平板边界层内的速度分布与圆管内的速度分布相同，当然，这个假设不是精确的，因为圆管内的速度分布是在有压力梯度的情况下形成的，而平板上的压力梯度等于零。考虑到阻力计算是通过动量积分获得的，因而速度分布的微小差别对计算结果的影响不大，另外大量实验证实，在很大的雷诺数范围内，该假设能得到很好的满足。因此平板湍流边界层的速度分布可以近似地用圆管湍流的 1/7 次方规律来表示。用边界层外边界上的速度来代替管内流动的管中心的最大速度，用边界层厚度代替管径，即

$$\frac{u_x}{V_\infty} = \left(\frac{y}{\delta}\right)^{\frac{1}{7}} \tag{9-27}$$

2. 切应力

切应力利用施利希廷(Schlichting)根据实验提出的半经验公式

$$\tau_0 = 0.225\rho V_\infty^2 \left(\frac{\nu}{V_\infty \delta}\right)^{\frac{1}{4}} \tag{9-28}$$

取 $\dfrac{\mathrm{d}p}{\mathrm{d}x} = 0$，将式(9-27)和式(9-28)代入动量积分方程(9-13)得

$$\frac{\mathrm{d}}{\mathrm{d}x}\Big[\int_0^\delta V_\infty^2\Big(\frac{y}{\delta}\Big)^{\frac{2}{7}}\mathrm{d}y\Big] - V_\infty\frac{\mathrm{d}}{\mathrm{d}x}\Big[\int_0^\delta V_\infty\Big(\frac{y}{\delta}\Big)^{\frac{1}{7}}\mathrm{d}y\Big] = -0.0225V_\infty^2\Big(\frac{\nu}{V_\infty\delta}\Big)^{\frac{1}{4}} \quad (9-29)$$

计算积分项

$$\int_0^\delta V_\infty^2\Big(\frac{y}{\delta}\Big)^{\frac{2}{7}}\mathrm{d}y = \frac{7}{9}\delta$$

$$\int_0^\delta V_\infty\Big(\frac{y}{\delta}\Big)^{\frac{1}{7}}\mathrm{d}y = \frac{7}{8}\delta$$

将上述积分项代入到式(9-29)中,并同时除以 V_∞,整理得

$$\frac{7}{72}\frac{\mathrm{d}\delta}{\mathrm{d}x} = 0.0225\Big(\frac{\nu}{V_\infty\delta}\Big)^{\frac{1}{4}} \quad (9-30)$$

采用分离变量法积分得

$$\delta = 0.37\Big(\frac{\nu}{V_\infty}\Big)^{\frac{1}{5}}x^{\frac{4}{5}} + C \quad (9-31)$$

同样由边界条件 $x=0$, $y=0$ 得 $C=0$,则有

$$\delta = 0.37\Big(\frac{\nu}{V_\infty}\Big)^{\frac{1}{5}}x^{\frac{4}{5}} = 0.37xRe_x^{-\frac{1}{5}} \quad (9-32)$$

将式(9-32)代入到式(9-28)得切应力

$$\tau_0 = 0.225\rho V_\infty^2\Big(\frac{\nu}{V_\infty}\Big)^{\frac{1}{4}}\Big(0.37\Big(\frac{\nu}{V_\infty}\Big)^{\frac{1}{5}}x^{\frac{4}{5}}\Big)^{-\frac{1}{4}} = 0.0289\rho V_\infty^2 Re^{-\frac{1}{5}} \quad (9-33)$$

则在平板的一个壁面上由粘性力引起的总摩擦阻力为

$$F_\mathrm{f} = b\int_0^L \tau_0\mathrm{d}x = 0.0289\rho V_\infty^2\Big(\frac{\nu}{V_\infty}\Big)^{\frac{1}{5}}b\int_0^L x^{-\frac{1}{5}}\mathrm{d}x = 0.036bL\rho V_\infty^2 Re_L^{-\frac{1}{5}} \quad (9-34)$$

则摩擦阻力系数

$$C_\mathrm{f} = \frac{F_\mathrm{f}}{\frac{1}{2}\rho V_\infty^2 bL} = 0.072Re_L^{-\frac{1}{5}} \quad (9-35)$$

杰纳(Janna)提出了修正,将 C_f 的系数改为 0.074,即

$$C_\mathrm{f} = 0.074Re_L^{-\frac{1}{5}} \quad (9-36)$$

式(9-36)的适用范围为 $5\times10^5 \leqslant Re \leqslant 10^7$,该修正公式与实验结果更加吻合。当雷诺数再继续增大时,边界层内速度分布可按对数分布规律计算,可推导出平板摩擦阻力系数为

$$C_\mathrm{f} = \frac{0.455}{(\lg Re_L)^{2.58}} \quad (10^5 \leqslant Re \leqslant 10^9) \quad (9-37)$$

式(9-37)称为普朗特-施利希廷公式,这是大雷诺数下流体绕流平板的摩擦阻力系数计算的常用公式。

9.4.3 混合边界层的近似计算(Approximately Calculation of Mixed Boundary Layer)

混合边界层是指在边界层内同时存在着层流和湍流两种流态,如图 9.9 所示。即平板雷诺数 $Re_L > Re_\mathrm{cr}$,也就是平板长度 $L > x_\mathrm{cr}$。其中,由层流转变为湍流的过程称为转。具体表现为:在绕流平板的边界层前部是稳定的层流阶段;经历一定长度后,层流中猝发产生一些不规则的小涡,这些小涡形似发夹,因此称为发夹涡;随着发夹涡的进一步发展,

其中处于高剪切区域的发夹涡出现局部破碎,破碎涡充分发展形成三维脉动,从而产生了更多的涡结构。流场中各种尺度涡相互作用形成湍流斑,湍流斑不断地长大,最后在边界层的后部成为完全湍流。

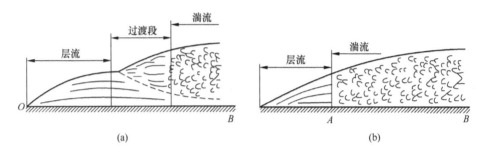

图 9.9 绕流平板的混合边界层的简化

由以上分析可知,混合边界层内的流动非常复杂,在对平板混合边界层作近似计算时,为了使问题简化,普朗特提出了以下假定:①边界层内不存在过渡区,层流边界层在临界转换点(如图 9.9 中 A 点)突然全部转换为湍流边界层;②湍流边界层厚度的变化不是从 A 点起始,而是从平板前端的 O 点开始。

根据以上假定,整个平板的摩擦阻力是由 OA 段层流边界层和 AB 段湍流边界层这两部分摩擦阻力所组成的,则有

$$\begin{aligned}(F_f)_{OAB} &= (F_f)'_{OA} + (F_f)''_{AB} \\ &= (F_f)'_{OA} + (F_f)''_{OB} - (F_f)''_{OA} \\ &= (F_f)''_{OB} - [(F_f)''_{OA} - (F_f)'_{OA}]\end{aligned} \quad (9-38)$$

式中:F'_f 为层流边界层的摩擦阻力;F''_f 为湍流边界层的摩擦阻力。则有

$$(F_f)'_{OA} = C'_f x_{cr} b \frac{\rho V_\infty^2}{2}$$

$$(F_f)''_{OA} = C''_f x_{cr} b \frac{\rho V_\infty^2}{2}$$

式中:C'_f 和 C''_f 分别为层流边界层和湍流边界层的摩擦阻力系数,分别用前面介绍的层流和湍流边界层的摩擦阻力系数公式计算;b 为平板宽度。

由此 OA 段上层流与湍流边界层的摩擦阻力之差

$$(\Delta F_f)_{OA} = (F_f)'_{OA} - (F_f)''_{OA} = -(C'_f - C''_f) x_{cr} b \frac{\rho V_\infty^2}{2}$$

上式两边同时除以 $bL\dfrac{\rho V_\infty^2}{2}$,得到由于存在层流段而引起的 C_f 的变化,则有

$$\begin{aligned}\Delta C_f &= -\frac{x_{cr}}{L}(C'_f - C''_f) \\ &= \frac{-(C'_f - C''_f)\dfrac{V_\infty x_{cr}}{\nu}}{\dfrac{V_\infty L}{\nu}} \\ &= -\frac{A^*}{Re_L}\end{aligned}$$

式中：$A^* = (C'_f - C''_f)\dfrac{V_\infty x_{cr}}{\nu} = (C'_f - C''_f)Re_{cr}$，大小取决于由层流边界层转变为湍流边界层的临界雷诺数 Re_{cr}，一般通过实验确定，表9-2给出了不同 Re_{cr} 下的 A^*。

表9-2 混合边界层的 A^*

Re_{cr}	3×10^5	5×10^5	10^6	3×10^6
A^*	1050	1700	3300	8700

从而得到二维绕流平板混合边界层的摩擦阻力系数为

$$C_f = \dfrac{0.074}{Re_L^{0.2}} - \dfrac{A^*}{Re_L} \quad 5\times10^5 \leqslant Re \leqslant 10^7 \quad (9-39)$$

$$C_f = \dfrac{0.455}{(\lg Re_L)^{2.58}} - \dfrac{A^*}{Re_L} \quad 10^5 \leqslant Re \leqslant 10^9 \quad (9-40)$$

9.4.4 层流边界层和湍流边界层的特性对比(Characteristics of Laminar Boundary Layer against the Turbulent One)

前面介绍了层流边界层和湍流边界层的概念及相关计算，为了更清楚地分析二者各自的特点，在此分别从速度分布规律、边界层的厚度及摩擦阻力系数3方面加以对比。

1. 速度分布规律 $\dfrac{u}{V_\infty}$

层流

$$\dfrac{u_x}{V_\infty} = \dfrac{3}{2}\dfrac{y}{\delta} - \dfrac{1}{2}\dfrac{y^3}{\delta^3}$$

湍流

$$\dfrac{u}{V_\infty} = \left(\dfrac{y}{\delta}\right)^{\frac{1}{7}}$$

对比上述两个速度分布式，可知湍流边界层沿平板壁面法向的速度增长比层流边界层的速度增长要快，即在速度剖面图上湍流的速度变化曲线较层流边界层的速度变化曲线要陡峭，如图9.4所示。

2. 边界层的厚度 δ

层流

$$\delta = \sqrt{\dfrac{280}{13}\dfrac{\mu x}{V_\infty}} = 4.64 x Re_x^{-\frac{1}{2}}$$

湍流

$$\delta = 0.37\left(\dfrac{\nu}{V_\infty}\right)^{\frac{1}{5}} x^{\frac{4}{5}} = 0.37 x Re_x^{-\frac{1}{5}}$$

对比这两个边界层厚度的表达式，可知，层流边界层的厚度 δ 随 $x^{\frac{1}{2}}$ 增长，而湍流边界层的厚度随 $x^{\frac{4}{5}}$ 增长，故绕流平板流动湍流边界层的厚度增长速度比层流边界层的厚度增长速度要快，也就是说湍流可加大粘滞力对流体的影响范围。

【例题9-1】 一长6m，宽2m的光滑平板在空气中以3.2m/s的速度沿其长度方向掠过，已知空气密度为 $1.25\text{kg}/\text{m}^3$，运动粘度为 $\nu = 1.42\times10^{-5} \text{m}^2/\text{s}$，试求距离平板前缘分别为1m和4.5m处的边界层厚度和平板所受的摩擦阻力。

解：首先判别边界层的流态

取

$$Re_{cr} = \dfrac{V_\infty x_{cr}}{\nu} = 5\times10^5$$

则有
$$x_{cr} = \frac{Re_{cr}\nu}{V_\infty} = \frac{5\times 10^5 \times 1.42\times 10^{-5}}{3.2}\,\mathrm{m} = 2.2\,\mathrm{m}$$

可见，距离平板前缘 1m 处为层流，4.5m 处为湍流。

利用层流边界层公式（9-21），距离平板前缘 1m 处的层流边界层厚度
$$\delta = \sqrt{\frac{280}{13}\frac{\mu x}{V_\infty}} = \sqrt{\frac{280\times 1.42\times 10^{-5}\times 1}{13\times 3.2}}\,\mathrm{m} = 0.010\,\mathrm{m}$$

利用湍流边界层公式（9-32），距离平板前缘 4.5m 处的湍流边界层厚度
$$\delta = 0.37\left(\frac{\nu}{V_\infty}\right)^{\frac{1}{5}} x^{\frac{4}{5}} = 0.37\left(\frac{1.42\times 10^{-5}}{3.2}\right)^{\frac{1}{5}} \times 4.5^{\frac{4}{5}}\,\mathrm{m} = 0.105\,\mathrm{m}$$

平板摩擦阻力按混合边界层计算
$$Re_L = \frac{V_\infty L}{\nu} = \frac{3.2\times 6}{1.42\times 10^{-5}} = 1.35\times 10^6$$

利用式（9-39）
$$C_f = \frac{0.074}{Re_L^{0.2}} - \frac{A^*}{Re_L} = \frac{0.074}{(1.35\times 10^6)^{0.2}} - \frac{1700}{1.35\times 10^6} = 0.00314$$

则
$$F_f = 2C_f bL\frac{\rho V_\infty^2}{2} = 2\times 0.00314\times 2\times 6\times \frac{1.25\times 3.2^2}{2}\,\mathrm{N} = 0.482\,\mathrm{N}$$

9.5 沿曲面的边界层及分离现象
(Boundary Layer on a Curved Surface and its Separation)

9.5.1 绕曲面流动边界层的分离 (Separation of Boundary Layer on a Curved Surface)

之前讨论的不可压缩粘性流体绕流平板的流动，其特点之一是边界层外势流的流速保持 V_∞ 不变，使整个势流区和边界层区内的压强处处相同。当粘性流体绕流曲面流动时，情况则大不相同，这是由于此时边界层外势流的流速沿曲面发生变化，使势流区和边界层区内的压强也沿曲面发生变化，最终导致一种新的物理现象——边界层的分离。下面通过对粘性流体绕流一种特殊曲面——圆柱体的边界层内压强变化及速度变化的分析，来观察边界层的分离是如何产生的。

如图 9.10 所示，粘性流体绕圆柱体流动，由普朗特边界层理论，绕流圆柱体的流体可分为边界层区和势流区两部分，对势流区内的流动，可将其视为理想流体的流动，故当流体由点 O 流至点 M 时，流速增加，压强下降，即降压增速；而从点 M 流至点 F 时，流速降低，压强上升，即升压减速。由于边界层内的压强分布与边界层外势流区相同，故边界层内由点 O 流至点 M 时，压强下降，即 $\dfrac{\mathrm{d}p}{\mathrm{d}x}<0$，这种上游压

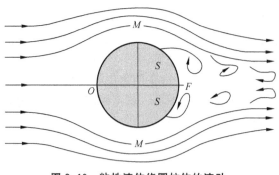

图 9.10 粘性流体绕圆柱体的流动

强高于下游压强的分布,有利于流动的进行,故将 $\dfrac{\mathrm{d}p}{\mathrm{d}x}<0$ 的流动称为顺压强梯度的流动;而从点 M 流至点 F 时,压强上升,即 $\dfrac{\mathrm{d}p}{\mathrm{d}x}>0$,这种上游压强低于下游压强的分布不利于流动的进行,故将 $\dfrac{\mathrm{d}p}{\mathrm{d}x}>0$ 称为逆压强梯度的流动,但由于边界层内的流动存在能量损耗,故点 F 的压强低于点 O 的压强。

> ➢ The pressure gradient in the external flow is imposed throughout the boundary layer fluid.

根据普朗特边界层理论,在圆柱面上有

$$\left(\dfrac{\partial^2 u}{\partial y^2}\right)_{y=0} = \dfrac{1}{\mu}\dfrac{\mathrm{d}p}{\mathrm{d}x}$$

由此可见,在圆柱面上,速度梯度 $\dfrac{\partial u}{\partial y}$ 的变化率取决与 $\dfrac{\mathrm{d}p}{\mathrm{d}x}$。下面分 3 种情况进行讨论。

(1) 在 OM 段,顺压强梯度流动,$\dfrac{\mathrm{d}p}{\mathrm{d}x}<0$,故在圆柱面上 $\left(\dfrac{\partial^2 u}{\partial y^2}\right)_{y=0}<0$,说明从圆柱面起,随着 y 的增加,$\dfrac{\partial u}{\partial y}$ 不断减小,故速度剖面在圆柱面附近向下游凸出;另一方面,在接近外边界层外边缘时,随着 y 的增加,$\dfrac{\partial u}{\partial y}$ 也不断减小,变化趋势与圆柱面附近相同,最后当 $y \to \delta$ 时,$\dfrac{\partial u}{\partial y} \to 0$,故在整个边界层内 $\dfrac{\partial^2 u}{\partial y^2}<0$,$\dfrac{\partial u}{\partial y}$ 单调减小,边界层内的速度剖面是一条无拐点,向下游凸起的光滑曲线,如图 9.11(a) 所示。

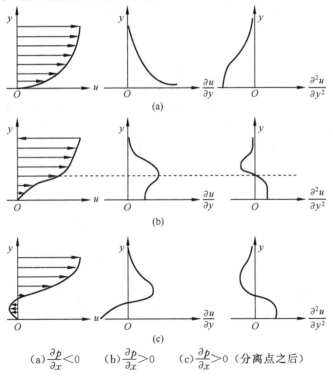

(a) $\dfrac{\partial p}{\partial x}<0$ (b) $\dfrac{\partial p}{\partial x}>0$ (c) $\dfrac{\partial p}{\partial x}>0$(分离点之后)

图 9.11

(2) 在 MF 段，逆压强梯度流动，$\dfrac{dp}{dx}>0$，故在圆柱面上 $\left(\dfrac{\partial^2 u}{\partial y^2}\right)_{y=0}>0$，说明从圆柱面起，随着 y 的增加，$\dfrac{\partial u}{\partial y}$ 不断增加，故速度剖面在圆柱面附近向下游内凹；但在接近外边界层外边缘时，随着 y 的增加，$\dfrac{\partial u}{\partial y}$ 不断减小，最后当 $y\to\delta$ 时，$\dfrac{\partial u}{\partial y}\to 0$，故在边界层外缘 $\dfrac{\partial^2 u}{\partial y^2}<0$，此处速度剖面向下游凸出。因此，$0\leqslant y\leqslant\delta$ 的范围内，$\dfrac{\partial^2 u}{\partial y^2}$ 由大于零逐渐减小为小于零，故必然存在 $\dfrac{\partial^2 u}{\partial y^2}=0$ 的点，该点称为拐点，如图 9.11(b)中的 P 点。另外，在拐点处，$\dfrac{\partial u}{\partial y}$ 取得最大值，这由于在拐点以下 $\dfrac{\partial u}{\partial y}$ 随 y 不断增加，速度剖面向下游内凹；但拐点以上 $\dfrac{\partial u}{\partial y}$ 随 y 不断减小，速度剖面向外凸出。

这种绕流圆柱体边界层的特点为一般绕流曲面所共有，且拐点离开物面的距离随 x 的增加而变化，如图 9.12 所示。在势流区取得最大速度的 M 点，$\dfrac{dp}{dx}=0$，则有 $\left(\dfrac{\partial^2 u}{\partial y^2}\right)_{y=0}=0$，拐点位于圆柱面上，即 $y=0$ 处。在 M 点后，随 x 的增加，$\dfrac{dp}{dx}$ 增加的程度越显著，即 $\left(\dfrac{\partial^2 u}{\partial y^2}\right)_{y=0}$ 增加越显著，故速度剖面内凹程度越严重；而在边界层外缘处，总有 $\dfrac{\partial^2 u}{\partial y^2}<0$，即速度剖面在此附近总是外凸，从而导致拐点位置从 M 点的 $y=0$ 随 x 的增加逐渐上移，速度剖面越来越窄。结果导致圆柱面上的 $\left(\dfrac{\partial u}{\partial y}\right)_{y=0}$ 随 x 的增加不断地降低，逐渐由大于零降低到 S 点的等于零，随后降低至小于零。由粘性流体的壁面无滑移条件，在圆柱面上，即 $y=0$ 时，$u=0$，此时由于逆压强流动的影响，使得 $\left(\dfrac{\partial u}{\partial y}\right)_{y=0}<0$，表明从圆柱面起，随 y 不断增加，u 不断减小，当 $y=0$ 时，u 已为零，再减小只能为负值，即这部分流体向主流的反方向流动，该部分流体的出现称之为边界层的分离，而从开始出现分离的运动的 S 点则称为分离点。在离物面较远处的流体微元，由于粘性力阻滞较小，仍有较大的动能继续向下游流动。在主流和逆流之间，有一条流体微团速度为零的 ST 曲线，如图 9.12 所示，物面与 ST 曲线间的区域，$u<0$，流体反向流动；ST 曲线以上，$u>0$，故

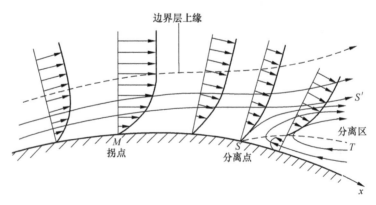

图 9.12　边界层分离的形成过程

ST 曲线以下为分离区。

在分离点 S，物面附近的流体停滞不前，下游的流体在逆压强的作用下倒流过来，又在来流的冲击下顺流而下，这样在分离点附近出现强烈的漩涡，漩涡不断地被主流带走，从而在物体后形成尾涡区。

由上述分析可见，造成边界层分离的原因，在于逆压强梯度作用和物面粘性滞止效应的共同影响，使物面附近的流体不断减速，最终由于惯性力不能克服上述阻力而停滞，边界层开始分离。

> Viscous effects within the boundary layer cause boundary layer separation.

尾涡区内的强烈漩涡消耗能量，造成物体前后明显的压差，产生绕流阻力或压差阻力。分离经常给工程上带来很大危害，例如造成机翼表面失速，阻力剧增，为推后或避免边界层分离，常将机翼做成具有圆头和细长尾部的流线型。因此，分离流动的研究和控制在理论和实用上很有价值。

需要指出一点，普朗特边界层方程仅适用于分离点以前的区域，而在分离点以后，由于回流的存在，u_x 和 u_y 的数量级发生了较大变化，故之前推导边界层方程的假设不再适用，只能通过完整的 N-S 方程加以解决。

9.5.2 卡门涡街(Karman Vortex Street)

9.5.1 节提到，边界层分离后将产生漩涡，而后在物体尾部形成尾涡区，那么尾涡区内漩涡又是如何运动的呢？下面同样以粘性流体绕流圆柱体为例分析其流动。

当流体以很小的雷诺数绕圆柱体流动时，此时与理想流体绕流圆柱体几乎相同，流动中流体的惯性力很小，整个流场均为层流，不产生分离现象，即不存在压差阻力，只有不大的摩擦阻力，如图 9.13(a)所示。

随着雷诺数的增大，惯性力变得不能忽略，圆柱体后半部分的逆压强梯度增加，当 $Re \approx 20$ 时，在 S 点处流体逐渐堆积，引起层流边界层分离，并在分离点后生成一对驻涡，如图 9.13(b)所示。

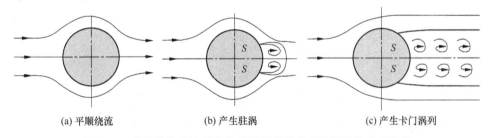

(a) 平顺绕流   (b) 产生驻涡   (c) 产生卡门涡列

图 9.13 粘性流体绕流圆柱体后不同雷诺数下的尾迹和卡门涡街

继续增大雷诺数，柱体后部的压强梯度继续增加，分离点前移，柱体后部的尾迹拉长，涡对增大并逐渐变得不稳定，在 $Re > 40$ 时，圆柱体两侧的涡对开始周期性地脱落，并在圆柱体后的尾迹中排列成两行涡列，称为**卡门涡街(或卡门涡列)**，如图 9.13(c)和图 9.14 所示。

卡门涡街通常是不稳定的，冯·卡门证明，当 $Re = 150$ 时，卡门涡街的稳定条件为

$$\frac{h}{l} = 0.281 \tag{9-41}$$

式中：h 为两行涡列将的间距；l 为相邻两漩涡间的距离。

图 9.14 卡门涡街

当绕流一圆柱体时,在雷诺数 $Re_d=200\sim5000$ 范围内,圆柱体后面的两行旋转方向相反的漩涡周期性地交替脱落,其脱落频率 f 与流体的来流速度 V_∞ 成正比,而与圆柱体的直径 d 成反比,即

$$f = St \frac{V_\infty}{d} \tag{9-42}$$

式中:St 为**斯特劳哈尔数**(Strouhal number),与雷诺数 Re 有关。当 $Re>10^3$ 时,斯特劳哈尔数近似等于常数 0.21,根据这一性质可制成卡门涡街流量计,只要测得涡街脱落的频率 f,即可由式(9-42)求得流速 V_∞,进而求流量。

实验证明,卡门漩涡自圆柱体周期性地交替脱落时,流体会施加给圆柱体一个垂直于主流的周期性交变的作用力,这是由于漩涡脱落的一侧柱面的绕流情况改善,侧面总压力降低,而漩涡形成中的一侧柱面的绕流情况恶化,侧面总压力升高而引起的。交变作用力的方向总是自漩涡形成的一侧指向漩涡脱落的一侧,交变的频率与涡街脱落频率相同。若脱落频率与圆柱体横向振动的固有频率相近或相同时,将会引起谐振,产生较大的振动和内应力,从而影响圆柱体的正常工作。比如,野外的输电线在一定风速下发出的嘘叫声就是由卡门漩涡脱落造成的。又如工程上的热力设备管道,被流体横向绕流,若设计不当,管道间的流体的自振频率与卡门涡街脱落频率相近时,则诱发声波谐振,产生严重的噪声。若该声振频率同时与管道频率相近时,将会损坏设备,甚至产生摧毁性的后果。1940年,美国华盛顿州塔可马吊桥被风吹毁就是这个原因。

另外,冯·卡门证明,当涡街以速度 $u_s(u_s<V_\infty)$ 向下游运动时,单位长度的圆柱体上所受的阻力为

$$F_D = \rho V_\infty^2 h \left[2.83 \frac{u_s}{V_\infty} - 1.12 \left(\frac{u_s}{V_\infty} \right)^2 \right] \tag{9-43}$$

9.6 粘性流体绕小圆球的蠕流流动
(Creepage of Viscous Fluid around a Small Ball)

9.6.1 斯托克斯阻力系数(Stokes Drag Coefficient)

前面讨论了边界层流动的特点以及绕平板流动边界层的近似计算,由此可知,只有在大 Re 数的条件下,才能将不可压缩粘性液体的外部流动分成边界层流动和势流流动,并在边界层流动中,将 N-S 方程简化成普朗特边界层方程,从而得以求解。而工程上经常遇到小球体与周围流体间相对运动速度很小的情况,比如煤粉颗粒、烟气中尘粒及汽包蒸汽中的小水滴等,都可以近似看作是小圆球体,这些小圆球体在热能装置或大气中的沉降或输送形成了小雷诺数下粘性流体绕小圆球的蠕流流动。

当上面提到的这些固体微粒或液体细滴在粘性流体中运动时，Re 数很小，意味着惯性力远小于粘性力，斯托克斯认为此时可忽略惯性项。又由于微粒的质量很小，故质量力也可忽略。若将这些微粒视为形状规则的小圆球，并将坐标系固定在小圆球上，则将微粒在静止粘性流体中的运动转换为来流速度为 V_∞ 的粘性流体绕静止小球的缓慢运动，且流动是定常的，从而将 N-S 方程简化为

$$\left.\begin{aligned}\frac{\partial p}{\partial x}&=\mu\left(\frac{\partial^2 u_x}{\partial x^2}+\frac{\partial^2 u_y}{\partial y^2}+\frac{\partial^2 u_z}{\partial z^2}\right)\\ \frac{\partial p}{\partial y}&=\mu\left(\frac{\partial^2 u_y}{\partial x^2}+\frac{\partial^2 u_y}{\partial y^2}+\frac{\partial^2 u_z}{\partial z^2}\right)\\ \frac{\partial p}{\partial z}&=\mu\left(\frac{\partial^2 u_z}{\partial x^2}+\frac{\partial^2 u_z}{\partial y^2}+\frac{\partial^2 u_z}{\partial z^2}\right)\end{aligned}\right\} \quad (9-44)$$

由于是绕小圆球的缓慢运动，故采用球坐标系求解更为简单，如图 9.15 所示，让 x 轴与流动方向一致，坐标原点建在球心，由于流动是轴对称的，在球坐标系中所有流动参数均与坐标 φ 无关，这样，在球坐标下的 N-S 方程(6-28)可简化成如下形式

$$\left.\begin{aligned}&\frac{\partial u_r}{\partial r}+\frac{2u_r}{r}+\frac{1}{r}\frac{\partial u_\theta}{\partial \theta}+\frac{u_\theta \cot\theta}{r}\\ &\frac{\partial p}{\partial r}=\mu\left(\frac{\partial^2 u_r}{\partial r^2}+\frac{1}{r^2}\frac{\partial^2 u_r}{\partial \theta^2}+\frac{2}{r}\frac{\partial u_r}{\partial r}+\frac{\cot\theta}{r^2}\frac{\partial u_r}{\partial \theta}-\frac{2}{r^2}\frac{\partial u_\theta}{\partial \theta}-\frac{2u_r}{r^2}-\frac{2\cot\theta}{r^2}u_\theta\right)\\ &\frac{1}{r}\frac{\partial p}{\partial \theta}=\mu\left(\frac{\partial^2 u_\theta}{\partial r^2}+\frac{1}{r^2}\frac{\partial^2 u_\theta}{\partial \theta^2}+\frac{2}{r}\frac{\partial u_\theta}{\partial r}+\frac{\cot\theta}{r^2}\frac{\partial u_\theta}{\partial \theta}+\frac{2}{r^2}\frac{\partial u_r}{\partial \theta}-\frac{u_\theta}{r^2\sin^2\theta}\right)\end{aligned}\right\} \quad (9-45)$$

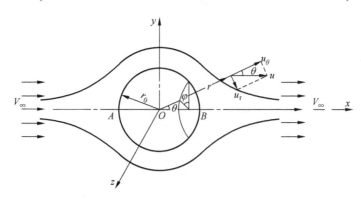

图 9.15 绕小圆球的缓慢流动

边界条件

$$\left.\begin{aligned}r=r_0, &\quad u_r=u_\theta=0\\ r\to\infty, &\quad u_r=V_\infty\cos\theta,\quad u_\theta=-V_\infty\sin\theta,\quad p=p_\infty\end{aligned}\right\} \quad (9-46)$$

根据边界条件的形式及方程的性质，可设方程(9-45)有以下形式的解

$$\left.\begin{aligned}u_r&=f_1(r)\cos\theta\\ u_\theta&=-f_2(r)\sin\theta\\ p&=\mu f_3(r)\cos\theta+p_0\end{aligned}\right\} \quad (9-47a)$$

式(9-47a)中 p_0 为无穷远来流的压强，将式(9-47a)代入式(9-45)，得

$$f_1' + \frac{2(f_1+f_2)}{r} = 0 \qquad (9-47\text{b})$$

$$f_3' = f_1'' + \frac{2}{r}f_1' - \frac{4(f_1-f_2)}{r^2} \qquad (9-47\text{c})$$

$$f_3' = f_1'' + \frac{2}{r}f_1' - \frac{4(f_1-f_2)}{r^2} \qquad (9-47\text{d})$$

边界条件为

$$\left. \begin{array}{l} f_1(r_0) = f_2(r_0) = 0 \\ f_1(\infty) = V_\infty, \quad f_2(\infty) = V_\infty \end{array} \right\} \qquad (9-47\text{e})$$

由式(9-47b)得

$$f_2 = \frac{1}{2}rf_1' + f_1 \qquad (9-47\text{f})$$

求式(9-47f)对 r 的一阶导数和二阶导数,有

$$f_2' = \frac{1}{2}rf_1'' + \frac{3}{2}f_1' \qquad (9-47\text{g})$$

$$f_2'' = \frac{1}{2}rf_1''' + 2f_1'' \qquad (9-47\text{h})$$

由式(9-47b)和式(9-47d)求得

$$f_3 = \frac{1}{2}r^2 f_1''' + 3rf_1'' + 2f_1' \qquad (9-47\text{i})$$

求式(9-47i)对 r 的一阶导数,有

$$f_3' = \frac{1}{2}r^2 f_1^{(4)} + 4rf_1''' + 5f_1'' \qquad (9-47\text{j})$$

将式(9-47j)代入式(9-47c),得

$$r^4 f_1^{(4)} + 8r^3 f_1''' + 8r^2 f_1'' - 8rf_1' = 0 \qquad (9-47\text{k})$$

这是典型的欧拉方程,其特征方程为

$$k(k-2)(k+1)(k+3) = 0$$

特征根为 $k=-3,-1,0,2$,由此可得

$$\left. \begin{array}{l} f_1 = \dfrac{A}{r^3} + \dfrac{B}{r} + C + Dr^2 \\ f_1 = \dfrac{A}{2r^3} + \dfrac{B}{2r} + C + 2Dr^2 \\ f_3 = \dfrac{B}{r^2} + 10Dr \end{array} \right\} \qquad (9-47\text{l})$$

根据边界层条件式(9-47e)可定出各个系数

$$A = \frac{1}{2}r_0^2 V_\infty, \quad B = -\frac{3}{2}r_0^2 V_\infty, \quad C = V_\infty, \quad D = 0$$

将各系数及函数 $f_1(r)$、$f_2(r)$、$f_3(r)$ 代回式(9-47a),得速度分布及压强分布公式

$$\left. \begin{array}{l} u_r = V_\infty \cos\theta \left[1 - \dfrac{3}{2}\dfrac{r_0}{r} + \dfrac{1}{2}\dfrac{r_0^3}{r^3}\right] \\ u_\theta = V_\infty \sin\theta \left[1 - \dfrac{3}{4}\dfrac{r_0}{r} + \dfrac{1}{4}\dfrac{r_0^3}{r^3}\right] \\ P(r,\theta) = p_0 - \dfrac{3}{2}\mu \dfrac{V_\infty r_0}{r^2}\cos\theta \end{array} \right\} \qquad (9-47\text{m})$$

为了计算流体对圆球的作用力，先确定圆球表面的正应力和切应力，在球面上有

$$u_r = u_\theta = 0, \quad \frac{\partial u_r}{\partial r} = \frac{\partial u_r}{\partial \theta} = 0$$

在球坐标系中的正应力 p_{rr} 和切应力 $\tau_{r\theta}$ 分别为

$$\left.\begin{array}{l}(p_{rr})_{r=r_0} = -p + 2\mu \dfrac{\partial u_r}{\partial r} = -p = -p_0 + \dfrac{3}{2}\mu \dfrac{V_\infty}{r_0}\cos\theta \\[2ex] (\tau_{r\theta})_{r=r_0} = \mu\left(\dfrac{1}{r}\dfrac{\partial u_r}{\partial \theta} + \dfrac{\partial u_\theta}{\partial r} - \dfrac{u_\theta}{r}\right) = \mu\dfrac{\partial u_\theta}{\partial r} = -\dfrac{3}{2}\mu \dfrac{V_\infty}{r_0}\sin\theta\end{array}\right\} \quad (9-48)$$

将式(9-48)表示的球面上的正应力 P_{rr} 和切应力 $\tau_{r\theta}$ 沿球面积分，就可求得流体作用在球面上的正应力和切应力的合力沿 x 方向的分量 P_x 和 F_x。为此，如图 9.16 所示，在球面上取微分面积

$$\mathrm{d}A = 2\pi r_0 \sin\theta r_0 \mathrm{d}\theta$$

正应力作用在圆球上的合力在 x 方向的分量为

$$P_x = \int_A (\tau_{r\theta})r = r_0 \cos\theta \mathrm{d}A$$

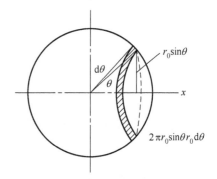

图 9.16 球面微分面积的选取

$$= \int_0^\pi \left(-p_0 + \frac{3}{2}\mu V_\infty \frac{\cos\theta}{r_0}\right)\cos\theta \cdot 2\pi r_0 \sin\theta r_0 \mathrm{d}\theta$$

$$= 2\pi \mu r_0 V_\infty \qquad (9-49\mathrm{a})$$

切应力的合力在 x 方向的分量为

$$F_x = -\int_A (\tau_{\theta r})r = r_0 \sin\theta \mathrm{d}A$$

$$= -\int_0^\pi \left(-\frac{3}{2}\mu V_\infty \frac{\sin\theta}{r_0}\right)\sin\theta \cdot 2\pi r_0 \sin\theta r_0 \mathrm{d}\theta = 4\pi \mu r_0 V_\infty \qquad (9-49\mathrm{b})$$

圆球所受的总阻力为

$$F_f = P_x + F_x = 6\pi \mu r_0 V_\infty = 3\pi \mu d_0 V_\infty \qquad (9-49\mathrm{c})$$

式(9-49c)是斯托克斯在 1851 年导出的，称为圆球的斯托克斯阻力公式，若用无量纲的阻力系数表示，则有

$$C_f = \frac{F_f}{\frac{1}{2}\rho V_\infty^2 A} = \frac{6\pi \mu r_0 V_\infty}{\frac{1}{2}\rho V_\infty^2 \pi r_0^2} = \frac{24}{\frac{V_\infty d_0}{\nu}} = \frac{24}{Re} \qquad (9-50)$$

式(9-50)中，C_f 称为**斯托克斯阻力系数**(drag coefficient)。当 $Re < 1$ 时，由式(9-50)求得的阻力系数与实验结果符合得很好，但当 $Re > 1$ 时，就会出现误差，其原因在于斯托克斯解中完全忽略了流体的惯性力。事实上，只有在靠近圆球表面的流动区域内才是正确的，而在远离圆球的区域中惯性力并不比粘性力小，考虑到这一原因，奥森(Oscen)对斯托克斯解作了一些修正，他认为，当圆球的尺寸远小于流场的尺度时，圆球引起的速度变化很小，故可假定

$$u_x = V_\infty + u_{x1}, \quad u_y = u_{y1}, \quad u_z = u_{z1} \qquad (9-51\mathrm{a})$$

式中：V_∞ 为无穷远处来流速度，u_{x1}、u_{y1}、u_{z1} 与 V_∞ 相比都是小量，这样 N-S 方程的惯性项变成

$$\left.\begin{array}{l}u_x\dfrac{\partial u_x}{\partial x}+u_y\dfrac{\partial u_x}{\partial y}+u_z\dfrac{\partial u_{xz}}{\partial z}=(V_\infty+u_{x1})\dfrac{\partial u_{x1}}{\partial x}+u_{y1}\dfrac{\partial u_{x1}}{\partial y}+u_{z1}\dfrac{\partial^2 u_{x1}}{\partial z}\\u_x\dfrac{\partial u_y}{\partial x}+u_y\dfrac{\partial u_y}{\partial y}+u_z\dfrac{\partial u_y}{\partial z}=(V_\infty+u_{x1})\dfrac{\partial u_{y1}}{\partial x}+u_{y1}\dfrac{\partial u_{y1}}{\partial y}+u_{z1}\dfrac{\partial^2 u_{y1}}{\partial z}\\u_x\dfrac{\partial u_z}{\partial x}+u_y\dfrac{\partial u_z}{\partial y}+u_z\dfrac{\partial u_z}{\partial z}=(V_\infty+u_{x1})\dfrac{\partial u_{z1}}{\partial x}+u_{y1}\dfrac{\partial u_{z1}}{\partial y}+u_{z1}\dfrac{\partial^2 u_{z1}}{\partial z}\end{array}\right\} \quad (9-51\text{b})$$

式(9-51b)等式右边各项相比，可知仅需保留 $V_\infty\dfrac{\partial u_{x1}}{\partial x^2}$、$V_\infty\dfrac{\partial u_{y1}}{\partial x^2}$、$V_\infty\dfrac{\partial u_{z1}}{\partial x^2}$ 这3项，其他项都可略去，代入 N-S 方程，得

$$\left.\begin{array}{l}V_\infty\dfrac{\partial u_x}{\partial x}=-\dfrac{1}{\rho}\dfrac{\partial p}{\partial x}+v\left(\dfrac{\partial^2 u_x}{\partial x^2}+\dfrac{\partial^2 u_x}{\partial y^2}+\dfrac{\partial^2 u_x}{\partial z^2}\right)\\V_\infty\dfrac{\partial u_y}{\partial x}=-\dfrac{1}{\rho}\dfrac{\partial p}{\partial x}+v\left(\dfrac{\partial^2 u_y}{\partial x^2}+\dfrac{\partial^2 u_y}{\partial y^2}+\dfrac{\partial^2 u_y}{\partial z^2}\right)\\V_\infty\dfrac{\partial u_z}{\partial x}=-\dfrac{1}{\rho}\dfrac{\partial p}{\partial x}+v\left(\dfrac{\partial^2 u_z}{\partial x^2}+\dfrac{\partial^2 u_z}{\partial y^2}+\dfrac{\partial^2 u_z}{\partial z^2}\right)\end{array}\right\} \quad (9-51\text{c})$$

修正后，奥森解得的阻力系数为

$$C_f=\dfrac{24}{Re}\left(1+\dfrac{3}{16}Re\right) \quad (9-51\text{d})$$

将奥森解、斯托克斯解及实验结果作在同一坐标系上，如图 9.17 所示。理论上，奥森解要比斯托克斯解更精确，但从图中可以看出，奥森解并无明显的改进，实验结果刚好位于斯托克斯解和奥森解之间。实际上，奥森解虽然没有提高计算精度，但奥森为后续研究提供了一条思路。例如 1975 年陈景尧将奥森解作为 N-S 方程的一级近似解，然后用迭代的方法依次求出了逐级近似解。所求得的阻力系数可在 $0\leqslant Re\leqslant 6$ 范围内与实验结果很好地吻合。

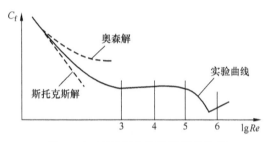

图 9.17 两种解与实验结果的比较

9.6.2 颗粒在静止流体中的自由沉降 (Sedimentation of Particles in Static Fluid)

本节开始时提到的煤、灰尘的沉降都与这些颗粒在运动中受到周围流体对它的阻力有关，为此，利用上面导出的斯托克斯阻力系数来研究这些颗粒在静止流体中的沉降，为简单起见，先假定这些颗粒是直径为 d 的圆球，下面来考察一个圆球从静止开始在静止流体中的自由降落过程。在降落过程中，由于重力的作用，下降速度不断增大，使圆球受到的流体阻力也不断增大。当圆球的重力 W 与作用在圆球上的流体的浮力 F_B、液体的绕流阻力 F_f 达到平衡时，即

$$W=F_B+F_f \quad (9-52)$$

此时，圆球将在流体中以等速 V_f 自由沉降，V_f 就称为圆球的自由沉降速度。对直径为 d 的圆球，则有

重力 $\qquad W=\dfrac{1}{6}\pi d^3\rho_s g$

流体的浮力 $\qquad F_B=\dfrac{1}{6}\pi d^3\rho g$，

流体的阻力
$$F_f = C_f \frac{1}{4}\pi d^2 \cdot \frac{1}{2}\rho V_f^2,$$

代入式(9-52)得
$$\frac{1}{6}\pi d^3 \rho_s g = \frac{1}{6}\pi d^3 \rho g + C_f \frac{1}{4}\pi d^2 \frac{1}{2}\rho V_f^2 \tag{9-53}$$

由此求得自由沉降速度
$$V_f = \sqrt{\frac{4gd(\rho_s-\rho)}{3C_f \rho}} \tag{9-54}$$

式中：ρ_s 为固体圆球的密度；ρ 为流体的密度；C_f 为流体阻力系数，随 Re 数的变化而变化。因此，颗粒的自由沉降速度 V_f 可分为下列 3 种情况考虑：

(1) 当 $Re \leqslant 1$ 时，符合斯托克斯阻力公式的条件，$C_f = \dfrac{24}{Re}$，代入式(9-54)得
$$V_f = \frac{1}{18}\frac{g}{\nu}\frac{\rho_s-\rho}{\rho}d^2 \tag{9-55}$$

(2) 当 $1 \leqslant Re \leqslant 1000$ 时，圆球的阻力系数可用修正的怀特(White)经验公式计算
$$C_f = \frac{24}{Re} + \frac{6}{\sqrt{Re}} + 0.4 \tag{9-56a}$$

代入式(9-54)得
$$0.4V_f^2 + 6\sqrt{\frac{\nu V_f^3}{d}} + \frac{24\nu}{d}V_f - \frac{4}{3}gd\frac{\rho_s-\rho}{\rho} = 0 \tag{9-56b}$$

(3) 当 $1000 \leqslant Re \leqslant 2\times 10^5$ 时，圆球的阻力系数趋近于常数，$C_f = 0.48$，代入式(9-55)得
$$V_f = \sqrt{2.8gd\frac{\rho_s-\rho}{\rho}} \tag{9-57}$$

圆球在气体中沉降时，由于气体的密度 ρ 比圆球的密度 ρ_s 小得多，故式(9-55)、式(9-56)、式(9-57)中分子上的 $(\rho_s-\rho)$ 都可以近似地用 ρ_s 代替。

若垂直上升的流体速度 V 与圆球的自由沉降速度 V_f 相等，则圆球的绝对速度 $V_a = V - V_f = 0$，圆球悬浮在流体中静止不动。而当流体的上升速度大于圆球的自由沉降速度时，圆球将被流体带走，因此，在垂直管道中作粉料的气力提升输送时，气流的流速应大于颗粒自由沉降的速度。

【例题 9-2】 沸腾炉是在炉排上加一层劣质细煤颗粒，从炉排下部鼓风，使炉排上的细煤颗粒在悬浮下燃烧。假设细煤粒是直径为 $d=1.2$ mm 的球体，密度 $\rho_s = 2250$ kg/m³。沸腾燃烧层的温度 $t=1000$℃，此时烟气的运动粘度 $\nu = 1.67 \times 10^{-6}$ m²/s。而烟气在 0℃时密度为 $\rho_0 = 1.34$ kg/m³。试问烟气速度应为多少才能使颗粒处于悬浮状态？

解：根据状态方程，计算在 $t=1000$℃时的烟气密度
$$\rho = \frac{\rho_0 T_0}{T} = \frac{1.34 \times (273+0)}{273+1000} = 0.287 \text{(kg/m}^3\text{)}$$

要使细煤处在悬浮状态，则应使烟气速度 V 恰好与煤粒的自由沉降速度 V_f 相等。

假定 $Re \leqslant 1$，$C_f = \dfrac{24}{Re}$，得
$$V_f = \frac{1}{18}\frac{g}{\nu}\frac{\rho_s-\rho}{\rho}d^2 = \frac{9.8 \times (2250-0.287)}{18 \times 1.67 \times 10^{-6} \times 0.287} \times (1.5 \times 10^{-3})^2 \text{m/s} = 3680 \text{m/s}$$

校验
$$Re = \frac{V_f d}{\nu} = \frac{3680 \times 1.2 \times 10^{-3}}{1.67 \times 10^{-6}} = 2.64 \times 10^6$$

可见所选 Re 数范围不对，重新假定 $1000 \leqslant Re \leqslant 2 \times 10^5$，$C_f = 0.48$ 得

$$V_f = \sqrt{\frac{2.8gd(\rho_s - \rho)}{\rho}} = \sqrt{\frac{2.8 \times 9.8 \times 1.2 \times 10^{-3} \times (2250 - 0.287)}{0.287}} \text{m/s} = 1.61 \text{m/s}$$

校验

$$Re = \frac{V_f d}{v} = \frac{1.61 \times 1.2 \times 10^{-3}}{1.67 \times 10^{-6}} = 1.16 \times 10^3$$

与假定相符，故应使烟气速度为 1.61m/s 才能使细煤颗粒悬浮。

9.7 粘性流体绕流物体的阻力(Drag of Round Flow)

9.7.1 摩擦阻力和压差阻力(Friction Drag and Pressure Drag)

通过前面讨论可知，不可压缩粘性流体绕流物体流动时，物体表面的应力引起摩擦阻力；另外，由于边界层分离产生能量损失，使得沿曲壁面流动时，物体前后总压强不平衡而引起压差阻力，故不可压缩粘性流体绕流物体时会引起摩擦阻力和压差阻力两种阻力损失。

摩擦阻力是粘性直接作用的结果，当粘性流体绕流物体时，流体对物体表面有切向应力作用，由切向应力产生摩擦力，摩擦力可以将壁面切应力沿物体表面积分得到，如果边界层分离在某处发生，则该计算只能在分离点前进行；如果边界层从某处由层流转变为湍流，则应分为层流段和湍流段分别计算，然后再相加。

压差阻力是粘性间接作用的结果，例如粘性流体绕流圆柱体流动时，由于边界层在逆压强梯度流动区域发生分离，形成漩涡，消耗能量，使从分离点开始的圆柱体后部的流体压强和分离点的压强基本相同，而不能恢复到绕流前势流的压强，这样就形成了圆柱体前后的压强差，产生了压差阻力，而漩涡所携带的动能则在尾涡区中由漩涡内部的摩擦变成热量而耗散掉。可见，压差阻力受边界层分离的影响很大。压差阻力的大小与物体的形状密切相关，故又称形状压力。摩擦阻力和压差阻力之和即为粘性流体绕流物体的阻力，简称**绕流阻力**(drag of round flow)。

摩擦阻力和压差阻力均可表示为单位体积来流的动能 $\rho V_\infty^2 / 2$ 与某一面积的乘积，再乘上一个阻力系数的形式即

$$F_f = C_f \frac{\rho V_\infty^2}{2} A_f \tag{9-58}$$

$$F_p = C_p \frac{\rho V_\infty^2}{2} A_p \tag{9-59}$$

式中：C_f 和 C_p 分别为**摩擦阻力系数**和**压差阻力系数**；A_f 为切应力作用的面积；A_p 为物体与流速方向垂直的绕流投影面积。

则绕流阻力为

$$F_D = (C_f A_f + C_p A_p) \frac{\rho V_\infty^2}{2} \quad \text{或} \quad F_D = C_D \frac{\rho V_\infty^2}{2} A \tag{9-60}$$

式中：A 与 A_p 一致；C_D 称为**绕流阻力系数**(coefficient of round flow)，只与雷诺数有关。

随着边界层理论的发展，绕流阻力的形成机制已变得清楚，但从理论上计算一个任意形状物体的阻力，至今仍非常困难，故绕流阻力目前大都通过实验的方法测定。为了使实验结果具有更宽的应用范围，工程上常用无量纲的阻力系数 C_D 代替 F_D。根据相似定律，对几何形状相似的物体，流体绕流的阻力系数 C_D 仅与 Re 数有关，这一点无论从绕流平板还是绕流圆球来看都能得到证明，因此在不可压缩粘性流体绕物体流动时，对于与来流方向相同方位角的几何相似物体，其阻力系数可表示为：$C_D = f(Re)$。

图 9.18 给出了圆球和圆盘的阻力系数与 Re 数的关系曲线，下面分析绕流阻力系数的分布规律。

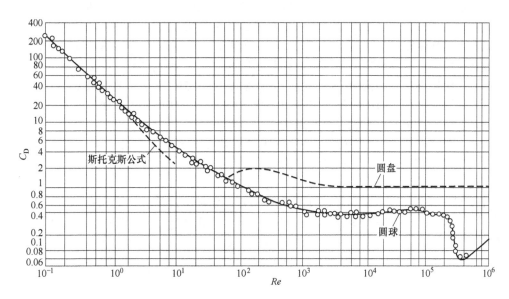

图 9.18　圆球和圆盘的阻力系数与 Re 数的关系曲线

(1) 当 Re 数很小时，如 $Re < 1$，流体平顺的绕过物体，不产生边界层的分离现象，尾部也不产生漩涡，此时主要的阻力是摩擦阻力。

(2) 当 $Re > 1$，实验求得的阻力系数和斯托克斯解不再适用，误差越来越大，其原因之一是 Re 数增大至一定值后，边界层发生分离，阻力变成由摩擦力和压差阻力两部分组成，并且随着 Re 数的增大，摩擦阻力在绕流阻力中所占的比重逐渐下降，当 Re 数接近 1000 时，摩擦阻力仅为总阻力的 5% 左右，而且此时阻力系数下降的斜率逐渐趋于零。

(3) 在 $10^3 < Re < 2 \times 10^5$ 范围内，边界层分离点的位置相对稳定，分离点与前驻点的圆心角大约为 80°，此时阻力系数基本不变，实验证明，当 $Re < 2 \times 10^5$ 时，球的前半部的边界层为层流，边界层分离发生在前半部，漩涡区较宽，压差阻力较大。

(4) 当 Re 数接近 2×10^5 时，边界层转变为紊流，分离点突然后移，此时虽然摩擦阻力由于紊流而增加，但压差阻力下降显著，导致阻力系数突然下降，出现所谓"阻力危机"的情况。

(5) 当 $Re > 2 \times 10^5$ 时，边界层较早地转变为湍流，由于湍流边界层中流体质点相互掺混，发生剧烈的动量交换，能较好地克服逆压强梯度，所以湍流边界层的分离发生要迟一些，分离点圆心角大约为 105°，这样就使漩涡区变窄，压差阻力大为降低。由此可见，阻力系数的突然下降，是边界层较早地由层流转为湍流的结果。

9.7.2 减少粘性流体绕流物体阻力的措施(Ways to Prevent Drag)

虽然摩擦阻力和压差阻力都是由粘性引起的，但两种阻力形成的物理机制不同，因此减少这种阻力采取的措施也不同。

对摩擦阻力而言，由于层流边界层作用在物体表面上的切向应力要比湍流边界层小得多，为了减少摩擦阻力，应使绕流物体表面的层流边界尽可能长，即让层流边界层转变为湍流边界层的转折点尽可能往后推移，即控制边界层；另外，物面光滑或润湿较小也有利于减小摩擦阻力。

对压差阻力而言，则要尽量减少分离区，这可采用减小逆压强梯度的方法，即采用具有圆头尖尾细长外形的流线型物体，使分离位置尽量往后推移，一般流线型物体的阻力系数与非流线型物体相比要小一个数量级；另一方面，对于形状确定的非流线型物体，如前述圆球或圆柱体，则可采用人为增加表面粗糙度的方法，促使层流边界层较早地转变为湍流边界层，使分离点后移而减少压差阻力，虽然增加粗糙度会增大摩擦阻力，但分离点后移却大大地降低了压差阻力，这种方法对以压差阻力为主的非流线型物体非常有效，比如高尔夫球表面有意做得粗糙就是这个道理。

总之，当摩擦阻力和压差阻力这两种阻力同时存在时，首先分清哪种阻力起主导作用，从而抓住主要矛盾，有的放矢，重点减少起主要作用的阻力，取得事半功倍的效果。

【例题 9-3】 在一花车巡游的队列中，有一辆花车前部正面图标的形状近似为一直径 $d = 2.0\text{m}$ 的圆盘，花车在 3m/s 的逆风中以 12.6km/h 的速度行进。当地的大气温度 $t = 20℃$，试求为克服作用在该图标上的阻力而消耗的功率是多少？

解： 大气压下，温度 $t=20℃$ 时空气的密度 $\rho=1.2\text{kg/m}^3$，运动粘度 $\nu=1.5\times10^{-5}\text{m}^2/\text{s}$，花车车速为

$$V_1 = \frac{12600}{3600}\text{m/s} = 3.5\text{m/s}$$

气流绕流图标的 Re 数为

$$Re = \frac{Vd}{\nu} = \frac{(3.5+3)\times 2.0}{1.5\times 10^{-5}} = 8.67\times 10^5$$

查图 9.17，可知对圆盘，当 $Re=8.67\times 10^5$ 时，阻力系数 $C_f=1.20$

则图标行进时所受阻力

$$F_f = C_f A \frac{\rho V^2}{2} = 1.2 \times \frac{\pi \times 2.0^2}{4} \times \frac{1.2}{2} 6.5^2 \text{N} = 95.57\text{N}$$

消耗的功率为

$$P = F_f V_1 = 95.57 \times 3.5 \text{W} = 334.5\text{W}$$

9.7.3 粘性流体绕流物体的升力(Lift of Round Flow)

粘性流体绕流物体时，还要在垂直于流体运动方向上产生升力(lift)。升力的表达式为

$$F_L = C_L \rho \frac{V^2}{2} A \quad (9-61)$$

式中：C_L 为升力**系数**(lift coefficient)，升力系数主要依赖于冲角和物体的横截面的形状；A 为物体或升力矢量体的投影面。

> Lift coefficients and drag coefficients are dimensionless forms of lift and drag.

工程实例

导弹设计

导弹在飞行过程中气体绕流其外表面，其主要阻力来源于外部绕流气体。

图 9.19　导弹

海上石油钻井平台的设计

海上石油钻井平台不仅受到空气的绕流，同时还要受到海水的绕流，因此其受力是相当复杂的。

图 9.20　海上石油钻井平台

习题

9.1　什么是边界层？其厚度是如何定义的？它对于研究绕物体的流动和决定物体阻力有何作用？

9.2 边界层微分方程是如何推导出的？

9.3 二维平板的层流边界层与湍流边界层的剖面速度分布与切应力分布有何不同？二者阻力系数与哪些因素有关？

9.4 何谓转折点？何谓分离点？边界层分离现象是如何产生的？

9.5 甘油在20℃时的密度为1.26kg/m^3，动力粘度为$\mu=1.5\times10^{-2}\text{Pa}\cdot\text{s}$，求平板以的速度在甘油中沿板面平行方向运动时转折点的位置。

9.6 试判别下列平板绕流尾缘的边界层流态，并计算边界层的厚度（若为湍流，则全部按湍流边界层计算）。

(1) 20℃的水以速度$u=3\text{m/s}$绕过4m长板；

(2) 20℃的空气以速度绕过0.9m长板。

9.7 设平板的层流边界层内的速度分布为$\dfrac{u_x(y)}{V_\infty}=2\left(\dfrac{y}{\delta}\right)-\left(\dfrac{y}{\delta}\right)^2$，试推导出边界层厚度和摩擦阻力系数的计算公式。（$\delta=5.48xRe_x^{-\frac{1}{2}}$，$C_f=1.46Re_L^{-\frac{1}{2}}$）

9.8 设平板的层流边界层内的速度分布为$\dfrac{u_x(y)}{V_\infty}=\sin\left(\dfrac{\pi y}{2\delta}\right)$，试推导出边界层厚度和摩擦阻力系数的计算公式。（$\delta=4.79xRe_x^{-\frac{1}{2}}$，$C_f=1.31Re_L^{-\frac{1}{2}}$）

9.9 若平板湍流边界层内速度分布服从指数规律$\dfrac{u_x(y)}{V_\infty}=\left(\dfrac{y}{\delta}\right)^{\frac{1}{9}}$，且$\lambda=0.185Re^{-\frac{1}{5}}$，试推导边界层厚度的关系式。（$\delta=0.283xRe_x^{-\frac{1}{6}}$）

9.10 温度为40℃的空气，沿着长6m，宽2m的光滑平板，以60m/s速度流动，设平板边界层由层流转变为湍流的临界雷诺数为$Re_{cr}=10^6$，求平板两侧所受的总摩擦阻力。

9.11 速度为15m/s的风，平行掠过长8m，宽5m的广告板，设空气密度为1.25kg/m^3，运动粘度为$\nu=1.42\times10^{-5}\text{m}^2/\text{s}$，试求广告板所受的摩擦力。

9.12 一长40m、宽14m的平驳船以1.543m/s的速度在20℃的海水中航行，假设海水是静止的，求作用在驳船底面的摩擦阻力。

9.13 一流线型火车，高和宽均为3m，长为120m，以145km/h的速度行驶，顶面和两侧面均可视为光滑平面，求该3个平面所受的总摩擦阻力和克服此阻力所需的功率。

9.14 某人在平直的路上骑自行车，设人和车总的迎风面积为0.18m^2，阻力系数为0.8，空气的密度为1.2kg/m^3，此人的体能极限为0.4W，不计车轮与地面的滚动摩擦力，求自行车的最大速度。

9.15 一球形尘粒密度为1500kg/m^3，在20℃的空气中等速沉降，试利用斯托克斯公式计算沉降速度的最大粒径为多少？相应的沉降速度是多少？

9.16 有45kN的重物从飞机上投下，要求落地速度不超过10m/s，现将重物挂在一阻力系数为2.0的降落伞下，不计伞重，设空气的密度为1.25kg/m^3，求降落伞的直径至少为多大？

9.17 某气力输送管道输送一定数量的悬浮固体颗粒，要求流速为颗粒沉降速度的5倍，已知悬浮颗粒的直径为0.3mm，密度为2650kg/m^3，空气的温度为20℃，试求管内速度应为多少？

第 10 章
可压缩流体的一维流动
(One Dimensional Compressible Flow)

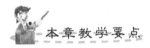 本章教学要点

知识要点	能力要求	相关知识
音速和马赫数	掌握声速的定义，马赫数的定义、物理意义及用途	流体的压缩性；亚音速流动、跨音速流动、超音速流动
气体一维定常流动的基本方程	理解一维定常流动的基本方程	质量守恒定律；能量守恒与转化定律；热力学过程
气体一维定常等熵流动的基本特性	掌握滞止状态、极限状态和临界状态的概念和参数	热力学过程；声速；马赫数
喷管中的等熵流动	理解并掌握渐缩喷管和缩放喷管的基本工作机理；掌握气流参数与截面的关系	等熵过程；亚音速流动、跨音速流动、超音速流动；喷管
有摩擦等截面管内的绝热流动	了解绝热有摩擦管流的基本方程组及其应用	连续性方程、能量方程、动量方程；马赫数；等熵过程；亚音速流动、跨音速流动、超音速流动
激波及其形成	了解激波的概念、性质，激波产生的条件，流体通过激波的运动规律和计算方法	马赫数；流体的压缩性；等熵过程

导入案例

下图所示为航天飞机与运送火箭在空中超音速飞行时形成的激波的数值模拟图。由于航天飞机与运送火箭以超声速飞行，气流在航天飞机与运送火箭前部受到急剧压缩，气流的温度、压强和密度突然显著增加，气流中就产生激波，激波是超声速飞行中经常出现的重要物理现象。

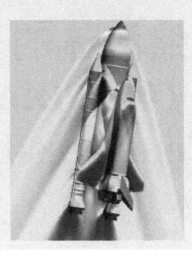

在前面几章中，流体都是假定为不可压缩的，也就是假定流体的密度为常数，这样使许多流动问题得到简化。严格地说，任何真实的流体都是可压缩的，密度都是可变化的。特别是对于气体，当流动速度较高（马赫数 $Ma>0.15$）、压差较大时，气体的密度和温度也发生了显著的变化。气体的流动状态和流谱都有实质性的变化，这时必须考虑压缩性的影响。在不可压缩流体的流动中，流动参数是速度与压强，这里寻求的是流场中速度压强的变化规律。在可压缩流中，流动参数除速度与压强外，还有密度与温度。本章讨论可压缩性流体的一维流动的规律及其应用。

10.1 音速和马赫数(Speed of Sound and Mach Number)

10.1.1 音速(Speed of Sound)

研究可压缩流体的运动时，音速是一个非常重要的参数，是判断气体压缩性对流动影响的一个标准。

音速是指微弱扰动波在流体介质中的传播速度。下面用一个比较简单的例子来说明微弱扰动波的概念并推导出音速的计算公式。

假设有一根半径无限长的直圆管，左端由一个活塞封住，如图 10.1 所示。圆管内充满静止的气体，其压力、密度和温度分别为 p、ρ 和 T。将活塞轻轻地向右推动，使活塞的速度由零增加到 dv，紧贴活塞的那层气体最先受到压缩，压力、密度和温度略有增加，并以速度 dv 运动，然后传及第二层气体，使其压力、密度和温度略有增加，同样以速度

dv 运动。这样，压缩作用一层一层地以速度 a 传播出去，形成一道微弱的扰动压缩波，如图 10.1(a)所示，这个速度 a 就是音速。若管内的活塞突然以微小速度 dv 向左运动，它将首先使紧靠活塞右侧的那一层气体膨胀，而后也是一层一层地依次传下去，在管内形成一道以速度 c 向左传播的微弱扰动的膨胀波，如图 10.1(b)所示。

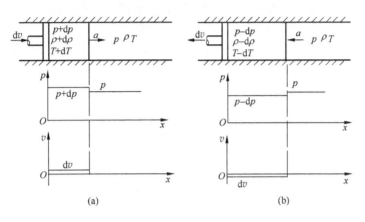

图 10.1 微弱扰动的一维传播

下面以微弱扰动压缩波的传播为例，来推导音速的公式。

在图 10.1(a)中，假设微弱扰动压缩波在半径无限长的直圆管内以速度 c 向右传播，波经过的气体，压力为 $p+\mathrm{d}p$、密度为 $\rho+\mathrm{d}\rho$、温度为 $T+\mathrm{d}T$，并以微小速度 dv 向右运动。波前方的气体压力为 p、密度为 ρ、温度为 T，并且静止不动。显然，对一个静止的观察者来说，这是一个非定常的一维流动问题。

如果选用与扰动波一起运动的相对坐标系，对位于该坐标系的观察者来说，上述流动过程就转化为定常流动了。气体相对于观察者从右向左流动，经过波面，速度就由 a 降为 $a-\mathrm{d}v$，同时压力由 p 升高到 $p+\mathrm{d}p$，密度由 ρ 升高到 $\rho+\mathrm{d}\rho$，如图 10.2 所示。取图 10.2 中包围扰动波的虚线为控制体，根据连续性方程，则有

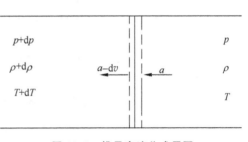

图 10.2 推导音速公式用图

$$\rho A c = (\rho+\mathrm{d}\rho)A(a-\mathrm{d}v)$$

整理并略去二阶无穷小量，得

$$a\mathrm{d}\rho = \rho\mathrm{d}v \tag{10-1a}$$

式中：A 为直圆管的横截面积。

由动量方程得

$$pA-(p+\mathrm{d}p)A = \rho A a[(a-\mathrm{d}v)-a]$$

整理后得

$$\mathrm{d}p = \rho a \mathrm{d}v \tag{10-1b}$$

联立式(10 - 1a)和式(10 - 1b)得

$$a^2 = \frac{\mathrm{d}p}{\mathrm{d}\rho}$$

或

$$a = \sqrt{\frac{\mathrm{d}p}{\mathrm{d}\rho}} \qquad (10-1c)$$

因为在微弱扰动的传播过程中,气流的压力、密度和温度的变化是一无限小量,整个过程接近于可逆过程。此外,由于此过程进行得相当迅速,来不及和外界交换热量,这就使得此过程接近于绝热过程。因此微弱扰动波的传播可以认为是一个既可逆又绝热的过程,即等熵过程。根据等熵过程关系式,$p/\rho^k =$ 常数,以及气体状态方程式 $p=\rho RT$,可得

$$\frac{\mathrm{d}p}{\mathrm{d}\rho} = k\frac{p}{\rho} = kRT$$

代入式(10-1c)得

$$a = \sqrt{\frac{\mathrm{d}p}{\mathrm{d}\rho}} = \sqrt{k\frac{p}{\rho}} = \sqrt{kRT} \qquad (10-2)$$

> Mass conservation and the momentum law lead to the sound speed formula.

式(10-2)与物理学中计算声音在弹性介质中的传播速度的公式完全相同,所以一般都用声波的传播速度(音速)作为微弱扰动波传播速度的统称。对于空气,$k=1.4$,$R=287\mathrm{J/(kg \cdot K)}$代入式(10-2),得空气中的音速公式

$$a = 20.05\sqrt{T}$$

由式(10-2)可得如下结论。

(1) 音速的大小与介质的性质有关,不同的介质有不同的音速。流体的可压缩性大,则扰动波传播得慢,音速小;反之,流体的可压缩性小,则扰动波传播得快,音速大。因此,音速的大小与介质的可压缩性有密切的联系。在普通液体中,音速约为1525m/s,而在气体中,音速则小得多,如在20℃的空气中的音速为343.2 m/s。

(2) 在同一气体中,音速随着气体温度的升高而增大,与气体的热力学温度的平方根成正比。

(3) 流体中的音速是状态参数的函数。在相同介质中,如果各个点及各个瞬时流体的状态参数都不相同,则各个点及各个瞬时的音速也都不相同。所以,一般讲音速指的是某一点在某一瞬时的音速,即所谓**当地音速**(local speed of sound)。

根据第2章关于流体压缩性的讨论可以知道,流体压缩性可用体积模量 E_v 表征

$$E_v = \frac{\mathrm{d}p}{\mathrm{d}\rho/\rho}$$

将上式代入式(10-2),得到

$$a = \sqrt{\frac{\mathrm{d}p}{\mathrm{d}\rho}} = \sqrt{\frac{E_v}{\rho}} \qquad (10-3)$$

式(10-3)表明,如果流体不可压缩,则体积模量 E_v 将为无穷大,即音速也是无穷大,实际上这是不可能的,因此不可压缩流体是不存在的,它只是一个理想化的近似而已。

> Speed of sound is larger in fluids that are more difficult to compress.

10.1.2 马赫数(Mach Number)

气体流场中的状态参数是变化的,所以各处的音速也是变化的。各点的状态参数、音速也不同。所以音速指的是某一点在某一时刻的音速,即所谓当地的音速。流场中任意点

的流速与当地音速之比,称为该点处气流的**马赫数**(Mach number),以符号 Ma 表示。

$$Ma = \frac{V}{a} \qquad (10-4)$$

> Mach number is the ratio of local flow velocity and sound speeds.

马赫数是研究可压缩气体的一个重要参数。马赫数除了表征气流的可压缩程度外,它在研究气体高速运动的规律以及气体流动问题的计算等方面,均有着极其重要和广泛的用途,它反映流速与当地音速的接近程度,在流速一定的情况下,当地音速越大,Ma 数越小,气体压缩性的影响就小;反之,当地声速越小,Ma 数就越大,气体压缩性的影响就大。

> Compressibility effects are more important at higher Mach numbers.

10.1.3 微弱扰动波的传播(Diffusion of Weak Perturbation Wave)

在本节中,将分析**微小扰动**(small perturbation)在空气中的传播特征,从而进一步说明马赫数在空气动力学中的重要作用。下面分4种情况进行讨论。

1. 扰动源静止不动($V=0$)

微弱扰动波以音速 a 从扰动源 O 点向各个方向传播,波面在空间中为一系列的同心球面,如图10.3所示。

2. 扰动源以亚音速向左运动($V<a$)

当扰动源和球面扰动波同时从 O 点出发时,经过一段时间以后,因 $V<a$,扰动源必然落后于扰动波面一段距离,波面在空间中为一系列不同心的球面,如图10.4所示。

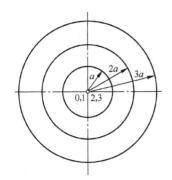
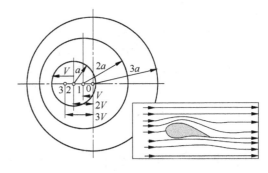

图10.3 静止扰动源产生的音波　　图10.4 亚音速扰动源产生的音波

3. 扰动源以亚音速向左运动($V=a$)

扰动源和扰动波面总是同时到达,有无数的球面扰动波面在同一点相切,如图10.5所示。扰动源尚未到达的左侧区域是未被扰动过的,称寂静区域。

4. 扰动源以亚音速向左运动($V>a$)

扰动源总是赶到扰动波面的前面,如图10.6所示。这时扰动波面所覆盖的区域在空间中形成一个圆锥面,圆锥面以外的区域未受到扰动,为寂静区域,这一圆锥面称为马赫锥,锥顶就是扰动源,锥面与运动方向的夹角称为马赫角,马赫角最大值为90°,相当于 $V=a$ 时的情况。马赫角随着马赫数的增大而减小,关系为

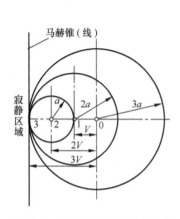

图 10.5 音速扰动源产生的音波

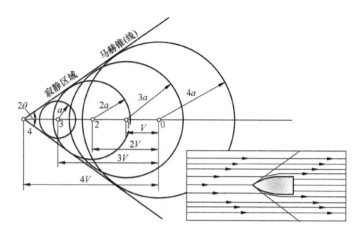

图 10.6 超音速扰动源产生的音波

$$\sin\theta = \frac{a}{V} = \frac{1}{Ma} \tag{10-5}$$

举一个生活中的例子：当超音速飞机低空飞行时，前方地面上的人总是先看到飞机，等飞机飞过头顶之后才能听到噪音。

换一个角度，当扰动源静止不动，气体作反向的流动时，研究微弱扰动波的传播。显然，当气体作亚音速流动时，由于音速大于气流速度，扰动波既可以顺流传播，又可以逆流传播。当气流作音速或超音速流动时，扰动波只能在马赫锥内部顺流传播，上游的流场不受扰动波的影响。气流经过扰动波面以后，压强、温度、密度和速度等参数都要发生微小的变化。

由上面分析可以看出，随着马赫数的不同，扰动的传播特征截然不同，因此为了研究方便，通常按照马赫数的大小，将气体的流动分为以下 3 类：

(1) $Ma < 1$，则 $v < a$，气流本身的速度小于声速，为**亚音速流动**(subsonic flows)；
(2) $Ma > 1$，则 $v > a$，气流本身的速度大于声速，为**超音速流动**(supersonic flows)；
(3) $Ma \approx 1$，则 $v = a$，气流本身的速度等于声速，称为**跨音速流动**(sonic flows)。

10.2　气体一维定常流动的基本方程(Basic Equations of the Steady One-dimensional Flow of Gases)

气体作为流体的一种，应该遵循流体力学的基本方程，本节将给出针对气体一维流动的最简单的基本方程。

在图 10.7 所示的一维气流中取出 1-2 段，断面 1、2 的面积分别为 A_1、A_2，在断面 1、2 上的流动参数分别为 v_1、p_1、ρ_1、T_1 和 v_2、p_2、ρ_2、T_2。由断面所构成的控制体的侧面是壁面，无流体进出。现通过此控制体建立以下 3 个方程：连续方程、能量方程和运动方程。

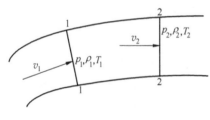

图 10.7　一维定常气流

10.2.1 连续性方程(The Continuity Equation)

由质量守恒定律

$$\rho v A = q_m \tag{10-6}$$

式中：q_m 为质量流量。

对式(10-6)取对数可得

$$\ln(\rho v A) = \ln\rho + \ln v + \ln A = C$$

微分可得

$$\frac{d\rho}{\rho} + \frac{dv}{v} + \frac{dA}{A} = 0 \tag{10-7}$$

式(10-7)表明，沿流管流体的速度、密度和流管的断面积这3者的相对变化量的代数和必须等于零。

10.2.2 能量方程(The Energy Equation)

以下讨论限于无粘性的、定常的、等熵过程的一维气流所应遵循的能量守恒规律。

对单位质量的静止气体，从外部加入的热量 dq(J/kg)，使气体的**比内能** u(单位质量流体的内能，specific internal energy)增加了 du(J/kg)，同时气体膨胀对外作功 $pd(\rho^{-1})$ (J/kg)，由热力学第一定律

$$dq = du + pd\left(\frac{1}{\rho}\right)$$

又，**比焓**(specific entropy)h(J/kg)定义为

$$h = u + \frac{p}{\rho} = C_p T \tag{10-8}$$

由热力学可知

$$C_p = \frac{Rk}{k-1}$$

式中：C_p 为**比定压热容**(specific heat capacity at constant pressure)；R 为**气体常数**(gas constant)；k 为**绝热指数**(specific heat ratio)。

由(10-8)式微分得

$$dh = du + \frac{dp}{\rho} + pd\left(\frac{1}{\rho}\right) = dq + \frac{dp}{\rho} \tag{10-9}$$

对恒定**等熵流动**(isentropic flows)，$dq = 0$，则

$$dh = \frac{dp}{\rho}$$

在不可压缩流动中，单位质量的流体的机械能等于比位能、比压能和比动能这3者之和，即

$$zg + \frac{p}{\rho} + \frac{v^2}{2} = C$$

在可压缩等熵气流中，比位能相对于比压能和比动能来说是很小的，可以略去。而考虑能量转换中有热能参与，故应加入比内能 u 这一项。于是，对于恒定的等熵气流，流动中的能量守恒可表示为比内能、比压能和比动能这3者之和，且其和是一个常数，即

$$u + \frac{p}{\rho} + \frac{v^2}{2} = C \tag{10-10}$$

由以上各式，可把气体一维定常等熵流动的能量方程写成

$$h+\frac{v^2}{2}=C \tag{10-11}$$

或
$$C_p T+\frac{v^2}{2}=C \tag{10-12}$$

或
$$\frac{k}{k-1}\frac{p}{\rho}+\frac{v^2}{2}=C \tag{10-13}$$

或
$$\frac{kRT}{k-1}+\frac{v^2}{2}=C \tag{10-14}$$

或
$$\frac{c^2}{k-1}+\frac{v^2}{2}=C \tag{10-15}$$

式(10-11)~式(10-15)都是气体一维定常等熵流动的能量方程表达形式。

10.2.3 运动方程(The Motion Equation)

对式(10-11)进行微分，并利用式(10-9)，得

$$dh+d\left(\frac{v^2}{2}\right)=dq+\frac{dp}{\rho}+vdv=0$$

对等熵气流，$dq=0$，则

$$\frac{dp}{\rho}+vdv=0 \tag{10-16}$$

上式就是气体一维定常等熵流动的运动方程(已略去重力影响)，其积分形式为

$$\int\frac{dp}{\rho}+\frac{v^2}{2}=C \tag{10-17}$$

只要知道 p 与 ρ 的关系，就可求得上式中的积分。将以上的连续方程、能量方程和运动方程合起来求解定常等熵流动问题，而3个方程尚不能求解 v、p、ρ、T 4个参变量，还需加入一个等熵状态方程

$$\frac{p}{\rho^k}=C \tag{10-18}$$

才能使方程组封闭，构成气体一维定常等熵流动的基本方程组。

需要注意的是基本方程组中包含了机械能(动能和压能)与热能，后者在不可压缩流中是不参与变化的，所以不可压缩流的一维流能量方程中是没有这一项的。而对于一维恒定气流，尽管在实际流动中有摩擦造成机械能的损失，但只要所讨论的系统与外界不发生热交换，则所损失的机械能仍以热能的形式存在于系统中。虽然机械能有所降低但热能却有所增加，总能量并不改变。因此，一维气流的能量方程既适用于理想气体的可逆绝热流动(等熵流动)，也同样适用于实际流体的不可逆绝热流动。

> An important class of isentropic flow involves no heat transfer and zero friction.

10.3 气体一维定常等熵流动的基本特性(Characteristics of the Steady One-dimensional Isentropic Flow of Ideal Gases)

为了深入分析气体一维等熵流动，可以定义几种具有特定物理意义的状态。它们是滞

止状态、临界状态和极限状态。

10.3.1 滞止状态(Stagnation State)

设想以可逆和绝热的方式使流动中气体的速度在某断面或某区域等于零(处于静止状态)，则此断面上的状态称为**滞止状态**(stagnation state)，此断面上的参数称为**滞止参数**(stagnation parameters)，用下角标"0"表示，如 p_0、ρ_0、T_0 分别称为**滞止压强**(**总压**，stagnation pressure)、**滞止密度**(stagnation density)和**滞止温度**(**总温**，stagnation temperature)。如高压气罐中的气体通过喷管喷出，此气罐内的气流速度可以认为为零，气罐内的气体就处于滞止状态。任意断面上的参数 p、T 分别称为**静压**、**静温**。现将一维定常等熵气流的能量方程用滞止断面和另一任意断面上的参数来表示，由式(10-11)~式(10-15)可写出

$$h_0 = h + \frac{v^2}{2} \tag{10-19}$$

$$C_p T_0 = C_p T + \frac{v^2}{2} \tag{10-20}$$

$$\frac{k}{k-1}\frac{p_0}{\rho_0} = \frac{k}{k-1}\frac{p}{\rho} + \frac{v^2}{2} \tag{10-21}$$

$$\frac{k}{k-1}RT_0 = \frac{kRT}{k-1} + \frac{v^2}{2} \tag{10-22}$$

$$\frac{a_0^2}{k-1} = \frac{a^2}{k-1} + \frac{v^2}{2} \tag{10-23}$$

式中：a_0 为滞止声速。由式(10-19)~式(10-23)可得到滞止参数在整个等熵流动过程中的数值是不变的。

10.3.2 临界状态(Critical State)

当一维定常等熵气流中某一断面上的速度等于当地音速时，该断面上的音速就称为**临界音速**(critical speed of sound)，相应的状态就称为**临界状态**(critical state)。在此断面上 $v=a$，$Ma=1$，称为**临界断面**(critical cross-section)。该断面上的参数为临界参数，用上角标"*"表示。

由等熵气流的过程方程

$$\frac{p}{\rho^k} = C$$

及状态方程 $p=\rho RT$，可得

$$\frac{p}{p_0} = \left(\frac{T}{T_0}\right)^{\frac{k}{k-1}} \tag{10-24}$$

$$\frac{\rho}{\rho_0} = \left(\frac{T}{T_0}\right)^{\frac{1}{k-1}} \tag{10-25}$$

$$\left(\frac{T}{T_0}\right)^{\frac{1}{k-1}} = \left(1 + \frac{k-1}{2}Ma^2\right) \tag{10-26}$$

再由式(10-24)和式(10-25)，可写出

$$\frac{p}{p_0} = \left(\frac{T}{T_0}\right)^{\frac{k}{k-1}} = \left(1+\frac{k-1}{2}Ma^2\right)^{\frac{k}{k-1}} \tag{10-27}$$

$$\frac{\rho}{\rho_0} = \left(\frac{T}{T_0}\right)^{\frac{k}{k-1}} = \left(1+\frac{k-1}{2}Ma^2\right)^{\frac{k}{k-1}} \tag{10-28}$$

将 $Ma=1$ 代入上面3式，此时的 ρ、p、T 分别写成临界参数 ρ^*、p^*、T^*，可得

$$\frac{T^*}{T_0} = \left(1+\frac{k-1}{2}\right)^{-1} = \left(\frac{2}{k+1}\right) \tag{10-29}$$

$$\frac{\rho^*}{\rho_0} = \left(1+\frac{k-1}{2}\right)^{\frac{-1}{k-1}} = \left(\frac{2}{k+1}\right)^{\frac{1}{k-1}} \tag{10-30}$$

$$\frac{p^*}{p_0} = \left(1+\frac{k-1}{2}\right)^{\frac{-k}{k-1}} = \left(\frac{2}{k+1}\right)^{\frac{k}{k-1}} \tag{10-31}$$

对于空气，$k=1.4$

$$\frac{T^*}{T_0} = \frac{c^{*2}}{c_0^2} = \frac{2}{1.4+1} = 0.8333 \tag{10-32}$$

$$\frac{\rho^*}{\rho_0} = \left(\frac{2}{1.4+1}\right)^{\frac{1}{1.4-1}} = 0.6339 \tag{10-33}$$

$$\frac{p^*}{p_0} = \left(\frac{2}{1.4+1}\right)^{\frac{1.4}{1.4-1}} = 0.5283 \tag{10-34}$$

式(10-29)~式(10-34)为一维等熵流动中的滞止状态、临界状态和任意状态下各参数之间的关系式，若已知滞止状态或临界状态参数值就可求得任意断面上的参数。

10.3.3 极限状态(Limitation State)

由能量方程

$$\frac{a_0^2}{k-1} = \frac{a^2}{k-1} + \frac{v^2}{2}$$

若流动中某处的热力学温度为零，声速也成了零，能量全部转换为动能，此时流速达到极限速度

$$v_{\max} = \sqrt{\frac{2}{k-1}} a_0$$

对于空气，由 $k=1.4$ 得

$$v_{\max} = \sqrt{\frac{2}{1.4-1}} a_0 = \sqrt{5} a_0$$

这种内能、压能皆为零，只有动能的状态称为**极限状态**(limitation state)，此时的速度是流动所能达到的极限最大速度。事实上，这是不可能达到的状态，因为流体是不可能达到热力学温度为零、绝对压强为零的。但这个状态指出了流动速度是不会超过这个极限速度值的。从理论上讲，一维定常等熵气流的总能(包括机械能和内能)全部转化为动能时所能达到的最大速度有多大，就可以由这种极限状态计算出来。极限状态参数只有一个，即最大速度 $v_{\max}$，其他极限状态的参数皆为零。

滞止、临界和极限这3种状态所对应的马赫数分别为 0、1 和 ∞。

10.4 喷管中的等熵流动
(Isentropic Flow in Converging-diverging Duct)

10.4.1 气流参数与截面的关系(Effect of Variations in Flow Cross-sectional Area)

先来推出气体在管道中流动的速度关于管道截面的变化规律。从气体一维等熵流动的运动方程出发，并利用音速的定义，有

$$V\mathrm{d}V = -\frac{\mathrm{d}p}{\rho} = -\frac{\mathrm{d}p}{\mathrm{d}\rho}\frac{\mathrm{d}\rho}{\rho} = -a^2\frac{\mathrm{d}\rho}{\rho}$$

则

$$\frac{\mathrm{d}\rho}{\rho} = -\frac{V\mathrm{d}V}{a^2} = -\frac{V^2}{a^2}\frac{\mathrm{d}\rho}{\rho} = -Ma^2\frac{\mathrm{d}V}{V}$$

代入连续性方程式，得截面积变化率与速度变化率之间的关系

$$\frac{\mathrm{d}A}{A} = (Ma^2 - 1)\frac{\mathrm{d}V}{V} \tag{10-35}$$

对运动方程两边同除以 V^2，有

$$\frac{\mathrm{d}V}{V} = -\frac{\mathrm{d}p}{\rho V^2} = -\frac{\mathrm{d}p}{\rho Ma^2 a^2} = -\frac{1}{kMa^2}\frac{\mathrm{d}p}{p}$$

将此结果代入上面的式子，得截面积变化率与压强变化率之间的关系

$$\frac{\mathrm{d}A}{A} = \frac{1 - Ma^2}{kMa^2}\frac{\mathrm{d}p}{p} \tag{10-36}$$

根据 Ma 的大小，分 3 种情况分析如下。

1. 亚音速流动 ($Ma < 1$)

对于亚音速气流，$Ma < 1$，$\mathrm{d}V$ 与 $\mathrm{d}A$ 反号，在收缩管道 ($\mathrm{d}A < 0$) 中，压强降低，气流沿流程加速，根据该条件可以得到亚音速喷管；在扩散管道 ($\mathrm{d}A > 0$) 中，压强增大，气流沿流程减速，可以得到亚音速扩压管。亚音速流动时，密度的减小率小于速度的增大率，所以截面缩小才能使气流加速，截面增大才能使气流减速。

2. 超音速流动 ($Ma > 1$)

对于超音速气流，$Ma > 1$，$\mathrm{d}V$ 与 $\mathrm{d}A$ 同号。在收缩管道 ($\mathrm{d}A < 0$) 中超音速气流沿流程减速，压强增大，气流截面积减小，可得到超音速扩压管；在扩散管道 ($\mathrm{d}A > 0$) 中，压强降低，气流截面积增大，超音速气流沿流程加速，可得到超音速喷管。

3. 音速流动 ($Ma = 1$)

当 $Ma = 1$ 时，必有 $\mathrm{d}A = 0$，即气流的临界状态只能发生在管道的等截面 ($\mathrm{d}A = 0$) 部分上。对于亚音速气流而言，气流降压加速时，截面必须缩小，而对于超音速气流截面必须增大，所以当气流连续地由亚音速加速到超音速时，气流截面积先减小后增大，在最小截面处达到音速。对于超音速气流，当由超音速连续地减速到亚音速时，气流截面积也是先减小后增大，在最小截面处达到音速。这一截面称为气流的**临界截面**(critical cross-section)，也称为**喉部**。令 $Ma=1$，得临界截面气流参数与滞止参数的关系

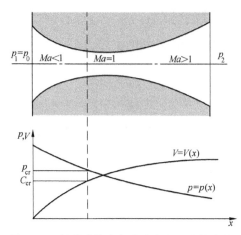

图 10.8 缩放喷管中气流速度和压强的变化

$$T^* = \frac{2}{k+1} T_0 \quad (10-37)$$

$$p^* = \left(\frac{2}{k+1}\right)^{\frac{k}{k-1}} p_0 \quad (10-38)$$

$$\rho^* = \left(\frac{2}{k+1}\right)^{\frac{1}{k-1}} \rho_0 \quad (10-39)$$

由以上分析可以看出，不管当气流自亚音速变为超音速时，还是当气流自超音速变为亚音速时，都必须使喷管的截面积先收缩后扩大，两者均有一个流速等于音速的最小截面，这样的喷管称为**缩放喷管**（converging-diverging duct）。沿缩放喷管，气流速度和压强的变化如图10.8所示。

> A converging duct will decelerate a supersonic flow and a subsonic flow.

> A converging-diverging duct is required to accelerate a flow from subsonic to supersonic flow conditions

10.4.2 喷管(Converging-diverging Duct)

现在已经能够得到一类气流加速的喷管，它利用管道截面的变化使气流加速，在涡轮机械中得到了广泛的应用。喷管分为两种，**渐缩喷管**（converging duct）和**缩放喷管**（converging-diverging duct），缩放喷管也称为**拉伐尔管**（laval duct）。使用渐缩喷管可得到亚音速、超音速气流，使用缩放喷管只可得到超音速气流。

1. 渐缩喷管

假定气体从一具有很大容积的容器中的减缩喷管流出，不计流动中的损失，则容器中气体的参数可作为滞止参数。下面求出喷管出口的流速和流量。出口参数用下标 2 表示。由能量方程，有

$$\frac{V_2^2}{2} + \frac{k}{k-1}\frac{p_2}{\rho_2} = \frac{k}{k-1}\frac{p_0}{\rho_0}$$

则

$$V_2 = \sqrt{\frac{2k}{k-1}\frac{p_0}{\rho_0}\left(1-\frac{p_2 \rho_0}{p_0 \rho_2}\right)}$$

因为流动过程等熵

$$\frac{\rho_0}{\rho_2} = \left(\frac{p_0}{p_2}\right)^{\frac{1}{k}}$$

所以喷管出口速度为

$$V_2 = \sqrt{\frac{2k}{k-1}\frac{p_0}{\rho_0}\left[1-\left(\frac{p_0}{p_2}\right)^{\frac{k-1}{k}}\right]} \quad (10-40)$$

通过喷管的质量流量为

$$G = \rho_2 A_2 V_2$$
$$= \rho_0 A_2 \sqrt{\frac{2k}{k-1}\frac{p_0}{\rho_0}\left[\left(\frac{p_2}{p_0}\right)^{\frac{2}{k}} - \left(\frac{p_2}{p_0}\right)^{\frac{k+1}{k}}\right]}$$
$$= \rho_0 \left(\frac{p_0}{p_2}\right)^{\frac{1}{k}} A_2 \sqrt{\frac{2k}{k-1}\frac{p_0}{\rho_0}\left[1-\left(\frac{p_2}{p_0}\right)^{\frac{k-1}{k}}\right]} \quad (10-41)$$

质量流量与压力 p_2 的关系曲线如图 10.9 所示。当 p_2 从 p_0 减小到 0 时，流量先增大到最大值 G_{max} 再减小到 0，最大值也称为临界流量。达到最大值时的 p_2 可由 $dG/dp_2 = 0$ 得到，为

$$p_2 = p_0 \left(\frac{2}{k+1}\right)^{\frac{k}{k-1}} = p^* \quad (10-42)$$

当出口截面上的压强为临界压强时，流量达最大值，出口速度为音速

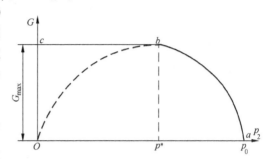

图 10.9 减缩喷管流量与出口压力关系

$$V_2 = a^* = \sqrt{\frac{2k}{k+1}\frac{p_0}{\rho_0}} \quad (10-43)$$

最大流量为

$$G_{max} = \rho_0 A_2 \sqrt{\frac{2k}{k-1}\frac{p_0}{\rho_0}\left[\left(\frac{2}{k+1}\right)^{\frac{2}{k-1}} - \left(\frac{2}{k+1}\right)^{\frac{k+1}{k-1}}\right]}$$
$$= A_2 \left(\frac{2}{k+1}\right)^{\frac{k+1}{2(k-1)}} \sqrt{k p_0 \rho_0} \quad (10-44)$$

重新分析一下出口压力 p_2 从 p_0 开始降低的过程。起初流量逐渐增加，气流逐渐加速，直到 $p_2 = p^*$，流量达最大值。继续降低 p_2，由于亚音速气流在减缩喷管中不可能达到超音速，所以气流在喷管内只能膨胀到 p^*，从 p^* 到 p_2 的膨胀只能在喷管外进行。所以，当 $p_2 < p^*$ 时，喷管的流量保持不变，为临界流量 G_{max}。换句话说，出口压力一旦达到临界压力，出口截面就达到临界状态，出口压力再降低，扰动波也无法逆流传播至喷管内，流量保持为最大值，这种流量不再变化的流动称为阻塞。

2. 缩放喷管

为了充分利用出口压力低于临界压力的这部分可用能来得到超音速气流，可在渐缩喷管后接上一段渐扩喷管，成为缩放喷管，使气流继续膨胀加速，在喷管出口处得到超音速。出口截面上的流速计算公式与渐缩喷管使用的公式相同。缩放喷管的流量仍然由最小截面上的参数决定，公式也与渐缩喷管相同。

【例题 10-1】 已知喷管入口处过热蒸汽的滞止参数为 $p_0 = 30 \times 10^5 \text{Pa}$，$t_0 = 500°C$，质量流量为 $G = 426 \text{J/(kg·K)}$，$p^*/p_0 = 0.546$，$k = 1.30$。设喷管为等熵流动，试确定喷管的直径。

解：
$$\frac{p_2}{p_0} = \frac{10 \times 10^5}{30 \times 10^5} = 0.333 < 0.546 = \frac{p^*}{p_0}$$

说明在喉部已达临界状态，需采用缩放喷管。

$$\rho_0 = \frac{p_0}{RT_0} = \frac{30 \times 10^5}{426 \times (500+273)} \text{kg/m}^3 = 8.4 \text{kg/m}^3$$

出口速度

$$V_2 = \sqrt{\frac{2k}{k-1}\frac{p_0}{\rho_0}\left[1-\left(\frac{p_2}{p_0}\right)^{\frac{k-1}{k}}\right]} = \sqrt{\frac{2.63 \times 10^5}{0.3}\left[1-\left(\frac{10}{30}\right)^{\frac{0.3}{1.3}}\right]} \text{m/s} = 832.6 \text{m/s}$$

喉部临界速度

$$V^* = \sqrt{\frac{2k}{k+1}\frac{p_0}{\rho_0}} = \sqrt{\frac{2 \times 1.30}{1.30+1}\frac{3 \times 10^5}{8.4}} \text{m/s} = 635.4 \text{m/s}$$

喉部截面积

$$A^* = \frac{G}{\rho^* V^*} = \frac{G}{\rho_0 \left(\frac{2}{k+1}\right)^{\frac{1}{k-1}} V^*}$$

$$= \frac{8.5}{8.4 \times (2/2.3)^{\frac{1}{0.3}} \times 635.4} \text{m}^2$$

$$= 0.00254 \text{m}^2$$

出口截面积

$$A_2 = \frac{G}{\rho_2 V_2} = \frac{G}{\rho_0 (p_2/p_0)^{\frac{1}{k}} V_2}$$

$$= \frac{8.5}{8.4 \times (10/30)^{1/1.3} \times 832.6} \text{m}^2$$

$$= 0.00283 \text{m}^2$$

喉部直径为

$$d^* = \sqrt{\frac{4A^*}{\pi}} = \sqrt{\frac{4 \times 0.00254}{3.1416}} \text{m} = 0.0569 \text{m}$$

出口直径为

$$d_2 = \sqrt{\frac{4A_2}{\pi}} = \sqrt{\frac{4 \times 0.00283}{3.1416}} \text{m} = 0.0600 \text{m}$$

10.5 有摩擦等截面管内的绝热流动
(Adiabatic Constant Area Duct Flow with Friction)

本节讨论等截面直管道内气流的定常、绝热，与外界无热交换，并考虑管壁的摩擦影响的流动。管内的流速分布由管壁处为零，连续地变化到管轴线上的最大值，仍引入断面平均流速 v 来代表断面上的流速。此时，能量方程可表示为

$$h_0 = h + \frac{v^2}{2} \tag{10-45}$$

因为是绝热流动，滞止焓（总焓）h_0 为常数。在断面积不变的情况下连续性方程可表示为

$$\rho v = C = G \tag{10-46}$$

此常数 C 用 G 表示，称为密流，是单位时间内通过单位过流面积的质量。

现对于给定的密流，有摩擦的管内流动在滞止状态下的 p_0、T_0、ρ_0、h_0、s_0 为已知时，可以通过上两式的关系来确定管内相对于某一速度 V 的 ρ、h、s 以及其他参数值

$$h = h_0 - \frac{1}{2}v^2 = C_p T$$

$$\rho = \frac{G}{v}$$

$$s = s_0 + R\ln\left[\left(\frac{T}{T_0}\right)^{\frac{1}{k-1}}\left(\frac{\rho}{\rho_0}\right)^{-1}\right]$$

这样，可绘制以焓 h 为纵坐标，以熵 s 为横坐标，以密流 G 作为参变量的 $h-s$（焓—熵）图线，如图10.10所示。图中的曲线称为法诺曲线，服从于这种曲线的流动叫**法诺流动**(Fanno flow)。

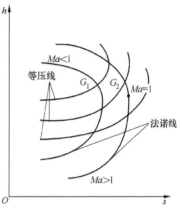

图 10.10　法诺线

➢ Fanno flow involves wall friction with no heat transfer and constant cross-section area.

由图 10.10 可知，对于一定的密流，存在一个最大的熵值，而出现最大熵值的点在此处的速度正好等于声速，即该处马赫数为 $Ma=1$。对此，证明如下，对式（10-45）和式（10-46）微分，有

$$dh + v\,dv = 0$$
$$d\rho/\rho + dv/v = 0$$

又
$$T\,ds = dp = dh - d\rho/\rho$$

因最大熵值处 $ds=0$，所以
$$dh = d\rho/\rho$$

于是
$$d\rho/\rho = -v\,dv$$

即
$$dv = -d\rho/\rho v = -v(d\rho/\rho)$$

得
$$v^2 = dp/d\rho = c^2$$

以上的证明和法诺线图都说明了有摩擦但绝热的管内流动，若开始是亚声速流，则沿流程虽 Ma 会增加，但不会达到超声速，最大达到 $Ma=1$；若开始是超声速流，则沿流程虽 Ma 会减小，但不会小到亚声速，最小达到 $Ma=1$。

现用 dp_f 表示 dx 长的管段内的流动因摩擦造成的压损，用 λ 表示管内流动沿程阻力系数，则

$$dp_f = \lambda \frac{dx}{D}\left(\frac{\rho v^2}{2}\right)$$

式中：D 为管径；dx 为所取的管段长度，如图 10.11 所示。

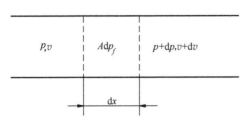

图 10.11　在有摩擦管流中取控制体

图中取 dx 长的流段为控制体，采用动量守恒定律，有

$$q_m[(v+dv)-v] = pA - (p+dp)A - A\,dp_f$$

式中：$q_m = \rho v A$ 为管中的质量流量；A 为管断面积。

整理上式可得

$$\rho v A = -A\,\mathrm{d}p - A\lambda \frac{\mathrm{d}x}{D}\left(\frac{\rho v^2}{2}\right)$$

即

$$\frac{\mathrm{d}p}{p} + \left(\lambda \frac{\mathrm{d}x}{D} + \frac{\mathrm{d}v^2}{v^2}\right)\frac{kMa^2}{2} = 0 \tag{10-47}$$

上式就是计及摩擦的管内流动的动量方程,它与能量方程式(10-11)和连续方程式(10-7)组成绝热有摩擦管流的基本方程组。由这些基本方程可求解出以下一些参数之间的关系式

$$\frac{\mathrm{d}Ma^2}{Ma^2} = \frac{kMa^2\left(1 + \frac{k-1}{2}Ma^2\right)}{1 - Ma^2}\lambda \frac{\mathrm{d}x}{D} \tag{10-48}$$

$$\frac{\mathrm{d}v^2}{v^2} = \frac{kMa^2}{1-Ma^2}\lambda \frac{\mathrm{d}x}{D} \tag{10-49}$$

$$\frac{\mathrm{d}p}{p} = -\frac{kMa^2[1+(k-1)Ma^2]}{2(1-Ma^2)}\lambda \frac{\mathrm{d}x}{D} \tag{10-50}$$

$$\frac{\mathrm{d}p_0}{p_0} = -\frac{kMa^2}{2}\lambda \frac{\mathrm{d}x}{D} \tag{10-51}$$

又

$$\mathrm{d}s = \frac{\mathrm{d}q}{T} = c_p \frac{\mathrm{d}T}{T} - R\frac{\mathrm{d}p}{p} = R\left(\frac{k}{k-1}\frac{\mathrm{d}T_0}{T_0} - \frac{\mathrm{d}p_0}{p_0}\right) \tag{10-52}$$

因 $\mathrm{d}T_0 = 0$,得

$$\mathrm{d}s = R\frac{\mathrm{d}p_0}{p_0} = \frac{kRMa^2}{2}\lambda \frac{\mathrm{d}x}{D} \tag{10-53}$$

式(10-53)中,x 轴取流动方向为正向,按热力学第二定律可知,$\mathrm{d}s$ 总是大于零的,又 λ 也总是正的,故从式(10-52)可以看出

$$Ma < 1 \text{ 时} \quad \frac{\mathrm{d}p}{p} < 0$$

$$Ma > 1 \text{ 时} \quad \frac{\mathrm{d}p}{p} > 0$$

由以上结果及式(10-48)可以说明:若管内原先是亚声速流动,则马赫数 Ma 的数值向下游会逐渐增大,而压强 p 的数值向下游会逐渐减小;若管内原先是超声速流动,则情况正好和上述相反,朝下游方向 Ma 会减小,而 p 会增大。结合图 10.10 法诺线图可知,在等截面直管段内的流动不可能从亚声速连续地变化到超声速,也不可能从超声速连续地变化到亚声速。不管原先是亚声速流动还是超声速流动,沿流向马赫数总是朝 $Ma=1$ 变化的。现把由该状态能连续变化到 $Ma=1$ 的管道长度称为此管流的临界长度,用 L^* 表示。若管长 $L < L^*$,则管出口处尚未达到 $Ma=1$;若管长 $L = L^*$,则管出口断面上 $Ma=1$,为临界断面;若管长 $L > L^*$,则管出口段面上仍是 $Ma=1$,且管流量还会减少。

由式(10-48)从某一断面 $x=0$ 马赫数为 Ma,到 $x=L^*$ 马赫数为 1 的这一段对马赫数进行积分有

$$\int_0^{L^*} \lambda \frac{\mathrm{d}x}{D} = \int_{Ma}^1 \frac{1-Ma^2}{kMa^4\left(1+\frac{k-1}{2}Ma^2\right)}$$

若设沿程阻力系数为常数,则有

$$\lambda \frac{L^*}{D} = \frac{1}{k}\left(\frac{1}{Ma^2} - 1\right) + \frac{k+1}{2k}\ln\frac{\frac{k+1}{2}Ma^2}{1+\frac{k-1}{2}Ma^2} \tag{10-54}$$

由式(10-54)可知,如果有摩擦管流在某一断面上的马赫数已知,就可由上式计算出由此断面起到 $Ma=1$ 断面间的长度。并由上面的分析可知:对于有摩擦的管内流动,不论是亚声速流动还是超声速流动,摩擦所起的影响总是使管内的总压沿流向减小,同时总是使马赫数沿流向朝 $Ma=1$ 变化。

设管道内某一断面上的马赫数为 Ma_1,相应此的临界长度为 L_1^*,另一断面上的马赫数为 Ma_2,相应此 Ma_2 的临界长度为 L_2^*,如图 10.12 所示,则由上式可确定这两个断面之间的距离,即 $L = L_1^* - L_2^*$。

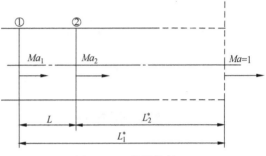

图 10.12 临界管长

$$\lambda\frac{L}{D} = \lambda\frac{L_1^*}{D} - \lambda\frac{L_2^*}{D} = \frac{Ma_2^2 - Ma_1^2}{kMa_1^2 Ma_2^2} + \frac{k+1}{2k}\ln\frac{Ma_1^2}{Ma_2^2}\frac{1+\frac{k-1}{2}Ma_2^2}{1+\frac{k-1}{2}Ma_1^2} \tag{10-55}$$

现将临界参数都用"*"表示,对式(10-47)、式(10-49)、式(10-50)进行积分,可得

$$\int_p \frac{\mathrm{d}p}{p} = \int_{Ma} \frac{1+(k-1)Ma^2 \, \mathrm{d}Ma^2}{2\left(1+\frac{k-1}{2}Ma^2\right)}$$

得

$$\frac{p}{p^*} = \frac{1}{Ma}\sqrt{\frac{1+k}{2\left(1+\frac{k-1}{2}Ma^2\right)}} \tag{10-56}$$

又

$$\int_{p_0}^{p_0^*}\frac{\mathrm{d}p_0}{p_0} = \int_{p_0}^{p_0^*}\frac{\mathrm{d}p}{p} + \int_{Ma}^{1}\frac{1+(k-1)Ma^2 \, \mathrm{d}Ma^2}{2\left(1+\frac{k-1}{2}Ma^2\right)}$$

整理得

$$\frac{p_0}{p_0^*} = \frac{1}{Ma}\left(\frac{1+\frac{k-1}{2}Ma^2}{\frac{k+1}{2}}\right)^{\frac{k+1}{2(k-1)}} \tag{10-57}$$

又

$$\frac{c_0^2}{c^2} = 1 + \frac{k-1}{2}Ma^2; \quad \frac{c_0^2}{c^{*2}} = \frac{k+1}{2}$$

得

$$\frac{c^2}{c^{*2}} = \frac{\frac{k+1}{2}}{1+\frac{k-1}{2}Ma^2} = \frac{T}{T^*} \tag{10-58}$$

➤ For Fanno flow, thermodynamic and flow properties can be calculated as a function of Mach number.

【例题 10-2】 空气在直径 $D=10\text{mm}$，摩擦系数 $\lambda=0.02$ 的管道中流动，求对于 $Ma=0.2$ 的临界管长 L^*。

解：

$$L^* = \frac{D}{\lambda}\left[\frac{1}{k}\left(\frac{1}{Ma^2}-1\right)+\frac{k+1}{2k}\ln\frac{\frac{k+1}{2}Ma^2}{1+\frac{k-1}{2}Ma^2}\right]$$

$$=\frac{0.01}{0.02}\left[\frac{1}{1.4}\left(\frac{1}{0.2^2}-1\right)+\frac{1.4+1}{2\times1.4}\ln\frac{\frac{1.4+1}{2}0.2^2}{1+\frac{1.4-1}{2}0.2^2}\right]\text{m}$$

$$=7.267\text{m}$$

10.6　激波及其形成(Shock Waves and Its Formation)

可压缩流体力学主要研究压缩性起主要作用时的流体运动规律。在可压缩流动中，会遇到激波问题。如在拉伐尔管的流动中，以及在流体与物体之间的相对运动的速度大于声速的流动中，都能产生激波。流动中流体参数突变(压强、温度、密度增大而速度减小)的薄层叫**激波**(shock wave)。激波有两种：与来流方向垂直的**正激波**(normal shock wave)和与来流方向非垂直的**斜激波**(oblique shock wave)。本节中将分析激波产生的条件、激波的性质、流体通过激波的运动规律以及计算方法，为进一步研究流体机械内部的流动产生激波时的一些问题打下基础。因遇到较多的是气体的可压缩流动，所以以下是以可压缩气流来讨论的。

10.6.1　马赫波(Mach Wave)

超声速流动时，气流速度 v 大于扰动传播速度 c，扰动只能被限制在以扰动源为顶点的马赫锥范围内向下游传播。表示扰动传播的马赫锥的母线就是马赫波线，气流通过马赫波后流动参数(压强、密度、温度和速度等)要发生微小的变化。如果扰动源是一个低压源，则气流受扰动后压强将下降，速度将增大，这种马赫波称为膨胀波——降压增速波。反之，如果扰动源是一个高压源，则压强将增大，而速度将减小，这种马赫波称为压缩波——减速增压波。由于通过马赫波时气流参数值变化不大，因此，气流通过马赫波的流动仍可作为等熵流动处理。

10.6.2　激波的形成(Formation of Fhock Waves)

图 10.13 为超声速流流过一个凹面 AE 的情况。在 AB 段，流向与壁面平行，不会产生扰动。从 B 开始，由于壁面弯曲，流动也逐渐转向。由于气流通过此凹面时从 B 开始通道面积逐渐减小，在超声速流的情况下，速度就会逐渐减小，压强就会逐渐增大，同时，气流的方向也逐渐转向，产生一系列的微弱扰动，从而产生一系列的马赫波，这些马赫波都是压缩波。气流经过这些马赫波后，速度减小，马赫数减小，而马赫角则会逐渐增大，这就产生了后波与前波的相交。气流沿整个凹曲面的流动，实际上是由这一系列的马

赫波汇成一个突跃面，如图 10.13 所示。气流经过这突跃面后，流动参数要发生突跃变化，速度会突跃减小，而压强和密度会突跃增大。这个突跃面是个强间断面，也就是激波面。通过此激波面，流动参数值变化越大，则表示此激波的强度也越大。

必须注意到，气流通过激波时，流动参数和热力学参数都是突跃变化的，因此通过激波的流动不能作为等熵流动处理。但是，气流经过激波是受激烈压缩的，其压缩过程是很迅速的，因此，通过激波的流动可以看作是绝热过程。

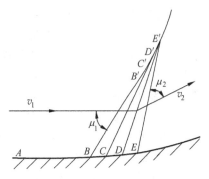

图 10.13　激波的形成

由上可知，激波发生在超声速气流的压缩过程中。而在超声速气流的膨胀过程中，这些膨胀波是互不相交的，也就不会产生激波了。

10.6.3　斜激波、正激波和脱体激波(Oblique，Normal and Detached Shock Wave)

图 10.13 中，气流经过激波后，流动方向要发生变化，这种激波称为斜激波。如超声速气流经凹钝角流动时的斜激波［图 10.14(a)］和绕流尖头物体时的附体斜激波(图 10.14(b))。气流经过激波后方向不变，激波面与气流方向垂直的激波叫正激波。如一维管道中产生的激波(图 10.15)。又如，绕流钝头体时在钝头体前形成的**脱体激波**(detached shock wave)的中间部分也是正激波(图 10.16)。

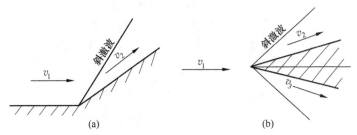

图 10.14　斜激波

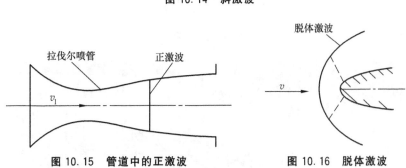

图 10.15　管道中的正激波　　　　图 10.16　脱体激波

对应每一个波前马赫数 Ma_1，气流的转折角超过对应此 Ma_1 的最大转折角 α_{max} 时，激波不再附体，成为脱体激波，如图 10.16 所示。若来流是沿轴对称物体的轴线方向，且 $\alpha > \alpha_{max}$ 时，激波脱离物体前缘成脱体激波。此脱体激波可看成是由中间部分的正激波和周围部分的斜激波所组成的。

激波的厚度是很薄的，它只有分子自由行程大小(0.1μm)的量级。

在激波的薄层中，流动的物理量（如速度、压强、密度、温度等）从激波前的数值很快地变成激波后的数值，速度梯度和温度梯度都很大。这使得通过激波时的摩擦和热传导问题很明显。通过激波，因摩擦机械能被大量地耗损而转化为热能，因此熵值将增加。由质量守恒定理，要维持流体质量在激波前后不变，而通过激波后速度又是减小的，可见，通过激波后流体的密度应该是增加的。而且，流体通过激波后的动量要小于激波前所具有的动量，由动量定理可知，通过激波后流体的压强值将增大。综上所述，通过激波，流体运动学要素速度减小，而热力学要素压强、密度、温度以及焓、熵的数值都将增大。由于激波这一层的厚度以分子自由行程来计算，因此，一般情况下可忽略激波层的厚度。把激波看成是数学上的间断面，通过它的物理量要发生突变。对激波前和激波后的流动，仍可把它作为理想绝热的完全气体看待，在没有与外界热交换的情况下，激波前和激波后的流动都满足质量守恒、动量守恒、能量守恒、状态方程以及流体力学和热力学的一些基本定律。

工程实例

汽轮机设计

图 10.17 所示为火电厂汽轮发电机的转子，转子靠高温的蒸汽推动。

图 10.17 汽轮发电机的转子

喷管设计和应用

图 10.18 F/A-22 飞机发动机二元俯仰轴推力矢量喷口

如果发动机的喷管不仅可以上下偏转,还能够左右偏转,那么推力不仅能够提供飞机的俯仰力矩,还能够提供偏航力矩,这就是全矢量飞机。推力矢量技术的运用提高了飞机的控制效率,使飞机的气动控制面,例如垂尾和立尾可以大大缩小,从而飞机的重量可以减轻。另外,垂尾和立尾形成的角反射器也因此缩小,飞机的隐身性能也得到了改善。

图 10.19　S-37 尾管

S-37 尾管为喷管,这是因为:发动机喷出的气流为超音速气流。超音速气流通过扩张的管道会被加速,发动机出来的气流是超音速被进一步加速,起到增加推力的作用。

10.1　试证明:

(1) 若假定声速传播过程为等温过程,则完全气体的声速应为
$$C_T = \sqrt{RT}$$

(2) 若液体的体积弹性模数为 E,密度为 ρ,则液体中声速为
$$C_F = \sqrt{E/\rho}$$

10.2　在离开海平面 0~11km 的范围内,大气温度随高度的变化规律为
$$T = T_0 - ah$$
式中:$T_0 = 288K$,$a = 0.0065K/m$。现一飞机在 $h = 10000m$ 的高空飞行,飞行当地马赫数 $Ma = 0.8$,求飞机相对于地面的速度 v_0,取气体常数 $R = 287J/(kg \cdot K)$。

10.3　飞机模型在温度 $T = 348K$,密度 $\rho = 1.8kg/m^3$ 的空气中做试验,马赫数为 $Ma = 0.7$,求模型前驻点处的滞止参数 ρ、p_0、t_0。

10.4　$p = 1.0 \times 10^5 Pa$,$t = 20℃$ 的空气以音速经过微弱扰动波,压强略有升高,$\Delta p = 40Pa$,则密度、温度、速度各变化了多少?

10.5　对于静止的理想气体,试证明经过微弱压强扰动后,压强相对变化值为

$$\frac{\mathrm{d}p}{p} = \gamma \frac{\mathrm{d}v}{c}$$

而绝对温度的相对变化值为

$$\frac{\mathrm{d}T}{T} = (\gamma - 1)\frac{\mathrm{d}v}{c}$$

提示：用类似于求声速的方法证明。

10.6 空气在截面积为 $60 \mathrm{cm}^2$ 的通道中流动，马赫数为 $Ma = 0.2$，驻点处的压强、温度为 $p_0 = 3.0 \times 10^5 \mathrm{Pa}$，$t_0 = 50 ℃$，求空气的质量流量 G。

10.7 某一等熵气流的马赫数 $Ma = 0.8$，并已知其滞止压强 $p_0 = 5 \times 98100 \mathrm{N/m}^2$，温度 $t_0 = 20℃$，试求滞止声速 c_0，当地声速 c，气流速度 v 和气流的绝对压强 p。

10.8 空气在渐缩喷管入口处的滞止参数为 $p_0 = 2.67 \times 10^5 \mathrm{Pa}$，$T_0 = 1110 \mathrm{K}$，喷管出口面积为 $A = 6.45 \mathrm{cm}^2$。已知在出口达到临界状态，求质量流量 G。

10.9 用一个渐缩喷管使容器中的空气等熵地膨胀到大气压 $1.01 \times 10^5 \mathrm{Pa}$，容器中空气的滞止参数为 $p_0 = 1.47 \times 10^5 \mathrm{Pa}$，$t_0 = 5℃$，希望得到的质量流量 $G = 0.5 \mathrm{kg/s}$，求喷管的出口直径。

10.10 空气进入喉部直径为 $0.1 \mathrm{m}$ 的缩放喷管，初速度可忽略，进口处的参数为 $p_0 = 3.0 \times 10^5 \mathrm{Pa}$，$t_0 = 60℃$，经等熵膨胀后，出口温度为 $t_2 = -10℃$，求喷管出口的马赫数 Ma_2 和质量流量 G。

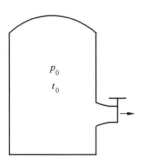

图 10.20 习题 10.12 示意图

10.11 空气在缩放喷管中作等熵流动，在截面 1 处，$Ma_1 = 0.6$，$t_1 = 250℃$，$p_1 = 300 \mathrm{kPa}$，在截面 2 处，$Ma_2 = 3.0$，求截面 2 处的压强 p_2 和温度 t_2。

10.12 如图 10.20 所示，有一充满压缩空气的储气罐，其内绝对压强 $P_0 = 9.8 \mathrm{MPa}$，温度 $t_0 = 27℃$，打开活门后，空气经渐缩喷管流入大气中，在出口处的直径 $d = 5 \mathrm{m}$，试确定在出口处的空气流速 v 和质量流量 q_m（取 $R = 287 \mathrm{N \cdot m/(kg \cdot K)}$）。

10.13 喷气发动机的喷管进口气流速度 $V_1 = 30 \mathrm{m/s}$，压强 $p_1 = 2.5 \times 10^5 \mathrm{Pa}$，温度 $T_1 = 700 \mathrm{K}$，进口截面积为 $1.0 \mathrm{m}^2$，设计背压为 $0.7 \times 10^5 \mathrm{Pa}$，求喉部截面积 A^* 与出口截面积 A_2。

10.14 空气在绝热条件下流经直径为 $D = 0.1 \mathrm{m}$ 的等截面管道，要求空气从 $Ma_i = 0.5$ 到 $Ma = 0.7$，沿程阻力系数 $\lambda = 0.01$，$k = 1.4$，求所需要的管子长度 l。

10.15 空气在绝热条件下流经直径为 $D = 0.1 \mathrm{m}$ 的等截面管道，进口处的参数为 $p = 1.0 \times 10^5 \mathrm{Pa}$，$t = 15.5℃$，$Ma_i = 3$，$\lambda = 0.02$，求最大管长 $l_{\max}$ 和相应的临界出口参数 V^*、p^*、T^*，并求 $Ma_i = 2$ 截面处的管长和参数 V_1、p_1、T_1。

第 11 章
流体的测量
(Fluid Measurements)

 本章教学要点

知识要点	能力要求	相关知识
压强的测量	掌握压强的测量原理；了解压强测量的常用仪器	流体静力学；压力传感器；动态压强
流速的测量	掌握流速的测量原理；了解压强测量的常用仪器	能量方程；流体静力学；测速仪
流量的测量	掌握流量的测量原理；了解压强测量的常用仪器	能量方程；流量计

工程流体力学

> **导入案例**
>
> 下图所示为最早测试河流中水流速度的仪器示意图。1733年，法国人皮托用一根弯成直角的玻璃管测量了塞纳河的流速。此装置现在被称为皮托管，皮托管是现在应用最广泛的测量流体速度的装置之一。

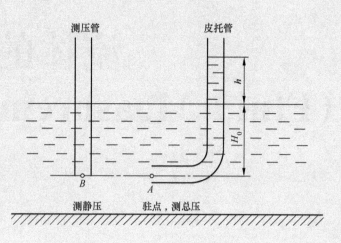

随着计算机技术的发展，数值计算方法已广泛应用于流体流动问题的解算。对于无粘流动以及在低速、恒定、分离区不大的情况下，数值计算结果已与实验结果相当吻合，因此甚至可以用数值计算代替实验。但是，对于大量粘性流体的流动问题，对于很多边界条件复杂的大型工程问题，特别是对于不规则的非恒定流动、高速的可压缩湍流流动问题等，虽然在各种前提的假设条件下，不少流动已经可以用数值方法求解，但其计算结果必须由实验验证。而上述流动问题中至今仍有一些无法建立完善的数学模型加以描述，只能依靠模型和实物的反复实验、不断修正才能得到最终满意的结果。

另外，像水泵、风机、汽轮机等各种流体机械和动力机械，在运行过程中通常需要清楚其实际的运行状态，以了解或监视其运行性能，这就需要测量设备中的工作流体的压强、速度和流量等流体要素。

> Measurements are often required of various fluid phenomenon, as pressure, velocity, and flow rate.

流体要素的测量是通过各种测量仪表实现的，而被测量的大小、测定的部位，需要的测量精度以及测量的实时性要求，决定着应当选用的测量仪表和方法。本章将主要介绍压强、流速和流量测量的基本原理、测量的方法、测量的仪表及其使用特点。

11.1 压强的测量 (Measurement of Pressure)

在进行流体力学研究和涉及流体力学的工程实际应用中，压强的测量技术是流体要素测量的基础,用皮托管测速和用某些阻尼器测量流量参数,通常都通过压强测量的转换来实现。

压强通常不能直接显示,必须将它变换为位移、角位移、力或各种电量参数进行测量。压强的测量装置由压强感受、传输和指示 3 部分组成。在常规测量中,压强感受常用测压孔和各种形状的压强探针,感受到的压强大小通过各种液体测压管或金属压力表来指示。在测量动态压强时常采用**压力传感器**(pressure transducer),将所感受到的动态压强转换为电信号输入到相应的仪表指示或输入到计算机中实时打印输出。显然,测量的精度主要取决于压强感受和压强指示两个环节的误差大小。

11.1.1　静压的测量(Measurement of Static Pressure)

无论流体处于静止状态还是流动状态,当用固定的壁面开孔感受到的压强或用对流场干扰很小的探针通过周壁小孔感受到的流体压强都可称为流场中某点的**静压**(static pressure)。

通常认为,只要壁面上开设的静压孔足够小,孔的轴线垂直壁面,孔的边缘没有毛刺或凹凸不平,静压孔中感受到的就是测点上流体压强的真实值。而当孔的边缘处有毛刺或凹凸不平时,将会产生局部旋涡,使测量值不准确。静压孔的内外流体的相互影响使测量结果产生误差。

壁面没有开设测压孔,近壁处是很薄的边界层,壁面处的流速为零。这时沿壁面法线方向上没有压强梯度,各点的压强等于边界层外边界上的压强,因为流体的粘性,在法线方向上存在速度梯度而使流体对壁面作用有切应力,壁面处的流速为零。

当壁面开设静压孔后,在粘性切应力的作用下,静压孔内的流体产生流动,近孔处的流线向孔内稍许弯曲,影响到边界层内法线方向的静压不再保持不变,并导致静压孔内感受的压强偏离流体中静压的真实值。其偏差的程度主要决定于静压孔的几何参数和加工情况。图 11.1 给出了孔径和流速对静压测量的影响。

在一定的流速下,孔径越大,流经静压孔时流线的弯曲越大,静压测量的误差也越大;而在一定孔径下,流速越大,边界层内与孔壁垂直方向上的速度梯度越大,粘性力的影响随之增大,静压测量误差也增大。所以通常静压孔的直径为 0.5~1.0mm,孔深为孔径的 3~10 倍,要求测压孔的周围无毛刺,其周围管道壁面光滑,不应有凹凸不平。

静压孔的几何形状和孔轴方向所能引起的静压测量误差如图 11.2 所示。虽然垂直壁面的静压孔存在一定的误差,但因对于小于 1mm 的小孔,误差很小,且与壁面垂直时容易加工,所以静压孔常加工成

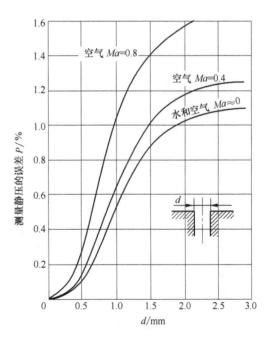

图 11.1　孔径和流速对静压测量的影响

与壁面垂直。

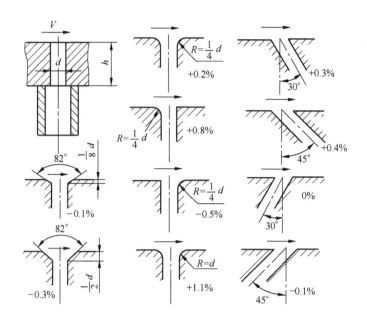

图 11.2　静压孔引起的静压测量误差

除了劈面开孔感受静压外，利用轴线平行于流体来源方向的直径很小的探针置于流场中，在探针周围某个位置处开孔也可以感受到流场中某点的静压强。

将探针放在流场中，被绕流探针上任意点的压强与未受扰动的无限远来流压强之差，对于未受扰动来流速度头的比值我们定义为该点的**压强系数**(pressure coefficient)。

$$\overline{p_i} = \frac{p_i - p_\infty}{\frac{1}{2}\rho U_\infty^2} \tag{11-1}$$

11.1.2　压强测量仪表(Measuring Instruments of Pressure)

测量压强的方法很多，通常根据被测压强的大小和测量精度的要求选用不同的压强测量仪表。

1. 液体测压计

液体测压计是根据流体静力学原理设计利用液柱高来测量压强的仪表。在静力学中曾学过，对于静止且连通的均质液体，在重力场中等压面是水平面。因此在连通的均质静止流体中，任意两点的压强差只与两点间的垂直高度有关，而与容器的形状无关，这样，若在被测液体的容器壁上所要测量的压强处开孔并接透明(如玻璃)管子，即可测出液体中的压强。

1) 单管测压计

单管测压计是一种最简单的测压计(图 11.3)：将一根玻璃管与液体中所要测量的压强处的容器壁上的压力感受孔相连接，管子的另一端开口与大气相通，利用测量被测液体在管中上升的液柱高度来测定容器中液体的压强。为减小因毛细现象所带来的测量误差，管子内径不能小于 3mm，通常取 5～10mm。

在容器内压强的作用下，液体在测压管中上升高度为 h，若液体的密度为 ρ，则由流体静压强基本公式得出容器液体中 A 点的计示压强为

$$p_A = \rho g h$$

> To measure the static pressure in a flow field, we use a static tube.

因此，由液体上升的高度可以直接得到 A 点的压强。若在有液体流动的管道边壁上开孔，将测压管接在该孔上，测量在测压管中液体上方的高度 h，即可得到流体在管内流动时的静压强。这种测压计的优点是结构简单，测量精度较高，但因测压管中的流体就是被测流体本身，受测压管高度的限制，被测的压强不能太高。

2）U 形管测压计

图 11.4 所示为 U 形管测压计，它一端与大气相通，另一端连接到所要测量压强的 A 点处。根据 U 形管内量得的液柱高度差计算出 A 点的压强。

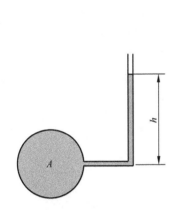

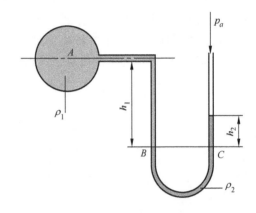

图 11.3　单管测压计　　　　　　　　图 11.4　U 形管测压计

通常根据被测点的压强大小和被测流体的性质，选用 U 形管中的工作介质。当被测压强较大时，可以采用密度较大的水银等作为工作介质；当测量气体压强较小且被测点压强不大时，可以采用酒精、水、四氯化碳等液体作工作介质。在容器中被测液体静止不动时，读数误差在 0.5mm 左右，若被测液体处于流动状态时，因 U 形测压管内的工作介质的液面波动将使读数误差增大至 1～3mm。

U 形管测压计是一个连通器，同一种液体中的 B、C 处为等压面，所以 A 点的压强

$$p_A + \rho_1 g h_1 = \rho_2 g h_2$$

$$p_A = \rho_2 g h_2 - \rho_1 g h_1 \tag{11-2}$$

在测量气体压强时，由于气体的密度远小于液体的密度，可以略去 ρ_1 的影响，故可得

$$p_A = \rho_2 g h_2 \tag{11-3}$$

3）U形管液体差压计

U形管液体差压计可用于测量两点间的压强差。对于如图 11.5 所示的 U 形管差压计，U 形管的两端分别连接在 A，B 两容器的测点 1、2 上，容器 A、B 中液体的压强分别为 p_A、p_B，密度分别为 ρ_A、ρ_B，密度为 ρ 的 U 形管中的工作介质在被测点 1、2 的压强作用下产生液面高度差 h，C-D 为等压面，则有

$$p_C = p_A + \rho_A g(h_1 + h) = p_D = p_B + \rho_B g h_2 + \rho g h$$

因此压差

$$\begin{aligned}\Delta p &= p_A - p_B = \rho_B g h_2 + \rho g h - \rho_A g h_1 - \rho_A g h \\ &= \rho_B g h_2 + (\rho - \rho_A) g h - \rho_A g h_1\end{aligned} \quad (11-4)$$

所以，在 h_1、h_2 已知的情况下，通过测量 U 形管中的工作介质的高差 h 就可以计算 1、2 点间的压差。有时为了测得较大的压强，可以作成有多根 U 形管串接而成的测压管组。

4）倾斜式微压计

在测量很微小的压强或压差时，常将测压计的测压管倾斜放置，用以提高测量精度。这时测压管中通常都采用密度较小的工作介质。对于如图 11.6 所示的微压计，当压强 $p_1 = p_2$ 时，调整微压计容器中的液面高度为标尺零点，l_0 为倾斜测压管的起始零位。当有压差时，倾斜测压管中的液面相对于零点上升 h_1 高度，容器中液面下降 h_2 高度，则压强差

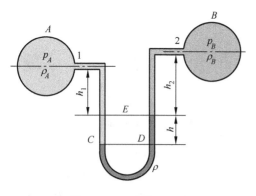

图 11.5　U 形管差压计

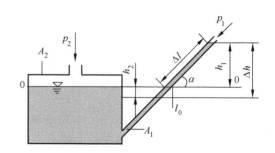

图 11.6　倾斜式微压计

$$p_2 - p_1 = \rho g(h_1 + h_2) = \rho g \Delta l \left(\sin\alpha + \frac{A_1}{A_2}\right) \quad (11-5)$$

式中：A_1 为测压管的截面积；A_2 为容器的横截面积；α 为测压管倾角；Δl 为倾斜管上升的液柱读数。

一般情况下，A_1 远小于 A_2，故 A_1/A_2 可忽略不计，于是

$$\Delta p = p_2 - p_1 = \rho g(h_1 + h_2) = \rho g \Delta l \sin\alpha \quad (11-6)$$

显然，减小测压管的倾角，可以提高测压精度，但 α 太小时，会使 Δl 读数不易准确，一般 α 不应小于 6°～7°。

对于上述的单管测压计、U 形管测压计、多管测压计或倾斜式微压计，为减小读数误差，提高测量精度，常可附加光学精读装置。

2. 金属弹簧压力表

当测量较高的压强，或对各种流体系统检测压强时，常采用金属弹簧管式压力表。图 11.7 是金属弹簧管式压力表的基本结构示意图。当有压强的被测流体通入时，具有扁椭圆形截面的金属弹簧管 1(图中 AB 段)在内外压差的作用下产生弹性变形，由管末端处的拉杆 2 拉动扇形齿轮 3 使与其啮合的齿轮 4 转动，带动指针 5 指示压强值，游丝 7 用以消除齿轮间的间隙，提高测量精度，调节螺钉 9 的位置可以改变传动放大系数，调节压力表量程，6 为表盘，8 为连接螺柱。弹簧管的变形随压强上升而增大，通常根据不同的压强测量范围和测量精度要求来选用合适量程和精度的金属压力表。

使用一定时间的金属压力表，应该用压力表校正装置进行校正，以保证其测量精度。

金属弹簧式压力表还有真空表、电接点压力表和测量压差的差压表等。金属压力表由于结构

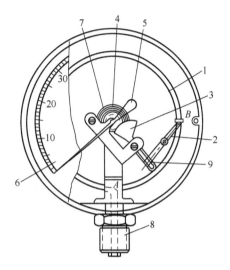

图 11.7 金属弹簧压力表

紧凑、易于携带、安装简便、测读容易而在工业上和实验室里得到了广泛的使用。

11.1.3 动态压强的测量(Measurement of Dynamic Pressure)

对流动过程的实验研究和对工业生产中的流体系统进行动态监测，以及对流体机械的流动特性进行数据采集时，经常会遇到动态压强(dynamic pressure)的测量和压强的远距离传送、显示、记录以及控制等问题。为了实现压强信号的远传显示，通常将压强用波纹管、膜片等弹性敏感元件转变为位移、力和其他应变信号，然后通过电阻式、电感式或电容式等电动变换器转换为电信号，放大后远传至显示或记录仪表。这种压强变送器因动态响应较慢，主要适用于测量静态压强或变化缓慢的压强。

为了测量快速变化的脉动压强，必须采用灵敏度高且惯性小的传感器，压强传感器将瞬间变化的动态压强转换成电信号，然后通过电信号的放大转换，输入计算机进行分析处理后再打印输出。

目前广泛应用于动态压强测量的传感器主要有电阻式、应变式、电容式、电感式、压电式、压阻式等压强传感器。电阻式压强传感器由于非线性误差大，频率响应低而主要在测量精度和动态响应要求不高的场合使用。应变式压强传感器由压强敏感元件和贴在它上面的电阻应变片组成，前者将被测压强转换为应变量，然后由电阻应变片将应变量变换为电阻的变化量，并通过电桥将变化的电阻量以电压的形式输出；压强敏感元件有膜片式、应变筒式、应变梁式等多种，而电阻应变片则有箔式、丝式和半导体应变片 3 类。应变式压力传感器的测量范围可达 $0\sim1000$ MPa，动态频响达到 120kHz，测量误差为 $0.1\%\sim0.5\%$。由于其结构简单、体积小、测量精度高、价格适中而得到了广泛的应用。

近年来压强传感器出现了集成化的趋向，即将压强敏感元件和机械—电阻应变桥路集成在一起。最近甚至出现了压强传感器的智能化，它将硅敏感元件技术与微处理器计算结

合在一起组成传感器,这种传感器具有自补偿、自诊断、双向数字通信、信息存储、记忆等功能,其测量精度小于等于 0.1%,重复精度达到 0.005%,因而将有很好的发展应用前景。图 11.8 是这种传感器的原理框图。

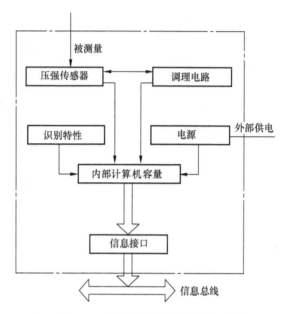

图 11.8　集成式压强传感器原理框图

下面介绍结构比较简单、应用最为广泛的电阻应变式压强传感器。

图 11.9(a)是电阻应变式压强传感器的原理示意图,其工作原理是利用金属电阻丝受力变形时电阻发生变化的特性:将电阻应变片贴在敏感元件的弹性梁或膜片上,压强 p 通过传力杆作用在弹性梁上或直接作用在膜片上,使弹性梁或膜片弯曲变形,电阻应变片随之变形,其电阻值发生微小的变化,借助于图 11.9(b)的电桥电路,将应变片的待测电阻 R_1 作为桥式电路的一个臂,R_2 为温度补偿电阻,R_3 和 R_4 是设在应变仪中的固定电阻,在桥路的 AC 两端输入电压 U_0,利用电桥电路的基本工作原理,对于某一被测压强 p,电阻应变片的变形引起电阻值的微小变化,转换成模拟电压输出。

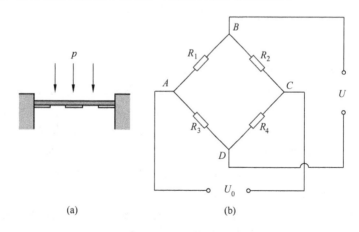

图 11.9　电阻应变式压强传感器原理示意图

图 11.10 是测量系统的原理框图。由桥路测得的微弱电阻变化经前置放大器放大输出模拟电压信号,输入信号调理端子经滤波后送入 A/D 转换板,经转换后得到电平数字量信号,输入计算机分析处理形成实时图形数据文件,最后由打印机打印输出数据、曲线和图形,从而能实时地了解实验或工业生产的进程,进而控制参数输入和整个过程。

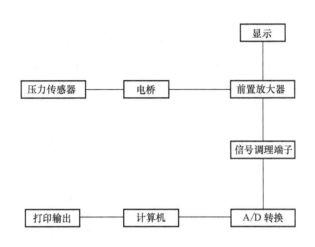

图 11.10　测量系统原理框图

各种其他形式的压力传感器尽管有着不同的工作原理和结构,但它们都具有将输入的压强信号变成电信号输出的共同特点。

11.2　流速的测量(Measurement of Velocity)

通常在流体工程的研究过程中,以及飞行器在飞行中,经常要进行流速的测量,使用最多的是皮托管(又称探针)和总压管。

11.2.1　总压管(Stagnation Pressure Tube)

如图 11.11 所示是一种用于测速的总压探孔,它是一种两端开孔成 L 形的管子。若要测量流体中 A 点的流速,可以将总压管置于 A 点对准流动方向,A 点处形成流速为零的滞止点(stagnation point),则总压管中液体将上升 $(h+\Delta h)$ 高度,即在 A 点处有

$$\frac{p_0}{\rho g} = \frac{p_A}{\rho g} + \frac{u_A^2}{2g} = h + \Delta h$$

式中:p_0 为 A 点处的总压强,显然 A 点处的静压强 $p_A = \rho g h$,所以得到

$$\Delta h = \frac{p_0 - p_A}{\rho g} = \frac{u_A^2}{2g}$$

即

$$u_A = -\sqrt{2g\Delta h} \qquad (11-7)$$

因此,只要利用总压管测出被测点处的液柱

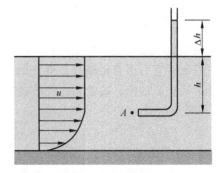

图 11.11　总压管

高(压强),就可以计算得到该点处的流速。

实验得到,在感压孔直径与外径之比为 $d_1/d=0.6$ 的情况下,头部为平头时,总压探针轴心相对于来流方向的偏转最不敏感,而头部做成半球形时对方向性较敏感,且 d_1/d 越小,对方向性越敏感。测量时应将探头对准流动方向。

11.2.2 皮托管(Pitot Tube)

很多情况下,例如在管路中,流动流体中某点的压强并不知道,只用总压管无法测得流体中的流速,这时常用总压管与静压管组合在一起的探针测速,这称为测速管或**皮托管**(pitot tube)。图 11.12 为具有半球形头部的皮托管结构示意图。

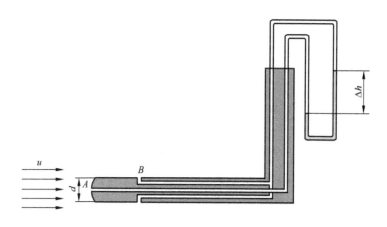

图 11.12 皮托管结构示意图

前端是皮托管的迎流总压孔,孔径通常为 $(0.1\sim 0.3)d$。侧面均布的静压孔常采用沿圆周对称均布的 8 个。如图 11.12 所示若将总压孔和静压孔连接到一个 U 形管压力计上,总压和静压之差,就是用于计算流速的动压,即

$$u=\sqrt{\frac{2}{\rho}(p_0-p)}=\sqrt{\frac{\rho_1}{\rho}2g\Delta h} \tag{11-8}$$

式中:ρ 为被测流速的流体密度;ρ_1 为 U 形管压力计中工作介质的密度。

➤ One means of measuring the local velocity in a flowing fluid is the pitot tube.

探针头部的半球形会使流经该处的流速加大,静压减小。因此静压孔的位置过于紧靠头部时会影响测量精度。为了减小头部对流场干扰所引起的静压测量误差,静压孔一般开在距头端 $3d$ 处。皮托管尾部的垂直引出管会阻碍它前面的流动,使之流速减慢,压强增高,因此垂直引出管距离静压孔应大于 $8d$。为了减小头部、尾部和加工等因素的影响对测量结果造成偏差,通常用皮托管的流速因数 Cv 进行修正,即

$$u=Cv\sqrt{\frac{\rho_1}{\rho}2g\Delta h} \tag{11-9}$$

式中:Cv 值由实验确定,通常为 $1\sim 1.04$。

探针头部的形状对探针的性能影响很大,因此在选用测速探针时,应特别加以注意。头部为半球形的探针,来流对探针偏斜的不敏感角度约为 $\pm 10°$。对于头部为锥状的探针,

尽管测得的总压对来流偏斜角不敏感，但这时所测得的静压却对来流的偏斜角非常敏感，它将影响速度测量的结果，所以探孔头部通常选用半球形。

11.2.3　三孔圆柱形探针(Triporate Cylindrical Probe)

三孔圆柱形探针的测量原理图如图 11.13 所示。探针为圆柱形(直径为 d)，头部呈半球形。距头部大于 $2d$ 处的同一横截面上开 3 个测压孔(孔径为 0.5mm)，1，3 孔对称于 2 孔，与 2 孔间隔 $45°$，3 个小孔在流场中感受的压强 p_1、p_2、p_3 分别按图示引接到 3 根 U 形管测压计中。在三孔探针尾端引出孔处装有指示探针转动角度的分度盘，将三孔探针垂直放入平面流场后，缓慢转动探针，当连接 1，3 孔的差压计中液面相等时，2 孔就是绕流圆柱体时的前驻点，2 孔的轴心线与来流方向重合，这时从刻度盘上就可以读得来流方向与基准线 x 轴的夹角 α，这就是来流方向角。同时，由另两个 U 形管压强计测得 p_2 和 p_2-p_1 值，利用这两个压强值和三孔探针的校正系数，即可以计算流动的总压、静压和速度值。

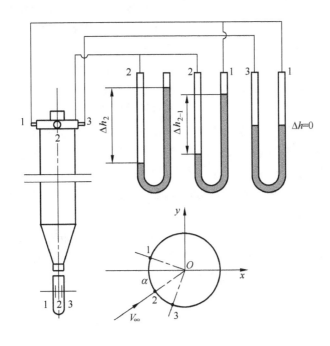

图 11.13　三孔圆柱形探针的测量原理图

为测定空间流动中某点处的总压、静压、速度值和流动的方向，可以采用五孔球形探针，它与三孔圆柱形探针的测量原理类似，五孔球形探针根据流体绕球体流动的特性做成，需要时读者可查阅相关资料。

11.2.4　热线(膜)风速仪(Hot Wire or Film Anemometer)

利用探针测量流动速度，是基于测量流场的压强来间接测定流动速度的，但当流动的速度和方向脉动时，即使脉动频率只有几赫[兹]，由于响应速度较慢，也难以得到满意的结果。

在流体力学的动态测试中，流速的脉动频率从几赫兹到上万赫兹，一般的测速探针已无法测得流动速度的瞬时值和脉动频率。**热线风速仪**(hot-wire anemometer)和**热膜流速仪**(hot-film anemometer)是为测量流体脉动速度而发展起来的流速测量仪器。将装有金属丝的金属热敏探头置于欲测流速的流场中,将金属丝加热,流体与金属丝发生热交换带走部分热量。流动速度的变化将改变金属丝冷却的速率,利用在不同流速下散热率不同的原理,通过测量热敏探头的散热率来确定流场的流速。热线(膜)探针的结构如图 11.14 所示。图 11.14(a)的热线探针是将一根抗氧化性能好且有足够机械强度的很细的金属镀铂钨丝悬挂在叉形不锈钢支架的尖端处做成的,金属丝的直径在 1~3μm 左右,铂金丝探针的工作温度在 300~800℃时具有较高的灵敏度。由于热线探针的金属丝很细且在高温下工作,所以一般适宜测量杂质含量少的气体流速。液体在高温下会产生氧化,故一般不能用于测量液体的流速。

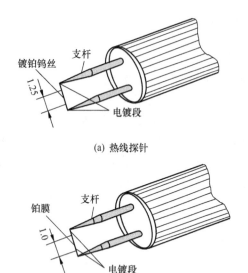

图 11.14　热线(膜)探针的结构图

图 11.14(b)是热膜探针。为提高探针金属丝的强度和测量的稳定性,利用在石英或玻璃杆上沉积一层很薄的铂金属膜做成热膜探针。一般热膜探针的直径约为 25~50μm。热膜探针在工作温度为 30~60℃下具有较高的灵敏度,故可用于液体和气体流场的测速。若将两个热线(膜)元件做成 X 或 V 形探针,就可以测量二维和三维流场的流速。

图 11.15 是热线(膜)流速仪的电桥电路原理图。将热敏元件的两端接在电桥的一个臂上,当流速为零时,电桥处于平衡状态。这是采用一个反馈回路的等温补偿电路,测量时保持热敏元件的温度不变,当流过热敏探针的流速增加时,热交换使热线(膜)降温,电阻减小,A 端的电位降低,输入放大器的电压增加,因而反馈电流和通过热线(膜)电阻的电流增加,从而使热敏元件保持原来的温度不变。

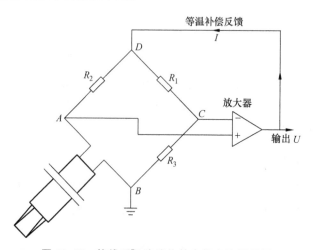

图 11.15　热线(膜)流速仪的电桥电路原理图

热线上散失的热流量与流速间的关系可以用下式表示

$$\Phi = A + B\sqrt{v} \tag{11-10}$$

式中：Φ 为热线散失的热流量；A，B 均为常数，由实验确定；v 为流体流速。

若热线的电阻为 R，通过的电流为 I，则上式可变为

$$I^2 R = A + B\sqrt{v} \tag{11-11}$$

对于恒温式热线风速仪，当热线温度（或电阻 R）保持不变时，上式即为电流与流速的函数关系。

热线流速仪的频率响应可以达到 1.2MHz，热膜探针也能达到 1kHz 以上，所以用它们可以测量脉动频率很高的流动。热线（膜）流速仪还具有很宽的测速范围，特别适合高速测量。热线探针可用于测量 0.2～500.0m/s 的气流速度，而热膜探针则可用来测量 0.01～25m/s 的气流或液体的流速。其缺点是整台流速仪价格昂贵，且由于热敏探针细而较脆，因此对被测流场流体的杂质含量有较严格的要求。探针容易损坏，且耗费较高，又因热线探针的尺寸各不相同，所以使用前需要逐个校准，而且动态校准比较困难。

11.2.5 激光多普勒测速仪(Laser Doppler Velocimeter)

当激光的光线照射到跟随流体运动的固体微粒上时，固定的光接收器接收到运动微粒的散射光的频率是变化的，当散射光与光接收器的相对运动使两者距离减小时，频率增高；距离增大时，频率减小。频率的变化量与相对运动速度的大小和方向有关，也与激光的波长有关。接收器接收运动物体散射光的这种现象称为激光多普勒效应，又称为多普勒频移。即当固定接收器接收运动微粒散射光的频率时，由于运动微粒与接收器间有相对运动，接收到的频率已不是运动物体散射光的频率，两者间产生了频移。**激光多普勒测速仪**(laser doppler anemometer)就是利用激光多普勒效应做成的，应用电测测定频移大小，并由此确定流场中某点上的流体的运动速度。图 11.16 是激光测速仪的光路和处理系统框图，用半透膜镜分光器 M_1 将激光分成两束强度基本相等的光束，经聚焦透镜 L_1 聚焦到玻璃管内流场中的被测点 p 处，与流体一起运动的固体微粒的散射光经透镜 L_2 聚焦到针孔光阑后进入光电接收器，通过光电倍增管将光的信号变成电的信号，由信号处理器的频率跟踪器跟踪流速的多普勒信号，并由数据处理器的频率计数器显示。

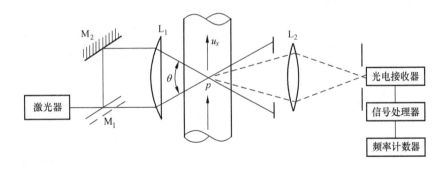

图 11.16 激光测速仪的光路和处理系统框图

光电接收器接收到的激光与散射光的多普勒频移量

$$f_d = \frac{2\sin\frac{\theta}{2}}{\lambda}u_x \tag{11-12}$$

式中：f_d 是多普勒频移；λ 是激光的波长；θ 是透射光与散射光之间的夹角；u_x 是 x 轴向的速度分量。

上式中 λ 和 θ 是常数，因此，测出光的频移 f_d，就可以得到流体的运动速度 u_x。

氦氖气体激光器是用得较多的激光光源。只有激光照射在流体中的固体微粒上时才能产生多普勒频移的散射光，因此被测流场中必须有固体微粒。天然的气体和水中含有杂质微粒，但测定纯净的水或气体的速度时，流体中应人工掺入微粒。微粒的尺寸应能保证其运动速度的大小与流体的速度相当。

激光测速仪与各种测速探针不同，它是一种无接触测量。测量的过程对流场没有干扰；测点的空间分辨率很高（测点体积小于 10^{-4}mm^3）；测速范围很宽，可以测量小于 1mm/s 的低速到每秒几千米的高速；能够对高频脉动的流体进行实时测量，且测量精度高于其他测量方法。激光测速仪的缺点是价格昂贵，仪器及其辅助设备比较笨重。

11.3 流量的测量（Measurement of Flowrate）

最常见的流量计有文丘里管、孔板流量计、喷嘴流量计、堰板流量计等，它们都是压差式流量计，即在流道上安装一个节流元件，利用流体流过节流元件时产生的压强差来测定流量，其基本原理都是利用了总流机械能守恒方程（伯努利方程）。在实验室中还常用体积（或质量）流量计。在工业上应用最多的是转子流量计、涡轮流量计、电磁流量计、超声波流量计、旋涡流量计和多种容积式流量计。

11.3.1 体积(质量)流量计（Volume or Mass Flow Meter）

利用经过标定的容器测定某一时间段内流出某一过流断面的流体体积或质量，这种流量测定设备称为体积（质量）流量计。这是一种十分简易的方法，但测量的结果具有很高的精度，因此它常被用作节流式流量计和容积式流量计的率定装置。

11.3.2 文丘里流量计（Venturi Flow Meter）

典型的**文丘里流量计**（venturi meter）如图 11.17 所示，它由收缩段、喉管和扩散段 3 部分构成，常用于测量有压管道中的流量。收缩段前的进口断面 1—1

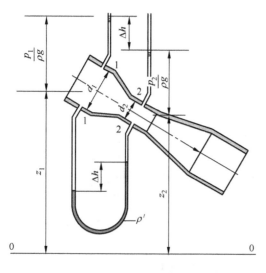

图 11.17　文丘里流量计

和喉管断面 2—2 为缓变断面，在该处开设测压孔，并与测压管连接。由于收缩段处的喉管直径较小，流体流经该处时将一部分压强能转化为动能，通过测量两个断面间的测压管水头差，就可以计算流经管道的流量。

> ➢ The venture meter is used for measuring the rate of flow of both compressible and incompressible fluids.

以 0—0 为基准面，对 1—1 和 2—2 断面列总流能量方程，若忽略两断面间的能量损失，则有

$$z_1+\frac{p_1}{\rho g}+\frac{U_1^2}{2g}=z_2+\frac{p_2}{\rho g}+\frac{U_2^2}{2g}$$

式中：$\left(z_1+\frac{p_1}{\rho g}\right)-\left(z_2+\frac{p_2}{\rho g}\right)=\Delta h$ 为测压管水头差。

由总流的连续性方程得

$$U_2=U_1\left(\frac{d_1}{d_2}\right)^2$$

将 Δh 和 U_2 代入能量方程，得到

$$U_1=\frac{1}{\sqrt{1-\left(\frac{d_2}{d_1}\right)^4}}\sqrt{2g\Delta h} \tag{11-13}$$

所以，通过流量计的理论流量

$$q_T=U_1\frac{\pi}{4}d_1^2=\frac{\pi d_1^2}{4}\sqrt{\frac{2g}{\left(\frac{d_1}{d_2}\right)^4-1}\cdot\Delta h}=C\sqrt{\Delta h} \tag{11-14}$$

式中：$C=\frac{\pi d_1^2}{4}\sqrt{\frac{2g}{\left(\frac{d_1}{d_2}\right)^4-1}}$ 是取决于文丘里管几何尺寸的流量计常数。

实际流体流过流量计时存在能量损失，而且推导中假定动能修正因数 $\alpha_1=\alpha_2=1$，这样会有一定的误差，所以实际流量

$$q=C_vC\sqrt{\Delta h} \tag{11-15}$$

式中：C_v 称为文丘里管的流量因数，一般 $C_v=0.98$ 左右，C_v 通常用体积流量计或其他标准流量计进行标定，还可以通过试验绘制 $q=f(\Delta h)$ 的关系曲线供使用流量计查用。

11.3.3 喷嘴流量计和孔板流量计(Nozzle Flow Meter and Orifice Flow Meter)

图 11.18 是**喷嘴流量计**(nozzle flow meter)原理图，图 11.19 所示为**孔板流量计**(orifice flow meter)原理图，它们与文丘里流量计一起又称为节流式流量计。喷嘴出口处的流动平行于轴线，为缓变流，故可以在喷嘴进口前断面 1—1 和出口断面 2—2 处开设测压管孔。对于孔板流量计，流体流经孔口时将发生收缩流动，收缩的最小断面处的液流为平行流动。故可以在最小断面 2—2 和孔板前 1—1 断面处设立测压管孔。对 1—1 和 2—2 断面列伯努利方程，且 Δh 仍采用 1—1 和 2—2 断面间的测压管高差，则与文丘里流量计类似可以得到

$$U_2 = \frac{1}{\sqrt{1-\left(\frac{d_2}{d_1}\right)^4}} \sqrt{2g\Delta h} \tag{11-16}$$

于是，喷嘴流量计和孔板流量计的理论体积流量（不计能量损失）为

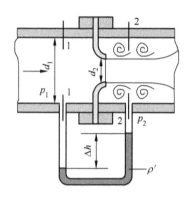

图 11.18　喷嘴流量计原理图

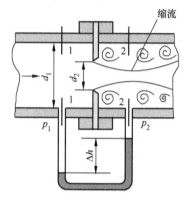

图 11.19　孔板流量计原理图

$$q_T = \frac{\pi d_2^2}{4}\sqrt{\frac{2g}{-\left(\frac{d_2}{d_1}\right)^4+1} \cdot \Delta h} = C\sqrt{\Delta h} \tag{11-17}$$

式中：$C = \frac{\pi d_2^2}{4}\sqrt{\frac{2g}{-\left(\frac{d_2}{d_1}\right)^4+1}}$ 取决于喷嘴和孔板流量计的几何尺寸的流量计常数。

在考虑了能量损失等因素后，通过流量计的实际流量为

$$q = C_v C \sqrt{\Delta h} \tag{11-18}$$

式中流量因数 C_v 由实验确定。流体的粘度，节流元件前后的 d_2/d_1 以及流速等都将影响流量因数，通常实验率定时绘成图表，供流量测量时根据 d_2/d_1 和 Re 查用。

当流量计中采用如图 11.17、图 11.18 和图 11.19 所示的 U 形管测压计测量压强时，若测压计中工作介质密度为 ρ'，则上式将变为

$$q = C_v C \sqrt{\frac{(\rho'-\rho)}{\rho}\Delta h} \tag{11-19}$$

对于孔板流量计，液流收缩断面直径 $d_2 = C_0 d_0$，d_0 为孔板孔口的直径，C_0 为孔口的液流收缩因数，即可以求得 d_2。

> Among the devices used for the measurement of discharge are orifices and nozzles.

节流式流量计结构简单、安装简便、测量方便，而且产品已系列化，因此在工业上和实验室中应用十分广泛。但节流式流量计不能用于实时测量瞬时流量，且随流量增大，p_2 逐渐接近并达到液体工作温度下的汽化压强时，液体汽化而使测量无法进行，因此限制了一定规格的节流式流量计的测量范围。

11.3.4　涡轮式流量计（Turbine Meter）

图 11.20 是涡轮式流量计的示意图，测量时涡轮流量计沿水流方向放置。当涡轮流量

计置于一定直径的管道中时,涡轮的旋转速度与流速亦与流量成正比,通常可以通过某些标准流量计(如体积流量计)来标定涡轮流量计。建立流量与涡轮转速(或频率)的关系;流量计的壳体 6 为不导磁的不锈钢,在其上装有非接触式磁电转速传感器 2,涡轮则由导磁的不锈钢做成,一定流速的流体带动涡轮 1 转动,涡轮转动时叶片切割传感器 2 的磁力线产生脉冲信号,其频率与转速成正比,即通过测定频率,就可以得到对应的流量。

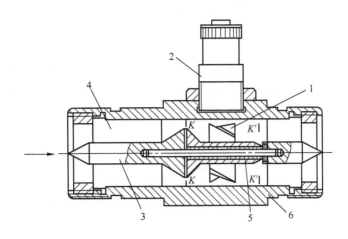

图 11.20 涡轮式流量计的示意图

为了提高测试精度,在流体进口处设有带导叶 4 的导流器 3,5 为密封,涡轮流量计的测量误差一般小于 1%。流体粘度的变化将对测量精度有较大的影响,因此,对于温度的变化应有相应的校正补偿。

11.3.5 电磁式流量计(Electromagnetic Type Flow Meter)

电磁式流量计的原理图如图 11.21 所示,这是一种测量导电流体体积流量的仪表。流体在管壁为绝缘材料的管道中流动,管道外安装一对磁极,导电流体通过磁极时,根据法拉第定律,导电流体所产生的感应电动势为

$$E = DBU \quad (11-20)$$

式中:E 为导电流体通过磁极时产生的感应电压;D 为管子内径;B 为磁感应强度;U 为流体的平均流速。

只要测出感生电压,就可由式(11-20)得到平均流速 U,进而得到流量。

电磁流量计可以测量管道中的瞬时流量。这种流量计不存在磨损的影响,但测量精度受被测流体导电性能的影响,因此对流体的温度变化和流体中的杂质含量比较敏感。

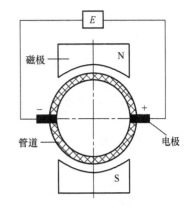

图 11.21 电磁式流量计的原理图

11.3.6 容积式流量计(Volumetric Flowmeter)

容积式流量计利用通过容积式马达的流量与转速成正比的原理做成,按其结构形式有

椭圆齿轮流量计、齿轮马达流量计、柱塞式马达流量计等多种。容积式流量计通常直接安装在被测流量的管道中。

图 11.22 是椭圆齿轮流量计的工作原理图，在壳体内有一对互相啮合的椭圆齿轮。流体如图示方向流动，通过流量计时存在压力损失，所以 $p_1 > p_2$。在图 11.22(a) 位置时，p_1 和 p_2 作用在 A 齿轮上的合力矩使齿轮 A 逆时针方向转动，将壳体和轮 A 间的月牙形空腔中的流体排入出口 [图 11.22(b)]，同时带动齿轮 B 作顺时针方向转动。图 [11.22(c)] 所示位置时，p_1 和 p_2 作用在 B 轮上的合力矩使其顺时针方向转动，将齿轮 B 与壳体间的月牙形空腔体内的流体排入出口，同时带动 A 轮逆时针方向转动，如此循环，将入口处的流体不断排入出口。因为转动 1/4 周下，将排出一个月牙形的流体，齿轮每转一周，所排出的容积为月牙空腔容积的 4 倍，因此，只要测量椭圆齿轮的转速，就可以得到通过流量计的流量。椭圆齿轮流量计既可由机械式计数器的表针显示，也可以用光电传感器转换成脉冲信号的频率显示。

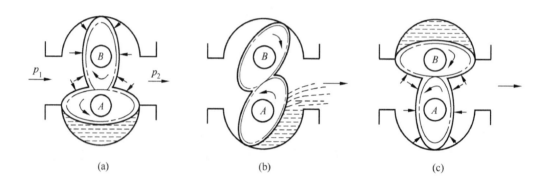

图 11.22　椭圆齿轮流量计的工作原理图

柱塞式流量计实际上就是制造精度高的斜盘式柱塞液压马达，其工作原理与柱塞式液压马达相同。在液压力的作用下，柱塞在斜盘上作旋转运动，同时在柱塞腔中作往复运动，流体进入逐渐增大的柱塞腔，然后又从容积逐渐缩小的柱塞腔中排出。显然，通过的流量与容积式流量计的转速成正比，由于柱塞与柱塞腔间可以做成很小的间隙，且进出口的比差很小，工作中只有很小的内外泄漏量，因此某些柱塞式流量计具有很高的精度，容积式流量计进出口间很小的压降主要用于克服流体流动的压力损失和流量计运动部件间的摩擦损失；容积式流量计的测量精度一般在 ±0.5% 以内。

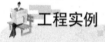**工程实例**

容积式流量计

容积式流量计又称定排量流量计，简称 PD 流量计，在测量仪表中是精度最高的一类。它利用机械测量元件把流体连续不断地分割成单个已知的体积部分，根据测量室逐次重复充满和排放该体积部分流体的次数来测量流体体积总量。

图 11.23 容积式流量计

管道压力、流量测量

通过介入不同类型的测量仪器,可以随时监测各种管道内流体的压力和流量,以保证生产的安全进行,图 11.24 所示为管道压力、流量测量应用实例。

图 11.24 管道压力、流量测量应用实例

11.1 用静压孔测静压强时应注意哪些问题?产生这些问题的原因是什么?如何用流体力学的知识加以解释?

11.2 测量开口容器与密封管路中流动流体的流速时,它们的静压有何不同?皮托管的测量原理是什么?

11.3 文丘里流量计的工作原理是什么?简述其优缺点。

第 12 章

计算流体力学简介
(Synopsis of CFD)

本章教学要点

知识要点	能力要求	相关知识
计算流体力学概述	掌握计算流体力学的基本概念和基本思想方法；了解计算流体力学的优势	流体动力学；控制方程；有限差分法；有限体积法
控制方程	掌握控制方程的组成；理解边界条件和控制方程的数学特性；了解控制方程离散化方法	微分形式的流体动力学基本方程式；有限差分法；有限体积法；边界条件
有限差分法	了解有限差分法的基本概念及其特性	控制方程；相容性、收敛性和稳定性
模型方程的差分格式	了解模型方程的特性及其差分格式	相容性、收敛性和稳定性；波动方程；热传导方程
几种流动的差分计算方法	了解无旋流动和平板边界层的差分计算方法	无旋流动；边界层；有限差分法
有限体积法	了解有限体积法的基本思想	一维稳态流动；控制方程
常用的 CFD 商用软件简介	了解常用的 CFD 商用软件及其特性	控制方程；有限差分法；有限体积法；有限法

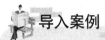

导入案例

用CFD软件模拟的喷气式飞机的外流场。不同颜色的区域流体参数不同，通过模拟可以很好地了解飞机在流场中的受力及飞机机身的受力，模拟结果可以指导飞机的设计生产。

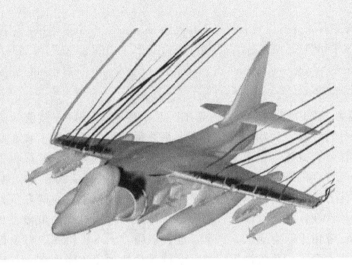

12.1 计算流体力学概述(Overview of CFD)

12.1.1 概述(Overview)

计算流体力学(Computational Fluid Dynamics，CFD)是随计算机软硬件的发展而衍生出来并迅速崛起的一门新型的交叉学科。广义的计算流体力学包括计算水动力学和计算空气动力学、计算燃烧学、计算传热学、计算化学反应等。一般来说，计算流体力学是应用计算机和流体力学的知识对流体在特定条件下的流动特性进行模拟，用数值计算方法求解流动**控制方程**(governing equation)以发现各种流动现象规律的科学，或者用数值计算方法求解流动控制方程以辅助与流动有关的工程设计的技术。其内容涉及计算机科学、流体力学、偏微分方程的数学理论、数值分析等知识。求解流动控制方程的过程称为**解流场**(solution of a flow)。计算流体力学还包括对数值方法导致的误差及其影响误差的因素进行评估，如数值边界条件的超定所造成的收敛性和稳定性问题。此外，流场计算时的前后处理问题也属于计算流体力学的范畴，前处理(pre-process)即计算网格的划分，一般要流场计算人员自己完成，然后才可进入离散方程的求解；后处理(post-process)则将大量的计算数据信息用图像表格给出。目前，后处理一般可利用商用软件来完成，只要将数据格式按所用软件来完成，则相应的前后处理也由该软件完成。归结起来，计算流体力学的要素包括：控制方程及其离散化、网格划分、控制方程的数值解法和结果的可视化。

在计算流体力学出现之前，实验流体力学(experimental fluid dynamics)和理论流体力学(theoretical fluid dynamics)已经建立起来并得到了充分的发展。实验流体力学的基础建立于 17 世纪的法国和英国，理论流体力学是在 18 世纪和 19 世纪的欧洲逐渐发展起来的，而计算流体力学技术约始于 20 世纪 60 年代，其起始的驱动力是航空领域的需要。今天，理论流体力学、实验流体力学和计算流体力学是流体力学中优势互补的三大组成部分，计算流体力学在流体力学的理论研究和相关工程设计中的作用越来越突出。

> CFD is today an equal partner with pure theory and pure experiment ("the two-approach world") in the analysis and solution of fluid dynamics, i. e., CFD contributes a new "third approach" in the philosophy study and development of the whole discipline of fluid dynamics.

CFD 软件诞生于 20 世纪 70 年代的美国。几十年来，CFD 在数值算法、网格生成技术、湍流模型、并行计算、流动可视化等方面都取得了飞速的发展。现在用直接数值模拟和大涡模拟的方法研究流体力学多年来的重大难题——湍流问题，并取得了重大进展，使人们加深了对湍流机理的理解和认识。计算流体力学技术更成为流体工程设计的重要手段，通过计算流体力学模拟，可以分析并显示流体流动过程中发生的现象，及时预测流体在模拟区域的流动性能，并通过改变各种参数，可得到相应过程的最佳设计参数。计算流体力学技术已广泛应用于航空航天、汽车工业、船舶、土木、机械、石油化工等领域的工程设计中，给工业界带来了革命性的变化。这种革命性的变化体现在，与传统的实验模型设计相比，运用计算流体力学技术的设计具有极大的优势，可以极大地缩小实验规模，降低研发时间和成本，并能得到可靠的模拟结果。尤其近十年来，计算机的计算速度和存储能力已有大幅度的提高，而计算机的硬件成本反而急剧下降。很多工程技术人员都能够很容易地使用计算机工作平台，因而计算流体力学在一般工程设计中也得到了越来越广泛的应用。

> CFD is interdisciplinary, cutting across the fields of aerospace, mechanical, civil, chemical, and even electrical engineering, as well as physics and chemistry.

> The advent of the high-speed digital computer combined with the development of accurate numerical algorithms for solving physical problems on theses computers has revolutionized the way we study and practice fluid dynamics today.

具体而言，计算流体力学具有如下独特的优势：①可以为研究人员提供实验室难以得到的非常全面和详细的流体流动、传热传质等过程，以便作全面的分析；②在数值模拟实验中，实验的条件和参数可以很容易改变和满足；③可以用于很难进行实验的场合，例如高温、高压等危险环境中的流动和传热测量。

基于计算流体力学技术的上述优点，对于工科的学生而言，有必要掌握计算流体力学的一些基础知识，以便能对工程项目起到一定的指导作用。

12.1.2　计算流体力学研究的基本思路与方法(Basic Thought and Methods of CFD)

计算流体力学研究的是一个较为复杂的过程，为了便于理解，可以将整个求解过程划分为几个部分，而整个求解过程同其他如传热、结构力学等问题的数值模拟过程一致，其研究的基本思路与求解过程如流程图 12.1 所示。

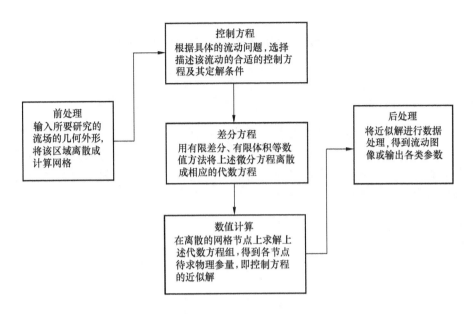

图 12.1 CFD 基本求解过程

首先将研究对象进行合理简化和抽象，得到一个正确的**物理模型**(physical models)，然后将这个物理模型用数学语言描述出来，确定能够描述对象流动参量连续变化的微分方程组。流动现象的物理模型就是质量守恒定律(连续性方程)、动量守恒定律(粘性流体的运动方程)和能量守恒定律(能量方程)。微分形式的连续性方程、粘性流体的运动方程(通常指 N-S 方程)在第 6 章中已经给出，微分形式的能量方程将在 12.2 节中给出。这三大方程统称为**控制方程**(governing equations)。

而后，确定物理问题的计算区域和**边界条件**(boundary conditions)。现在计算流体力学已有能力求解复杂边界的流动。适当地选择边界条件，包括边界位置的选择，对使用 CFD 准确地反映流动对象也是至关重要的。

第三步是对计算区域进行离散，用一系列的**网格节点**(grid points)或子域来代替求解区域。区域离散化的过程通常叫做**网格生成**(grid generation)技术。网格生成技术是计算流体力学发展的一个重要分支，对非常复杂的几何形状问题，网格生成所需的人力时间占全部人力时间的 60%，网格品质的好坏直接关系到计算结果的精度。

第四步是通过离散化方法对连续变化的参量用离散空间和时间的值来表示，建立起离散值的关系，使微分方程组转变成代数方程组的形式。

第五步是选择合适的数值计算方法求解代数方程组，编写和调试程序，从而获得物理场的近似解。

最后一步是后处理，对流体的速度场、压力场、温度场及其他参数予以分析，用计算机进行可视化和动画处理。CFD 程序能产生大量数据，若仅仅以数据形式输出，要从成千上万个数字中发现有价值的重要数据是非常困难的，甚至是不可能的。因此，图像和动画输出是一种非常有效的方法，它能迅速地反映 CFD 技术产生的大量信息，既经济、直观，又有效地显示计算结果的关键或重点。常用的图像显示手段有矢量图、等高线图、分布图等。

12.2 控制方程(Governing Equations)

12.2.1 概述(Overview)

控制方程根据分析问题的需要分为两种形式：**保守形式**(conservation form)和**非保守形式**(nonconservation form)。在 CFD 出现以前，两种形式没有任何区别，它们只是同一个问题的两种不同的表述形式而已，但是随着 CFD 技术的发展，保守形式的控制方程在编程方面的优越性便凸现出来。

1. 非保守形式的控制方程

$$\frac{\mathrm{D}\rho}{\mathrm{D}t}+\rho\nabla\cdot\vec{V}=0 \tag{12-1}$$

$$\begin{cases} \rho\dfrac{\mathrm{D}u_x}{\mathrm{D}t}=\rho f_x-\dfrac{\partial p}{\partial x}+\dfrac{\partial \tau_{xx}}{\partial x}+\dfrac{\partial \tau_{yx}}{\partial y}+\dfrac{\partial \tau_{zx}}{\partial z} \\[4pt] \rho\dfrac{\mathrm{D}u_y}{\mathrm{D}t}=\rho f_y-\dfrac{\partial p}{\partial y}+\dfrac{\partial \tau_{xy}}{\partial x}+\dfrac{\partial \tau_{yy}}{\partial y}+\dfrac{\partial \tau_{zy}}{\partial z} \\[4pt] \rho\dfrac{\mathrm{D}u_z}{\mathrm{D}t}=\rho f_z-\dfrac{\partial p}{\partial z}+\dfrac{\partial \tau_{xz}}{\partial x}+\dfrac{\partial \tau_{yz}}{\partial y}+\dfrac{\partial \tau_{zz}}{\partial z} \end{cases} \tag{12-2}$$

$$\begin{aligned}\rho\frac{\mathrm{D}}{\mathrm{D}t}\left(e+\frac{V^2}{2}\right)=&\rho\dot{q}+\frac{\partial}{\partial x}\left(k\frac{\partial T}{\partial x}\right)+\frac{\partial}{\partial y}\left(k\frac{\partial T}{\partial y}\right)+\frac{\partial}{\partial z}\left(k\frac{\partial T}{\partial z}\right)\\ &-\frac{\partial(u_x p)}{\partial x}-\frac{\partial(u_y p)}{\partial y}-\frac{\partial(u_z p)}{\partial z}+\frac{\partial(u_x \tau_{xx})}{\partial x}\\ &+\frac{\partial(u_x \tau_{yx})}{\partial y}+\frac{\partial(u_x \tau_{zx})}{\partial z}+\frac{\partial(u_y \tau_{xy})}{\partial x}+\frac{\partial(u_y \tau_{yy})}{\partial y}\\ &+\frac{\partial(u_y \tau_{zy})}{\partial z}+\frac{\partial(u_z \tau_{xz})}{\partial x}+\frac{\partial(u_z \tau_{yz})}{\partial y}+\frac{\partial(u_z \tau_{zz})}{\partial z}+\rho\vec{f}\cdot\vec{V}\end{aligned} \tag{12-3}$$

连续性方程(12-1)是由式(6-2)经变化得到的，即

$$\frac{\partial \rho}{\partial t}+\nabla\cdot(\rho\vec{V})=\frac{\partial \rho}{\partial t}+(\vec{V}\cdot\nabla)\rho+\rho\nabla\cdot\vec{V}=\frac{\mathrm{D}\rho}{\mathrm{D}t}+\rho\nabla\cdot\vec{V}=0$$

运动方程式(12-2)是由式(6-17)代入式(6-14)式得到的。式(12-3)是粘性流体能量方程的微分形式，式中 e 为单位质量流体的**内能**(internal energy per unit mass)；$\dot{q}$ 为单位质量流体的**传热量**(the rate of volumetric heat addition per unit mass)；k 为导热系数(thermal conductivity)；T 为温度。微分形式的能量方程的引入，是为了求解流体的温度分布。式(12-3)的推导本书从略。

2. 保守形式的控制方程

$$\frac{\partial \rho}{\partial t}+\nabla\cdot(\rho\vec{V})=0 \tag{12-4}$$

$$\begin{cases} \dfrac{\partial(\rho u_x)}{\partial t}+\nabla\cdot(\rho u_x\vec{V})=\rho f_x-\dfrac{\partial p}{\partial x}+\dfrac{\partial \tau_{xx}}{\partial x}+\dfrac{\partial \tau_{yx}}{\partial y}+\dfrac{\partial \tau_{zx}}{\partial z} \\ \dfrac{\partial(\rho u_y)}{\partial t}+\nabla\cdot(\rho u_y\vec{V})=\rho f_y-\dfrac{\partial p}{\partial y}+\dfrac{\partial \tau_{xy}}{\partial x}+\dfrac{\partial \tau_{yy}}{\partial y}+\dfrac{\partial \tau_{zy}}{\partial z} \\ \dfrac{\partial(\rho u_z)}{\partial t}+\nabla\cdot(\rho u_z\vec{V})=\rho f_z-\dfrac{\partial p}{\partial z}+\dfrac{\partial \tau_{xz}}{\partial x}+\dfrac{\partial \tau_{yz}}{\partial y}+\dfrac{\partial \tau_{zz}}{\partial z} \end{cases} \quad (12-5)$$

$$\begin{aligned}&\frac{\partial}{\partial t}\left[\rho\left(e+\frac{V^2}{2}\right)\right]+\nabla\cdot\left[\rho\left(e+\frac{V^2}{2}\right)\vec{V}\right]=\rho\dot{q}+\frac{\partial}{\partial x}\left(k\frac{\partial T}{\partial x}\right)+\frac{\partial}{\partial y}\left(k\frac{\partial T}{\partial y}\right)+\frac{\partial}{\partial z}\left(k\frac{\partial T}{\partial z}\right)\\ &-\frac{\partial(u_x p)}{\partial x}-\frac{\partial(u_y p)}{\partial y}-\frac{\partial(u_z p)}{\partial z}+\frac{\partial(u_x \tau_{xx})}{\partial x}\\ &+\frac{\partial(u_x \tau_{yx})}{\partial y}+\frac{\partial(u_x \tau_{zx})}{\partial z}+\frac{\partial(u_y \tau_{xy})}{\partial x}+\frac{\partial(u_y \tau_{yy})}{\partial y}\\ &+\frac{\partial(u_y \tau_{zy})}{\partial z}+\frac{\partial(u_z \tau_{xz})}{\partial x}+\frac{\partial(u_z \tau_{yz})}{\partial y}+\frac{\partial(u_z \tau_{zz})}{\partial z}+\rho\vec{f}\cdot\vec{V}\end{aligned} \quad (12-6)$$

对于理想流体，不考虑流体的粘性，运动方程简化为欧拉方程，其非保守形式为

$$\left. \begin{aligned} \rho\frac{Du_x}{Dt}&=\rho f_x-\frac{\partial p}{\partial x}\\ \rho\frac{Du_y}{Dt}&=\rho f_y-\frac{\partial p}{\partial y}\\ \rho\frac{Du_z}{Dt}&=\rho f_z-\frac{\partial p}{\partial z} \end{aligned} \right\} \quad (12-7)$$

保守形式为

$$\begin{cases} \dfrac{\partial(\rho u_x)}{\partial t}+\nabla\cdot(\rho u_x\vec{V})=\rho f_x-\dfrac{\partial p}{\partial x}\\ \dfrac{\partial(\rho u_y)}{\partial t}+\nabla\cdot(\rho u_y\vec{V})=\rho f_y-\dfrac{\partial p}{\partial y}\\ \dfrac{\partial(\rho u_z)}{\partial t}+\nabla\cdot(\rho u_z\vec{V})=\rho f_z-\dfrac{\partial p}{\partial z} \end{cases} \quad (12-8)$$

非保守形式的能量方程为

$$\rho\frac{D}{Dt}\left(e+\frac{V^2}{2}\right)=\rho\dot{q}-\frac{\partial(u_x p)}{\partial x}-\frac{\partial(u_y p)}{\partial y}-\frac{\partial(u_z p)}{\partial z}+\rho\vec{f}\cdot\vec{V} \quad (12-9)$$

保守形式的能量方程为

$$\frac{\partial}{\partial t}\left[\rho\left(e+\frac{V^2}{2}\right)\right]+\nabla\cdot\left[\rho\left(e+\frac{V^2}{2}\right)\vec{V}\right]=\rho\dot{q}-\frac{\partial(u_x p)}{\partial x}-\frac{\partial(u_y p)}{\partial y}-\frac{\partial(u_z p)}{\partial z}+\rho\vec{f}\cdot\vec{V}$$

$$(12-10)$$

值得注意的是，在计算流体力学领域，N-S方程并不仅仅指不可压缩流体的运动方程，而是广义地指整个控制方程，即包含连续性方程、粘性流体运动方程和能量方程。同理欧拉方程在计算流体力学领域泛指连续性方程、理想流体的运动方程和能量方程。

> In the CFD literature, a "Navier-Stakes solution" simply means a solution of a viscous flow problem using the full governing equations.

3. 保守形式控制方程的优点

保守形式和非保守形式控制方程的划分是随着现代 CFD 的发展而变得重要的，其原因是保守形式控制方程更适合 CFD 的编程和应用。保守形式控制方程可以将连续性方程、运动方程和能量方程用同一个方程来表达，因此给计算机编程带来了极大的方便。下面说明其原由。

> The conservation form of the governing equations provides a numerical and computer programming convenience in that the continuity, momentum, and energy equations in conservation form can all be expressed by the same generic equation.

观察保守形式控制方程等号的左端，均有一个**散度项**(divergence form)，这些散度项可以解释为流体的某物理参数的**通量**(flux)，它们分别是

$\rho \vec{V}$　　　　　　　　　　　质量的通量

$\rho u_x \vec{V}$　　　　　　　　　　x 轴方向动量的通量

$\rho u_y \vec{V}$　　　　　　　　　　y 轴方向动量的通量

$\rho u_z \vec{V}$　　　　　　　　　　z 轴方向动量的通量

$\rho e \vec{V}$　　　　　　　　　　内能的通量

$\rho\left(e+\dfrac{V^2}{2}\right)\vec{V}$　　　　　　　总能量的通量

下面来进一步地考虑保守形式控制方程式(12-4)～式(12-6)，可以用式(12-11)来统一表达控制方程式(12-4)～式(12-6)。

$$\frac{\partial \vec{U}}{\partial t}+\frac{\partial \vec{F}}{\partial x}+\frac{\partial \vec{G}}{\partial y}+\frac{\partial \vec{H}}{\partial z}=\vec{J} \tag{12-11}$$

式(12-11)中，$\vec{U}$、$\vec{F}$、$\vec{G}$、$\vec{H}$ 和 $\vec{J}$ 分别是如下列向量

$$\vec{U}=\begin{Bmatrix}\rho \\ \rho u_x \\ \rho u_y \\ \rho u_z \\ \rho\left(e+\dfrac{V^2}{2}\right)\end{Bmatrix} \tag{12-12}$$

$$\vec{F}=\begin{Bmatrix}\rho u_x \\ \rho u_x^2+p-\tau_{xx} \\ \rho u_y u_x-\tau_{xy} \\ \rho u_z u_x-\tau_{xz} \\ \rho\left(e+\dfrac{V^2}{2}\right)u_x+pu_x-k\dfrac{\partial T}{\partial x}-u_x\tau_{xx}-u_y\tau_{xy}-u_z\tau_{xz}\end{Bmatrix} \tag{12-13}$$

$$\vec{G} = \begin{cases} \rho u_y \\ \rho u_x u_y - \tau_{yx} \\ \rho u_y^2 + p - \tau_{yy} \\ \rho u_z u_y - \tau_{yz} \\ \rho\left(e + \dfrac{V^2}{2}\right)u_z + pu_y - k\dfrac{\partial T}{\partial y} - u_x\tau_{yx} - u_y\tau_{yy} - u_z\tau_{yz} \end{cases} \quad (12-14)$$

$$\vec{H} = \begin{cases} \rho u_z \\ \rho u_x u_z - \tau_{zx} \\ \rho u_y u_z - \tau_{zy} \\ \rho u_z^2 + p - \tau_{zz} \\ \rho\left(e + \dfrac{V^2}{2}\right)u_z + pu_z - k\dfrac{\partial T}{\partial z} - u_x\tau_{zx} - u_y\tau_{zy} - u_z\tau_{zz} \end{cases} \quad (12-15)$$

$$\vec{J} = \begin{cases} 0 \\ \rho f_x \\ \rho f_y \\ \rho f_z \\ \rho(u_x f_x + u_y f_y + u_z f_z) + \rho \dot{q} \end{cases} \quad (12-16)$$

在式(12-11)中，$\vec{F}$、$\vec{G}$ 和 $\vec{H}$ 分别称为**通量项**(flux terms)或者**通量向量**(flux vectors)，$\vec{J}$ 称为**源项**(source terms)，如果体积力和**体积热**(volumetric heating)可以忽略，则源项为零。$\vec{U}$ 称为**解向量**(solution vector)。显然，分别将列向量 $\vec{U}$、$\vec{F}$、$\vec{G}$、$\vec{H}$ 和 $\vec{J}$ 中的第一项代入式(12-11)，就得到了连续性方程，分别将列向量 $\vec{U}$、$\vec{F}$、$\vec{G}$、$\vec{H}$ 和 $\vec{J}$ 中的第二项代入式(12-11)，便得到了 x 方向的运动方程，分别将列向量 $\vec{U}$、$\vec{F}$、$\vec{G}$、$\vec{H}$ 和 $\vec{J}$ 中的最后一项代入式(12-11)，就得到了能量方程。

如果式(12-11)中 $\partial \vec{U}/\partial t \neq 0$，则为非稳定流动问题。对于非稳定流动，将式(12-11)变形为

$$\frac{\partial \vec{U}}{\partial t} = \vec{J} - \frac{\partial \vec{F}}{\partial x} - \frac{\partial \vec{G}}{\partial y} - \frac{\partial \vec{H}}{\partial z} \quad (12-17)$$

为了求解解向量 $\vec{U}$，将(12-17)式离散化，采用**时间步长法**(time-marching solution)，逐步求取数值解。在这种情况下，式(12-17)右边的 $\vec{J}$ 和空间导数在前一步中已获得，是已知的。**因变量**(dependent variables) ρ、u_x、u_y、u_z 和 e 等根据式(12-12)中的关系求得。

如果式(12-11)中 $\partial \vec{U}/\partial t = 0$，则为稳定流动问题。对于稳定流动，将式(12-11)变形为

$$\frac{\partial \vec{F}}{\partial x} = \vec{J} - \frac{\partial \vec{G}}{\partial y} - \frac{\partial \vec{H}}{\partial z} \quad (12-18)$$

在这种情况下，将 $\vec{F}$ 视为解向量，将式(12-18)离散化，采用**空间步长法**(spatially-marching solution)，逐步求解。此时等号右边的 $\vec{J}$ 和空间导数必须已知，也就是在前一步中已获得。

在求解控制方程时,如果未知量多于方程的数量,则方程组不封闭,此时必须引入其他方程使方程组封闭,比如对于气体,引入气体状态方程。

12.2.2 边界条件(Boundary Conditions)

不管流体绕过飞机流动,还是管道中的有压流动,任何流动都遵循控制方程,但是不同情况下的流动又明显不同,为什么同样方程控制的流动会出现不同的结果呢?答案是它们的边界条件不同。边界条件,有时还包括**初始条件**(initial conditions),决定了同样的方程具有不同的解。

> The boundary conditions, and sometimes the initial conditions, dictate the particular solutions to be obtained from the governing equations.

所谓边界条件是指在流动的求解域的边界上所求解变量或其一阶导数随时间或地点的变化规律。比如流体与固体接触面上的已知条件,流动上游无限远处的已知条件,自由表面的已知条件等。所谓初始条件是指流动区域内各计算点的所有待求变量的初值。初始条件只在非稳态问题中需要给出,对于稳态问题,不需要初始条件。在控制方程确定的条件下,流场的解便由边界条件决定。

> Once we have the governing flow equations, then the real driver for any particular solution is the boundary conditions.

CFD 的基本边界条件包括:壁面条件;流动进口条件;流动出口条件;给定压力边界;对称边界;周期性(循环)边界。

不同的 CFD 文献,对边界条件的划分不尽相同。在复杂的流动中,还经常见到内部表面边界,如风机的叶片等。

下面给出几个具体的边界条件。对于粘性流体,由于粘性的存在,在流体与固体边界的接触面上,认为流体与固体边界面之间没有相对运动,就好像流体被粘在固体壁面上,如果壁面静止,则在壁面上流体的速度为零,即

$$u_x = u_y = u_z = 0 \tag{12-19}$$

这个边界条件称为**无滑移条件**(no-slip condition)。

同样,在壁面上,流体的温度 T 等于壁面 T_w 的温度,即

$$T = T_w \tag{12-20}$$

对于理想流体,由于没有粘性,流体壁面间存在相对运动,如果壁面无孔隙,则不存在流体穿过壁面流出的情况,因此在壁面处流体的速度必然与壁面平行,即

$$\vec{V} \perp \vec{n} \quad \text{或} \quad \vec{V} \cdot \vec{n} = 0 \tag{12-21}$$

式中:$\vec{n}$ 代表壁面的法线方向,为单位法线矢量。

12.2.3 控制方程的数学特性(Mathematical Behavior of Governing Equations)

在研究控制方程的数值解法之前,先来探究一下控制方程本身的数学特性是有益的。在 12.2.1 节给出的控制方程中,最高阶导数都是线性的,最高阶导数不存在幂指数,也不存在导数的乘积,它们都以自身的形式存在,只是和以因变量为函数的系数相乘,称这样的方程为**准线性方程**(quasi-linear system)。

限于篇幅,在这里不加证明地指出,准线性偏微分方程按其数学特性可以分为**双曲线**

型(hyperbolic)、**抛物线型**(parabolic)、**椭圆型**(elliptic)或它们的混合型。也就是说在计算流体力学中,控制方程可划分为双曲线型、抛物线型、椭圆型或它们的混合型。这样划分有什么好处呢？答案是不同类型的控制方程对应不同物理特性的流动,对应着不同的数值解法,这些解法是方便易行的。比如稳态理想流体的超音速流、非稳态理想流体流动,其控制方程是双曲线型的；稳态边界层流动、非稳态热传导的控制方程为抛物线型；而稳态理想流体的超音速流、不可压缩理想流体流动的控制方程为椭圆型。对于双曲线型和抛物线型的控制方程,可以建立一种"逐步求解"的数值解法(marching solution),但这种解法对椭圆型的控制方程却不适用。

> The governing equations can be classified as either hyperbolic, parabolic, or elliptic.

> Each type of the governing equations have different mathematical behaviors, and these reflect different physical behaviors of the flow fields as well. In turn, this implies that different computational methods should be used for solving equations associated with the different classifications.

至于什么样的偏微分方程是双曲线型、抛物线型或椭圆型,以及它们的特性和数值解法,这里不作深入讨论,读者可参阅有关 CFD 的专门文献。

12.2.4 控制方程的离散化(Discretization of Governing Equations)

对于在求解域所建立起来的控制方程,理论上存在真解,或称精确解或**解析解**(analytical solutions)。但是由于流动的复杂性,比如复杂的边界条件、控制方程本身的复杂性等,很难获得控制方程的真解。在计算流体力学中,采用数值计算的方法将计算域内有限数量的位置,即**网格节点**(grid points)上的**因变量**(dependent variables)当作未知量来处理,从而建立一组关于这些未知量的代数方程,然后通过求解代数方程组来得到这些节点值,而计算域内其他位置上的值则根据节点位置上的值来确定。这样,控制方程定解问题的数值解法可以分成两个阶段。首先,用网格线将连续的计算域划分为有限离散点集,并选取适当的途径将控制方程及其定解条件转化为网格节点上相应的代数方程组,即离散方程组；然后在计算机上利用程序求解离散方程组,得到节点上的解。节点之间的近似解,一般认为是光滑变化的,原则上可根据插值方法确定,从而得到整个计算域上的近似解。这样,利用变量离散分布近似解代替了定解问题的精确连续数据,这种方法称为离散近似。可以预料,当网格划分很密时,离散的近似解将趋于相应控制方程的精确解。

除了对空间进行离散化处理外,对于瞬态问题,还需要对时间进行离散化,即将求解对象分解为若干时间步进行处理。

> Discretization is the process by which a closed—form mathematical expression, such as a function or a differential or integral equation involving functions, all of which are viewed as having an infinite continuum of values throughout some domain, is approximated by analogous (but different) expressions which prescribe values at only a finite number of discrete points or volumes in the domain.

> In contrast to analytical solutions, numerical solutions can give answers at only discrete points in the domain, called grid points.

网格是离散的基础,网格节点是离散化的物理量的存储位置,网格在离散过程中起着重要的作用。一个网格称为一个单元，一般情况下，在二维问题中有三角形单元和四边形单元，在三维问题中有四面体、六面体、棱锥体和楔形体等单元。

到目前为止，常用的离散化的方法有**有限差分法**(finite difference method，FDM)，**有限元法**(finite element method，FEM)和**有限体积法**(finite volume method，FVM)。不同的离散化方法，对网格的要求和使用方式不同。表面上看来一样的网格布局，当采用不同的离散化方法时，网格和节点具有不同的含义和作用。例如，对于有限元法，将物理量存储在真实的网格节点上，将单元看成是由周边节点及形函数构成的统一体；而有限体积法往往将物理量存储在网格单元的中心点上，而将单元看成是围绕中心点的控制体积，或者在真实网格节点上定义和存储物理量，而在节点周围构造控制体积。

在 CFD 软件中，网格的划分是由前处理器完成的。

12.3　有限差分法(Method of Finite Differences)

12.3.1　有限差分法的概念(Aspects of Finite Differences)

有限差分法是用一组离散点上的数值来逼近微分方程的连续函数的精确解在该点的值，在这组离散值之间用差商来近似和代替导数，由此将微分方程近似地由一组代数方程表示出来，该代数方程称为差分方程，求解这组差分方程得到离散值，这些被认为是微分方程的近似解。由此，有限差分法的第一步是对求解区域进行离散，如求解热传导方程

$$\frac{\partial u}{\partial t}=a\frac{\partial^2 u}{\partial x^2}, \quad a>0, \quad u(0,x)=\varphi(x), \quad t\geqslant 0, \quad 0\leqslant x\leqslant L \quad (12-22)$$

要将求解区域划分为如图 12.2 所示的平面求解区域内的离散网格。又如求解拉普拉斯方程要在求解区域建立如图 12.3 所示的离散网格。

$$\begin{cases} \dfrac{\partial^2 u}{\partial x^2}+\dfrac{\partial^2 u}{\partial y^2}=0 \\ 0\leqslant x\leqslant 1, \quad 0\leqslant y\leqslant 1 \\ u(0,y)=\varphi_1(y), \quad u(1,y)=\varphi_3(y) \\ u(x,0)=\varphi_2(x), \quad u(x,1)=\varphi_4(x) \end{cases} \quad (12-23)$$

求解热传导方程式(12-22)时，将离散值标记为 u_j^n，如图 12.2 所示；求解拉普拉斯方程(12-23)时，将离散值标记为 $u_{i,j}$，如图 12.3 所示，接下来要利用泰勒展开式建立差

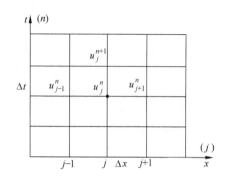

图 12.2　x-t 平面离散网络

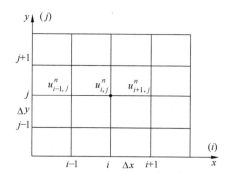

图 12.3　x-y 平面离散网络

商和微分之间的近似关系，最终建立起差分方程，按理说 u_j^n 或 $u_{i,j}$ 是离散值，不是连续函数，不能进行泰勒展开，但在建立差分方程时对 u_j^n 与连续函数 $u(n\Delta t, j\Delta x)$ 先不加区别，以后将指出它们的差别。于是有

$$u_j^{n+1} = u_j^n + \Delta t \left(\frac{\partial u}{\partial t}\right)_j^n + \frac{1}{2}\Delta t^2 \left(\frac{\partial^2 u}{\partial t^2}\right)_j^n + \frac{1}{6}\Delta t^3 \left(\frac{\partial^3 u}{\partial t^3}\right)_j^n + O(\Delta t^4) \qquad (12-24)$$

这是 u_j^{n+1} 对 u_j^n 展开。

$$u_j^n = u_j^{n+1} - \Delta t \left(\frac{\partial u}{\partial t}\right)_j^{n+1} + \frac{1}{2}\Delta t^2 \left(\frac{\partial^2 u}{\partial t^2}\right)_j^{n+1} - \frac{1}{6}\Delta t^3 \left(\frac{\partial^3 u}{\partial t^3}\right)_j^{n+1} + O(\Delta t^4) \qquad (12-25)$$

这是 u_j^n 对 u_j^{n+1} 展开，同样有

$$u_{j\pm1}^n = u_j^n \pm \Delta x \left(\frac{\partial u}{\partial t}\right)_j^n + \frac{1}{2}(\pm\Delta x)^2 \left(\frac{\partial^2 u}{\partial t^2}\right)_j^n + \frac{1}{6}(\pm\Delta x)^3 \left(\frac{\partial^3 u}{\partial t^3}\right)_j^n + O(\Delta x^4) \quad (12-26)$$

$$u_{j\pm1}^{n+1} = u_j^n + \left(\Delta t \frac{\partial}{\partial t} \pm \Delta x \frac{\partial}{\partial x}\right) u_j^n + \frac{1}{2}\left(\Delta t \frac{\partial}{\partial t} \pm \Delta x \frac{\partial}{\partial x}\right)^2 u_j^n + \frac{1}{6}\left(\Delta t \frac{\partial}{\partial t} \pm \Delta x \frac{\partial}{\partial x}\right)^3 u_j^n + O((\Delta t \pm \Delta x)^4)$$
$$(12-27)$$

这里

$$\frac{1}{2}\left(\Delta t \frac{\partial}{\partial t} \pm \Delta x \frac{\partial}{\partial x}\right)^2 u_j^n = \frac{1}{2}\left(\Delta t^2 \frac{\partial^2 u}{\partial t^2} \pm 2\Delta t \Delta x \frac{\partial^2 u}{\partial t \partial x} + \Delta x^2 \frac{\partial^2 u}{\partial x^2}\right)_j^n$$

$$u_{i\pm1,j} = u_{i,j} \pm \Delta x \left(\frac{\partial u}{\partial x}\right)_{i,j} + \frac{1}{2}(\pm\Delta x)^2 \left(\frac{\partial^2 u}{\partial x^2}\right)_{i,j} + \frac{1}{6}(\pm\Delta x)^3 \left(\frac{\partial^3 u}{\partial x^3}\right)_{i,j} + O(\Delta x^4)$$
$$(12-28)$$

$$u_{i,j\pm1} = u_{i,j} \pm \Delta y \left(\frac{\partial u}{\partial y}\right)_{i,j} + \frac{1}{2}(\pm\Delta y)^2 \left(\frac{\partial^2 u}{\partial y^2}\right)_{i,j} + \frac{1}{6}(\pm\Delta y)^3 \left(\frac{\partial^3 u}{\partial y^3}\right)_{i,j} + O(\Delta y^4),$$
$$(12-29)$$

$$u_{i\pm1,j\pm1} = u_{i,j} \left(\pm\Delta x \frac{\partial}{\partial x} \pm \Delta y \frac{\partial}{\partial y}\right) u_{i,j} + \frac{1}{2}\left(\pm\Delta x \frac{\partial}{\partial x} \pm \Delta y \frac{\partial}{\partial y}\right)^2 u_{i,j}$$
$$+ \frac{1}{6}\left(\pm\Delta x \frac{\partial}{\partial x} \pm \Delta y \frac{\partial}{\partial y}\right)^3 u_{i,j} + O((\pm\Delta x \pm \Delta y)^4), \qquad (12-30)$$

式中：O 表示函数的截断误差量级。

这样可建立在某一点导数和差分之间的逼近关系

时间项向前差分

$$\left(\frac{\partial u}{\partial t}\right)_j^n = \frac{u_j^{n+1} - u_j^n}{\Delta t} + O(\Delta t) \qquad (12-31)$$

向后差分

$$\left(\frac{\partial u}{\partial t}\right)_j^{n+1} = \frac{u_j^{n+1} - u_j^n}{\Delta t} + O(\Delta t) \qquad (12-32)$$

空间项向前差分

$$\left(\frac{\partial u}{\partial x}\right)_{i,j} = \frac{u_{i+1,j} - u_{i,j}}{\Delta x} + O(\Delta x) \qquad (12-33)$$

向后差分

$$\left(\frac{\partial u}{\partial x}\right)_{i,j} = \frac{u_{i,j} - u_{i-1,j}}{\Delta x} + O(\Delta x) \qquad (12-34)$$

中心差分

$$\left(\frac{\partial u}{\partial x}\right)_{i,j} = \frac{u_{i+1,j} - u_{i-1,j}}{2\Delta x} + O(\Delta x^2) \qquad (12-35)$$

二阶中心差分

$$\left(\frac{\partial^2 u}{\partial x^2}\right)_{i,j} = \frac{u_{i+1,j} - 2u_{i,j} + u_{i-1,j}}{\Delta x^2} + O(\Delta x^2) \qquad (12-36)$$

根据泰勒展开式和导数与差商的关系，可将热传导方程表示为

$$\frac{\partial u}{\partial t} - a\frac{\partial^2 u}{\partial x^2} = \frac{u_j^{n+1} - u_j^n}{\Delta t} - a\frac{u_{j+1}^n - 2u_j^n + u_j^{n-1}}{\Delta x^2} + \left[-\frac{\Delta t}{2}\left(\frac{\partial^2 u}{\partial t^2}\right)_j^n + \frac{\Delta x^2}{12}a\left(\frac{\partial^4 u}{\partial x^4}\right)_j^n + L\right] = 0 \qquad (12-37)$$

或表示为

$$\frac{\partial u}{\partial t} - a\frac{\partial^2 u}{\partial x^2} = \frac{u_j^{n+1} - u_j^n}{\Delta t} - a\frac{u_{j+1}^n - 2u_j^n + u_j^{n-1}}{\Delta x^2} + O(\Delta t, \Delta x^2) \qquad (12-38)$$

式（12-38）是将 u_j^n 等看作连续函数在该点值的情况下，微分方程与函数离散值之间的关系式，其中 $u_j^n = u(n\Delta t, j\Delta x)$，$u^{n+1} = u((n+1)\Delta t, j\Delta x)$，$u_{j+1}^n = u(n\Delta t, (j+1)\Delta x)$。如果舍去式（12-38）中的无穷小项，则有

$$\frac{u_j^{n+1} - u_j^n}{\Delta t} = a\frac{u_{j+1}^n - 2u_j^n + u_j^{n-1}}{\Delta x^2} \qquad (12-39)$$

式（12-39）即为热传导方程（12-22）在节点 $\binom{n}{j}$ 建立的差分方程，对比式（12-39）与式（12-38）可见，差分方程与微分方程之间有截断误差。

12.3.2 相容性、收敛性和稳定性（Consistency, Stability and Convergence）

差分方程可以由许多方法构造，但最重要的是泰勒展开法，其原因是泰勒展开法可用来验证差分方程的精度。差分方程中的所有离散值在同一节点展开，因为微分方程和差分方程都是对某一点建立的。

建立差分方程后，微分方程和差分方程之间以及差分方程本身要满足 3 个条件才有可能使得从差分方程得到的解作为微分方程的近似解。这 3 个条件为：差分方程要与微分方程相容；差分方程的解要收敛于微分方程的精确解；差分方程的计算要稳定。

1. 相容性

记 $L(u) = \frac{\partial u}{\partial t} - a\frac{\partial^2 u}{\partial x^2}$ 为微分算子，$L_h(u_j^n) = \frac{u_j^{n+1} - u_j^n}{\Delta t} - a\frac{u_{j+1}^n - 2u_j^n + u_j^{n-1}}{\Delta x^2}$ 为差分算子，于是有

$$L(u) = L_h(u_j^n) + O(u_j^n), \qquad (12-40)$$

式中：$O(u_j^n)$ 表示截断误差，微分方程与差分方程之间的误差即为此截断误差。若有

$$\lim_{\Delta t \to 0, \Delta x \to 0}(L(u) - L_h(u_j^n)) = \lim_{\Delta t \to 0, \Delta x \to 0}O(u_j^n) = 0 \qquad (12-41)$$

则认为方程与微分方程相容，即差分方程为对应微分方程的近似方程。

2. 收敛性

设微分方程式（12-1）的精确解为 $A = u(n\Delta t, j\Delta x)$，差分方程式（12-39）的无限位字长的精确解为 $D = u_j^n$，有限位字长的数值解为 N，则离散误差等于 $A - D$，舍入误差等于

$D-N$。

差分方程的收敛性是指差分方程的精确解要收敛逼近于微分方程的精确解,即离散误差要趋向于零。解差分方程的目的是为了使差分解收敛于精确解,但由于微分方程定解问题的精确解一般是不知道的,同时无限字长的计算设备是不存在的,这样,收敛性问题就变得不够明确了。

3. 稳定性

实际的问题是有限字长的计算机求得的差分数值解要收敛于精确解。有限字长的计算设备求得的差分解与无限字长计算设备求得的差分解是有差别的,但它们的解都应是逼近于精确解的。差分方程具有与设备无关的性质,对它的求解应该是稳定的。所谓稳定性问题是指差分方程计算中对舍入误差干扰的稳定程度,而舍入误差总是存在的,注意它是由存储单元的字长引起的。

从字面上看,稳定性问题与收敛性问题是两类不同的问题,但实际上它们具有内在的联系,Lax 等价定义指出一个线性的初值问题,若满足相容性条件的差分方程,则稳定性是收敛性的充要条件。对大部分的方程和计算问题,在收敛性问题不明确的情况下,人们往往从稳定性的证明上想办法,将具有稳定性的差分格式用于一个定解问题的计算,而跳过了对收敛性的研究(或实际上是难于进行研究的)。获得的计算结果就认为是定解问题的解,当然这样做有时会成功,有时会产生非物理解。

12.4 模型方程的差分格式(Discretization Schemes of Model Equations)

模型方程是流体力学方程的细胞和基因,计算流体力学的研究都是从这些模型方程的格式研究开始的。模型方程是从物理方程提炼而成的,它能够反映物理问题的最基本特征,且便于进行理论分析。满足相容性条件的模型方程的差分格式有以下几种。

12.4.1 波动方程(Fluctuation Equations)

1. 迎风格式(upwind scheme)

$$\frac{u_j^{n+1}-u_j^n}{\Delta t}+c\frac{u_j^n-u_{j-1}^n}{\Delta x}=0,\quad c>0,\quad O(\Delta t,\Delta x) \tag{12-42}$$

其稳定性条件为:$0\leqslant v=\frac{c\Delta t}{\Delta x}\leqslant 1$,$v$ 为柯朗数(courant friedrichs lewy)。

2. 拉克斯格式(Lax scheme)

$$\frac{u_j^{n+1}-\frac{u_{j+1}^n+u_{j-1}^n}{2}}{\Delta t}+c\frac{u_{j+1}^n-u_{j-1}^n}{2\Delta x}=0,\quad c>0,\quad O(\Delta t,\Delta x^2) \tag{12-43}$$

稳定性条件也是柯朗数小于 1,或 $|v|=\left|\frac{c\Delta t}{\Delta x}\right|\leqslant 1$。若把式(12-42)、式(12-43)表述为求解计算格式,则有

迎风格式： $u_j^{n+1} = u_j^n - v(u_j^n - u_{j-1}^n) = u_{j-1}^n + (1-v)u_j^n$ (12 - 44)

拉克斯格式： $u_j^{n+1} = \dfrac{1}{2}(u_{j+1}^n + u_{j-1}^n) - \dfrac{1}{2}v(u_{j+1}^n - u_{j-1}^n)$

$$= \dfrac{1}{2}(1+v)u_{j-1}^n + \dfrac{1}{2}(1-v)u_j^n \quad (12-45)$$

由式(12-44)和式(12-45)可以看出，下一时间层的值 u_j^{n+1} 是从上一时间层的值 u_j^n 显式求出的，因而称为显式格式。

3. 隐式格式(implicit scheme)

$$\dfrac{u_j^{n+1} - u_j^n}{\Delta t} + c \dfrac{u_{j+1}^{n+1} - u_{j-1}^{n+1}}{2\Delta x} = 0, \quad c > 0, \quad O(\Delta t, \Delta x^2) \quad (12-46)$$

把式(12-46)写成计算式

$$-\dfrac{1}{2}v u_{j-1}^{n+1} + u_j^{n+1} + \dfrac{1}{2}v u_{j+1}^{n+1} = u_j^n \quad (12-47)$$

显然式(12-47)需求解 3 对角线方程组，是"隐"式的解法，故称为二层隐式单步格式。

4. 拉克斯-文多夫格式(Lax-Wendroff scheme)

该格式直接用计算式给出

$$u_j^{n+1} = u_j^n - \dfrac{v}{2}(u_{j+1}^n - u_{j-1}^n) + \dfrac{v^2}{2}(u_{j+1}^n - 2u_j^m + u_{j-1}^n) \quad (12-48)$$

这个差分格式对差分方程而言，截断误差是 $O(\Delta t^2, \Delta x^2)$，即有二阶精度。

12.4.2 热传导方程(Equations of Heat Conduction)

简单显式格式与计算式为

$$\left. \begin{aligned} \dfrac{u_j^{n+1} - u_j^n}{\Delta t} &= a \dfrac{u_{j+1}^n - 2u_j^n + u_{j-1}^n}{\Delta x^2} + O(\Delta t, \Delta x^2) \\ u_j^{n+1} &= u_j^n - v(u_{j+1}^n - 2u_j^n + u_{j-1}^n), \quad v = \dfrac{a\Delta t}{\Delta x^2} \end{aligned} \right\} \quad (12-49)$$

简单隐式格式与计算式为

$$\left. \begin{aligned} \dfrac{u_j^{n+1} - u_j^n}{\Delta t} &= a \dfrac{u_{j+1}^{n+1} - 2u_j^{n+1} + u_{j-1}^{n+1}}{\Delta x^2} + O(\Delta t, \Delta x^2) \\ -v u_{j-1}^{n+1} + (1+2v)u_j^{n+1} - v u_{j+1}^{n+1} &= u_j^n \end{aligned} \right\} \quad (12-50)$$

克朗科—尼克松格式(Crank-Nicolson scheme)与计算式为

$$\left. \begin{aligned} \dfrac{u_j^{n+1} - u_j^n}{\Delta t} &= \dfrac{a}{2}\left(\dfrac{u_{j+1}^{n+1} - 2u_j^{n+1} + u_{j-1}^{n+1}}{\Delta x^2} + \dfrac{u_{j+1}^n - 2u_j^n + u_{j-1}^n}{\Delta x^2}\right) + O(\Delta t^2, \Delta x^2) \\ -\dfrac{v}{2}u_{j-1}^{n+1} + (1+v)u_j^{n+1} - \dfrac{v}{2}u_{j+1}^{n+1} &= \dfrac{v}{2}u_{j-1}^n + (1-v)u_j^n + \dfrac{v}{2}u_{j+1}^n \end{aligned} \right\} \quad (12-51)$$

12.4.3 无粘性伯格斯方程(Burgers Inviscid Equations)

无粘性伯格斯(Burgers)差分方程的差分格式通常用守恒型方程给出，而它的稳定性分析用非守恒型方程进行。

迎风格式为

$$\frac{u_j^{n+1}-u_j^n}{\Delta t}+\frac{f_j^n-f_{j-1}^n}{\Delta x}=0+O(\Delta t,\ \Delta x) \tag{12-52}$$

拉克斯格式为

$$u_j^{n+1}=\frac{u_{j+1}^n+u_{j-1}^n}{2}-\frac{\Delta t}{\Delta x}\frac{f_{j+1}^n-f_{j-1}^n}{2}=0+O(\Delta t,\ \Delta x^2) \tag{12-53}$$

拉克斯-文多夫格式根据泰勒展开式为

$$u(t+\Delta t,\ x)=u(t,\ x)+\Delta t\left(\frac{\partial u}{\partial t}\right)_j^n+\frac{\Delta t^2}{2}\left(\frac{\partial^2 u}{\partial t^2}\right)_j^n+O(\Delta t^3) \tag{12-54}$$

由于

$$\begin{cases} \dfrac{\partial u}{\partial t}=-\dfrac{\partial f}{\partial x} \\[2mm] \dfrac{\partial^2 u}{\partial t^2}=-\dfrac{\partial}{\partial t}\dfrac{\partial f}{\partial x}=-\dfrac{\partial}{\partial x}\dfrac{\partial f}{\partial t}=-\dfrac{\partial}{\partial x}\left(\dfrac{\partial f}{\partial u}\dfrac{\partial u}{\partial t}\right) \\[2mm] =-\dfrac{\partial}{\partial x}\left(-A\dfrac{\partial f}{\partial x}\right)=\dfrac{\partial}{\partial x}\left(A\dfrac{\partial f}{\partial x}\right) \end{cases} \tag{12-55}$$

拉克斯-文多夫格式是二阶精度的差分格式，函数的展开式的截断误差应要求三阶精度，故可取拉克斯-文多夫格式为

$$u_j^{n+1}=u_j^n-\frac{\Delta t}{\Delta x}\frac{f_{j+1}^n-f_{j-1}^n}{2}+\frac{1}{2}\left(\frac{\Delta t}{\Delta x}\right)^2[A_{j+\frac{1}{2}}^n(f_{j+1}^n-f_j^n)-A_{j-\frac{1}{2}}^n(f_j^n-f_{j-1}^n)] \tag{12-56}$$

以上介绍的几个模型方程的差分方程都是满足稳定条件的差分格式，对于如何判定它们满足稳定性条件以及怎样构造稳定性条件的格式在这里不再叙述，读者可参阅有关文献。

12.5 几种流动的差分计算方法(Difference Calculations of some Flows)

12.5.1 无旋流动的差分计算(Difference Calculation of Irrotational Flow)

在不可压缩流中，无旋流动满足拉普拉斯方程，如势函数方程为

$$\nabla^2\varphi=0 \quad \text{或} \quad \frac{\partial^2\varphi}{\partial x^2}+\frac{\partial^2\varphi}{\partial y^2}=0 \tag{12-57}$$

边界条件在无穷远处有

$$u=\frac{\partial\varphi}{\partial x}=0,\quad v=\frac{\partial\varphi}{\partial y}=0 \tag{12-58}$$

贴壁处有

$$\left(\frac{\partial\varphi}{\partial n}\right)_b=0 \tag{12-59}$$

在流体力学中，常用基本解叠加的方法对上述方程进行求解，但对于复杂边界问题，还要借助数值解来进行计算。式(12-57)在直角坐标系下的离散格式为

$$\frac{\varphi_{i+1,j}-2\varphi_{i,j}+\varphi_{i-1,j}}{\Delta x^2}+\frac{\varphi_{i,j+1}-2\varphi_{i,j}+\varphi_{i,j-1}}{\Delta y^2}=0+O(\Delta x^2+\Delta y^2) \quad (12-60)$$

这是一个 5 对角线隐式方程组，可用直接法求解，也可采用迭代法求解，具体求解方法参阅《数值分析》，这里不再赘述。

12.5.2 平板边界层的差分解法(Difference Calculation of Boundary Layer on a Flat Plate)

边界层厚度 δ 正比于运动粘度的平方根 $\sqrt{\nu}$，将二维 N-S 方程的各项作严格的量级比较，可导出普朗特边界层方程及其相应的边界条件。如果流动是定常的，则式(12-61)的两个变量和两个方程式构成

$$\begin{cases} \dfrac{\partial u}{\partial x}+\dfrac{\partial v}{\partial y}=0 \\ u\dfrac{\partial u}{\partial x}+v\dfrac{\partial v}{\partial y}=u_\infty\dfrac{\partial u_\infty}{\partial x}+\nu\dfrac{\partial^2 u}{\partial y^2} \end{cases} \quad (12-61)$$

计算时从 $x=0$ 到 $x=\infty$，考察第二个方程，该方程可看作以 x 作为发展方向的抛物型方程，因此需给出初始条件。从微分方程角度看，只有 u 是发展方程，需给出初始条件，但从差分方程的求解而言，需补充 v 的初始条件，一般初始条件为

$$u(0,y)=u_\infty,\quad u(0,0)=0,\quad v(0,y)=\frac{2\nu}{\Delta y},\quad v(0,0)=0 \quad (12-62)$$

式(12-61)可按有粘性 Burgers 方程的方法进行差分

$$\begin{cases} \dfrac{v_j^{n+1}-v_{j-1}^{n+1}}{\Delta y}+\dfrac{u_j^{n+1}+u_{j-1}^{n+1}-u_j^n-u_{j-1}^n}{2\Delta x}=0 \\ u_j^n\dfrac{u_j^{n+1}-u_j^n}{\Delta x}+v_j^n\dfrac{u_j^{n+1}-u_j^{n-1}}{2\Delta y}=u_\infty\dfrac{u_\infty^{n+1}-u_\infty^n}{\Delta x}+\dfrac{\nu}{\Delta y^2}(u_j^{n+1}-2u_j^n+u_{j-1}^n) \end{cases} \quad (12-63)$$

从式(12-63)的第一个差分方程解出 v_j^{n+1}，从第二个差分方程解出 u_j^{n+1}。在计算前先按照网格雷诺数和柯朗数设计网格，对流速度 $c=\dfrac{v_j^n}{u_j^n}$，粘性系数 $\alpha=\dfrac{\nu}{u_j^n}$，按网格雷诺数要求 $Re_{\Delta y}\leqslant 2 \Rightarrow \dfrac{v_j^n}{u_j^n}\dfrac{\Delta y}{\dfrac{\nu}{u_j^n}}=\dfrac{v_j^n\Delta y}{\nu}\leqslant 2$，而由柯朗数条件 $\dfrac{c\Delta x}{\Delta y}=\dfrac{v_j^n}{u_j^n}\dfrac{\Delta x}{\Delta y}\leqslant 1 \Rightarrow \dfrac{2\nu\Delta x}{u_j^n\Delta y^2}\leqslant 1$。

12.6 有限体积法(Finite Volume Method)

有限体积法(Finite Volume Method，FVM)是目前 CFD 领域广泛使用的离散化方法，其特点不仅表现在对控制方程的离散结果上，还表现在所使用的网格上，因此，本节除了介绍有限体积法之外，还讨论有限体积法所使用的网格系统。

12.6.1 有限体积法及其网格简介(FVM and its Grids)

1. 有限体积法的基本思想

有限体积法求解的基本思想是将计算区域划分为网格，并使每个网格点周围有一个互不重复的控制体积；将待解微分方程(控制方程)对每一个控制体积积分，从而得出一组离

散方程，需求解的未知数是网格点上的因变量 ϕ。为了求出控制体积的积分，必须假定 ϕ 值在网格点之间的变化规律。有限体积法的基本思想易于理解，其离散方程的物理意义就是因变量 ϕ 在有限大小的控制体积中的守恒原理，如同微分方程表示因变量在无限小的控制体积中的守恒原理一样。

有限体积法得出的离散方程，要求因变量的积分守恒对任意一组控制体积都得到满足，对整个计算区域，自然也得到满足。这是有限体积法吸引人的优点。就离散方法而言，有限体积法可视作有限元法和有限差分法的中间物。有限元法必须假定 ϕ 值在网格节点之间的变化规律（即插值函数），并将其作为近似解。有限差分法只考虑网格点上 ϕ 的数值而不考虑 ϕ 值在网格节点之间如何变化。有限体积法只寻求 ϕ 的节点值，这与有限差分相类似；但有限体积法在寻求控制体积的积分时，必须假定 ϕ 值在网格点之间的分布，这又与有限单元法相类似。在有限体积法中，插值函数只用于计算控制体积的积分，得出离散方程之后，便可忘掉插值函数；如果需要的话，可以对微分方程中不同的项采取不同的插值函数。

2. 有限体积法所使用的网格

与有限差分一样，有限体积法的核心体现在区域离散方式上。有限体积法的区域离散实施过程是把所计算的区域划分成多个互不重叠的子区域，即计算网格，然后确定每个子区域中的节点位置及该节点所代表的控制体积。区域离散化过程结束后，可以得到以下 4 种几何要素：节点、控制体积、界面和网格线。

把节点看成是控制体积的代表。在离散过程中，将一个控制体积上的物理量定义并存储在该节点处。这里介绍 CFD 文献中惯用的记法来表示控制体积、节点、界面等信息。在二维问题中，有限体积法所使用的网格单元主要有四边形和三角形；在三维问题中，网格单元包括四面体、六面体、棱锥体和楔形体等。用 P 表示所研究的节点，其周围的控制体积也用 P 表示；东侧相邻的节点及相应的控制体积用 E 表示；西侧相邻的节点及相应的控制体积均用 W 表示；控制体积 P 的东西两个界面分别用 e 和 w 表示；两个界面间的距离用 Δx 表示，如图 12.4 所示。在二维问题中，在东西南北方向上与控制体积 P 相邻的 4 个控制体积及其节点分别用 E、W、S 和 N 表示，控制体积 P 的 4 个界面分别用 e、w、s 和 n 表示，在两个方向上控制体积的宽度分别用 Δx 和 Δy 表示，如图 12.5 所示。

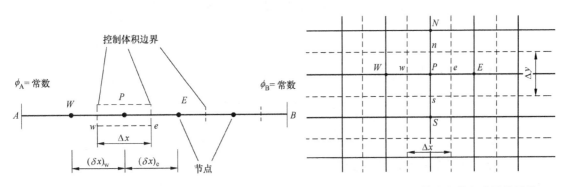

图 12.4 一维有限体积法计算网络   图 12.5 二维问题的有限体积法计算网格

12.6.2 求解一维稳态问题的有限体积法(FVM Solution of One-dimensional Steady Flow)

对于给定的微分方程，可以采用有限体积法建立其对应的离散方程。这里以简单的一维稳态问题为例,针对其基本控制方程,采用有限体积法生成离散方程,对离散方程的求解这里不作介绍,读者可参看数值分析书籍。

1. 一维问题的描述

设一维稳态对流的扩散方程为

$$\frac{\mathrm{d}(\rho u \phi)}{\mathrm{d}x} = \frac{\mathrm{d}}{\mathrm{d}x}\left(D \frac{\mathrm{d}\phi}{\mathrm{d}x}\right) + S \qquad (12-64)$$

方程中包含对流项、扩散项及源项。方程中的 ϕ 是广义变量,可以为速度、温度或浓度等一些待求的物理量,D 是相应于 ϕ 的广义扩散系数,S 是广义源项。如图 12.4 所示,变量 ϕ 在端点 A 和 B 的边界值为已知。

2. 建立离散方程

有限体积法的关键是在控制体积上积分控制方程,以便在控制体积节点上产生离散的方程。对一维模型方程式(12-43),在图 12.4 所示的控制体积 P 上作积分

$$\int_{\Delta v} \frac{\mathrm{d}(\rho u \phi)}{\mathrm{d}x} \mathrm{d}V = \int_{\Delta v} \frac{\mathrm{d}}{\mathrm{d}x}\left(D \frac{\mathrm{d}\phi}{\mathrm{d}x}\right) \mathrm{d}V + \int_{\Delta v} S \mathrm{d}V \qquad (12-65)$$

式中:ΔV 是控制体积的体积值。

当控制体积很微小时 ΔV 可以表示为 $\Delta x \cdot A$,这里 A 是控制体积界面的面积,则有

$$(\rho u \phi A)_e - (\rho u \phi A)_w = \left(DA \frac{\mathrm{d}\phi}{\mathrm{d}x}\right)_e - \left(DA \frac{\mathrm{d}\phi}{\mathrm{d}x}\right)_w + S\Delta V \qquad (12-66)$$

上式中对流项和扩散项均已转化为控制体积界面上的值。有限体积法最显著的特点之一是离散方程中具有明确的物理插值,即界面的物理量要通过插值的方式由节点的物理量来表示。

为了建立所需形式的离散方程,需要找出表示式(12-45)中界面 e 和 w 处的 ρ、u、D、ϕ 和 $\frac{\mathrm{d}\phi}{\mathrm{d}x}$。为了计算界面上的这些物理参数(包括其导数),需要有一个物理参数在节点间的近似分布。线性近似是可用来计算界面物性值的最直接、最简单的方式。如果网格是均匀的,则单个物理参数(以扩散系数 D 为例)的线性插值结果可表示为

$$\left.\begin{array}{l} D_e = \dfrac{D_P + D_E}{2} \\[6pt] D_w = \dfrac{D_W + D_P}{2} \end{array}\right\} \qquad (12-67)$$

$(\rho u \phi A)$ 的线性插值结果为

$$\left.\begin{array}{l} (\rho u \phi A)_e = (\rho u)_e A_e \dfrac{\phi_P + \phi_E}{2} \\[6pt] (\rho u \phi A)_w = (\rho u)_w A_w \dfrac{\phi_W + \phi_P}{2} \end{array}\right\} \qquad (12-68)$$

与梯度项相关的扩散通量的线性插值结果是

$$\left.\begin{array}{l} \left(DA \dfrac{\mathrm{d}\phi}{\mathrm{d}x}\right)_e = D_e A_e \left[\dfrac{\phi_E - \phi_P}{(\delta x)_e}\right] \\[10pt] \left(DA \dfrac{\mathrm{d}\phi}{\mathrm{d}x}\right)_w = D_w A_w \left[\dfrac{\phi_P - \phi_W}{(\delta x)_w}\right] \end{array}\right\} \qquad (12-69)$$

对于源项 S,它通常是时间和物理量 ϕ 的函数。为了简化处理,经常将 S 转化为如下

线性方式

$$S = S_C + S_P \phi_P \tag{12-70}$$

式中：S_C 是常数；S_P 是随时间和物理量 ϕ 变化的项。将式（12-67）、式（12-68）、式（12-69）和式（12-70）代入式（12-66），整理后有

$$\left(\frac{D_e}{(\delta x)_e}A_e + \frac{D_w}{(\delta x)_w}A_w - S_P \Delta V\right)\phi_P = \left(\frac{D_w}{(\delta x)_w}A_w + \frac{(\rho u)_w}{2}A_w\right)\phi_W + \left(\frac{D_e}{(\delta x)_e}A_e - \frac{(\rho u)_e}{2}A_e\right)\phi_E + S \Delta V \tag{12-71}$$

将式（12-71）记为

$$a_P \phi_P = a_W \phi_W + a_E \phi_E + b \tag{12-72}$$

式中

$$a_W = \frac{\Gamma_w}{(\delta x)_w}A_w + \frac{(\rho u)_w}{2}A_w, \quad a_E = \frac{\Gamma_e}{(\delta x)_e}A_e - \frac{(\rho u)_e}{2}A_e$$

$$a_P = \frac{\Gamma_e}{(\delta x)_e}A_e + \frac{\Gamma_w}{(\delta x)_w}A_w - S_P \Delta V = a_E + a_W + \frac{(\rho u)_e}{2}A_e - \frac{(\rho u)_w}{2}A_w - S_P \Delta V$$

$$b = S_C \Delta V \tag{12-73}$$

对于一维问题，控制体积界面 e 和 w 处的面积 A_e 和 A_w 均为 1，即单位面积。则 $\Delta V = \Delta x$，式（12-73）中的各系数可转化为

$$a_W = \frac{D_w}{(\delta x)_w} + \frac{(\rho u)_w}{2}, \quad a_E = \frac{D_e}{(\delta x)_e} - \frac{(\rho u)_e}{2}$$

$$a_P = a_E + a_W + \frac{(\rho u)_e}{2} - \frac{(\rho u)_w}{2} - S \Delta x, \quad b = S_C \Delta x \tag{12-74}$$

方程式（12-72）和式（12-74）即为方程式（12-64）的有限体积法的离散形式，对于二维和三维方程的离散原理同上，这里不作介绍，读者可参看其他文献。

12.7 常用的 CFD 商用软件简介
(Synopsis of Common Used CFD Software)

为了完成 CFD 计算，过去多是用户自己编写计算程序，但由于 CFD 的复杂性及计算机软硬件条件的多样性，对于图 12.6 所示的如战斗机、高速列车、导弹等外围流场等复杂问题，江河入海口流动状况分析等大型问题难于求解。

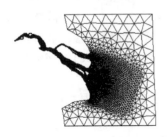

图 12.6 几种复杂的 CFD 问题

由于 CFD 本身有其鲜明的系统性和规律性，因此比较适合于被制成通用的商用软件。

自 1981 年以来，出现了 PHOENICS、CFX、STAR－CD、FIDIP、FLUENT 等多个商用 CFD 软件，这些软件的功能比较全面、适用性强，几乎可以求解工程界中的各种复杂问题。为了便于提高大家对 CFD 软件的了解，下面对几个知名的 CFD 软件进行简单的介绍。

1. PHOENICS

Parabolic Hyperbolic Or Elliptic Numerical Integration Code Series（PHOENICS）是世界上第一套计算流体动力学与传热学的商用软件，由 CFD 的著名学者 D. B. Spalding 和 S. V. Patankar 等提出，第一个正式版本于 1981 年开发完成。目前，PHOENICS 主要由 Concentration Heat and Momentum Limited(CHAM)公司开发。除了通用的 CFD 软件应该拥有的功能外，PHOENICS 软件也有自己独特的功能。

（1）开放性。PHOENICS 最大限度地向用户开放了程序，用户可以根据需要添加用户程序、用户模型。PLANT 及 INFORM 功能的引入使用户不再需要编写 fortran 源程序，GROUND 程序功能使用户修改添加模型更加任意、方便。

（2）CAD 接口。PHOENICS 几乎可以读入任何 CAD 软件的图形文件。

（3）运动物体功能。利用 MOVOBJ 可以定义物体运动，克服了使用相对运动方法的局限性。

（4）多种模型选择。提供了多种湍流模型、多相流模型、多流体模型、燃烧模型、辐射模型等。

（5）双重算法选择。既提供了欧拉算法，也提供了基于粒子运动轨迹的拉格朗日算法。

（6）多模块选择。PHOENICS 提供了若干专用模块，用于特定领域的分析计算。如 COFFUS 用于煤粉锅炉炉膛的燃烧模拟，FLAIR 用于小区规划设计及高大空间建筑的设计模拟，HOTBOX 用于电子元器件散热模拟等。

PHOENICS 的 Windows 版本使用 Digital/Compaq Fortran 编译器编译，用户的二次开发接口也通过该语言实现。此外，它还有 Linux/UNIX 版本，其并行版本借助 MPI 或 PVM 在 PC 群环境下及 Compaq ES40、HP K460、Silicon Graphics R10000(Origin)、Sun E450 等并行机上运行。

在 http：//www.cham.co.uk 和 http：//www.phoenics.cn 网站上可以获得关于 PHOENICS 的详细信息及算例。

2. STAR-CD

STAR-CD 是由英国帝国学院提出的通用流体分析软件，由 1987 年在英国成立的 CD-adapco 集团公司开发。STAR-CD 这一名称的前半段来自于 Simulation of Turbulent flow in Arbitrary Regin。该软件基于有限体积法，适用于不可压流和可压流（包括跨音速流和超音速流）的计算、热力学的计算及非牛顿流的计算。它具有前处理器、求解器、后处理器 3 大模块，以良好的可视化用户界面把建模、求解及后处理与全部的物理模型和算法结合在一个软件包中。

STAR-CD 的前处理器（prostar）具有较强的 CAD 建模功能，而且它与当前流行的 CAD/CAE 软件(SAMM、ICEM、PATRAN、IDEAS、ANSYS、GAMBIT 等)有良好的接口，可有效地进行数据交换。它具有多种网格划分技术（如 Extrusion 方法、Multi-block 方法、Dataimport 方法等）和网格局部加密技术，并且具有对网格质量优劣的自我判断功能。Multi-block 方法和任意交界面技术相结合，不仅能够大大地简化网格生成，还使不同部分的网格可以进行独立调整而不影响其他部分,还可以求解任意复杂的几何形体,极大地增强了 CFD 作为设计工具的实用性和时效性。STAR-CD 在适应复杂计算区域的能力方面具有一定的优势,它可以处理滑移网格的问题,可用于多级透平机械内的流场计算。STAR-CD 提供了多种边界条件,可供用户根据不同的流动物理特性来选择。

STAR-CD 提供了多种高级湍流模型,如各类 $k-\varepsilon$ 模型。它具有 SIMPLE、SIMOISO 和 PISO 等求解器,可根据网格质量的优劣和流动的物理特性来选择。在差分格式方面,它具有低阶和高阶的差分格式,如一阶迎风、二阶迎风、中心差分、QUICK 格式和混合格式等。

STAR-CD 的后处理器具有动态和静态显示计算结果的功能。能用速度矢量图来显示流动特性,用等值线图或颜色来表示各物理量的计算结果,从而可以进行气动力的计算。

STAR-CD 在 3 大模块中提供了与用户的接口,用户可根据需要编制 Fortran 子程序并通过 STAR-CD 提供的接口函数来达到预期的目的。

在 http://www.cd-adapco.com(或 http://www.cd.co.uk)和 http://www.cdaj-china.com 网站上可以获得关于 STAR-CD 的详细信息及算例。

3. FLUENT

FLUENT 是由美国 FLUENT 公司于 1983 推出的 CFD 软件。它是继 PHOENICS 软件之后的第二个投放市场的基于有限体积法的软件。FLUENT 是目前功能最全面、适用性最广、国内使用最广泛的 CFD 软件之一。FLUENT 提供了非常灵活的网格特性,让用户可以使用非结构网格,包括三角形、四边形、四面体、六面体、金字塔形网格来解决具有复杂外形的流动,甚至可以用混合型非结构网格。它允许用户根据解的具体情况对网格进行修改(细化/粗化)。FLUENT 使用 GAMBIT 作为前处理软件,可读入多种 CAD 软件的三维几何模型和多种 CAE 软件的网格模型。FLUENT 可用于二维平面、二维轴对称和三维流动分析,可完成多种参考系下的流场模拟、定常与非定常的流动分析、不可压流和可压流的计算、层流和湍流模拟、传热和热混合分析、化学组分混合和反应分析、多相流分析、固体与流体耦合传热分析、多孔介质分析等。它的湍流模型包括 $k-\varepsilon$ 模型、Reynolds 应力模型、LES 模型、标准壁面函数、双层近壁模型等。

FLUENT 可以让用户定义多种边界条件,如流动入口及出口的边界条件、壁面的边界条件等,可采用多种局部的笛卡尔和圆柱坐标系的分量输入,所有边界条件均可随空间和时间变化,包括轴对称和周期变化等。FLUENT 提供了用户自定义的子程序功能,可让用户自行设定连续方程、动量方程、能量方程或组分输运方程中的体积源项,自定义边界条件、初始条件、流体的物性、添加新的标量方程和多孔介质模型等。

FLUENT 是用 C 语言编写的,可实现动态内存分配及高效数据结构,具有很大的灵活性与很强的处理能力。此外,FLUENT 使用 Client/Server 结构,允许同时在用户桌面的工作站和强有力的服务器上分别地运行程序。FLUENT 可以在 Windows/2000/XP、Linux/UNIX 操作系统下运行,支持并行处理。

在 FLUENT 中,解的计算与显示可以通过交互式的用户界面来完成。用户界面是通过 Scheme 语言写就的。高级用户可以通过写菜单宏、菜单函数自定义及优化界面。用户还可使用基于 C 语言的用户自定义函数功能对 FLUENT 进行扩展。

FLUENT 公司除了 FLUENT 软件外,还有一些专用的软件包,除了上面提到的基于有限元法的 CFD 软件 FIDAP 外,还有专门用于粘弹性和聚合物流动模拟的 POLY-

FLOW，专门用于电子热分析的 ICEPAK，专门用于分析搅拌混合的 MIXSIM，专门用于通风计算的 AIRPAK 等。

在 http：//www.FLUENT.com 及 http：//www.hikeytech.com 网站上可获得关于 FLUENT 软件的详细信息及算例。

以上介绍的几种 CFD 软件具有比较易用的前后处理系统和与其他 CAD 及 CFD 软件的接口能力，便于用户快速完成造型、网格划分等工作。同时，还可以让用户扩展自己的开发模块，且具有比较完备的容错机制、多种操作系统，包括在并行环境下运行。随着计算机技术的快速发展，这些商用软件在工程界正发挥着越来越大的作用。

计算流体力学是流体力学发展的重要分支，它综合了理论和实践的优点，通过建立完备的数学模型，采用数值手段对流体力学问题进行求解。本章针对以往已经学过的流体力学基本方程为研究对象，详细介绍了这些基本方程的有限差分法和有限体积法的离散形势，学习者可根据本书介绍与数值分析相结合，编写基本的计算流体力学程序。此外，本章还简单介绍了计算流体力学的重要组成部分——CFD 商用软件的基本特点与应用方向。

工程实例

CFD 软件应用实例

图 12.7　CFD 模拟的飞机飞行中的受力

图 12.8　CFD 模拟的卡门涡街

图 12.9 CFD 模拟的宝马汽车外流场

12.1 计算流体力学的基本任务是什么?

12.2 计算流体力学的基本思想方法是什么?

12.3 什么是控制方程?常用的控制方程有哪几个?各用在什么场合?

12.4 模型方程的基本差分格式有哪几种?如何判定其稳定性?

12.5 空间域上,使用有限体积法离散对流扩散方程的基本步骤是什么?说明对流项与扩散项在离散处理上的异同,给出二维稳态对流扩散问题的离散方程形式。

12.6 CFD 商用软件与用户自行设计的 CFD 程序相比各有何优势?

参考文献(References)

[1] [美] JohnD. Anderson, JR. 计算流体力学入门 [M]. 北京：清华大学出版社，2002.
[2] [美] Bruce R. Munson, Donald F. Young, Theodore H. Okiishi. 工程流体力学 [M]. 邵卫云改编. 北京：电子工业出版社，2006.
[3] E. John Finnemore, Joseph B. Franzini. *Fluid Mechanics*. New York：McGraw—Hill，2002.
[4] 阎超. 计算流体力学方法及应用 [M]. 北京：北京航空航天大学出版社，2007.
[5] 吕文舫，郭雪宝，柯葵. 水力学 [M]. 上海：同济大学出版社，1996.
[6] 高殿荣，吴晓明. 工程流体力学 [M]. 北京：机械工业出版社，1999.
[7] 王维新. 流体力学 [M]. 北京：煤炭工业出版社，1986.
[8] 孔珑. 工程流体力学 [M]. 北京：水利电力出版社，1992.
[9] 吴望一. 流体力学 [M]. 北京：北京大学出版社，1982.
[10] 江宏俊. 流体力学 [M]. 北京：高等教育出版社，1985.
[11] 归柯庭，汪军，王秋颖. 工程流体力学 [M]. 北京：科学出版社，2006.
[12] 陈卓如，金朝铭，王洪杰，王成敏. 工程流体力学 [M]. 北京：高等教育出版社，2006.
[13] 赵孝保. 工程流体力学 [M]. 南京：东南大学出版社，2004.
[14] 禹华谦. 工程流体力学 [M]. 北京：高等教育出版社，2004.
[15] 张英. 工程流体力学 [M]. 北京：中国水利水电出版社，2002.
[16] 罗惕乾. 流体力学 [M]. 北京：机械工业出版社，2003.